普通高等教育“十二五”规划教材

制冷空调施工技术

主　编　余克志

副主编　万金庆　胡海涛

参　编　方恒和　刘立平　姜末汀　陈　曦

主　审　陈天及

机械工业出版社

本书系统地介绍了制冷空调工程施工安装的原理、技术和方法，其中包括供热、通风空调、制冷、锅炉、太阳能、热泵等设备和管道的安装；介绍了施工安装中常用材料和管子的加工、连接方法，以及管道和设备的防腐、保温技术和方法等。

本书的特点之一是注重运用新标准、新规范，并将一些新技术纳入其中，特别是近年来日益受到重视的太阳能和热泵系统的施工安装工艺，使得本书内容丰富、翔实，实用性强。另外，本书有关制冷空调施工图识图方面的内容，可为学生毕业后更好更快地适应工作岗位打下基础。

本书可以作为能源与动力工程专业（制冷方向）和建筑环境与能源应用工程专业（暖通方向）的理论教学和专业实习教材，也可作为相关专业工程技术人员设计、施工、运行管理时的技术参考书。

图书在版编目（CIP）数据

制冷空调施工技术/余克志主编．—北京：机械工业出版社，2013.4（2025.1 重印）
ISBN 978-7-111-41975-4

Ⅰ.①制… Ⅱ.①余… Ⅲ.①制冷装置—空气调节器—设备安装—工程施工
Ⅳ.①TB657.2

中国版本图书馆 CIP 数据核字（2013）第 062415 号

机械工业出版社（北京市百万庄大街 22 号 邮政编码 100037）
策划编辑：蔡开颖 责任编辑：蔡开颖 孙 阳
版式设计：霍永明 责任校对：陈 越
封面设计：张 静 责任印制：邓 博
北京盛通数码印刷有限公司印刷
2025 年 1 月第 1 版第 3 次印刷
184mm×260mm · 17.75 印张 · 1 插页 · 400 千字
标准书号：ISBN 978-7-111-41975-4
定价：49.00 元

电话服务	网络服务
客服电话：010-88361066	机 工 官 网：www.cmpbook.com
010-88379833	机 工 官 博：weibo.com/cmp1952
010-68326294	金 书 网：www.golden-book.com
封底无防伪标均为盗版	机工教育服务网：www.cmpedu.com

前　言

近年来，我国制冷空调施工安装行业发生了巨大的变化，具体体现为：新材料、新施工设备的投入使用，新的施工方法、施工工艺日渐成熟以及新的施工规范、施工操作规程和施工验收标准相继出台。为了使读者能系统地掌握更多的较先进的制冷空调安装工程施工技术，编者根据多年的教学经验，编写了本书。

本书主要介绍制冷空调工程施工过程中常用的工程材料，管道的加工和连接方法，各种制冷空调设备和系统管道的施工安装工艺、方法及技术要求。对近年来出现的新材料、新工艺以及新的设计施工安装要求，结合新的设计及施工验收规范、标准作了重点阐述。

本书由余克志任主编，万金庆、胡海涛任副主编。第 1 章由上海理工大学陈曦编写，第 2 章、第 9 章由上海海洋大学余克志编写，第 3 章由上海交通大学胡海涛编写，第 4 章、第 7 章由上海海洋大学刘立平编写，第 5 章由上海海洋大学万金庆编写，第 6 章由上海海洋大学方恒和编写，第 8 章由上海电力学院姜未汀编写。

本书由上海海洋大学陈天及教授主审，陈教授对本书内容提出了许多宝贵意见，在此深表感谢。

本书在编写过程中也得到了许多资深设计、施工单位的专业技术人员的指导，同时引用了许多文献资料（数据、图表等），谨向上述有关人员及文献的作者表示衷心的感谢。

由于作者水平有限，书中难免存在疏漏和不足之处，恳请读者予以指正。

编　者

目　　录

第1章　制冷空调施工常用管材和管子附件

管道是指用管子、管子连接件和阀门等连接成的用于输送气体、液体或带固体颗粒的流体的装置。通常情况下，流体经鼓风机、压缩机、泵和锅炉等增压后，从管道的高压处流向低压处，也可利用流体自身的重力输送。管道的用途很广泛，主要用于给排水、通风、空调、供热、供煤气、制冷设备、农业灌溉、水利工程和各种工业装置。制冷空调设备中的管道主要包括中央空调输送空气的管道、冷热水机组的水管道、连接制冷系统四大部件（压缩机、蒸发器、冷凝器、节流设备）的制冷剂管道等。制冷空调设备中常用管道的类型主要包括以下几种：

（1）钢管　钢管是横截面为圆形、沿长度方向上为条状、空心、无封闭端的产品，钢管与同样截面积的其他钢材相比具有较高的抗弯和抗扭能力，并且具有重量轻、材料利用率高等特点，因而被广泛应用。在氨制冷系统中，钢管被大量使用。

（2）铸铁管　铸铁管的优点是耐腐蚀，经久耐用；缺点是质脆，焊接、套丝、煨弯困难，承压能力低，不能承受较大动荷载，多用于腐蚀性介质和给水排水工程中。制冷空调安装工程中常用的铸铁管采用灰铸铁铸造而成，分为给水铸铁管和排水铸铁管。

（3）铜管　铜管是一种比较传统但价格比较昂贵的管道材质，耐用而且施工较为方便，导热性好，因此在制冷空调设备中，铜管一直都是首位之选。然而价格是影响其使用量的最主要原因。目前除了氨压缩制冷系统以及氨吸收式制冷系统以外，大多数压缩节流制冷系统主要使用铜管作为气液制冷剂的流动管道。铜管作为制冷剂管道及换热器的主要优点在于其流动阻力小、导热性能好、与常规制冷剂不发生反应、弯曲和焊接工艺简单可靠。其缺点在于价格贵，因此不少制冷厂商在进行“铝代铜”技术的研发。

（4）复合管　复合管由于其质轻、耐用而且施工方便，是目前较为流行的一种管材，其可弯曲性更适合在家装中使用。复合管的主要缺点是作为热水管使用时，由于长期的热胀冷缩会造成管壁错位从而造成渗漏。

（5）塑料管　塑料是以合成树脂为主要成分，加入适量的添加剂，在一定温度和压力下塑制成型的有机高分子材料。具有质轻、良好的耐蚀性、易加工成型、优异的电绝缘性能等优点，各种用塑料制成的管材在管道工程中应用广泛。工程中目前常用以下塑料管材：硬聚氯乙烯（PVC-U）管材、聚丙烯（PP）管材、聚乙烯（PE）管材等。塑料管按合成树脂的性质可分为热塑性和热固性两类，管道工程中常使用的PVC-U管、PP管、PE管均为工厂进行热加工的热塑性塑料管。目前家庭中央空调水系统多用PP-R水管作为空调水管，其抗压耐温能力较好、不影响水质；注意空调水管需要用PP-R热水管，其在冬季使用时抗变形能力及耐温性更好。

1.1　钢管

1.1.1　钢管及其附件的通用标准

管道工程中的各类管道系统主要由管子和管子附件组成。管子附件是指疏水器、减压器、除污器、蒸汽喷射器、伸缩器、阀门、压力表、温度计、管道支架等。由于管子及管子附件的种类繁多，生产厂家也很多，为了便于生产、设计、施工和维修，国家有关部门对管子和管子附件的生产和安装制造制定了统一的技术标准，使之标准化、规范化和系列化，便于管子和管子附件在使用中实现互换和通用。我国使用的管子及管子附件的统一技术标准有：GB/T 1047—2005《管道元件　DN（公称尺寸）的定义和选用》和 GB/T 1048—2005《管道元件　PN（公称压力）的定义和选用》。

1. 公称尺寸标准

为了使管子和管子附件及设备的进、出口能够相互连接，在连接处的口径应保持一致，这种能相互连接的口径就称为公称尺寸。同一公称尺寸的管子和管子附件均能相互连接，且具有互换性和通用性。公称尺寸的国际通用代号为 DN，符号后面的数字为公称尺寸的数值，如公称尺寸为 100mm 的管材，表示为 DN100。我国现行管子及其附件的公称尺寸标准见表 1-1。

表 1-1　管子和管子附件的公称尺寸（GB/T 1047—2005）

	公称尺寸系列							
DN	6	32	125	400	900	1600	2800	4000
	8	40	150	450	1000	1800	3000	
	10	50	200	500	1100	2000	3200	
	15	65	250	600	1200	2200	3400	
	20	80	300	700	1400	2400	3600	
	25	100	350	800	1500	2600	3800	

管子的公称尺寸既不等于其实际内径，也不等于其实际外径，只是个名义直径。但无论管子的实际内径和外径的数值是多少，只要其公称尺寸相同，就可用相同的管件相连接。

2. 公称压力、试验压力、工作压力

1）公称压力是管子和管子附件在介质温度（200℃）下所能承受的压力允许值，是强度方面的标准。公称压力用符号 PN 表示。

2）试验压力是指在常温状态下检验管子或管子附件机械强度和严密性的压力标准。试验压力一般情况下取 1.5 ~ 2 倍公称压力值，公称压力大时取下限，公称压力小时取上限。试验压力用符号 Ps 表示。

3）工作压力是指管子内有流体介质时实际可承受的压力。因为管子的机械强度会随着温度的提高而降低，所以当管子内介质的温度不同时，管子所能承受的压力也不同。工作压力用符号 Pt 表示，“t”为介质设定温度值 1/10 的整数值。例如，P25 表示管子在介质温度为 250℃时的允许工作压力。

公称压力是管子及附件在标准状态下的强度标准，在选用管子时可直接作为比较的依据。大多数情况下，制品在标准状态下的耐压强度接近于常温下的耐压强度，公称压力十分接近常温下材料的耐压强度。一般情况下，可根据系统输送的介质参数按公称压力直接选择管子及附件，无需再进行强度计算。当介质工作温度超过 200℃时，管子及附件内的温度会升高并引起其强度降低，故选用时应考虑管子及附件必须满足系统正常运行和试验压力的要求。碳素钢管和附件的公称压力、试验压力与工作压力之间的关系见表 1-2。

表1-2　碳素钢管和附件的公称压力、试验压力与工作压力之间的关系

公称压力 PN	试验压力（用低于100℃的水）Ps	介质工作温度/℃						
		≤200	250	300	350	400	420	450
		最大工作压力 p/MPa						
		P20	P25	P30	P35	P40	P42	P45
0.1	0.2	0.1	0.1	0.1	0.07	0.06	0.06	0.5
0.25	0.4	0.25	0.23	0.2	0.18	0.16	0.14	0.11
0.4	0.6	0.4	0.37	0.33	0.29	0.26	0.23	0.18
0.6	0.9	0.6	0.55	0.5	0.44	0.38	0.35	0.27
1.0	1.5	1.0	0.92	0.82	0.73	0.64	0.58	0.45
1.6	2.4	1.6	1.5	1.3	1.2	1.0	0.9	0.7
2.5	3.8	2.5	2.3	2.0	1.8	1.6	1.4	1.1
4.0	6.0	4.0	3.7	3.3	3.0	2.8	2.3	1.8
6.4	9.6	6.4	5.9	5.2	4.3	4.1	3.7	2.9
10.0	15.0	10.0	9.2	8.2	7.3	6.4	5.8	4.5

3. 管螺纹标准

为了便于通用附件的应用，对螺纹连接的管子及管子附件以及其他采用螺纹连接的机器设备接头的螺纹规定了统一标准，即螺纹的牙型及尺寸标准。

管螺纹的牙型规定如图1-1所示，尺寸标准见表1-3。这种螺纹的牙型及尺寸对55°密封管螺纹与55°非密封管螺纹都适用。在一般情况下，钢管采用55°密封管螺纹（外螺纹），管子的附件和配件的管接口采用55°非密封管螺纹（内螺纹）。

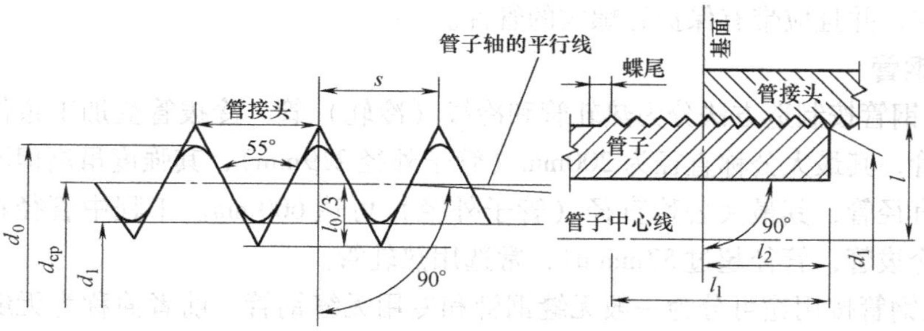

图1-1　管螺纹的牙型规定

表1-3　管螺纹牙型尺寸

牙型参数	单位称号	尺寸数值
螺纹理论高度	l_0	0.960491s
螺纹工作高度	l_1	0.640331s
圆弧半径	r	0.137331s
倾斜角	φ	1°47′24″
斜度	2tanφ	1∶16

1.1.2 钢管的类型

钢管按加工方法分为无缝钢管（包括热轧管和冷拔管）和焊接钢管（包括直缝焊管和螺旋缝焊管）两大类。

常用钢管是用普通碳素钢 Q235、Q235F 及优质碳素结构钢中的 10 或 20 钢制造的，其力学性能稳定，具有足够的塑性和韧性，可加工性良好，可用任何方法进行冷加工和热加工；具有良好的焊接性，在常温下可直接进行电焊、气焊和气割，一般不需要采取预热和热处理措施。Q235 和 Q235F 钢适用温度为 -20 ~ 300℃，适用于公称压力不超过 1.6MPa 的低压流体管道，手工电焊采用 E4303、E4315、E4316 焊条，气焊采用 H08 焊丝。10 和 20 钢适用温度为 -40 ~ 475℃，在介质温度 450℃以下的中、低压流体管道工程中应用广泛；手工电焊采用 E4303、E4315、E4316 焊条，气焊采用 H08A 焊丝。碳素钢管的耐蚀性和耐热性不高，一般用来输送常温或中温弱腐蚀性介质。

1. 低压流体输送焊接钢管

1）低压流体输送焊接钢管俗称水煤气管或焊接钢管，由普通碳素钢板用电阻焊（ERW）的方法制造。常用普通型焊接钢管，其公称压力为 1.6MPa，主要用来输送压力小于或等于 1.0MPa 的循环水和消防用水、煤气以及压力小于或等于 0.2MPa 的蒸汽等介质。

2）不镀锌处理的焊接钢管俗称黑铁管，镀锌处理的焊接钢管俗称白铁管，均遵循 GB/T 3091—2008《低压流体输送用焊接钢管》，可用手动工具或机械在管端加工螺纹。

3）低压流体输送焊接钢管的公称尺寸用 DN 表示，一般长度为 4 ~ 12m。按管端形式分为带螺纹和不带螺纹两种，按壁厚分为普通钢管和加厚钢管两种。带螺纹钢管在出厂时，管端带有管螺纹，并且应带有保护管螺纹的管件。

2. 无缝钢管

1）无缝钢管按制造方法分为热轧管和冷拔（冷轧）管。冷拔管受加工条件限制，不宜制造大直径管，其最大公称直径为 200mm（管子外径 219mm），其强度虽高但不稳定；热轧管可制造大直径管，其最大公称直径（管子外径）可达 600mm。工程中管径在 57mm 以内时，常选用冷拔管，管径超过 57mm 时，常选用热轧管。

2）无缝钢管按用途可分为一般无缝钢管和专用无缝钢管。前者简称为无缝钢管，后者主要有锅炉用无缝钢管、锅炉用高压无缝钢管、化肥用高压无缝钢管、石油裂化钢管、不锈钢无缝钢管及耐酸钢无缝钢管等。冷库常用的无缝钢管规格见表 1-4。

表 1-4 冷库常用的无缝钢管规格

(外径/mm) × (壁厚/mm)	内径/mm	理论重量 /(kg/m)	净断面积 /m^2	1m 长容量 /m^{-1}	外圆周长/mm	1m 长的外表面积/(m^2/m)	$1m^2$ 的长度 /(m/m^2)
10 × 2.0	6	0.395	0.00003	0.0283	31.41	0.031	31.84
14 × 2.0	10	0.592	0.00008	0.0785	43.96	0.044	22.74
18 × 2.0	14	0.789	0.00015	0.1538	56.62	0.057	17.69
22 × 2.0	18	0.986	0.00025	0.2543	69.08	0.069	14.47
25 × 2.0	21	1.13	0.00034	0.3456	78.54	0.078	12.82
32 × 2.5	27.6	1.62	0.00059	0.5935	100.48	0.100	9.95

（续）

（外径/mm）×（壁厚/mm）	内径/mm	理论重量/(kg/m)	净断面积/m^2	1m 长容量/m^{-1}	外圆周长/mm	1m 长的外表面积/(m^2/m)	1m^2 的长度/(m/m^2)
38 ×2.5	33.6	1.94	0.00088	0.8809	119.32	0.119	8.38
45 ×2.2	40.6	2.32	0.00129	1.2876	141.30	0.141	7.07
32 ×2.5	27	1.76	0.00057	0.5723	100.48	0.100	9.95
38 ×2.5	33	2.19	0.00085	0.8549	119.32	0.119	8.38
45 ×2.5	40	2.62	0.00126	1.2560	141.30	0.141	7.07
57 ×3.5	50	4.62	0.0020	1.9625	178.98	0.179	5.58
70 ×3.5	63	5.74	0.0031	3.1172	219.91	0.220	4.55
76 ×3.5	69	6.26	0.0038	3.7373	238.64	0.239	4.19
89 ×3.5	82	7.38	0.0053	5.2783	279.46	0.279	3.57
108 ×4	100	10.26	0.0079	7.8540	339.12	0.339	2.94
133 ×4	125	12.73	0.0123	12.2656	417.62	0.418	2.39

3. 电焊钢管

直缝卷焊钢管是用 Q215A、Q215B、Q235A、Q235B 级钢板分块卷制、焊接制成，又称钢板卷管。其壁厚 4 ~16mm，可依需要制成 2000mm 以内的不同直径管道，适用于公称压力不超过 1.6MPa 的大直径低压流体管道。

4. 螺旋缝钢管

螺旋缝钢管是用 Q235、Q235F、Q345 等普通碳素钢或低合金钢制造而成的，将钢板制成钢带或裁成条状，按一定螺旋线角度（称为成形角）卷成管坯，其焊接方法有自动埋弧焊和高频搭接焊，焊缝在管外表面呈螺旋状。

螺旋缝钢管公称直径为 260 ~ 1420mm，规格表示方法为：外径 × 壁厚。每管长度为 6 ~12m。

1.1.3 管子配件

钢管配件用于各种钢管的连接，是以优质碳素钢或不锈钢经特制模具压制成形。

金属螺纹连接管对配件的材质要求密实、坚固并有韧性，便于机械切削加工。

管子配件的内螺纹应端正、整齐、无断丝，壁厚均匀一致、无砂眼，外形规整。金属螺纹连接管件主要由可锻铸铁、黄铜或软钢制造而成。

螺纹连接件管件分为（图 1-2）：

① 管路延长连接用配件：管箍、外螺纹（内接头）。

② 管路分支连接用配件：三通（丁字管）、四通（十字管）。

③ 管路转弯用配件：90°弯头、45°弯头。

④ 节点碰头连接用配件：根母（六方内丝）、活接头（由壬）、带螺纹法兰盘。

⑤ 管子变径用配件：补心（内、外丝）、异径管箍（大、小头）。

⑥ 管子堵口用配件：螺塞、管堵头。

螺纹连接管子配件的规格和所对应的管子是一致的，都以公称通径标称，同种配件有同径和异径之分，例如三通管分为同径和异径两种。同径管件规格的标志可以用一个数值或三个数值表示，如规格为 25 的同径三通可以写为⊥25 或⊥25×25×25。异径管件的规格通常要用两个管径数值表示，前一个数表示大管径，后一个数表示小管径。螺纹连接管子的规格组合见表 1-5。

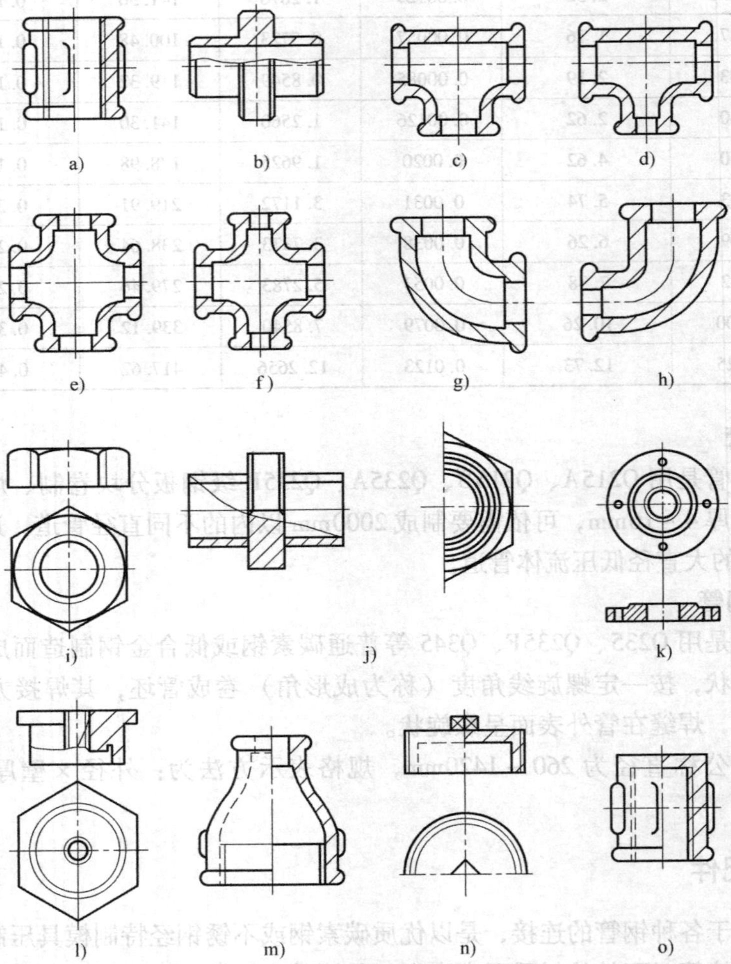

图 1-2 常用螺纹连接管件

a）管箍 b）外螺纹接头 c）同径三通 d）异径三通 e）同径四通 f）异径四通 g）同径弯头 h）异径弯头 i）根母 j）活接头 k）法兰盘 l）补心 m）大、小头 n）螺塞 o）管堵头

表 1-5 螺纹连接管子的规格组合 （单位：mm）

异径管件	同径管件							
15×15								
20×20	20×15							
25×25	25×15	25×20						
32×32	32×15	2×20	32×25					
40×40	50×15	10×20	10×21	10×32				

（续）

异径管件	同径管件							
50×50	50×15	50×20	50×25	50×32	50×40			
65×65	65×15	60×20	65×25	65×32	60×40	65×50		
80×80	80×15	80×20	80×25	80×32	80×40	80×50	80×65	
100×100	100×15	100×20	100×25	100×32	100×40	100×50	100×65	100×80

1.1.4　不锈钢管及其管件

合金钢管是在碳素钢中加入锰（Mn）、硅（Si）、钒（V）、钙（Ca）、钛（Ti）、铌（Nb）等元素制成的钢管，加入这些元素能加强钢材的强度或耐热性。合金元素的质量分数小于5%为低合金钢，合金元素的质量分数为5%～10%时为中合金钢，合金元素质量分数大于10%为高合金钢。合金钢管多用于加热炉、锅炉耐热管和过热器等，其连接方式可采用电焊和气焊，焊后要对坡口进行热处理。合金钢管一般为无缝钢管，规格同碳素无缝钢管。

不锈钢是在碳素钢中加入铬（Gr）、镍（Ni）、锰（Mn）、硅（Si）、钼（Mo）、铌（Ni）、钛（Ti）等元素制成的一种合金钢，加入这些元素能够增强钢材的耐蚀性。根据含铬量不同，不锈钢分为铁素体不锈钢、马氏体不锈钢和奥氏体不锈钢，铁素体不锈钢难以焊接，马氏体不锈钢几乎不能焊接，奥氏体不锈钢具有良好的焊接性。不锈钢管多用于石油、化工、医药、食品等工业。不锈钢管按制造方法分为不锈钢焊接钢管和不锈钢无缝钢管，流体输送常选用不锈钢无缝钢管。

不锈钢管包括铬镍不锈钢无缝管和用不锈钢板制成外径为150～820mm 的直缝卷制电焊管。这里主要介绍用于流体输送的不锈钢无缝钢管，按其加工工艺不同分为热轧（挤、扩）和冷拔（轧）两种，其规格用外径×壁厚表示。

热轧（挤、扩）的钢管外径从68～426mm 共28 个规格，壁厚从4.5～18mm 共15 个规格，每一种规格的管材都有7 种以上的壁厚，一般长度为2～12m。冷拔（轧）的钢管外径从6～159mm 共61 个规格，壁厚从0.5～15mm 共32 个规格，每一种规格的管材都有9 种以上的壁厚，一般长度为2～8m。详细情况可查阅 GB/T 14976—2002《流体输送用不锈钢无缝钢管》。无缝不锈冷拔（轧）钢管常用规格见表1-6。

表1-6　无缝不锈冷拔（轧）钢管常用规格　（单位：mm）

外径＼壁厚	0.5	0.6	0.8	1.0	1.2	1.4	1.5	1.6	2.0	2.2	2.5	2.8	3.0	3.2	3.5	4.0	4.5	5.0	5.5	6.0	6.5	7.0
15	•	•	•	•	•	•	•	•	•	•	•	•	•	•	•							
16	•	•	•	•	•	•	•	•	•	•	•	•	•	•	•	•						
17	•	•	•	•	•	•	•	•	•	•	•	•	•	•	•	•						
18	•	•	•	•	•	•	•	•	•	•	•	•	•	•	•	•	•					
19	•	•	•	•	•	•	•	•	•	•	•	•	•	•	•	•	•					
20	•	•	•	•	•	•	•	•	•	•	•	•	•	•	•	•	•					

（续）

外径＼壁厚	0.5	0.6	0.8	1.0	1.2	1.4	1.5	1.6	2.0	2.2	2.5	2.8	3.0	3.2	3.5	4.0	4.5	5.0	5.5	6.0	6.5	7.0
21	•	•	•	•	•	•	•	•	•	•	•	•	•	•	•	•	•	•				
22	•	•	•	•	•	•	•	•	•	•	•	•	•	•	•	•	•	•				
23	•	•	•	•	•	•	•	•	•	•	•	•	•	•	•	•	•	•				
24	•	•	•	•	•	•	•	•	•	•	•	•	•	•	•	•	•	•	•			
25	•	•	•	•	•	•	•	•	•	•	•	•	•	•	•	•	•	•	•	•		
27	•	•	•	•	•	•	•	•	•	•	•	•	•	•	•	•	•	•	•	•		
28	•	•	•	•	•	•	•	•	•	•	•	•	•	•	•	•	•	•	•	•	•	
30	•	•	•	•	•	•	•	•	•	•	•	•	•	•	•	•	•	•	•	•	•	•
32	•	•	•	•	•	•	•	•	•	•	•	•	•	•	•	•	•	•	•	•	•	•

注：“●”表示常用规格。

不锈钢管路上的管件和阀门一般都由不锈钢材料制成。但有时为了降低造价，在不影响使用要求的条件下，允许使用其他材料，包括压制弯或热推弯成品弯头。

此外还有不锈钢金属软管（图1-3）。不锈钢金属软管是由不锈钢波纹管外编一层或多层钢丝或钢带网套，两端配以接头或法兰头，用于输送各种介质的柔性元件。其特点在于：耐腐蚀、耐高温、耐低温（－196～420℃），重量轻、体积小、柔软性好。故而广泛用于航空、航天、石油、化工、冶金、电力、造纸、木材、纺织、建筑、医药、食品、烟草、交通等行业。

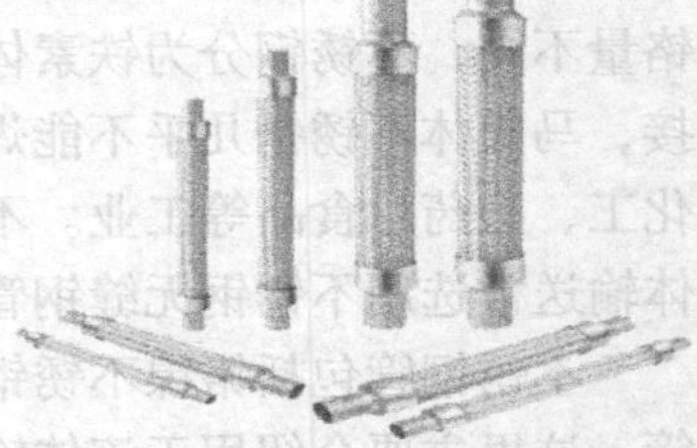

图1-3　不锈钢金属软管

不锈钢金属软管作为一种柔性耐压管件安装于液体输送系统中，用以补偿管道或机器、设备连接端的相互位移，吸收振动能量，能够起到减振、消音等作用，并且具有柔性好、质量轻、耐腐蚀、抗疲劳、耐高低温等多项优点。不锈钢金属软管一般由进口SUS304（0Cr18Ni9）SUS316（0Cr17Ni12Mo2）以及SUS316L（00Cr17Ni14Mo2）材料制造。在大中型压缩制冷系统中，不锈钢金属软管常用于压缩机吸、排气口的连接处，具有减振作用。

1.2　铸铁管及其管件

1.2.1　给水铸铁管及其管件

给水铸铁管的材质为灰铸铁和球墨铸铁，适用于输送水和燃气。其规格用公称尺寸表示，如DN100。

1. 砂型离心铸铁管

砂型离心铸铁管的材质为灰铸铁，适用于给水和煤气输送管道，其连接方式为承插连接。砂型离心铸铁管按壁厚的不同，压力级别分为P级和G级，公称尺寸的范围为DN200～

DN1000，管道定长尺寸为 5m 和 6m。

2. 连续铸铁管

连续铸铁管是连续铸造法生产的灰铸铁管。其用途和连接方式与砂型离心铸铁管相同，区别是连续铸铁管的直径范围较宽，压力分级为 LA、A 和 B 三个等级，其中 LA 级相当于砂型离心铸铁管的 P 级，A 级相当于 G 级，B 级的强度更高。连续铸铁管的公称尺寸范围为 DN75 ~ DN1200，管道定长尺寸为 4m、5m 和 9m。

连续铸铁管与砂型离心铸铁管在外形上的区别是前者插口端没有凸缘，后者的插口端有凸缘。

3. 柔性机械接口铸铁管

柔性机械接口铸铁管按其壁厚分为 LA、A 和 B 三级，管道定长尺寸度为 4m、5m 和 6m；其接口形式分为 N 型胶圈机械接口和 X 型胶圈机械接口。X 型胶圈机械接口铸铁管的形式如图 1-4 所示，N 型胶圈机械接口铸铁管的形式如图 1-5 所示。

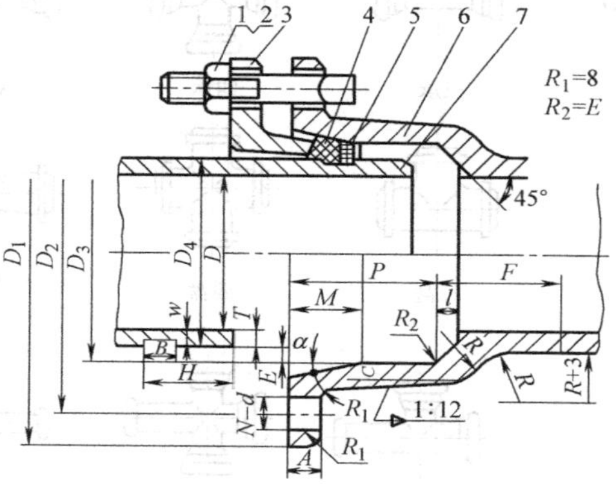

图 1-4　X 型胶圈机械接口铸铁管

1—螺母　2—螺栓　3—压兰　4—胶圈　5—支承圈　6—管体承口　7—管体插口

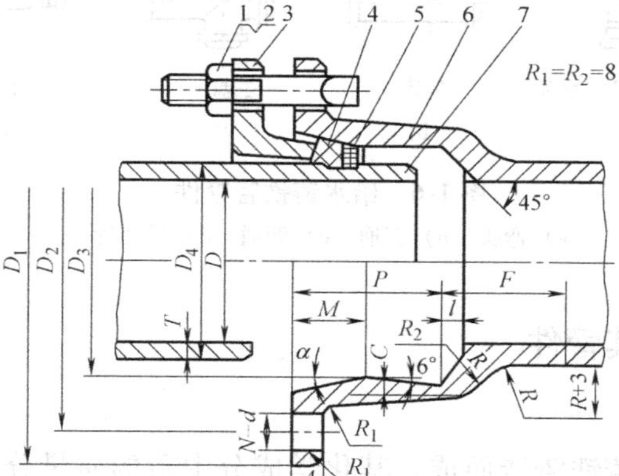

图 1-5　N 型胶圈机械接口铸铁管

1—螺母　2—螺栓　3—压兰　4—胶圈　5—支承圈　6—管体承口　7—管体插口

4. 球墨铸铁管

离心球墨铸铁管是通过球化孕育（铸铁熔炼时在铁液中加入少量球化剂）后的铁液经

高速离心铸造而成的。它克服了灰铸铁脆性的缺点，具有灰铸铁耐腐蚀的优点，还有很高的抗拉强度、抗压强度，其冲击韧度为灰铸铁的10倍以上，使用寿命为钢管的2~3倍。球墨铸铁管的直径为100~1200mm，管道定长尺寸度为4m、5m、5.5m和6m；采用柔性接口，按接口形式分为机械式和滑入式两类。机械式接口又分为N1型、X型和S型三种，滑入式接口为T型。球墨铸铁管的标准壁厚分别为K8级、K9级、K10级和K12级。

5. 给水铸铁管管件

给水铸铁管管件的材质为灰铸铁，出厂试验压力为：管径小于或等于300mm的为2.5MPa、管径大于或等于350mm的为2.0MPa。其主要用于输送给水，如果用于输送煤气等压力气体时，管道需作气密性试验。给水铸铁管的接口形式分为承插式和法兰式。管件有弯头、三通管、四通管和异径管等，如图1-6所示。

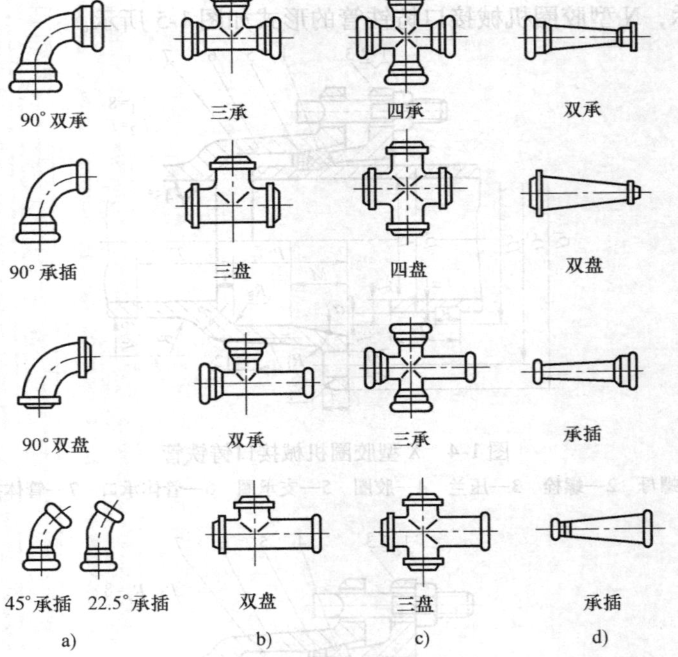

图1-6 给水铸铁管管件

a）弯头 b）三通 c）四通 d）异径管

1.2.2 排水铸铁管及其管件

1. 排水铸铁管

排水铸铁管通常由灰铸铁铸造而成。其化学成分中磷的质量分数不大于0.30%，硫的质量分数不大于0.10%；抗拉强度不小于140MPa；水压试验压力为1.4MPa，可用于输送雨水、污废水；适用于城镇、工业企业排水。其管壁较薄，承口较小。管径为50~200mm，壁厚为4.5~6mm，管长可依需要做成500mm、1000mm、1500mm、2000mm四种，采用承插式连接，按管承口部位的形状可分为A型和B型。

2. 排水铸铁管管件

排水铸铁管管件主要用于没有压力的排水管道，它是用灰铸铁浇铸而成的，常用的排水铸铁管管件如图 1-7 所示。

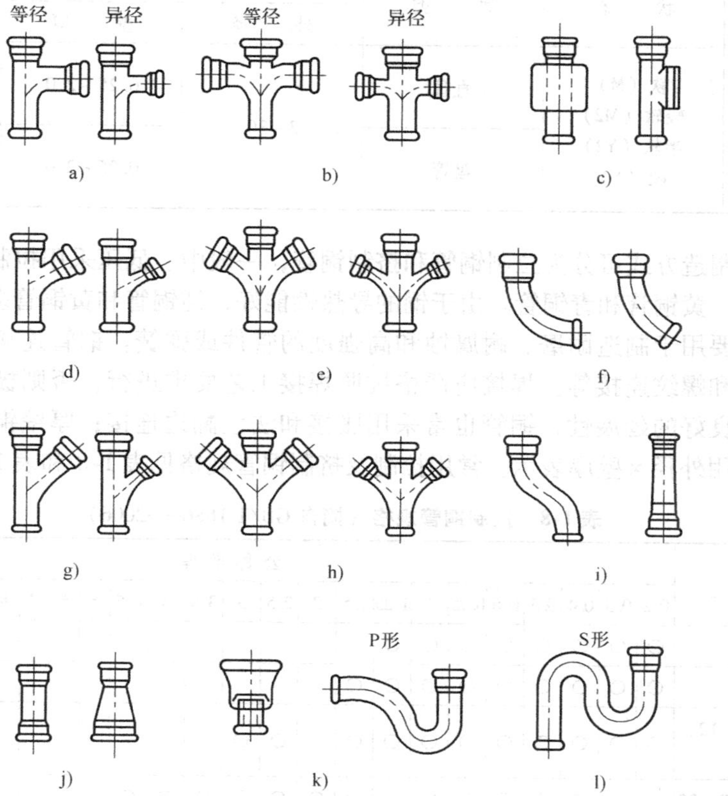

图 1-7　排水铸铁管管件

a）直角三通　b）直角四通　c）检查管　d）60°斜三通　e）40°斜四通　f）弯头
g）45°斜三通　h）45°斜四通　i）乙字弯　j）管箍　k）地漏　l）存水弯

1.3　铜、铜合金管材及其管件

1.3.1　铜管

常用铜管有纯铜管（紫铜管）和黄铜管（铜合金管）。纯铜管主要由 T2、T3、T4、TUP（脱氧铜）制造，黄铜管主要由 H62、H68、HPb59-1 等牌号的黄铜制造。铜及铜合金管可用于制氧、制冷、空调、高纯水设备、制药等管道，也可用于现代高档次建筑的给排水、热水供应管道，规格详见表 1-7。

纯铜管是有色金属管的一种，一般为压制或拉制的无缝管。纯铜管质量较轻，导热性好，低温强度高。常用于制造换热设备（如冷凝器等），也用于制氧设备中装配的低温管路。直径小的铜管常用于输送有压力的液体（如润滑系统、油压系统等），也用作仪表的测压管以及作为小型制冷系统的节流毛细管等。铜管具有坚固、耐腐蚀的特性，因而成为了所有住宅商品房的自来水管道、供热管道、制冷管道安装的首选。

表 1-7　常用铜管的规格尺寸（摘自 GB/T 17791—2007）

牌　号	状　态	种　类	规格尺寸/mm		
			外　径	壁　厚	长　度
TU1 TU2 T2 TP1 TP2	软（M） 轻软（M2） 半软（Y2） 硬（Y）	直管	3 ~30	0.25 ~2.0	400 ~10000
		盘管		0.25 ~2.0	

铜管根据制造方式可分为拉制铜管和挤制铜管，一般中、低压采用拉制管；根据材料不同分为纯铜管、黄铜管和青铜管。由于铜的导热性能好，纯铜管和黄铜管多用于热交换设备中，青铜管主要用于制造耐磨、耐腐蚀和高强度的管件或弹簧。铜管连接可采用焊接、胀接、法兰连接和螺纹连接等。焊接应严格按照焊接工艺要求进行，否则极易产生气泡和裂纹。由于具有良好的延展性，铜管也常采用胀接和法兰翻边连接；厚壁铜管可采用螺纹连接。铜管规格用外径×壁厚表示。常用拉制及挤制铜管规格见表 1-8 和表 1-9。

表 1-8　拉制铜管规格（摘自 GB/T 16866—2006）　　（单位：mm）

公称外径	公称壁厚																									
	0.2	0.3	0.4	0.5	0.6	0.75	1	1.25	1.5	2	2.5	3	3.5	4	4.5	5	6	7	8	9	10	11	12	13	14	15
3，4	○	○	○	○	○	○	○	○																		
5，6，7	○	○	○	○	○	○	○	○	○																	
8，9，10，11，12，13，14，15	○	○	○	○	○	○	○	○	○	○	○	○														
16，17，18，19，20		○	○	○	○	○	○	○	○	○	○	○	○	○	○											
21，22，23，24，25，26，27，28，29，30			○	○	○	○	○	○	○	○	○	○	○	○	○	○										
31，32，33，34，35，36，37，38，39，40			○	○	○	○	○	○	○	○	○	○	○	○	○	○										
42，44，45，46，48，49，50						○	○	○	○	○	○	○	○	○	○	○	○									
52，54，55，56，58，60						○	○	○	○	○	○	○	○	○	○	○	○	○	○							
62，64，65，66，68，70							○	○	○	○	○	○	○	○	○	○	○	○	○	○	○	○				
72，74，75，76，78，80										○	○	○	○	○	○	○	○	○	○	○	○	○	○	○		
82，84，85，86，88，90，92，94，96，100										○	○	○	○	○	○	○	○	○	○	○	○	○	○	○	○	○

（续）

公称外径	公称壁厚																									
	0.2	0.3	0.4	0.5	0.6	0.75	1	1.25	1.5	2	2.5	3	3.5	4	4.5	5	6	7	8	9	10	11	12	13	14	15
105，110，115，120，125，130，135，140，145，150										○	○	○	○	○	○	○	○	○	○	○	○	○	○	○	○	○
155，160，165，170，175，180，185，190，195，200												○	○	○	○	○	○	○	○	○	○	○	○	○	○	○
210，220，230，240，250												○	○	○	○	○	○	○	○	○	○	○	○	○	○	○
260，270，280，290，300，310，320，330，340，350，360														○	○	○										

注：“○”表示推荐规格，需要其他规格的产品应由供需双方商定。

表 1-9　挤制铜管规格（摘自 GB/T 16866—2006）　　（单位：mm）

公称外径	公称壁厚																										
	1.5	2	2.5	3	3.5	4	4.5	5	6	7.5	9	10	12.5	15	17.5	20	22.5	25	27.5	30	32.5	35	37.5	40	42.5	45	50
20，21，22	○	○	○	○		○																					
23，24，25，26	○	○	○	○	○	○																					
27，28，29			○	○	○	○	○	○	○																		
30，32			○	○	○	○	○	○	○																		
34，35，36			○	○	○	○	○	○	○																		
38，40，42，44			○	○	○	○	○	○	○	○	○	○															
45，46，48			○	○	○	○	○	○	○	○	○	○															
50，52，54，55			○	○	○	○	○	○	○	○	○	○	○	○	○												
56，58，60						○	○	○	○	○	○	○	○	○	○												
62，64，65，68，70						○	○	○	○	○	○	○	○	○	○	○											
72，74，75，78，80						○	○	○	○	○	○	○	○	○	○	○	○	○									
85，90										○		○	○	○	○	○	○	○	○	○							
95，100										○		○	○	○	○	○	○	○	○	○							
105，110												○	○	○	○	○	○	○	○	○							
115，120												○	○	○	○	○	○	○	○	○	○	○	○				
125，130												○	○	○	○	○	○	○	○	○	○	○					
135，140												○	○	○	○	○	○	○	○	○	○	○	○				
145，150												○	○	○	○	○	○	○	○	○	○	○					

（续）

公称外径	公称壁厚																										
	1.5	2	2.5	3	3.5	4	4.5	5	6	7.5	9	10	12.5	15	17.5	20	22.5	25	27.5	30	32.5	35	37.5	40	42.5	45	50
155，160												○	○	○	○	○	○	○	○	○	○	○	○	○	○		
165，170												○	○	○	○	○	○	○	○	○	○	○	○	○	○		
175，180												○	○	○	○	○	○	○	○	○	○	○	○	○	○		
185，190，195，200												○	○	○	○	○	○	○	○	○	○	○	○	○	○	○	
210，220												○	○	○	○	○	○	○	○	○	○	○	○	○	○	○	
230，240，250												○	○	○		○		○	○	○	○	○	○	○	○	○	○
260，280												○	○	○		○		○		○							
290，300																○		○		○							

注：“○”表示推荐规格，需要其他规格的产品应由供需双方商定。

1.3.2 铜管管件

常用铜管管件有：

1）各种三通接头。异径接头、同径接头、内螺纹接头等。

2）各种弯头。45°单弯头、45°单承口弯头、90°弯头、90°单承口弯头、内螺纹弯头、180°弯头、180°单承口弯头、180°承口弯头等。

3）各种直线连接的接头。套管接头、内螺纹接头、外螺纹接头、承口内螺纹接头、异径接头、承口外螺纹接头等。

4）各种活接头。承口外螺纹、承口内螺纹、内螺纹活接头、外螺纹活接头等。

5）插管、连接管等。

1.4 常用非金属管

1.4.1 塑料管

1. 硬聚氯乙烯管材

硬聚氯乙烯管材是目前国内外大力发展和应用的新型化学建材，具有质量轻、耐压强度好、输送流体阻力小、耐化学腐蚀性能强、安装方便、投资低、使用寿命长等特点。按用途可分为给水用硬聚氯乙烯管材和排水用硬聚氯乙烯管材。

（1）给水用聚氯乙烯管材　根据 GB/T 10002.1—2006《给水用硬聚氯乙烯（PVC-U）管材》的规定，管材以聚氯乙烯树脂为主要原料，经挤出成型。公称外径 $d_n20 \sim d_n1000$，室内常用 $d_n20 \sim d_n110$，室外常用 $d_n63 \sim d_n315$，管材的长度一般为 4m、6m，也可由供需双方协商确定，适用于建筑物内、外（架空或埋地）相应压力下水温不超过 45℃的给水用管材。管材的规格用 d_n（公称外径）$\times e_n$（公称壁厚）表示。

（2）排水用聚氯乙烯管材　建筑排水用硬聚氯乙烯管材是以聚氯乙烯树脂为主要原料，加入必要的助剂，经挤出成型。主要用于民用建筑排水，在考虑材料的耐化学性和耐热性的条件下，也可以用于工业排水。直径（外径）*dn*40～*dn*160，管材的长度一般为4m和6m，管材的规格用*dn*（公称外径）×（公称壁厚）表示。常用的管件有三通、弯头和存水弯等。

2. 聚乙烯（PE）管

GB/T 15558.1—2003 燃气用埋地聚乙烯（PE）管道系统　第1部分：管材也称为PE燃气管，分成SDR11和SDR17.6两个系列，前者适用于输送人工煤气、天然气和（气态）液化石油气，后者适用于输送天然气。其规格以公称外径 d_n 表示，按国家标准其公称外径系列为16mm、20mm、25mm、32mm、40mm、50mm、63mm、75mm、90mm、110mm、125mm、140mm、160mm、180mm、200mm、225mm、250mm等。管材的颜色为黄色或黑色（管上必须有醒目的黄色色条）。SDR为标准尺寸比，即公称外径 d_n 与公称壁厚 e_n 之比（经圆整）。如SDR11是指公称外径 d_n110、壁厚10mm，SDR＝110/10＝11。

3. 聚丙烯（PP）管及共聚聚丙烯（PP-C）管

聚丙烯是由丙烯聚合而得到的结晶型热塑性材料，可采用注射、挤出、吹塑等方法制成管材、型材，具有使用温度高、耐化学腐蚀性好等优点，主要缺点是低温脆性。PE（聚乙烯）管具有良好的低温性能、化学稳定性等优点，但其耐高温性和耐冲击性差。通过PE和PE单体共聚成一种新的共聚物，具有PP和PE的共同优点，称为PP-C（共聚聚丙烯）。根据共聚方式及乙烯单体含量的不同，PP-C可分为三种：① 均聚聚丙烯PP-H（一型）；② 嵌段共聚聚丙烯PP-B（二型）；③ 无规共聚聚丙烯PP-R（三型）。

PP-B与PP-R的物理特性相似，具有硬度较高，不易弯曲变形，不受酸、碱、盐等化合物腐蚀的特点，应用范围基本相同，工程中可替换使用，是理想的液体输送管材。适合多种用途的配管，冷、热水兼用，也可输送强腐蚀性液体。两者的差别在于：

1）热水管道应采用公称压力不低于2.0MPa等级的管材和管件。

2）冷水管道应采用公称压力不低于1.25MPa等级的管材、管件。

3）管材规格用公称外径×壁厚，即 $d_e \times e$ 表示。

PP管的连接配件按材质可分为塑料配件、铜塑配件、铜配件三类：

1）塑料配件是基本的常用配件。

2）铜塑配件是在PP管体内置铜嵌件，用于同阀门、水表、水龙头及金属管道的连接，该配件与PP管用热熔连接，与金属配件采用螺纹连接。

3）铜配件是用铜棒加工成型并在表面镀镍，严禁将铸铜件用于直径大于或等于40mm的大口径活接头的部位。

1.4.2　复合管材

1. 铝管及铝塑复合管

铝管是由铝及铝合金经过拉制和挤压而成的管材，使用最高温度为150℃，公称压力不超过0.588MPa，常用牌号为12、13、14、15的工业铝制造。铝及铝合金管有较好的耐蚀性，常用于输送浓硝酸、脂肪酸、丙酮、苯类等液体，也可用于输送硫化氢、二氧化碳等气体，但不能用于输送碱和氯离子的化合物。薄壁管由冷拉或冷压制成，供应长度为1～6m；

厚壁管由挤压制成，最小供应长度为300mm。铝及铝合金管规格（外径）分为11mm、14mm、18mm、25mm、32mm、38mm、45mm、60mm、75mm、90mm、110mm、120mm、185mm等，壁厚为0.5~32.5mm。铝合金管由铝镁、铝锰体系组成，其特点是提高了其耐蚀性、抛旋光性、高塑性和强度。纯铝管焊接性好；铝合金管焊接较难，多采用氩弧焊接。

铝塑复合管是以焊接铝管为中间层，内、外层均为聚乙烯塑料，采用专用热熔胶，通过挤出成型方法复合成一体的管材（图1-8）。它是一种集金属和塑料优点于一体的新型材料，具有耐腐蚀、耐高温、不回弹、阻隔性能好、抗静电等特点。按照由外到内的结构可分为以下四种：

图1-8　铝塑复合管结构图

1）聚乙烯-胶粘剂-铝合金-胶粘剂-交联聚乙烯，适用于温度和压力较高的场合。

2）交联聚乙烯-胶粘剂-铝合金-胶粘剂-交联聚乙烯，适用于温度和压力较高的场合，其外表面有较高的强度。

3）聚乙烯-胶粘剂-铝-胶粘剂-聚乙烯，适用于温度和压力较低的场合。

4）聚乙烯-胶粘剂-铝合金-胶粘剂-聚乙烯，适用于温度较低的场合，主要用于燃气输送。

铝塑复合管（PAP），是指采用中、高密度聚乙烯塑料的铝塑复合管。交联铝塑复合管（XPAP），是采用交联中、高密度聚乙烯塑料的铝塑复合管。铝塑复合管的分类详见表1-10，结构尺寸详见表1-11。

表1-10　铝塑复合管的分类（GB/T 18997.1—2003）

流体类别		用途代号	塑管代号	长期工作温度 T_0/℃	允许工作压力 p_0/MPa
水	冷水	L	PAP	40	1.25
	冷热水	R	PAP	60	1.00
				75①	0.82
				82①	0.69
			XPAP	75	1.00
				82	0.86
燃气②	天然气	Q	PAP	35	0.40
	液化石油气				0.40
	人工煤气③				0.20
特种流体④		T		40	0.50

注：在输送易在管内产生相变的流体时，在管道系统中因相变产生的膨胀力应不超过最大允许工作压力或在管道系统中采取防止相变的措施。

① 系指采用中密度聚乙烯（乙烯与辛烯共聚物）。

② 输送燃气时应符合燃气安装的安全规定。

③ 在输送人工煤气时应注意冷凝剂中芳香烃对管材的不利影响。

④ 系指和HDPE的抗化学药品性能相一致的特种流体。

表 1-11　铝塑复合管基本结构尺寸（GB/T 18997.1—2003）　（单位：mm）

公称外径 d_n	公称外径公差	参考内径 d_i	圆度		管壁厚 e_m		内层塑料最小壁厚 e_n	外层塑料最小壁厚 e_w	铝管层最小壁厚 e_a
			盘管	直管	最小值	公差			
12	+0.3 0	8.3	≤0.8	≤0.4	1.6	+0.5 0	0.7	0.4	0.18
16		12.1	≤1.0	≤0.5	1.7		0.9		
20		15.7	≤1.2	≤0.6	1.9		1.0		0.23
25		19.9	≤1.5	≤0.8	2.3		1.1		
32		25.7	≤2.0	≤1.0	2.9		1.2		0.28
40		31.6	≤2.4	≤1.2	3.9	+0.6 0	1.7		0.33
50		40.5	≤3.0	≤1.5	4.4	+0.7 0	1.7		0.47
63	+0.4 0	50.5	≤3.8	≤1.9	5.8	+0.9 0	2.1		0.57
75	+0.6 0	59.3	≤4.5	≤2.3	7.3	+1.1 0	2.8		0.67

2. 钢塑复合管

钢塑复合管是一种内、外以高密度聚乙烯或交联聚乙烯作为防腐层，中间以对接焊钢管作为加强层，层间采用专用热熔胶紧密粘接，通过挤出成型方法或直接喷涂方法复合成一体的新型绿色环保复合管材。其特点有：耐高压、抗冲击性能优良；且双面防腐，具有与塑料管相同的防腐性能，耐腐蚀、耐高温；热导率小，冬季使用时外壁不需保温，夏季使用也不结露；质量轻、运输及施工方便；内壁光洁，不结垢，水头损失比钢管低 30%；中间层可 100% 隔绝气体、液体的渗透，使管子同时具有金属管和塑胶管的优点，剔除了各自的缺点；符合国家饮用水管道卫生标准，永久性防止管道生锈腐蚀，保证水质卫生，使用安全可靠；用金属探测器可以探测出管材埋藏位置，方便维护更换。钢塑复合管与其他管材性能比较见表 1-12。钢塑复合管规格尺寸与公称压力见表 1-13。

表 1-12　钢塑复合管与其他管材性能比较

	钢塑复合管	纯塑料管	镀锌钢管	铝塑管	球墨铸铁管
连接方式	可靠	易渗水	可靠	易渗水	可靠
抗冲击性	高	低	较高	一般	较高
耐压力	高	低	高	中等	高
耐蚀性	强	强	较强	强	较强
热膨胀系数	低	高	低	中	低
阻燃性	好	差	好	中	好
自重	较轻	轻	重	轻	重
裁切	容易	容易	困难	容易	困难
渗透性	无	透氧	无	无	无
寿命	很长	较长	短	长	短
施工	简单，无污染	容易	困难，有污染	简单，无污染	困难，有污染
卫生性能	极好	好	一般	极好	差

表 1-13　钢塑复合管规格尺寸与公称压力

规格尺寸/mm	公称压力/MPa	总壁厚/mm	内壁厚/mm	外管厚/mm	钢带厚/mm	胶层厚/mm
50×0.4	2.0	4.0	2.3	1.0	0.5	0.1
63×4.5		4.5	2.4	1.3	0.6	0.1
75×5.5		5.5	2.3	2.4	0.6	0.1
90×6.0		6.0	2.4	2.6	0.8	0.2
110×6.5		6.5	2.4	2.9	1.0	0.2
160×8.4		8.4	3.0	3.4	1.6	0.2
200×9.7		9.7	3.5	3.8	2.0	0.2
50×4.8	2.5	4.8	1.8	2.0	0.8	0.1
63×5.2		5.2	1.9	2.2	0.9	0.1
75×5.8		5.8	2.0	2.4	1.2	0.1
90×6.2		6.2	2.1	2.6	1.3	0.1
110×7.5		7.5	2.5	2.85	1.8	0.15
160×9.3		9.3	3.0	3.4	2.5	0.2
200×10.9		10.9	3.5	3.8	3.2	0.2

3. 玻璃钢-塑料复合管

玻璃钢-塑料耐腐蚀复合管材以聚氯乙烯管作为主管材，环氧玻璃钢为加强层，它既具有聚氯乙烯管的耐蚀性好、阻力小等优点，又具有玻璃钢的耐老化、耐高压、耐热、耐冲击性能好等优点。可以代替部分不锈钢管，用于工作温度在85℃以下，工作压力在0.6～1.0MPa之间的场合。玻璃钢-聚氯乙烯复合管材物理性能见表1-14。

表 1-14　玻璃钢-聚氯乙烯复合管材物理力学性能

材质		物理力学性能					
外套	内衬	吸水性/(mg/cm²)	抗拉强度/MPa	抗弯强度/MPa	线膨胀系数/(1/℃)	比热容/(J/kg·K)	热导率/[W/(m·K)]
环氧玻璃钢厚2mm	硬聚氯乙烯管	0.05～0.06	100～120	150～175	$(3\sim4)\times10^{-3}$	200～500 830～2100	0.16

4. 钢管-玻璃管复合管材

衬玻璃管是采用一定的方法将玻璃衬于金属管内壁，以弥补玻璃管强度不高及性脆的缺点。因此，钢管-玻璃管复合管材既具有玻璃管良好的耐腐性能，又具有一定的耐热性和强度，其耐蚀性能及允许使用范围见表1-15和表1-16。将玻璃衬在钢管上的方法一般有三种：

（1）吹制法　吹制法是将涂上底釉的钢管加热到800～900℃的状态，用人工吹制或压缩空气吹制的方法衬上玻璃。

（2）膨胀法　膨胀法是将玻璃管装在钢管内，用加热设备加热，然后用压缩空气加压衬上。

（3）喷涂法　喷涂法是先将底釉喷到钢管上，灼热后，再喷涂玻璃粉，最后经焙烧而成。

表1-15　玻璃在酸、碱中耐腐蚀情况

介　质	含量（%）	温度/℃	煮沸时间/h	玻璃失重/（mg/cm²）
硫酸	10	——	4	0.0085
盐酸	15	——	4	0.0077
硝酸	15	——	4	0.00525
氢氧化钠	5	——	4	0.0295

注：1. 玻璃耐碱性能较差，必要时仅用于低温稀碱液。
2. 表中“——”表示常温下即产生反应。

表1-16　衬玻璃管使用范围

形　式	吹制衬玻璃管	膨胀衬玻璃管	喷涂玻璃管
使用温度/℃	0～150	0～280	0～280
耐温急变：			
冷冲击温度/℃	80	200	200
热冲击温度/℃	120	250	250

1.5　板材和型钢

1.5.1　金属薄板

制作风管及风管部件用的金属薄板要求板面平整光滑，厚度均匀一致，无脱皮、开裂、结疤及锈坑等缺陷，有较好的延展性，适合咬口加工。金属薄板的规格通常用短边、长边以及厚度三个尺寸表示，例如1000mm×2000mm×1.2mm。规格如下：

1）钢板和钢带（包括纵切钢带）的公称厚度：0.30～4.00mm。

2）钢板和钢带的公称宽度：600～2050mm。

3）钢板的公称长度：1000～6000mm。

常用的金属薄板有普通薄钢板、镀锌钢板、不锈钢钢板和铝板等。

1. 普通薄钢板与镀锌钢板

普通薄钢板加工性能好、强度较高，且价格便宜。广泛用于普通风管、气柜、水箱等的制作。镀锌钢板和塑料复合钢板主要用于空调、超净等防尘或防腐要求较高的通风系统。镀锌钢板表面有起防锈作用的镀锌保护层，一般不再刷防锈漆。风管钢板厚度一般由设计给定，如设计图样未注明时，一般送、排风系统参照表1-17选用，除尘系统参照表1-18选用。

表1-17　一般送、排风风管钢板最小厚度

矩形风管最长边或圆形风管直径/mm	钢板厚度/mm		
	输送空气		输送烟气
	风管无加强构件	风管加强构件	
<450	0.5	0.5	1.0
450～1000	0.8	0.6	1.5
1000～1500	1.0	0.8	2.0
>1500	根据实际情况		

注：对于腐蚀性气体，风管壁厚除满足强度要求外，还应考虑腐蚀余量，风管壁厚一般不小于2mm。

表 1-18　除尘系统风管用钢板最小厚度

风管直径/mm	钢板厚度/mm					
	一般磨料		中硬度磨料		高硬度磨料	
	直　管	异形管	直　管	异形管	直　管	异形管
<200	1.0	1.5	2.5	2.5	2.0	2.0
200~400	1.25	1.5	1.5	2.5	2.0	3.0
400~600	1.25	1.5	2.0	3.0	2.5	3.5
>600	1.5	2.0	2.0	3.0	3.0	4.0

注：1. 吸尘器及吸尘罩的钢板采用2mm。
2. 一般磨料指木工锯屑、烟丝和棉麻尘等；中硬度磨料指砂轮机尘、铸造灰尘和煤渣尘等；高硬度磨料指矿石尘、石英沉等。

普通薄钢板多用于制作排气、除尘系统的风管及部件，但其表面容易生锈，应刷油漆进行防腐。镀锌薄钢板表面有镀锌层保护，常用于制作不含酸、碱气体的通风系统和空调系统的风管及部件。薄钢板选用时，要求表面平整、光滑、厚薄均匀，允许有紧密的氧化铁薄膜，但不得有裂纹、结疤等缺陷。

2. 不锈钢钢板

不锈钢钢板表面有铬元素形成的钝化保护膜，有隔绝空气、使钢不被氧化的作用。它具有较高的强度和硬度，韧性大，焊接性强，在空气、酸性及碱性溶液或其他介质中有较高的化学稳定性。在加工和存放过程中都应特别注意，不应使板材的表面产生划痕、刮伤和凹穴等现象，因为表面的钝化膜一旦被破坏就会降低它的耐蚀性。加工时不得使用铁锤敲打，避免破坏合金元素的晶体结构；否则在被铁锤敲击处会出现腐蚀中心，产生锈斑并蔓延破坏其表面的钝化膜，从而使不锈钢钢板表面成片腐蚀。不锈钢钢板是一种不容易生锈的合金钢，却不是绝对不生锈。在堆放和加工时，应使表面不被划伤或擦毛，避免与碳素钢长期接触而发生电化学反应，从而保护其表面形成的钝化膜不受破坏。不锈钢钢板表面光洁，耐酸、碱气体和溶液及其他介质的腐蚀。所以，不锈钢钢板制成的风管及部件常用于化工、食品、医药、电子、仪表等工业通风系统和有较高净化要求的送风系统。例如印刷行业为了排除含有水蒸气的空气，排风系统也常使用不锈钢钢板来加工风管。一般来说不锈钢钢板价格会高出镀锌钢板10倍以上。

3. 铝板及铝合金

铝板有纯铝板和合金铝板两种，用于通风空调工程的铝板以纯铝板居多。铝板质轻、表面光洁，具有良好的可塑造性，对浓硝酸、醋酸、稀硫酸有一定的抗腐蚀能力，同时扎起摩擦时不会产生火花，常用于化工工程通风系统和防爆通风系统的风管及部件。

铝板不能与其他金属长期接触，否则将对铝板产生电化学腐蚀。所以铆接加工时不能用碳素钢铆钉代替铝铆钉；铝板风管用角钢作法兰时，必须作防腐绝缘处理，如镀锌或喷漆。

铝合金板以铝为主，并在其中加入一种或几种其他元素制作而成。铝合金板具有较强的机械强度，其密度轻、塑性及耐蚀性也很好，易于加工成形。

4. 塑料复合钢板

塑料复合钢板是在普通薄钢板的表面上喷一层0.2~0.4mm厚的软质或半硬质塑料膜。这种复合板既有普通薄钢板的切断、弯曲、钻孔、铆接、咬合、折边等加工性能和较强的机械强度，又有较好的耐蚀性；缺点是使用温度范围不大，常用于防尘要求较高的空调系统和

-10～70℃的耐腐蚀系统。

1.5.2　型钢

在供热及通风工程中，型钢主要用于制作设备框架、风管法兰盘、加固圈以及管路的支、吊、托架。常用型钢种类有扁钢、角钢、圆钢、槽钢和工字钢等，其断面图如图 1-9 所示。

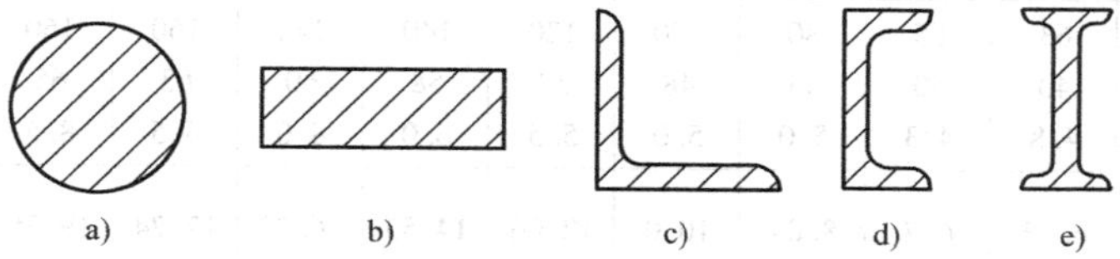

图 1-9　常用型钢断面图

a）圆钢　b）扁钢　c）角钢　d）槽钢　e）工字钢

1. 圆钢

圆钢也称钢筋，在管道工程中主要用来制作吊架拉杆、管道支架卡环以及散热器托钩。常用圆钢的规格及理论质量见表 1-19。

表 1-19　常用圆钢的规格及质量

圆钢公称直径/mm	6	8	10	12	14	16	18	20	22
理论质量/(kg/m)	0.222	0.395	0.617	0.888	1.210	1.580	2.00	2.470	2.980

2. 扁钢

扁钢主要用于制作风管法兰及加固圈，以宽度×厚度表示，如 20mm×4mm。规格见表 1-20。

表 1-20　常用扁钢的规格及质量

扁钢规格尺寸/mm	理论质量/(kg/m)	扁钢规格尺寸/mm	理论质量/(kg/m)	扁钢规格尺寸/mm	理论质量/(kg/m)	扁钢规格尺寸/mm	理论质量/(kg/m)
20×4	0.63	30×5	1.18	40×6	1.88	50×6	2.36
22×4	0.69	36×4	1.14	45×5	1.77	50×7	2.75
25×4	0.78	36×5	1.41	45×6	2.12	60×5	2.36
25×5	0.98	40×4	1.26	45×7	2.47	60×6	2.83
30×4	0.94	40×5	1.57	50×5	1.96	60×8	3.77

3. 角钢

角钢多用于风管法兰及管路支架制作，分为等边角钢和不等边角钢。等边角钢以边长×边宽×边厚表示，如 40mm×40mm×4mm 角钢。常用的等边角钢规格及理论质量见表 1-21。

表 1-21　常用的等边角钢规格及质量

规格尺寸/mm	理论质量/(kg/m)	规格尺寸/mm	理论质量/(kg/m)	规格尺寸/mm	理论质量/(kg/m)	规格尺寸/mm	理论质量/(kg/m)
25×4	1.46	45×4	2.73	70×6	6.40	80×10	11.87
30×4	1.78	50×5	3.77	70×7	7.39	90×6	8.35
40×3	1.85	63×6	5.72	80×6	7.39	90×8	10.94
40×4	2.42	70×5	5.38	80×8	9.55	90×10	13.47

4. 槽钢

槽钢主要用于箱体、柜体的框架结构及风机等设备的机座，规格以其高度 1/10 的数值表示。常用的槽钢规格及质量见表 1-22。

表 1-22 常用的槽钢规格及质量

型号		5	6.3	6.5	8	10	12	14a	14b	16a	16b	18a	18b	20b
尺寸/mm	高 h	50	63	65	80	100	120	140	140	160	160	180	180	200
	宽 b	37	40	40	43	48	53	58	60	63	65	68	70	75
	厚 d	4.5	4.8	4.3	5.0	5.0	5.5	6.0	8.0	6.5	8.5	7.0	9.0	9.0
理论质量/(kg/m)		5.44	6.63	6.7	8.04	10.0	12.06	14.53	16.73	17.24	19.75	20.17	23.00	25.78

5. 工字钢

工字钢在管道工程中，主要用于制作支架、支座。常用的工字钢规格及理论质量见表 1-23。

表 1-23 常用的工字钢规格及质量

型号		10	12	14	16	18	20a	20b	22a	22b	25a
尺寸/mm	高 h	100	120	140	160	180	200	200	220	220	250
	宽 b	68	74	80	88	94	100	102	110	112	116
	厚 d	4.5	5.0	5.5	6.0	6.5	7.0	9.0	7.5	9.5	8.0
理论质量/(kg/m)		11.3	14.0	16.9	20.5	24.1	27.9	31.1	33.0	36.5	38.1

1.6 常用紧固件

常用紧固件主要指用于各种管路及设备的拉紧与固定所用的器件，如螺母、螺栓(钉)、铆钉及花篮螺钉等。螺母与螺栓的螺距通常分为粗牙和细牙两种。粗牙普通螺距用字母 M 和公称直径表示，如 M16 表示公称直径为 16mm。细牙普通螺纹用字母 M 和公称直径×螺距表示，如 M10×1.25 表示螺距为 1.25、公称直径为 10mm 的细牙螺纹。安装工程中粗牙的螺母、螺栓用得较多。普通螺纹规格见表 1-24。

表 1-24 普通螺纹规格（摘自 GB/T 193—2003） （单位：mm）

公称直径 D、d			螺距 P										
第 1 系列	第 2 系列	第 3 系列	粗牙	细牙									
				3	2	1.5	1.25	1	0.75	0.5	0.35	0.25	0.2
1			0.25										0.2
	1.1		0.25										0.2
1.2			0.25										0.2
	1.4		0.3										0.2
1.6			0.35										0.2
	1.8		0.35										0.2
2			0.4									0.25	

（续）

公称直径 D、d				螺距 P									
第1系列	第2系列	第3系列	粗牙	细牙									
				3	2	1.5	1.25	1	0.75	0.5	0.35	0.25	0.2
	2.2		0.45									0.25	
2.5			0.45								0.35		
3			0.5								0.35		
	3.5		0.6								0.35		
4			0.7							0.5			
	4.5		0.75							0.5			
5			0.8							0.5			
		5.5								0.5			
6			1						0.75				
	7		1						0.75				
8			1.25					1	0.75				
		9	1.25					1	0.75				
10			1.5				1.25	1	0.75				
		11	1.5			1.5		1	0.75				
12			1.75				1.25	1					
	14		2			1.5	1.25	1					
		15				1.5		1					
16			2			1.5		1					
		17				1.5		1					
	18		2.5		2	1.5		1					
20			2.5		2	1.5		1					
	22		2.5		2	1.5		1					
24			3		2	1.5		1					
		25			2	1.5		1					
		26				1.5							
	27		3		2	1.5		1					
		28			2	1.5		1					
30			3.5	(3)	2	1.5		1					
		32			2	1.5							
	33		3.5	(3)	2	1.5							
		35				1.5							
36			4	3	2	1.5							
		38				1.5							
	39		4	3	2	1.5							

1.6.1 螺母

螺母分六角螺母和方螺母，根据加工方式的不同可分为精制、粗制和冲压三种螺母。常用螺母规格示意图如图1-10所示，公称普通螺纹规格见表1-25。

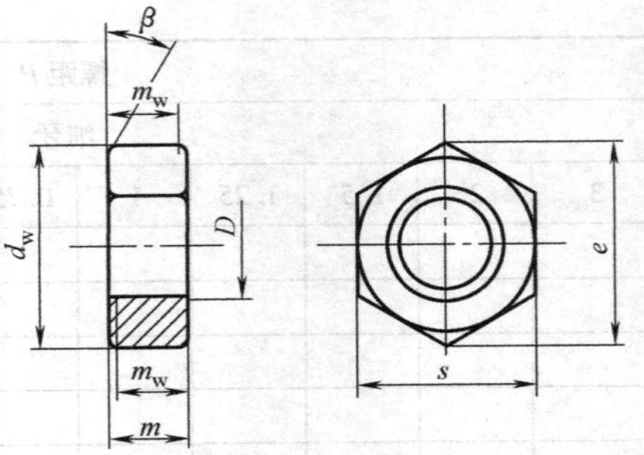

图 1-10　常用螺母规格示意图（$\beta=15°\sim30°$，允许内倒角）

表 1-25　公称普通螺纹规格　　（单位：mm）

螺纹规格 D		M5	M6	M8	M10	M12	M16	M20
P		0.8	1	1.25	1.5	1.75	2	2.5
d_n（min）		6.7	8.7	11.5	14.5	16.5	22	27.7
e（min）		8.63	10.89	14.20	17.59	19.85	26.17	32.95
m	max	5.6	6.4	7.9	9.5	12.2	15.9	19
	min	4.4	4.9	6.4	8	10.4	14.1	16.9

1.6.2　螺栓

螺栓又称螺杆，分为六角头、方头和双头（无头）螺栓 3 种。按加工要求分为粗制、半精制和精制 3 种。规格表示为公称直径×长度或公称直径×长度×螺纹长度。常用螺栓规格示意图如图 1-11 所示，公制六角头螺栓见表 1-26。

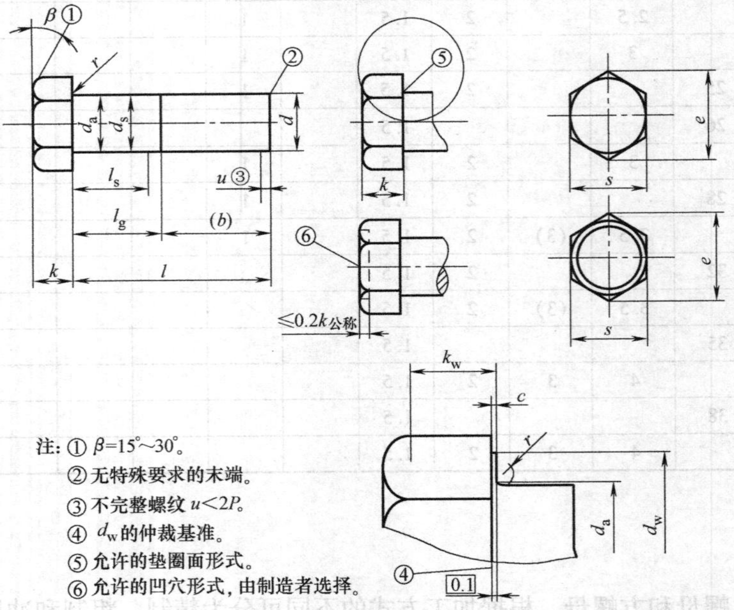

图 1-11　常用螺栓规格示意图

表 1-26 公制六角头螺栓规格（摘自 GB/T 5780—2000） （单位：mm）

螺纹规格 d		M5	M6	M8	M10	M12	M16	M20
P①		0.8	1	1.25	1.5	1.75	2	2.5
b 参考	②	16	18	22	26	30	38	46
	③	22	24	28	32	36	44	52
	④	35	37	41	45	49	57	65
c（max）		0.5	0.5	0.6	0.6	0.6	0.8	0.8
d_a（max）		6	7.02	10.2	12.2	14.7	18.7	0.8
d_s	max	5.48	6.48	8.58	10.58	12.7	16.7	20.84
	min	4.52	5.52	7.42	9.42	11.3	15.3	19.16
d_w（min）		6.74	8.74	11.47	14.47	16.47	22	27.7
e（min）		8.63	10.89	14.2	17.59	19.85	26.17	32.95
k	公称	3.5	4	5.3	6.4	7.5	10	12.5
	max	3.875	4.375	5.675	6.85	7.95	10.75	13.4
	min	3.125	3.625	4.925	5.95	7.05	9.25	11.6

注：① P——螺距。
② $l_{公称} \leqslant 125\text{mm}$。
③ $125\text{mm} < l_{公称} \leqslant 200\text{mm}$。
④ $l_{公称} > 200\text{mm}$。

1.6.3 垫圈

垫圈分为平垫圈和弹簧垫圈两种。平垫圈垫于螺母下面，用于增大螺母与被紧固件间的接触面积；并降低螺母作用在单位面积上的压力，起到保护被紧固件表面不受摩擦损伤的作用。弹簧垫圈富有弹性，能防止螺母松动，适用于经常受振动部位。它分为普通和轻型两种，规格与所配合使用的螺栓一致，以公称直径表示。平垫圈规格示意图如图 1-12 所示，其规格见表 1-27。

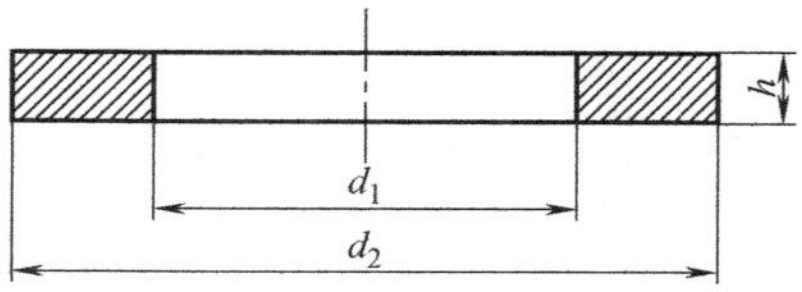

图 1-12 平垫圈规格示意图

表 1-27 平垫圈规格（公称直径配合螺栓规格）（摘自 GB/T 5287—2002）

（单位：mm）

公称尺寸（螺纹规格 d）	内径 d_1		外径 d_2		厚度 h		
	公称（min）	max	公称（max）	min	公称	max	min
5	5.5	5.8	18	16.9	2	2.3	1.7
6	6.6	6.96	22	20.7	2	2.3	1.7
8	9	9.36	28	26.7	3	3.6	2.4
10	11	11.43	34	32.4	3	3.6	2.4
12	13.5	13.93	44	42.4	4	4.6	3.4
14	15.5	15.93	50	48.1	4	4.6	3.4

（续）

公称尺寸（螺纹规格 d）	内径 d_1		外径 d_2		厚度 h		
	公称（min）	max	公称（max）	min	公称	max	min
16	17.5	18.2	56	54.1	5	6	4
20	22	22.84	72	70.1	6	7	5
24	26	26.84	85	82.8	6	7	5
30	33	34	105	102.8	6	7	5
36	39	40	125	122.5	8	9.2	6.8

1.6.4 膨胀螺栓

膨胀螺栓又称胀锚螺栓，可用于固定管道支架及作为设备地脚的专用紧固件。采用膨胀螺栓可以省去预埋件及预留孔洞，能提高安装速度和工程质量，还能降低成本、节约材料。膨胀螺栓形式繁多，但大体上可分为两类，即锥塞型（图1-13a）和胀管型（图1-13b）。这两类膨胀螺栓多是采用钢材制造的，又称为钢制膨胀螺栓。也有采用塑料胀管、尼龙胀管、铜合金胀管以及不锈钢制造的膨胀螺栓。

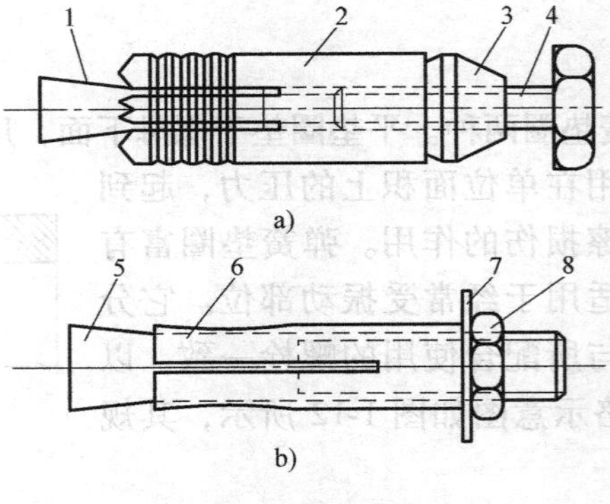

图1-13 膨胀螺栓

a）锥塞型 b）胀管型

1—锥塞 2—胀管 3—锥套 4—螺钉 5—带锥螺杆 6—胀管 7—垫圈 8—螺母

锥塞型膨胀螺栓适用于钢筋混凝土建筑结构。它由锥塞（锥）、带锥套的胀管（也有不带锥套的）、六角头螺栓（或螺杆和螺母）三个部件组成。使用时靠锥塞打入胀管，然后胀管径向膨胀使胀管紧塞于墙孔中。

胀管型膨胀螺栓适用于砖、木及钢筋混凝土等建筑结构。它是由带锥头的螺杆、胀管（在一端开有4条槽缝的薄壁短管）及螺母组成。使用时，随着螺母的拧紧，胀管随之膨胀并紧塞于墙孔中。对于受拉或受动载荷作用的支架、设备宜用这种膨胀螺栓。膨胀螺栓允许的承载能力见表1-28。

表1-28　钢制膨胀螺栓在C15混凝土中允许承载力

型　号		螺栓直径/mm	允许拉力/MPa	允许剪力/MPa	钻　孔	
					直径/mm	深度/mm
YG1	M10	ϕ10	57	47	10.5	60
	M12	ϕ12	87	69	12.5	70
	M16	ϕ16	165	130	16.5	80
	M20	ϕ20	270	200	20.5	110
YG2	M16	ϕ16	194	180	22.5～23	120
	M20	ϕ20	304	280	28.5～30	140

1.6.5　射钉

射钉和膨胀螺栓一样，目前广泛地用于安装工程中。射钉埋置不用钻孔，而是借助于射钉枪中弹药爆炸的能量，将钢钉直接射入建筑结构中。射钉是一种专用特制钢钉（图1-14），它可以安全准确地射在砖墙、钢筋混凝土构件、钢质或木质构件指定的位置上。用射钉安装支架与设备位置准确、速度快，不用其他动力设施，并可以节省能源和材料。

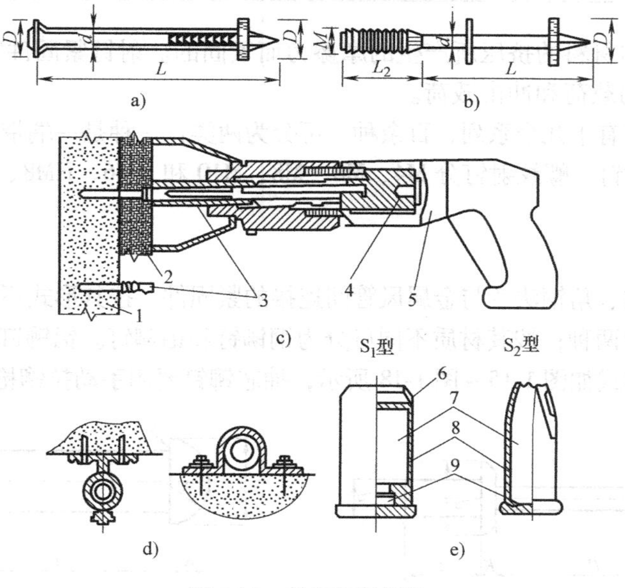

图1-14　射钉与射钉枪

a）圈头射钉　b）螺纹射钉　c）射钉枪　d）射钉紧固支架　e）射钉弹

1—基体　2—被紧固件　3—射钉　4—射钉弹　5—射钉枪　6—纸垫　7—发弹药　8—弹壳　9—击发药

射钉选用时，要考虑载荷量、构件的材质和钉子埋入深度。射钉和射钉弹的选用见表1-29。根据射钉的大小选用射钉弹，M10的射钉打入80号砖深度为50mm，需弹药1.0g，打入300号混凝土深度为50mm，需弹药1.3g，打透10mm厚的钢板用弹药的重量为1.5g。为保证射钉的安全，防止事故发生，射钉枪设有安全装置。装好射钉和弹药的射钉枪，在对空射击时弹药不会击发，枪口必须对准实体并用 3 ~ 5kg 重的压力使枪管向后压缩到规定位置时，扣动扳机才能击发，这就保证了射钉的安全。

表 1-29　射钉和射钉弹选用表

基体材料类别	基体材料抗拉（压）强度/MPa	射钉埋置深度 L/mm	被紧固件材质和厚度 S/mm	射钉类型	射钉弹类型
混凝土	10 ~ 60	20 ~ 32	木质 25 ~ 55	YD DD	S1 红，黄 S3 黄、红、绿
混凝土	10 ~ 60	22 ~ 32	松软木质 25 ~ 55	YD + D36 DD + D36	S1 红，黄 S1 红、黄、绿
混凝土	10 ~ 60	22 ~ 32	钢和铝板 4 ~ 8	YD DD	S1 红，黄 S3 红、黄
混凝土	10 ~ 60	22 ~ 32		M6	S1 红，黄
混凝土	10 ~ 60	22 ~ 32		M8、M10	S3 红，黄
金属体	1 ~ 7.5	8 ~ 12	木质 25 ~ 55	HYD HDD	S1 红， S3 红、黄
金属体	1 ~ 7.5	8 ~ 12		HM6 HM8 HM10	S3 黑、红、黄

射钉是靠对基体材料的挤压所产生的摩擦力而紧固的。射钉紧固件宜承受轻型和中型静载荷，不宜承受振动载荷和冲击载荷。

目前常用的射钉有十几个系列，百余种。可分为两类：一种是一端带有公制普通螺纹的射钉；另一种是圆头射钉。螺纹射钉分 M4、M6、M8、M10 和 HM6、HM8、HM10 七个系列。

1.6.6　铆钉

铆钉是用于板材、角钢法兰与金属风管间连接的紧固件。按其形式不同可分为圆头（蘑菇顶）铆钉和平头铆钉两种；按其材质不同可分为钢铆钉和铝铆钉。铝铆钉又分为实芯、抽芯和击芯三种。铆钉的形式如图 1-15 ~ 图 1-18 所示，抽芯铆钉要用手动拉铆枪进行拉铆。

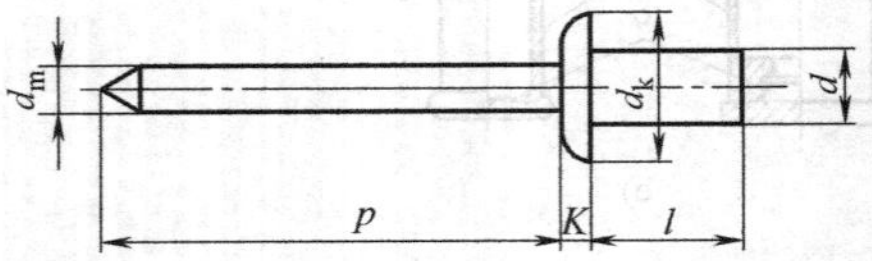

图 1-15　抽芯铆钉规格示意图

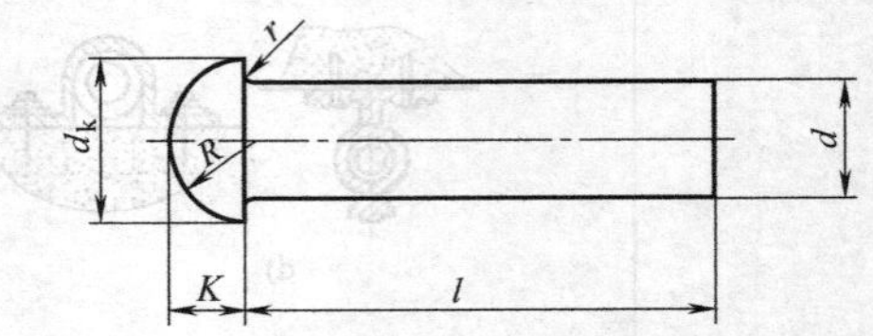

图 1-16　半圆头铆钉规格示意图

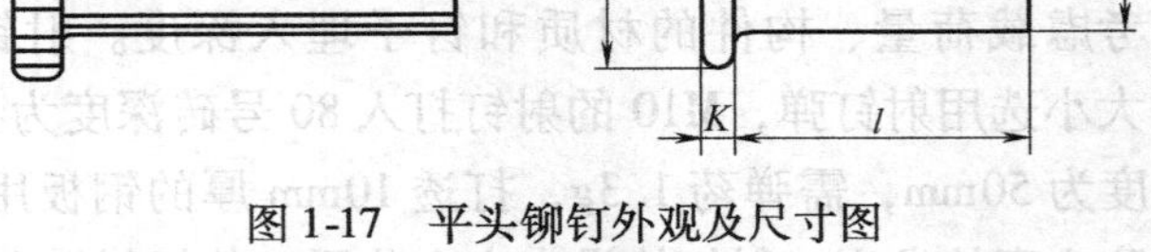

图 1-17　平头铆钉外观及尺寸图

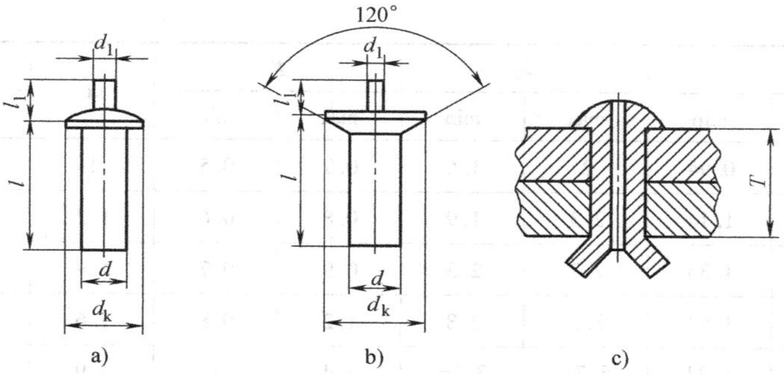

图 1-18 击芯铆钉尺寸示意图

a) 扁圆头型 b) 沉头型 c) 安装示意图

铆钉规格以铆钉直径×钉杆长度表示。例如 5mm×8mm、6mm×10mm。通风工程中常用的铆钉直径为 3~6mm。钢铆钉在使用前要进行退火处理。铝板风管应使用铝铆钉。铆钉规格详见表 1-30~表 1-33。

表 1-30 抽芯铆钉常见规格（摘自 GB/T 12615.3—2004） （单位：mm）

钉体	*d*	公称	3.2	4	4.8	6.4a
钉体	*d*	max	3.28	4.08	4.88	6.48
钉体	*d*	min	3.05	3.85	4.65	6.25
钉体	d_k	max	6.7	8.4	10.1	13.4
钉体	d_k	min	5.8	6.9	8.3	11.6
钉体	*K*	max	1.3	1.7	2	2.7
钉芯	d_m	max	1.85	2.35	2.77	3.75
钉芯	*p*	min	25		27	
铆钉长度 *l*			推荐的铆接范围			
公称 = min	max					
8.0	9.0		0.5~3.5	—	1.0~3.5	—
9.5	10.5		3.5~5.0	1.0~5.0	—	—
11.0	12.0		5.0~6.5	—	3.5~6.5	—
11.5	12.5		—	5.0~6.5	—	—
12.5	13.5		—	6.5~8.0	—	1.5~7.0
14.5	15.5		—	—	6.5~9.5	7.0~8.5
18.0	19.0		—	—	9.5~13.5	8.5~10.0

表 1-31 半圆头铆钉尺寸和规格 （单位：mm）

d			d_k		*K*		*R*	*r*	*l*
公称	max	min	max	min	max	min		max	
0.6	0.64	0.56	1.3	0.9	0.5	0.3	0.58	0.05	1~6
0.8	0.84	0.76	1.6	1.2	0.6	0.4	0.74	0.05	1.5~8

（续）

d			d_k		K		R	r	l
公称	max	min	max	min	max	min		max	
1	1.06	0.94	2	1.6	0.7	0.5	1	0.1	2~8
(1.2)	1.26	1.14	2.3	1.9	0.8	0.6	1.2	0.1	2.5~8
1.4	1.46	1.34	2.7	2.3	0.9	0.7	1.4	0.1	3~12
(1.6)	1.66	1.54	3.2	2.8	1.2	0.8	1.6	0.1	3~12
2	2.06	1.94	3.74	3.26	1.4	1	1.9	0.1	3~16
(2.5)	2.56	2.44	4.84	4.36	1.8	1.4	2.5	0.14	5~20
3	3.06	2.94	5.54	5.06	2	1.6	2.9	0.1	5~26
(3.5)	3.58	3.42	6.59	6.01	2.3	1.9	3.4	0.3	7~26
4	4.08	3.92	7.39	6.81	2.6	2.2	3.8	0.3	7~50
5	5.08	4.92	9.09	8.51	3.2	2.8	4.7	0.3	7~50
6	6.08	5.92	11.35	10.65	3.84	3.36	6	0.3	8~60
8	8.1	7.9	14.35	13.65	5.04	4.56	8	0.3	16~65
10	10.1	9.9	17.35	16.65	6.24	5.76	9	0.3	16~85
12	12.12	11.88	21.42	20.58	8.29	7.71	11	0.4	20~90
(14)	14.12	13.88	24.42	23.58	9.29	8.71	12.5	0.4	22~100
16	16.12	15.88	29.42	28.58	10.29	9.71	15.5	0.4	26~110

表 1-32　平头铆钉尺寸和规格（GB/T 109—1986）

公称直径 d/mm	2	2.5	3	(3.5)	4	5	6	8	10
头部直径 d_k/mm	4	5	6	7	8	10	12	16	20
头部高度 K/mm	1	1.2	1.4	1.6	1.8	2	2.4	2.8	3.2
公称长度 l/mm	4~8	5~10	6~14	6~18	8~22	10~26	12~30	16~30	20~30

表 1-33　击芯铆钉规格

公称直径 d	公称长度 l	被铆接件厚度 T (±0.5)	钉头直径 d_k	钉头高度 K	钉芯直径 d_1	灯芯露出长度 l_1	钻孔直径	LF5 防锈铝 试验载荷 抗拉力/N	LF5 防锈铝 试验载荷 抗剪力/N
单位：mm								≥	
5	7~21	1-2.5	9.5	1.8	2.8	4~5	5.1	2940	4900
6.4	29~45	1-2.5	13	3	3.8	5~6	6.5	4760	7640

1.6.7　花篮螺钉

花篮螺钉又称螺旋拉紧器或者松紧螺钉，分为开式和闭式两种，用于管道吊架及钢缆拉紧并能起到调节松紧的作用。

1.7 阀门与仪表

1.7.1 常用阀门的种类与安装

阀门是通过改变其流道面积的大小来控制流体的流量、压力和流向的机械装置。阀门的构造一般由阀体、阀瓣、阀盖、阀杆和手轮等部件组成。

1. 阀门的型号

阀门的型号一般由七部分组成：阀门类别、驱动方式、连接形式、结构形式、密封面或衬里材料、公称压力和阀体材料。

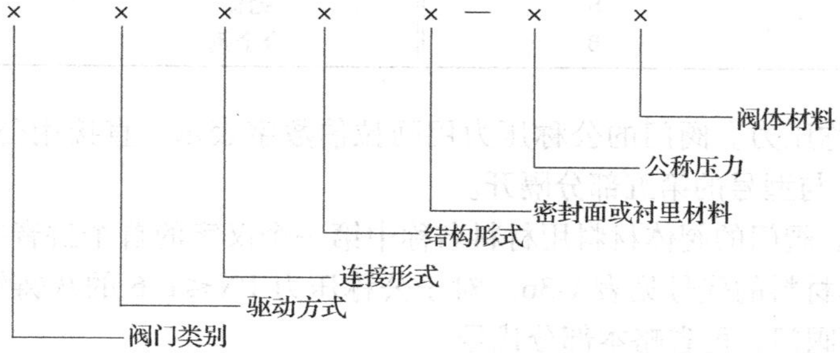

1）阀门类别。阀门的类别是用代表阀门名称第一个汉字的汉语拼音首字母的大写形式来表示的，若第一个汉字的首字母与其他阀门的代号重复，则用第二个汉字的第一个拼音字母表示。如截止阀用“J”表示，闸阀用“Z”表示等。常见阀门的类型及代号见表1-34。

表1-34　阀门类型及其代号

阀门类型	代号	阀门类型	代号
截止阀	J	减压阀	Y
闸阀	Z	隔膜阀	G
安全阀	A	节流阀	L
止回阀	H	调节阀	T
旋塞阀	X	电磁阀	ZCLF
球阀	Q	疏水器	S
蝶阀	D		

2）阀门的驱动方式。阀门的驱动方式是用一位阿拉伯数字来表示的。如阀门的驱动方式为气动时用“6”表示，液压传动时用“7”表示，电动时用“9”表示，蜗杆传动时用“3”表示，电磁动时用“0”表示，电磁-液动时用“1”表示，电-液动时用“2”表示，正齿轮时用“4”表示，气-液动时用“8”表示等。而驱动方式为手轮、手柄或扳手等手动驱动的阀门，以及安全阀、减压阀、疏水器、止回阀等自动阀门，则省略该部分代号。

3）阀门的连接形式。用一位阿拉伯数字来表示阀门的连接形式。如阀门为内螺纹连接时用“1”表示，外螺纹连接时用“2”表示，法兰连接时用“4”表示，焊接时用“6”表示等。

4）阀门的结构形式。阀门的结构形式一般用一位阿拉伯数字表示。如明杆楔式闸阀，单闸板用“1”表示，双闸板用“2”表示；暗杆楔式闸阀，单闸板用“5”表示，双闸板用“6”表示；直通式截止阀用“1”表示，角式截止阀用“4”表示等。

5）阀座密封面或衬里材料。阀门的阀座密封面或衬里材料用材料名称第一个汉字的首个拼音字母的大写形式表示，常见阀门的阀座密封面或衬里材料的代号见表1-35。

表1-35 密封面或衬里材料及其代号

密封面或衬里材料	代号	密封面或衬里材料	代号
铜合金	T	硬质合金	Y
橡胶	X	衬胶	J
尼龙塑料	N	衬铅	Q
塑料	S	搪瓷	C
锡基轴承合金	B	合金钢	H

6）阀门的公称压力。阀门的公称压力用阿拉伯数字表示。直接用公称压力数值表示，并用一字线“—”与型号的第五部分隔开。

7）阀体材料。阀门的阀体材料用材料名称中第一个汉字的首个拼音字母的大写形式表示，常见阀门阀体材料的代号见表1-36。对于公称压力PN≤1.6的灰铸铁阀门和公称压力PN≥2.5的碳素钢阀门，可省略本部分代号。

表1-36 常见阀门阀体材料及其代号

阀体材料	代号	阀体材料	代号
灰铸铁	Z	铜合金	T
可锻铸铁	K	铬钼钢	I
球墨铸铁	Q	钛及钛合金	A
高硅铸铁	G	塑料	S
碳素钢	C		

例如：阀门型号为J41T—16，其中“J”表示该阀门的类型为截止阀，表示驱动方式的数字被省略，则说明该阀门的驱动方式为手动，“4”表示该阀门的连接形式为法兰连接，“1”表示该阀门的结构形式为直通式，“T”表示该阀门的密封面材料为铜合金，“16”表示该阀门的公称压力为1.61，表示阀体材料的代号被省略，说明其阀体材料为灰铸铁。

2. 阀门的识别

为了便于直观上识别阀门，一般应由以下三个方面进行判别：

1）阀门的类别、驱动方式和连接形式可以从阀门的外形上识别，也可以从型号上进行识别。

2）阀门的公称直径和公称压力等参数可以从阀门的标志上识别。阀门标志一般标注在阀门正面的中心位置，包括阀门的公称压力、公称直径、介质温度和阀门的安装方向等。

3）阀体和密封面材料是依靠阀体各部位和密封面所涂涂料的颜色来识别的。代表阀体材料的涂色，一般涂抹在阀体的表面上，如黑色代表灰铸铁和可锻铸铁，银色代表球墨铸铁，灰色代表碳素钢，蓝色代表合金钢等。代表密封面材料的涂色，一般涂抹在手轮、手柄上，如大红色代表铜合金，黑色代表铸铁。

3. 常用阀门

制冷空调工程中常用的阀门种类有以下几种：

（1）截止阀　这种阀门的特点是：结构简单、严密性高、制造维修方便，但阻力较大。安装时应注意其方向，不能装反。一般用于热水、蒸汽等严密性要求较高的水暖或工业管道中。

（2）闸阀　闸阀又称为闸板阀，按闸板的结构形式不同可分为楔式、平行式和弹性闸板三种，其中楔式和平行式应用较为普遍。按阀杆的结构不同可分为明杆式和暗杆式两种。闸阀的体形较短、结构简单、阻力较小，但其严密性较差。因介质流经闸阀时的流向保持不变，所以安装时无方向要求。闸阀一般用于冷、热水管路和大直径的蒸汽管路中不常开关的地方。

（3）止回阀　止回阀又称逆止阀或单向阀，是一种自动起闭的阀门，具有严格的安装方向性。按其结构不同可分为升降式和旋启式两种，其中升降式止回阀只能用在水平管路上，而旋启式止回阀既可用在水平管道上，也可用在垂直直管道上。

（4）旋塞阀　旋塞阀又称为转心门，它是由阀体和圆柱形塞子两部分构成的。在塞子的中间开设水平孔道，当塞子旋转90°角时即全开启或全关闭。根据其有无填料可分为有填料旋塞和无填料旋塞两种。旋塞阀的构造简单，开关迅速且阻力小，无安装方向性，但保持其严密性较为困难。一般用于温度和压力不高且管径较小的管路。

（5）球阀　球阀由阀体、阀芯、阀盖、阀杆和手柄等部分组成。其工作原理和旋塞阀相同，只是阀芯的形状和结构不同，旋塞阀的阀芯是圆柱体（或圆锥体），球阀的阀芯是球体。球阀的构造简单、体积较小、质量轻、开关迅速、阻力小，严密性比旋塞阀好。主要用于汽、水管道中。

（6）蝶阀　蝶阀由阀体、阀座、阀瓣、转轴和手柄等部件组成。其工作原理是靠脚盘形的阀芯，围绕垂直于管道轴线的固定轴旋转达到开关的目的。蝶阀构造简单、轻巧、质量轻、开关迅速（旋转90°即可），阀体比闸板阀还小。一般用于温度和压力较小的大直径汽、水介质管路中。

（7）安全阀　常用的安全阀有弹簧式和杠杆式两种。设备或容器上多采用杠杆式安全阀，管道系统一般采用弹簧式安全阀。

4. 阀门的选用

一般情况下阀门可按下列步骤进行选用：

1）根据介质的种类和参数，选定阀体材料。

2）根据介质的压力和温度等参数，确定阀门的公称压力级别。

3）根据介质的性质、温度和公称压力，选定阀门的密封材料。

4）根据阀门的用途、生产要求、直径大小、操作条件等，确定阀门的驱动方式。

5）根据公称压力、公称直径、阀体材料、密封材料、驱动方式、连接形式等，参考产品说明书提供的技术条件，进行综合比较，并根据价格和供货条件等最后确定阀门的类型及型号规格。

5. 阀门的安装

常用阀门一般采用螺纹连接或法兰连接的方式与管道相连。

（1）阀门安装前的检查与验收　施工中领用的阀门应有出厂合格证，并应进行外观检查和必要的试验检查。

1）外观检查。外观检查主要包括：

① 阀门的类型、规格、型号等是否与设计要求相符。

② 检查阀门的损伤情况。检查阀门的阀体、阀杆和手轮等是否有破损、裂纹、砂眼等，阀门的接口处螺纹是否有断裂等现象。

③ 阀芯与阀座的结合是否良好，阀杆与阀芯的连接是否灵活可靠，阀盖与阀体的结合是否良好。

④ 法兰垫片、螺纹填料、螺栓等是否齐全、有无缺陷等。

2）阀门的强度和严密性试验。安装在主干管上起切断作用的闭路阀门，应逐个进行水压试验；其余阀门应在每批（同牌号、同型号、同规格）阀门中抽查总数量的10%，且不少于一个，以检验阀门的强度和严密性。强度试验压力为工作压力的1.5倍，严密性试验压力为阀门工作压力的1.1倍。试验时应使压力缓慢升高至试验压力，在持续时间内压力不下降、阀体各密封处无渗漏为合格。阀门试压持续时间不应少于表1-37的规定。

表1-37 阀门试验压力持续时间

公称直径/mm	最短试压持续时间/s		
	严密性试验		强度试验
	金属密封	非金属密封	
≤50	15	15	15
65～200	30	15	60
250～450	60	30	180

（2）阀门安装应注意的问题

1）直径较小的阀门，在运输和安装时严禁随手抛掷，以免将阀门的阀杆或手轮摔坏。较大的阀门进行吊装时，绳索应拴系在阀体上，严禁将绳索系在手轮、阀杆或螺栓孔上。

2）在水平管道上安装阀门时，阀杆和手轮应垂直向上，或向上倾斜一定的角度安装。

3）所有阀门应安装在易于操作和便于检修的地方。若必须地下敷设时，应在安装阀门处设阀门井；安装在吊顶、管井等封闭处的阀门，应留有活门，以便于阀门的操作与检修。

4）截止阀、止回阀等安装时应注意其安装方向，切勿反接。

5）在同一工程中应尽量采用同类型的阀门，以便于识别和更换维修。在同一房间内、同一设备上安装阀门时，应使其对称排列、整齐美观。

6）在并排垂直管道上安装阀门时，阀门的安装高度应一致，一般距地面1.2m，并保持手轮之间的净距不小于100mm。

7）阀门安装时应保持关闭状态。在螺纹连接的阀门出口处，应安装活接头以便于拆换。螺纹连接的阀门安装时，常常需要卸掉阀杆、阀芯和手轮，以便于阀体的转动。在拆卸闸阀时，应使闸阀处于开启状态后才能拆卸，否则极易拧断阀杆。

（3）减压阀的安装　常用的减压阀有活塞式减压阀（Y43H—10、Y43H—16）、波纹管式减压阀（Y44—10）和弹簧薄膜式减压阀（Y42SD—25）等。

减压阀的安装是以阀组的形式表现的，如图1-19所示。阀组由减压阀、控制阀、压力表、安全阀、冲洗管和旁通管等组成。其安装尺寸见表1-38。

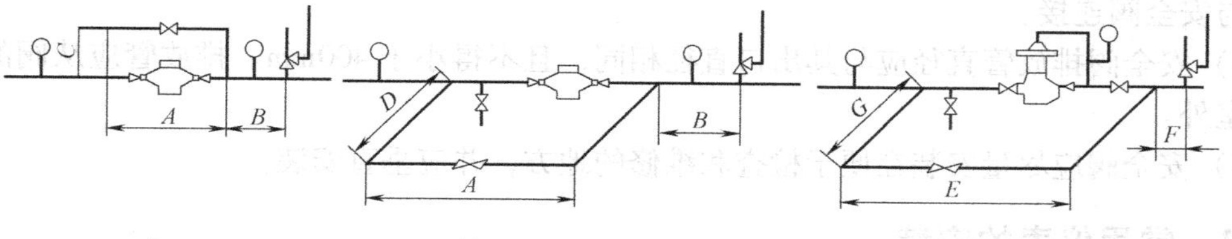

a) b) c)

图1-19 减压阀安装

a）活塞式旁通管垂直安装 b）活塞式旁通管水平安装 c）薄膜式、波纹式

表1-38 减压阀安装尺寸 （单位：mm）

减压阀直径	A	B	C	D	E	F	G
25	1100	400	350	200	1350	250	200
32	1160	400	350	200	1350	250	200
40	1300	500	400	250	1500	300	250
50	1400	500	450	250	1600	300	250
65	1400	500	500	300	1650	350	300
80	1500	550	650	350	1750	350	350
100	1600	550	750	400	1850	400	400
125	1800	600	800	450			
150	2000	650	850	500			

减压阀安装注意事项：

1）减压阀有方向性，安装时不要将方向装反，并应使它垂直安装在水平管道上。旁通管的直径一般应比减压阀直径小1～2号。

2）为防止减压阀阀后压力超过允许的限度，阀后应安装安全阀。

3）蒸汽系统的减压阀前应安装疏水器。

系统管进行清洗时，应关闭减压阀前的控制阀门，打开冲洗管上的阀门进行冲洗。系统送汽前，应先打开旁通管上的阀门，关闭减压阀前的控制阀，使管路中的残余凝水排出，并同时对系统进行暖管。待系统正常后，再关闭旁通管上的阀门，打开减压阀前的控制阀，使减压阀正常工作。

（4）安全阀的安装 安全阀安装应注意的问题为：

1）安全阀在安装前必须检查是否有产品说明书和合格证，以明确其出厂时的定压情况；检查安全阀铅封的完好情况，检查其外观是否有损伤等。当铅封已破坏、出厂定压不符合工程设计工作压力要求时，应重新进行强度和严密性试验。

2）安全阀的定压。以水压或气压试验的方法，按设计要求进行定压。对弹簧式安全阀应调整弹簧压紧螺栓，直至压力表准确指示开启压力数、能开始泄放介质为止。对于杠杆式安全阀，定压时应使重锤在杠杆上微微滑动，直至在开启压力下开始排放介质为止，并在定压后，标明定压的位置。

3）安全阀的进口接管直径不应小于阀座内径。因此，应按安全阀的公称直径在设备或管道上开孔接管。对于螺纹连接的安全阀，应开孔焊接一段长度不超过100mm的带外螺纹的短管与安全阀连接；对于法兰连接的安全阀，应开孔焊接一段长度不超过120mm的法兰短管与安全阀连接。

4）安全阀排放管直径应与其出口直径相同，且不得小于400mm。排放管应从阀的出口接向室外。

5）安全阀应尽量安装在便于检查和维修的地方，并应垂直安装。

1.7.2 常用仪表的安装

常用仪表主要有压力测量仪表、温度测量仪表和流量测量仪表等。

1. 压力测量仪表

压力可以用绝对压力或相对压力来表示，表压通常指相对压力。压力仪表按用途分为气压表、压力表（压力计）和真空表（真空计）。

(1) 弹簧管压力表使用及安装　弹簧管压力表是最常用的压力表之一，其规格种类多，测量范围广，使用安全可靠。弹簧管压力表的几种安装方法如图1-20所示。弹簧管压力表的安装要求如下：弹簧管压力表应经过校验，并带有铅封方可允许安装；安装位置应便于观察、维护，并力求避免振动和高温的影响；测量的压力值不论是取正压还是负压，压力表都应安装在与介质流向平行的管道上，不得安装在管道大、小头、弯头分支处，以免流速不稳产生过大的测量误差；压力表与管道或设备连接处的内壁应保持平齐，以保证能准确的测量静压力；测量蒸汽压力或其他介质波动剧烈时，应在压力表前安装U形管、盘管或缓冲罐，如图1-20c、e所示，以起缓冲作用；从取压口到压力表之间还应装设切断阀门（尽量靠近取压口），以备检修压力表时使用；引压导管不宜过长，以减少压力指示的迟缓；当测量有腐蚀性的介质时，应加装充有中性介质的隔离罐或带隔离膜的隔离罐，如图1-20d所示。实际安装时，应针对被测介质的不同性质，如高温、低温、腐蚀性、脏污、结晶、沉淀、粘稠等采取相应的保护措施；在管道上开孔安装取压管时，须在试压和吹洗前进行；在高压管道上安装压力表时，应采用特制管件，并在管道安装的同时进行装配。设备上一般不得随意开孔，不得已时应在建设单位同意并签字后才能开孔。

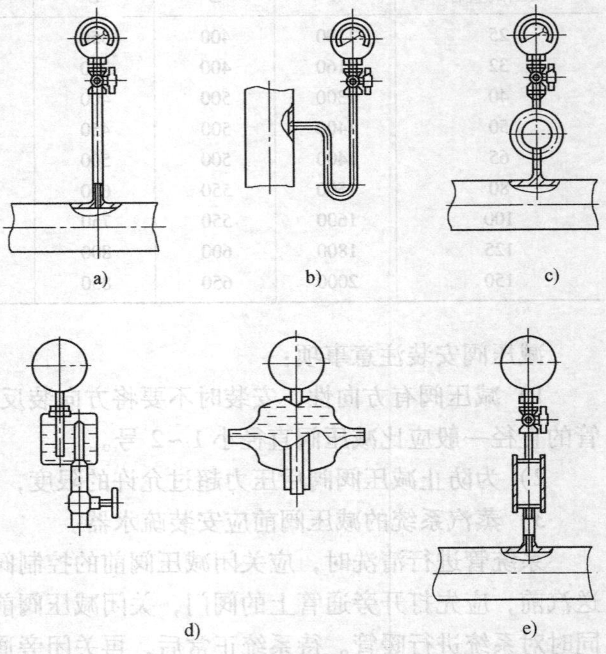

图1-20　弹簧管压力表的几种安装方法

a）用直管　b）用U形管　c）用盘管
d）用隔离罐、隔膜罐　e）用缓冲罐

(2) U形管压力计使用及安装　U形管压力计是由U形玻璃管、标尺、液柱三部分组成的。其构造简单、使用方便、精度较高。但U形管压力计在测量上受管子长度的限制，而工作压力（即介质压力）又受到玻璃管自身机械强度的限制，因此其测量范围较窄，且玻璃管易碎。U形管压力计安装要求如下：U形管压力计必须垂直安装，并应选择便于观察和维护的地方；安装地点应力求避免振动和高温；引压导管的根部阀与U形管的连接软管不宜过长，以减少压力指示的迟缓。

2. 温度测量仪表

温度是用来表明物体冷热程度的物理量，测量物体温度是通过某一物体与被测物体相接触，待它们达到平衡后，通过对该物体某种物理性质（几何尺寸、密度、电阻等）的测量来判断被测温度的高低。

（1）玻璃温度计的使用及安装　玻璃温度计由装有液体的玻璃温包、毛细管和刻度标尺三部分组成。按其结构分为棒式、内标尺式（可带金属保护套）。棒式水银玻璃温度计常用于实验室等无振动和无机械损伤的场合；内标尺式琉璃温度计多用于管道或设备上，测量范围为 -30 ~ 50℃。有机玻璃温度计主要用于测量低温，测量范围为 -100 ~ 100℃；电接点水银温度计适用于温度控制及报警，特别是恒温控制，不适用于防爆场所，测温范围为 -30 ~ 300℃。玻璃管温度计安装方法如下：表面温度计的感温面应与被测表面紧密接触，牢固固定，玻璃温度计应安装在便于检修、观察，不受机械损坏、能代表被测介质温度且不受外界温度影响的位置；直径50mm以下的管道安装玻璃温度计时，安装处的管径须加一段变径过渡管扩大；直式温度计的标尺部分应垂直安装，如在管径小于200mm的水平管道或在上升流速的垂直管上安装，必要时允许迎着介质流束方向成45°角插入；安装在塔、槽、箱壁上或在垂直管道上，应采用直角形温度计；在多粉尘的工艺管道上安装测温元件，应采取防止磨损的保护措施。玻璃管温度计的几种安装方法如图1-21所示。

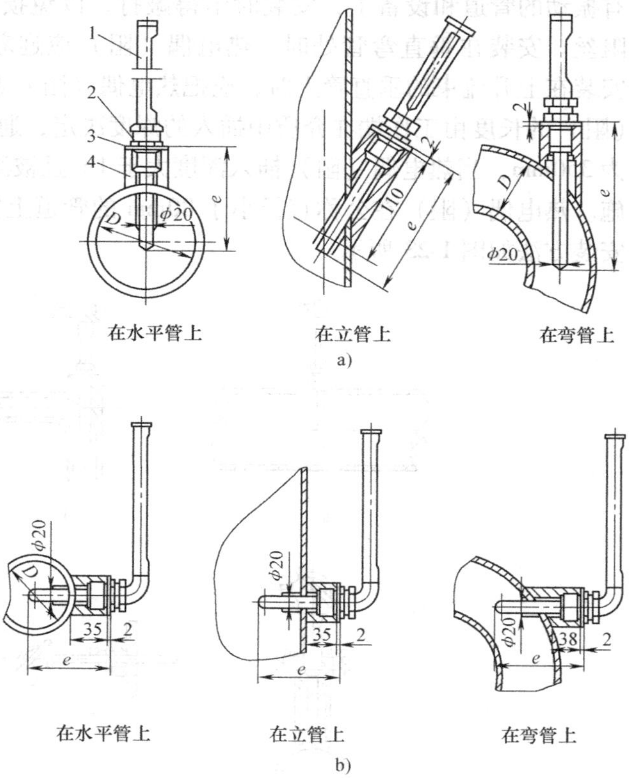

图1-21　玻璃管温度计的几种安装方法

a）直式玻璃管温度计　b）直角形玻璃管温度计

1—温度计　2—螺母　3—垫片　4—管承

（2）压力式温度计的安装　压力式温度计由温包、毛细管和弹簧管等元件构成一个封闭的系统，其构造如图1-22所示。系统内填充气体、液体或低沸点液体的饱和蒸汽等工作介质。测温时温包置于被测介质中，温包内的工作介质因温度升高而压力增大，该压力变化通过毛细管传递给弹簧管，使弹簧管产生一定的变形，然后借助于指示机构指示出被测的温度数值。压力式温度计的测温范围为 -40 ~ 550℃，测量距离为 20 ~ 60m。压力式温度计的安装要求如下：压力式温度计的温包必须全部浸入被测介质中，并可用套管加以保护，套管的材质应与工业设备和管道材质相同，其间隙之间用金属或石墨粉填充，以确保传热良好；毛细管的敷设应有保护措施，可敷设在角钢或保护管内，其弯曲半径不应小于50mm，周围温度变化剧烈时应采取隔热措施。

图1-22　压力式温度计

(3) 热电阻和热电偶的安装　热电阻又叫电阻温度计，由热电阻、导线和测量电阻值变化仪表组成。它测量准确，可用于低温或低温差测量，但与热电偶相比，热电阻维护工作量大，振动场合易损坏。热电阻包括铂电阻（-200~650℃）和铜电阻（-50~150℃）。热电偶又叫热电温度计，由热电偶、电气测量仪表和导线组成。它测量准确，与热电阻相比，其安装、维护方便，不易损坏，但其需要补偿导线，安装费用较高。热电偶和热电阻安装要求如下：热电偶（阻）应安装在易受被测介质强烈冲击的地方，不得安装在有振动的管道和设备上，安装时不得敲打，以免损坏内部瓷臂与电阻丝。安装在垂直弯管处时，热电偶（阻）应迎着流束方向插入；安装在上升流束的垂直管上时，应把热电偶（阻）迎着流动方向向上倾斜45°插入。热电偶（阻）的长度由工作端在介质中插入的深度决定，通常为350~2000mm；目前最常用的长度为350mm，当热电偶（阻）插入深度大于1m且被测体温度高于700℃时，应采取防弯曲措施。热电偶（阻）在公称直径小于80mm的管道上安装时应使用扩大管。热电偶（阻）的安装方法如图1-23所示。

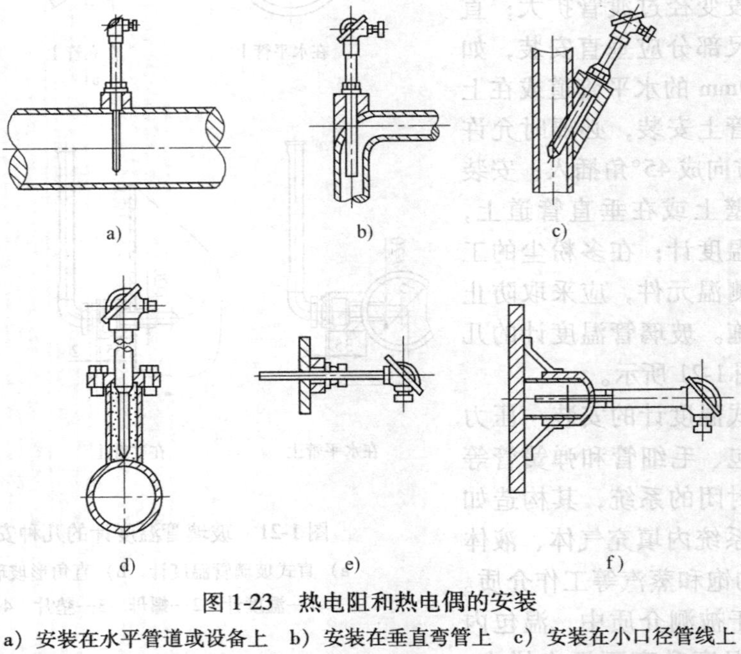

图1-23　热电阻和热电偶的安装

a）安装在水平管道或设备上　b）安装在垂直弯管上　c）安装在小口径管线上
d）安装在管道表面上　e）安装在设备上　f）安装在设备表面上

3. 流量测量仪表

流量是单位时间内通过过流断面的流体体积。用来测量流体流量的仪表，称为流量测量仪表。流量测量仪表有两种作用：一是构成对流量的自动调节或控制；二是对通过的液态、气态物质进行准确的计量，以便作为经济核算的依据。

（1）水表　水表是最常用的流量测量工具。

（2）差压式流量计　差压式流量计由节流装置和差压计组成，如图 1-24 所示。其中节流装置在管道中产生流量测量的信息——差压，该元件由节流件、取压装置、前后导压管组成，差压计则是流量计的显示装置。差压流量计适用于压力≤4000kPa 的清洁液体、气体、蒸汽等介质，规格在 50～1000mm 之间。其使用面广，结构简单，通用化程度高，仪表显示系列化。

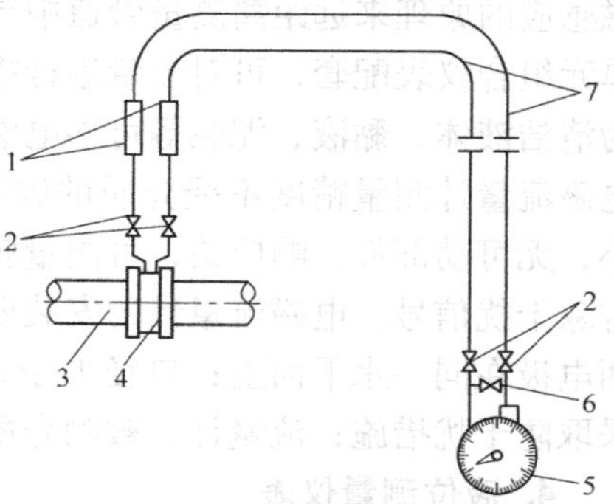

图 1-24　差压式流量计的装置示意图

1—隔离罐　2—切断阀　3—管道　4—节流部件　5—差压计　6—平衡阀　7—引压导管

差压式流量计的安装要点：孔板或喷嘴安装前要进行外观检查，孔板的入口和喷嘴的出口边缘应无毛刺和圆角，锐边或喷嘴的曲面侧应迎着被测介质的流向；在水平和倾斜的工艺管道上安装的孔板或喷嘴，安装前进行清洗时注意不要损伤节流件；若有排泄孔时，对液体介质，排泄孔位置应在工艺管道的正上方，对气体及蒸汽介质应在安装工艺管道的正下方。孔板或喷嘴与工艺管道的同轴度及垂直度应符合如下规定：夹紧节流件用的法兰面应与管道轴线相垂直，垂直度允许偏差为 ±1°；法兰应与工艺管道同轴，法兰间应保持平行，其偏差不大于法兰外径的 1.5%，且不得大于 2mm；采用对焊法兰时，法兰内径必须与工艺管道内径相同，垫片的内径不应小于工艺管道的内径；当用箭头标明流向时，箭头的指向应与被测介质的流向一致，环室上有“＋”号的一侧应在被测介质流向的上游侧；节流装置安装处以及经节流后的一段管段内，管道内表面应光滑、无明显凹凸现象；测量差压用的正压管及负压管应敷设在环境温度相同的地方，全部引压管路应保证密封可靠，引压管路中还应装有必要的切断、冲洗、灌封液及排污等所需的阀门。

（3）转子流量计　转子流量计又称浮子流量计，由锥形管（玻璃管或金属管）和管内的转子组成，图 1-25 所示为转子流量计示意图。当流体流经锥管时，转子在流体中浮起并旋转，转子上有斜槽，可保持转子在流体中转动平稳。因为转子的上下差压始终是一定的，所以浮起的高度只与转子和锥形管内壁之间环隙的大小有关，当转子浮起位置越高时，环隙就越大，流量也就越大，因而由转子浮起的高度位置就可以在锥形管的刻度上读出流量值。玻璃管转子流量计适用于测量压力低于 0.6MPa、温度低于 100℃ 的除氢氟酸以外的任何非混浊的液体或气体。金属锥形管转子流量计可用于测量压力为 1.21MPa 以下的液体或气体的流量。转子流量计的安装要求如下：转子流量计必须垂直安装，仪表进出口前后应有不小于 5D 的直管段长度，且不应小于 500mm，被测介质流过转子流量计锥形管

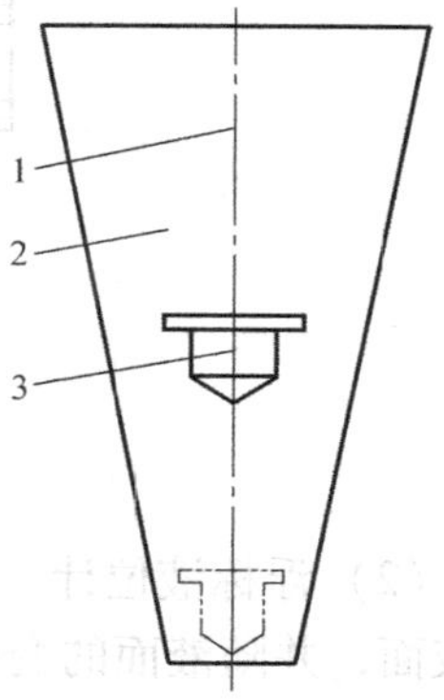

图 1-25　转子流量计示意图

1—介质流向　2—锥形管　3—转子

的方向应自下而上，安装进出流量计的管子，应用支架固定牢靠，以防管子重量加在流量计上。

（4）电磁流量计　电磁流量计由电磁流量变送器和电磁流量转换器组成。它是利用电磁感应的原理来远距离测量管道中导电液体体积流量的仪表。此外，电磁流量计如与相应的单元组合仪表配套，可对流量进行指示、记录、计算、调节、控制及数据处理，适用于介质为清洁液体、黏液、泥浆等可导电液体的测量，但不适于气体、蒸汽及铁磁性流体的测量。电磁流量计测量精度不受介质的温度、密度、粘度及电导率的影响；其要求的前后直管段小，无可动部件，响应快，可测量脉动流量；但易磨损，清洗时电极易损坏，使用时要注意排除干扰信号。电磁流量计的安装要求如下：垂直安装时液流应自下而上，水平安装时需使两电极在同一水平面上；口径大于300mm时，应有专用的支架支承；周围有强磁场时，应采取防干扰措施；流量计、被测介质及工艺管道三者之间应连成等电位并接地。

4. 液位测量仪表

液位测量仪表常用在储液容器或设备上，一是起计量作用，反映储罐中的原料、半成品或成品的数量；二是可通过液体变化情况，监视生产过程及设备是否正常。例如：锅炉锅筒水位的测量和控制。

（1）玻璃液位计　玻璃液位计是一种使用最早和最简单的直读式液位计，有玻璃管式和玻璃板式两种其结构简单，但容易损坏，多用于敞口式容器内液位的直接指示，不宜用于粘稠及深色介质的液位测量。玻璃液位计必须垂直安装，并应安装在便于观察和检修的地方；玻璃管垫料为生料带或油浸石棉绳，须用压环压紧，锁母锁住，并应设有排液阀门和接到地面的排液管；玻璃液位计还应设有防护罩，如图1-26所示。玻璃管液位计的测量范围为：液位0～1.4m，介质温度≤100℃，工作压力≤1.6×10^3kPa。玻璃板液位计的测量范围为：液位0～1.7m，介质温度−40～250℃，工作压力≤4.0×10^3kPa。

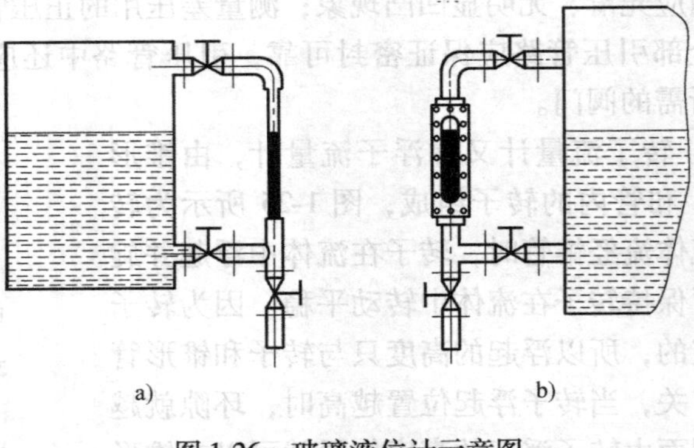

图1-26　玻璃液位计示意图

a）玻璃管液位计　b）玻璃板液位计

（2）浮标液位计　浮标液位计由浮标、钢丝绳、滑轮、平衡重锤和标尺组成。浮标浮于液面，并随液面的变化而升降，升降的位移量可以直接从标尺中看出，从而记录下液面的高度，如图1-27所示。这种液位计简单、直观，适用于开口容器（水箱、水池）的液位测量。浮标液位计应安装在离容器进出口稍远的地方，且必须牢固垂直安装，其标尺应平行于容器安装，浮标与重锤上下活动时不得有障碍物挡挂；浮标液位计标尺顶部的钢丝绳滑轮及延伸臂上的钢丝绳保护套管，应由角钢和槽钢从容器顶引出；浮标及钢丝绳应找准中心，保持垂直，钢丝绳应不扭结，不歪斜，运动要灵活，摩擦阻力要小。浮标液位计的安装高度宜使仪表全量程的 1/2 处为正常液位。

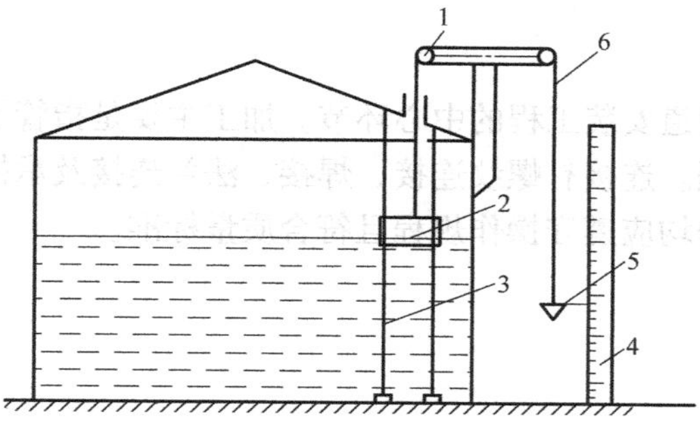

图 1-27　浮标液位计示意图

1—滑轮　2—浮标　3—导向杆　4—标尺　5—平衡重锤　6—钢丝绳

（3）液位传感器与液位控制装置　FYK 型液位传感器和液位控制装置在高水箱及水池上得到了广泛应用。它是将三个探头分别布置在水箱（池）低水位、高水位、报警水位上，当液面降到水箱（池）低水位时，（1SW）探头传出信号给电源控制箱并接通水泵电源，水泵投入工作，当液面升至高水位时，（2SW）探头传出信号切断电源，水泵停止工作。（3SW）报警水位高于高水位线，一般情况下高水位探头不失灵，液面升不到报警水位线，它们均起到停泵的作用。该装置实质上是水泵的自动投入装置，在正常工作中无需人员操作，使用方便。液位控制装置应安装在便于检修的位置上，其探头位置应避开进出管口，以减小水流的扰动影响。

第2章　管道加工及连接

管子加工及连接是管道安装工程的中心环节。加工主要是指管子的切断、套丝、煨弯及制作钢制异形管件等过程。连接有螺纹连接、焊接、法兰连接及承插连接等多种方式。加工及连接的每一个工序过程均应遵守操作规程且符合质量标准。

2.1　钢管的加工

2.1.1　钢管的切断

管子在安装前，经过检查、校直合格后，要根据管路安装需要的长度进行切断。切断过程常称为“下料”。常用的切断方法有：锯割、滚刀切管器切割、气割、等离子切割、砂轮切割机切割等。施工时，可根据管子的材质、规格和条件选用适当的切断方法。

1. 锯割

锯割是切割中常用的方法之一，它不但能切断钢管、有色金属管，还能切断塑料管，可分为手工切断和机械切断。

(1) 手工切断　手工切断的机具为手动钢锯，包括固定式和活动式两种，如图2-1所示。固定式只能装300mm的锯条，活动式可装200mm、250mm、300mm三种锯条。手工切断主要适用于小批量小管径管材的切断。手动钢锯的细齿锯条适用于$D \leqslant 40$mm的管子，粗齿锯条适用于$D \geqslant 50$mm的管子。

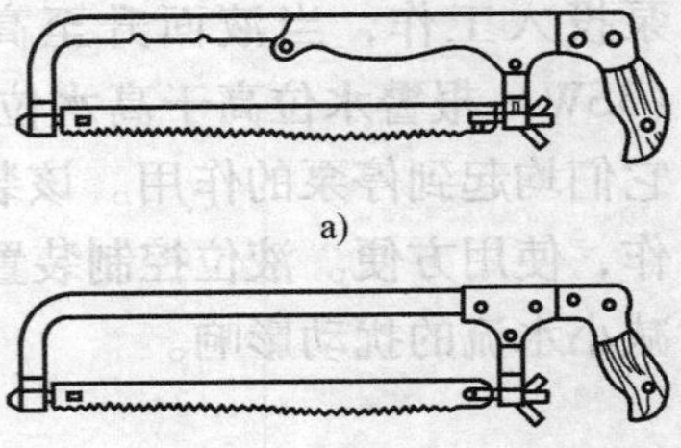

a)　b)

图2-1　手动钢锯架

a) 活动式　b) 固定式

手工切断向前推时才能起到切割作用，因此，锯条安装时，应使锯齿的方向向前，不得装反，如图2-2所示。

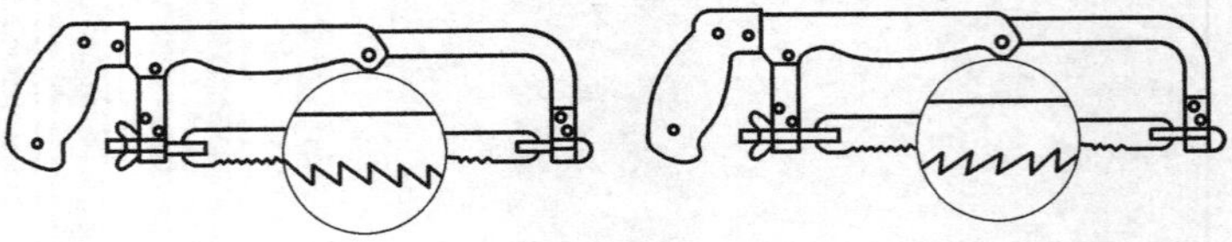

a)　b)

图2-2　锯条的安装

a) 正确　b) 不正确

(2) 机械切断　机械切断是指将管子固定在锯床上，锯条对准切断线，即可进行切断。

2. 滚刀切管器切割

滚刀切管器（图2-3）由滚刀、刀架和手柄组成，适用于管径小于100mm的钢管。切管时，用压力钳将管子固定好，然后将切管器刀刃与管子切割线对齐，管子置于两个滚轮和一个滚刀之间，拧动手柄，使滚轮夹紧管子，然后进刀边沿管壁旋转，将管子切割。滚刀切管器切割钢管速度快，切口平正，但会产生缩口，必须用铰刀刮平缩口部分。

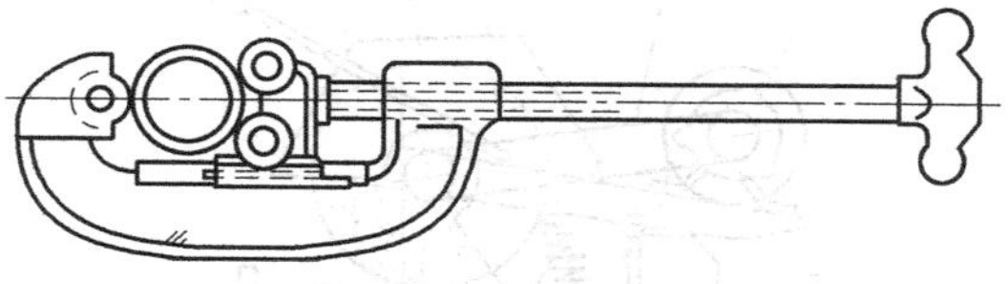

图 2-3 滚刀切管器

3. 气割

气割以氧气和乙炔的混合气体为热源，钢管安装工程中常用的气割工具是射吸式割炬，如图 2-4 所示。操作时先将所需切割处进行加热，待到被切割处金属在高温下熔化，产生氧化铁熔渣时，再用高压氧气流将熔渣吹出，从而将管子切断。

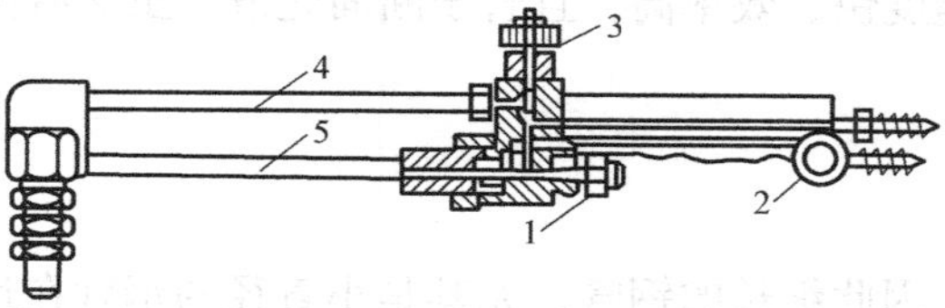

图 2-4 射吸式割炬

1—氧气调节阀 2—乙炔阀 3—高压氧气阀 4—氧气管 5—混合气管

根据钢管管壁的厚度不同，气割时应选用不同规格的割炬：1 号割炬的割嘴孔径为 0.6~1.0mm，切割钢材厚度为 1~30mm；2 号割炬切割钢材的厚度为 10~100mm；3 号割炬切割钢材的厚度为 80~300mm。管径在 100mm 以上的大管子一般采用气割。采用手工气割时，应严格按操作工艺要求进行，注意安全，保证切口质量。

气割方法的优点是省力、速度快，且能割除弧形切口；缺点是切口不够平整且有氧化铁熔渣。所以气割后的管口，应打磨平整并除去铁渣，以利于下道工序的进行。

4. 等离子切割

等离子切割可以切割氧气-乙炔焰不能切割或切割困难的不锈钢、铜、铝、铸铁及一些难熔的金属与非金属材料。

等离子切割的原理是离子枪中的钨钍棒电极与被切割物间形成高电位差，这时从离子枪喷出的氮气被电离产生等离子气体，形成离子弧，温度高达 15000~33000℃，能量比电弧更加集中。等离子切割效率高、热影响区小、变形小、质量高及切口不氧化。

5. 砂轮切割机切割

砂轮切割机切割管子是利用高速旋转的砂轮将管子切断，常用来切割各种金属管和塑料管，如图 2-5 所示。

砂轮切割的注意事项：切割中如发现砂轮不平稳或有冲击、振动现象时，应立即停机检查砂轮刃口处是否有缺口，并注意校正锯片与轴的同心度。对已出现缺口的砂轮，必须废弃，不得继续使用。更换砂轮时，应注意使轴与锯片中心孔周围的间隙相同，以尽可能保持砂轮与轴的同心度。手柄不可用力过猛，否则会因锯片进给过量而打碎砂轮。当管子即将被切断时，应逐渐减少压力或不再施加压力，直至将管子切断为止。

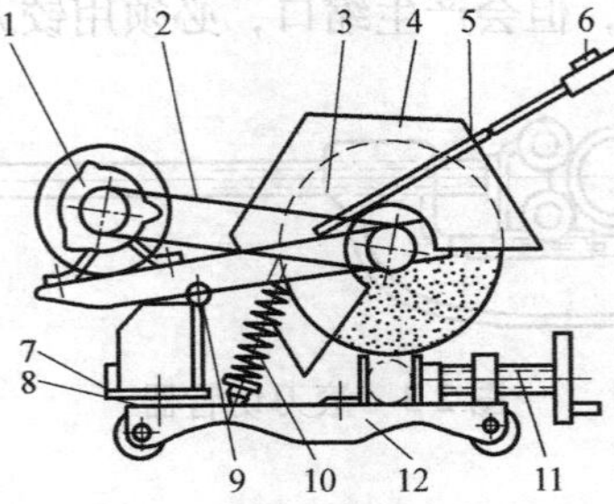

图 2-5　砂轮切割机

1—电动机　2—V 带　3—砂轮　4—护罩　5—纵杆　6—带开关的手柄　7—配电盒　8—扭转轴　9—中心轴　10—弹簧　11—夹钳　12—四轮底座

砂轮切割的特点是速度快、效率高，且管子断面光滑。虽然有少许飞边，但用锉刀即可将飞边除掉。

2.1.2　钢管的调直

由于钢材具有塑性，因此细长的钢管，尤其是小直径的钢管在运输、装卸过程中容易产生弯曲；其堆放不当时也易弯曲；此外，在安装过程中由于螺纹不正，也会造成管路弯曲。系统中的管路不应有意外弯曲，因为弯曲处会影响介质的流通和排放，所以弯曲的管子在安装时必须调直。

1. 管子弯曲检查

管子弯曲检查一般采用目测检查法，即将管子抬起一端用眼睛观测，边看边转动管子，若管壁表面各点都在一条平直线上，说明管子是直的；如果有上凸或下凹的现象，说明该处弯曲。对于管径较大或较长的管子可采用滚动检查法：将管子放置在两根平行的管子上或滚动轴承制成的检查架上轻轻滚动，当管子以匀速来回转动而无摆动并可以在任意位置停止时，则为合格直管；如果管子转动时快时慢、有摆动，而且停止时每次都是某一面向下，则此管有弯曲。

2. 管子调直的方法

一般来说，当管径 $D>100\text{mm}$ 时，管子弯曲的可能性不大。管径 $D<100\text{mm}$ 时，调直的方法有冷调法和热调法。

(1) 冷调法。冷调法包括：杠杆调直法，如图 2-6 所示，该法适用于小管径；锤击调直法，如图 2-7 所示，该法适用于小管径的场合；调直工作台法，如图 2-8 所示，该法适用于较大的管径。

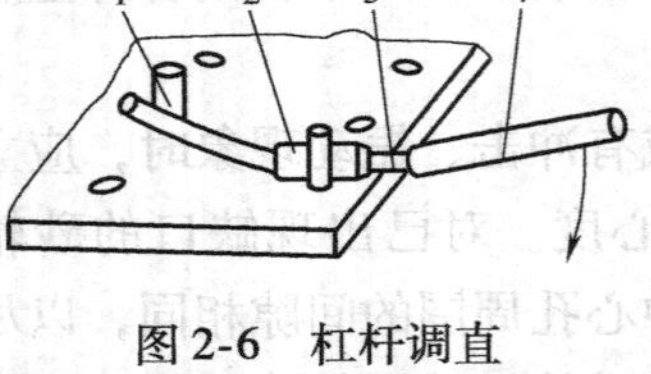

图 2-6　杠杆调直

1—铁柱　2—弧形垫板　3—钢管　4—套管

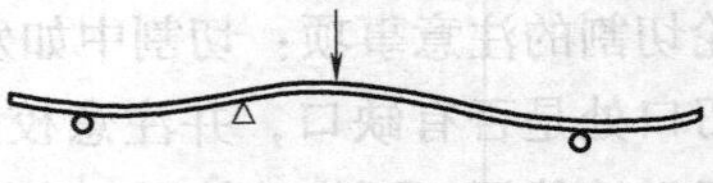

图 2-7　锤击调直

（2）热调法。当管径较大（$D>100\text{mm}$）时，用冷调法不易调直，可以采用热调法。既可采用烘炉上加热，也可采用氧-乙炔加热的方法。管子被加热到600～800℃，呈樱桃红色，放置在平行设置的钢管上来回滚动，依靠管子的自身重量调直。调直前应在直管和弯管结合部位用水或废机油冷却，防止在调直过程中产生变形。

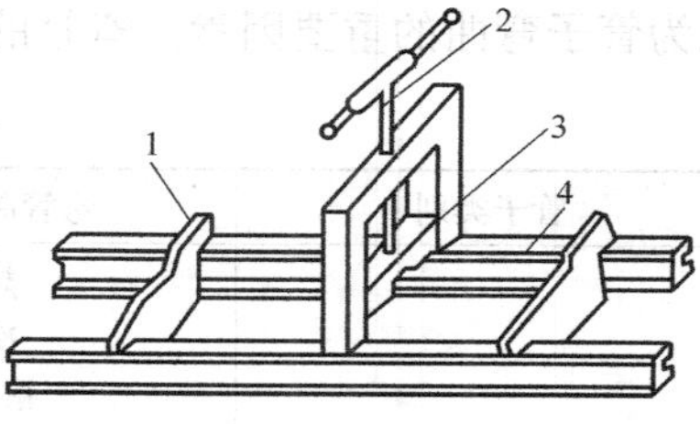

图2-8 调直工作台

1—支块 2—丝杠 3—压块 4—工作台架

2.1.3 弯管加工

在管道安装工程中，所需要的大量不同角度（90°、45°、任意角度）和不同形状（乙字形弯、抱弯、表弯）的弯管，均通过钢管弯曲加工。弯管按其加工的方法有冷弯（煨）、热弯（煨）及人工、机械等不同弯曲方法。

1. 钢管弯曲时的应力分析

一直管段弯曲前的纵、横断面如图2-9a、c所示，弯曲变形后的断面如图2-9b、d所示。

（1）纵断面分析 从纵断面图变形前后看，管壁内侧各点均受压力的作用，因而管壁增厚，直线 CD 变成弧线 $C'D'$ 压缩变短；管壁外侧各点均受拉力的作用，因而管壁变薄，直线 AB 变成弧线 $A'B'$ 拉伸变长，即 $CD>C'D'$，$AB<A'B'$。

（2）横断面分析 从横断面图变形前后看，横断面 M-N 由圆形截面（图2-9c）变成椭圆形截面（图2-9d）。而截面上有四点 H、I、J、K 无变形，弯曲前后位置保持不变，把这四个点称为零点，其纵向延伸线称为“安全线”。因此，在弯曲焊接钢管时，应把纵向焊缝置于“安全线”的位置。

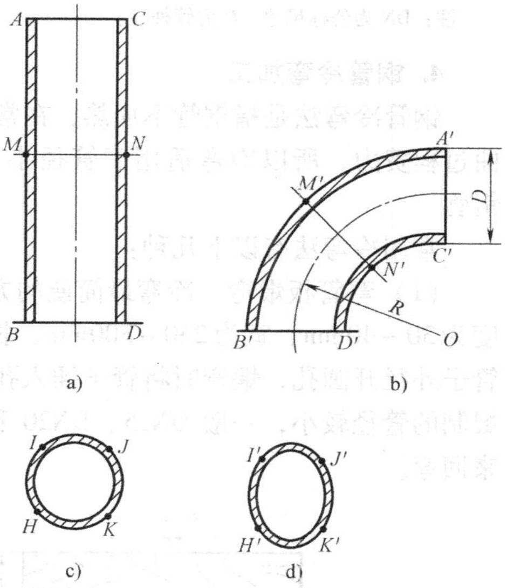

图2-9 弯管弯曲变形图

a）纵向弯曲前 b）纵向弯曲后
c）断面 M-N d）断面 $M'-N'$

2. 质量要求

通过上面的分析，横断面上各点的壁厚变化不同，承受的应力类型、大小也不同，强度也就不同。为了保证弯管变形后的强度，必须对管壁的变薄量和断面的椭圆率进行限制。

1）表面无裂纹、折皱、重皮、鼓包等。

2）壁厚减薄率：高压管不超过10%，中、低压管不超过15%。

3）椭圆率：高压管不超过5%，中、低压管不超过8%。对于一般制冷空调管道，其弯制后的椭圆率，$D\leqslant 150\text{mm}$ 时，不超过5%；$D>150\text{mm}$ 时，不超过6%。

3. 弯管的弯曲半径

如果把弯管看成圆环管的一部分，那么这个圆环管的半径，就是弯管的弯曲半径，通常用 R 表示。

弯曲变形的大小与弯曲半径成反比，即弯曲半径越大，管子的受力和变形越小，管子的减薄率和椭圆率越小，因而流体的压力损失越小；反之亦然。因此，选择合适的弯曲半径就成为管子弯曲的重要因素。弯管的最小弯曲半径见表2-1。

表2-1 弯管的最小弯曲半径

管子类别	弯管制作方式	最小弯曲半径	
中、低压钢管	热弯	3.5D	
	冷弯	4.0D	
	褶皱弯	2.5D	
	压制	1.0D	
	热推弯	1.5D	
	焊制	>DN250	0.75D
		≤DN250	1.0D
高压钢管	冷、热弯压制	5.0D 1.5D	
有色金属管	冷、热管	3.5D	

注：DN为公称尺寸，D为管外径。

4. 钢管冷弯加工

钢管冷弯法是指钢管不加热，在常温下进行弯曲加工。由于钢管在冷态下塑性有限，弯曲过程费力，所以冷弯适用于管径小于175mm的中小管径和较大弯曲半径（$R\geqslant 2D$）的钢管。

常用冷弯法有以下几种：

（1）弯管板煨弯　冷弯最简便的方法是用弯管板煨弯，如图2-10所示。弯管板可用厚度为30～40mm、宽为250～300mm、长为1500mm左右的硬质木板制成。板上按照需煨弯的管子外径开圆孔，煨弯时将管子插入孔中，加上套管作为杠杆，以人工施力压弯。这种方法煨制的管径较小，一般DN15、DN20和弯曲角不大的弯管较方便，如连接散热器的支管可来回弯。

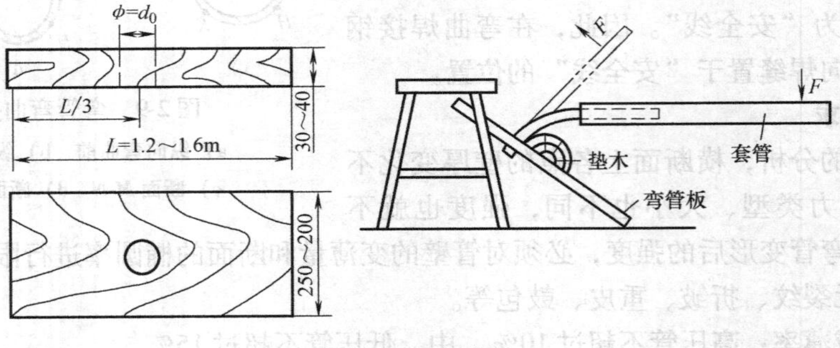

图2-10 弯管板

（2）滚轮弯管器煨弯　图2-11所示为滚轮弯管器，可用螺栓固定在工作台上，弯管时，将管端插入固定轮和活动轮之间，转动手柄，将管子弯至所需要的角度。使用滚轮弯管器时应注意：每种滚轮只能弯一种规格的管子。

（3）小型液压弯管机　先把液压弯管机的胎退至管托后面，再把管子放在顶胎和管托的弧顶形槽中，并使管子弯曲部分的中心与顶胎的中点对齐，然后起动液压泵，将管子弯成所需要的角度。钢管弯曲成形后，将液压泵卸油阀门打开，液压泵自动复位。这种弯管机结构简单、轻便、灵活、动力大，在施工现场常用来弯管径小于等于 50mm 的管子。

（4）机械冷弯法　钢管煨弯采用手工冷弯法工效较低，既费力又难以保证质量，所以对管径大于 25mm 的钢管一般采用机械弯管机。机械弯管机的弯管分固定导轮弯管（图 2-12）和转动导轮弯管（图 2-13）。前者导轮位置不变，管子套入夹圈内，用导轮和压紧导轮夹紧，随管子向前移动，导轮沿固定圆心转动，管子被弯曲。后者在弯曲过程中导轮一边转动，一边向下移动。机械弯管机有无芯冷弯弯管机和有芯冷弯弯管机两种，按驱动方式分为电动机驱动的电动弯管机和上述液压泵驱动的液压弯管机等。

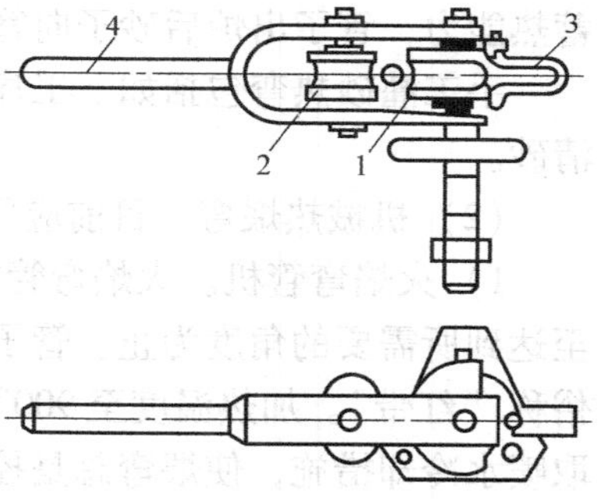

图 2-11　滚轮弯管器

1—固定滚轮　2—活动滚轮

3—管子夹持器　4—杠杆

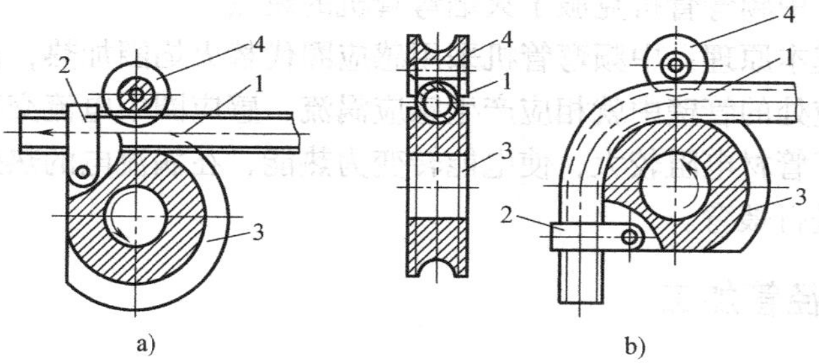

图 2-12　固定导轮弯管

a）开始弯管　b）弯管结束

1—管子　2—夹圈　3—导轮　4—压紧导轮

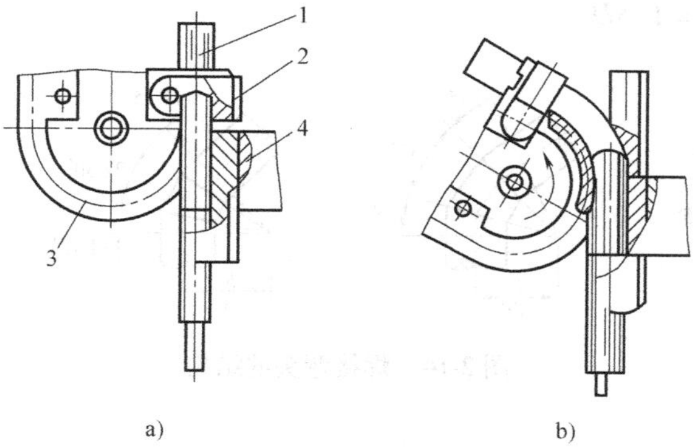

图 2-13　转动导轮弯管

a）开始弯管　b）弯管结束

1—管子　2—夹圈　3—弯曲导轮　4—压紧滑块

5. 钢管热弯加工

热弯法是利用钢材加热后强度降低、塑性增加，从而大大降低弯曲所需动力的特性进行弯管加工的。因此，热弯法适用于大管径的弯曲加工。钢材的最佳加热温度为 800 ~950℃。

（1）手工灌砂热弯　管内灌砂的目的，一是防止管子弯曲段的断面变形；二是砂子有蓄热能力，管子出炉后砂子向管壁传热，可以延长管壁冷却时间，以利于拉弯操作。

手工灌砂热弯包括如下工序：准备工作、充砂打砂、划线、加热、弯曲、质量检查和清砂。

（2）机械热煨弯　目前应用的机械热煨弯机有火焰弯管机和中频弯管机两种。

1）火焰弯管机。火焰弯管机是对管子的弯曲部分分段加热煨弯，即边加热边煨弯，直至达到所需要的角度为止。管子加热采用环形火焰圈，加热宽度一般在15mm左右，受热处俗称“红带”。加热温度至900℃左右时，要对红带进行煨弯。受热红带经过煨弯后立刻采取喷水冷却措施，使煨弯总是控制在红带以内。这样加热、煨弯、初冷却连续进行，即可弯成所需要的弯管。

2）中频弯管机。火焰弯管机虽然使煨管工艺有所改进，但还存在一些问题。如火焰圈的喷气孔孔径很小、易堵塞，以致加热不均匀影响弯管质量；而且用氧-乙炔加热，容易因回火引起爆炸事故。中频弯管机克服了火焰弯管机的缺点。

中频弯管机的基本原理：中频弯管机采用感应圈代替火焰圈加热，由于通过感应圈的电流交变，感应圈对应处的管壁中就相应产生感应涡流，感应圈中电流交变频率越高，管壁中涡流电流越大，由于管材电阻较大，使电能转变为热能，在涡流电的热效应作用下，产生高温红带，再对红带进行煨弯。

2.1.4　三通及变径管加工

1. 焊接弯头

焊接弯头多用于低压管道系统。直径较小的焊接弯头，是由几段斜截钢管焊成的；直径较大的弯头，是用钢板卷焊而成的。焊接弯头的结构如图2-14所示。焊接弯头都是由中间节和端节组成的，端节为中间节的一半，且多在直管段上。焊接弯头的弯曲半径 R 一般为管外径的1.5倍，即 $R=1.5D$。

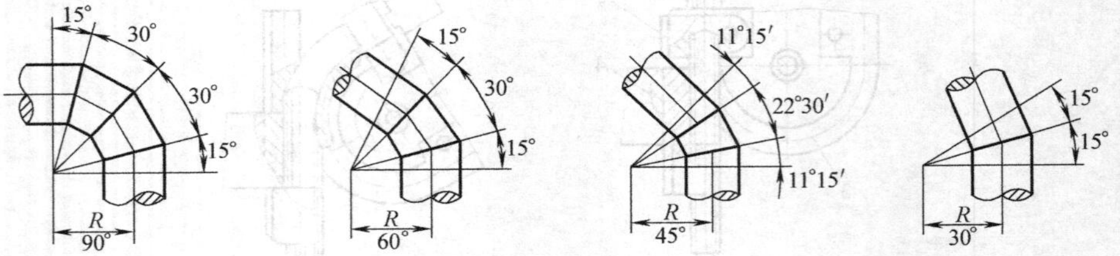

图2-14　焊接弯头的结构

2. 焊接三通

焊接三通在管道工程的分流与合流中经常使用。三通有同径和异径之分，还有正、斜之分。在空调工程中，常常使用同径正三通和异径正三通。

3. 变径管（大小头）

工作压力不大于0.6MPa的暖卫管道，其管径改变所使用的变径管，可用钢管加工制作。当管径变化幅度不大时用摔管法，管径变化幅度较大时用抽条法。

（1）摔管法制作变径管　将管端加热，用锤子锻打缩口称为摔管。管端加热一般采用氧-乙炔焊炬烘烤，每一烘烤点宽度不宜超过30mm，长度不宜超过50mm，加热温度为

800～900℃（浅红～橘红）。用锤子锻打时，第一锤不可打得过重过深，以后每次集中锤打凸起部分。当管端转动锻打到接近小管直径时，可插入一根小管做胎，以保证缩口的圆度。

（2）抽条法制作变径管　将管端按一定的抽条宽度和长度切割掉一部分，再加热收口，将各收口焊接称为抽条。

同心变径管的抽条放样如图 2-15 所示，其抽条宽度及长度 L 的计算式为：

$$A=\frac{\pi D}{n}$$

$$B=\frac{\pi d}{n}$$

$$L=(D-d)\sim 3(D-d)$$

式中，D 为大直径管外径（mm）；d 为小直径管外径（mm）；n 为分瓣数，DN50～DN80 时，$n=4\sim 6$；DN100～DN400 时，$n=6\sim 8$；π 为圆周率，取 3.14。

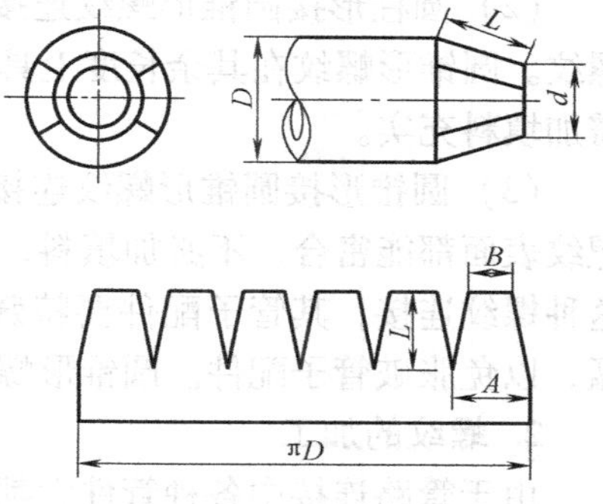

图 2-15　同心变径管的抽条放样

偏心变径管的抽条放样（图 2-16），其抽条宽度 A、B、C、D 及抽条长度 L 的计算式为：

$$A=\frac{\pi d}{n};\quad B=\frac{3}{12}\delta$$

$$C=\frac{2}{12};\quad D=\frac{1}{12}\delta$$

$$L=2(D-d)\sim 3(D-d)$$

$$H=0.866L$$

$$\delta=\pi(D-d)$$

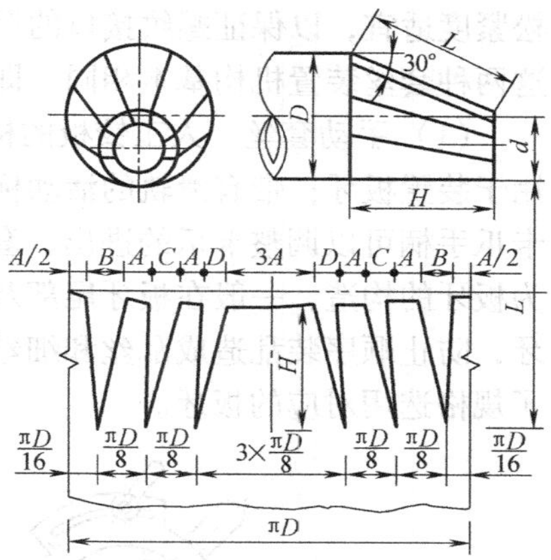

图 2-16　偏心变径管的抽条放样

将同心变径管、偏心变径管的展开图剪下，包缠在管子上并划出切割线，切掉抽条部分，加热收口后焊接，即可制成变径管。

2.2　钢管的连接

管子的连接点称为接口，接口连接是安装工程的主要工序和关键工作。接口质量的好坏、接口的强度和严密性，直接关系着工程结构的强度和施工质量的优劣。因此，施工中应严格按照设计和施工规范规定的技术条件进行管道的接口连接。管道的接口连接，根据接口形式分为：螺纹连接、法兰连接、焊接连接、承插连接及粘接等几种。

2.2.1　螺纹连接

螺纹连接又叫螺扣连接，是将管端加工的外螺纹和所连接管件的内螺纹紧密连接。它适用于所有的镀锌钢管，直径较小（如室内采暖 $D\leqslant 32$mm）和工作压力较小（如 $p\leqslant 1.0$MPa）的焊接钢管连接，以及带螺纹的阀类和设备的连接。外径与焊接钢管相同或接近的无缝钢管也可以用来加工管螺纹，但管的壁厚不得小于同规格的焊接钢管。

1. 螺纹连接类型

（1）圆柱形接圆柱形螺纹连接　这种螺纹连接，除带销螺纹外，两接头的螺纹都具有相同的直径和深度。因此，在两接头螺纹间平行存在着空隙，这种空隙是靠连接用的填料和带销螺纹的压紧而严密的。圆柱形螺纹的加工较容易，所以一般较常用。

（2）圆柱形接圆锥形螺纹连接　这种连接的管子配件是圆柱形螺纹，而管子是圆锥形螺纹。圆锥形螺纹在其余长度上具有 1：16 的倾斜度，两螺纹在各点能紧密扣紧，但其中仍需加填料充实。

（3）圆锥形接圆锥形螺纹连接　两接头螺纹都是圆锥形，所以其连接比较紧固，整个螺纹表面都能密合，不必加填料，只需将螺纹润滑以便拧紧，这样可以加速管道的装配。但这种螺纹连接，其管子配件要特殊加工，且管子配件的管壁要加厚。在装配时不要用力过猛，以免胀破管子配件。圆锥形螺纹只有短螺纹，故连接时没有长螺纹连接的方法。

2. 螺纹的加工

由于管路连接中各种管件大都是内螺纹，所以管螺纹加工主要是指管端外螺纹的加工。管螺纹加工要求螺纹端正、光滑、无毛刺、无断纹缺扣（允许不超过螺纹全长的高），螺纹松紧度适宜，以保证螺纹接口的严密性。管螺纹加工可采用手动套丝或电动套丝两种方式，这两种套丝装置机构基本相同，即铰板上装着板牙，用以切削管壁产生螺纹。

（1）手动套丝　人工铰板的构造如图 2-17 所示，在铰板的板牙架上设有四个板牙滑轨，用于装置板牙；带有滑轨的活动标盘可调节板牙进退；铰板后部设有一个卡爪，通过可调节卡爪手柄可以调整卡爪的进出，套丝时用以把铰板固定在不同管径的管子上。图 2-18 所示为板牙的构造，一般在板牙尾部及板牙孔处均印有 1、2、3、4 序号字码，以便对应装入板牙，防止顺序装乱造成乱丝和细丝螺纹。板牙每组四块能套两种管径的螺纹，使用时应按管子规格选用对应的板牙。

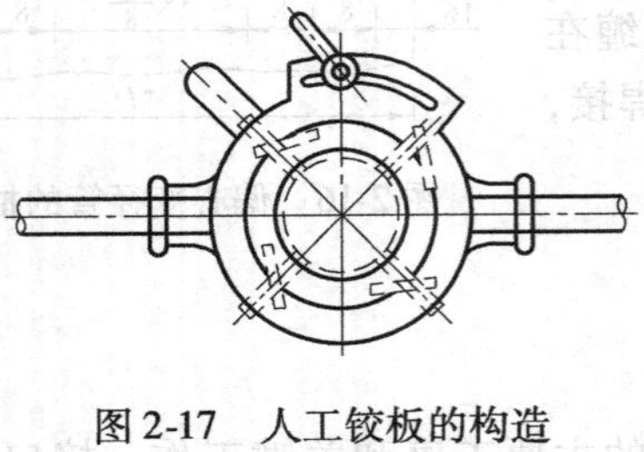

图 2-17　人工铰板的构造

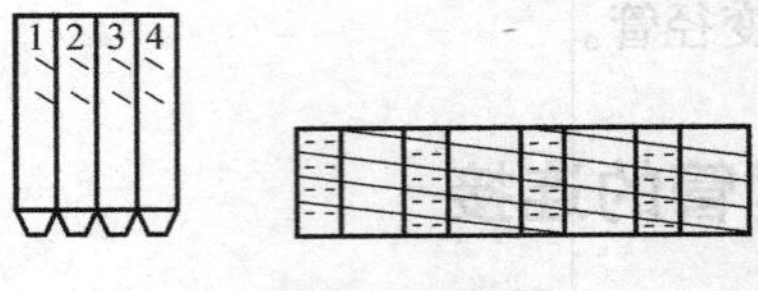

图 2-18　板牙

套丝前首先将管子端头的毛刺处理掉，管口要平直。将管子夹在压力钳上，加工端伸出钳口 150mm 左右，在管头套丝部分涂以润滑油；然后套上铰板，通过手柄定好中心位置，同时使板牙的切削牙齿对准管端，再使张开的板牙合拢，进行第一遍套丝。第一遍套好后，拧开板牙，取下铰板，将手柄转到第二个位置，使板牙合拢进行第二遍套丝。

为了避免断丝、龟裂，保证螺纹标准、光滑，公称直径在 25mm 以下的小口径管道，管螺纹套两遍为宜；公称直径在 25mm 以上的管螺纹套三遍为宜。

管螺纹的加工长度与被连接件的内螺纹长度有关。连接各种管件内螺纹一般为短螺纹（如连接三通、弯头、活接头、阀门等部件）。当采用长丝连接时（即用锁紧螺母组成的长丝），需要加工长螺纹。

采用铰板加工管螺纹时，常见缺陷及产生的原因有以下几种：

1）螺纹不正。产生的原因是铰板中心线和管子中心线不重合或手工套丝时两臂用力不均使铰板被推歪；管子端面锯切不正也会引起套丝不正。

2）偏扣螺纹。由于管壁厚薄不均匀或卡爪未锁紧所造成。

3）细丝螺纹。由于板牙顺序弄错或板牙活动间隙太大所造成；对于手工套丝，一个螺纹要经过2～3遍套丝完成，若第二遍未与第一遍对准，也会出现细丝或乱丝。

4）螺纹不光或断纹缺扣。由于套丝时板牙进刀量太大、板牙不锐利或损坏、套丝时用力过猛或用力不均匀以及管端上的铁渣积存等原因所引起。为了保证螺纹质量，套丝时第一次进刀量不可太大。

5）管螺纹有裂缝。如果出现竖向裂缝，是焊接钢的焊缝未焊透或焊缝不牢所致；如果螺纹出现横向裂缝，则是由于板牙进刀量太大或管壁较薄所致。

（2）电动套丝　电动套丝机一般能同时完成钢管切割和管螺纹加工，加工效率高，螺纹质量好，工人劳动强度低，因而得到广泛应用。电动套丝在结构上分为两大类：一类是刀头和板牙可以转动，管子卡住不动；另一类是刀头和板牙不动，管子旋转。施工现场多采用后者。

电动套丝机（图2-19）包括机座、电动机、齿轮箱、切管刀具、卡具、传动机构等主要部件，有的还有油压系统、冷却系统等。

为了保证螺纹加工质量，在使用电动套丝机加工螺纹时要施以润滑油。有的电动套丝机设有乳化液加压泵，采用乳化液作为冷却剂及润滑剂。为了处理钢管切割后留在管口内的飞刺，有些电动套丝机设有内管口铣头，当管子被切刀切下后，可用内管口铣头来处理这些飞刺。由于切削螺纹不允许高速运行，电动套丝机中需要设置起减速作用的齿轮箱。

图2-19　电动套丝机

2.2.2　法兰连接

法兰连接就是把固定在两个管口上的一对法兰，中间放入垫片，然后用螺栓拉紧使其接合起来的一种可拆卸的接头，主要用于管子与带法兰的配件或设备的连接处，以及管子需要拆卸检修的场所。法兰连接的优点是拆卸方便、强度高、密封性能好。

1. 法兰的种类

根据法兰与管子的连接形式可分为下列几种：

（1）平焊法兰　法兰与管道直接焊在一起，多用钢板制作，加工容易，成本低，但法兰刚度低，一般用于$p<1.6$MPa、$t<250$℃的管道连接，如图2-20所示。这种法兰在暖卫工程中应用最为普遍。

（2）对焊法兰　对焊法兰也叫高颈法兰，是法兰本身的管子（颈部）与管道对口焊接在一起，如图2-21所示。这种法兰强度和刚度较大，经得住高温、高压及反复弯曲和温度波动，适用于$p\leqslant16$MPa、$t=350\sim450$℃的管道连接。

（3）松套法兰　松套法兰也称活套法兰或活动法兰。法兰本身不与管道固接，如图2-22所示。适用于有色金属管道和不锈钢管道的连接，法兰本身不与管内介质接触。

（4）螺纹法兰　螺纹法兰是管端与法兰间采用螺纹连接在一起，这种螺纹在机床上加工而成，如图 2-23 所示。该法兰适用于高压管道或镀锌钢管的连接。

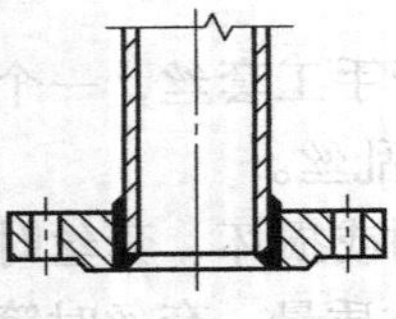

图 2-20　平焊法兰

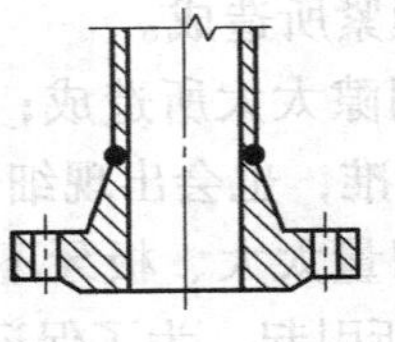

图 2-21　对焊法兰

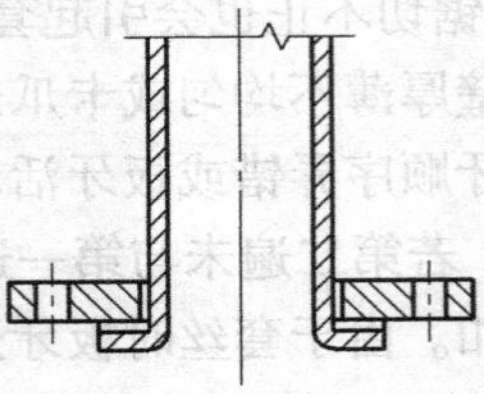

图 2-22　松套法兰

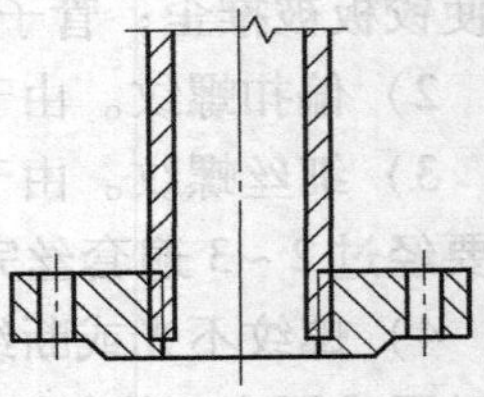

图 2-23　螺纹法兰

2. 法兰连接的螺栓和垫片

（1）螺栓和螺母　螺栓按其外形分为单头螺栓（一头螺纹一头六角方头）和双头螺栓（两头螺纹），按加工方法不同分为粗制、半精制和精制螺栓。

螺栓的尺寸规格以螺杆直径×长度表示，其中的长度为净长，不包括六角形方头的厚度，选择长度的原则是法兰拧紧后，螺杆突出螺母的长度不超过5mm。一般情况下螺母不加垫片。

对于制冷空调工程而言，当介质工作压力为1MPa、温度不超过300℃时，可选用单头粗制螺栓和粗制螺母；压力为1.6～4.0MPa时，采用半精制螺栓和螺母，并加以相应的垫片。

（2）垫片　为了使法兰能严密压合，确保其连接严密性，两片法兰之间必须加垫片。垫片应具有相当的弹性，使其能压入法兰水线或与法兰盘密封面压紧，并在管内介质长期工作下不被腐蚀。垫片应根据管内介质的性质、工作压力、工作温度选择，在设计无明确规定时，可参考表 2-2 选用。

表 2-2　法兰垫片（垫圈）材料及适用范围

材料名称		适用介质	最高工作压力/MPa	最高工作温度/℃
橡胶板	普通橡胶板	水、空气、惰性气体	0.6	60
	耐油橡胶板	各种常用油料	0.6	60
	耐热橡胶板	热水、蒸汽、空气	0.6	120
	夹布橡胶板	水、空气、惰性气体	1	60
	耐酸碱橡胶板	质量分数小于等于 20% 的硫酸、盐酸、氢氧化钠、氢氧化钾液	0.6	60
石棉橡胶板	低压石棉橡胶板	仅用于水暖设备及管道的水、蒸汽的密封垫	1.6	200
	中压石棉橡胶板	水、空气及其他气体、蒸汽、氨、酸及稀碱液	4.0	350
	高压石棉橡胶板	蒸汽、空气、煤气	10.0	450
	耐油石棉橡胶板	各种常用油料、溶剂	4.0	350
塑料板	软聚氯乙烯板 聚四氟乙烯板 聚乙烯板	水、空气及其他气体，酸及稀碱液	0.6	50
耐酸石棉板		有机溶剂、碳氢化合物、浓酸碱液、盐液	0.6	360
铜、铝等金属板		高温高压蒸汽	20.0	600

法兰垫片分软垫片、硬垫片两大类。水暖管道采用软垫片，其厚度在管径小于125mm时为1.6mm，管径大于125mm时为2.4mm。高温高压管道采用硬垫片（金属垫片）。

垫片在使用时应注意：一副法兰只垫一个垫片，不允许加双垫片或偏垫片；垫片的内径不得小于法兰的孔径，外径应小于相对应的两个螺栓孔内边缘的距离；对于不涂敷粘结剂的垫片，在制作时应留一个手把，以便于安装，如图2-24所示。

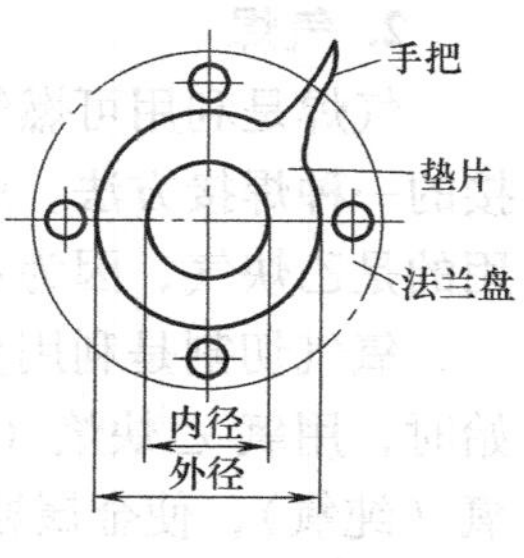

图2-24　法兰垫片

3. 法兰密封面的形式

法兰密封面的形式主要有光滑式、凸凹式、榫槽式和梯形槽式等，如图2-25所示。

光滑式密封面适用于压力不大的场合；有凸台的密封面适用于公称压力小于2.5MPa的管道，无凸台的密封面适用于公称压力小于1.0MPa的场合。为了提高连接的严密性，在密封面上一般都车有2～3条密封线，又称密封水线。

凸凹式密封面适用于温度和压力较高、密封要求严格的场合。安装时垫片置于法兰凹面内，使垫片更加牢固和严密。

榫槽式密封面不仅限制了垫片的移动，同时也使垫片少受管内流体的冲蚀，提高了管道连接的严密性。因此，它的适用场合与凸凹式相同。

梯形槽式密封面适用于公称压力为6.4～10MPa、金属垫片的中高压管道系统。

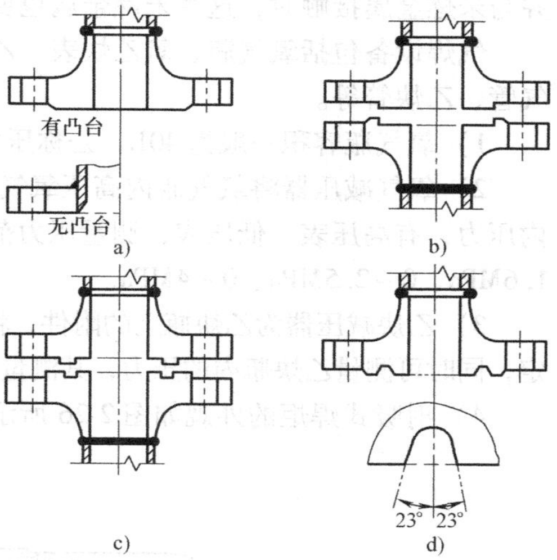

图2-25　法兰密封面形式

a）光滑式　b）凸凹式　c）榫槽式　d）梯形槽式

2.2.3　焊接连接

焊接连接是管道工程中最主要而且应用最广泛的连接方法，焊接连接的优点是接头强度高、牢固耐久，接头严密性高，不易渗漏，不需要接头配件，造价相对较低，工作性能安全可靠，不需要经常维护检修。焊接的缺点是接口为固定接口，不可分离，拆卸时必须把管子切断，接口操作工艺要求较高，需受过专门培训的焊工配合施工。在目前条件下，施工现场的管道焊接普遍采用手工焊的方法。

1. 焊接方式

钢管的焊接方法很多，有气焊、手工电弧焊、手工氩弧焊、自动埋弧焊、半自动埋弧焊、接触焊等。在施工现场的焊接施工中，常用的是气焊、手工电弧焊和氩弧焊。

气焊一般适用于公称直径小于50mm、壁厚小于3.5mm的碳素钢管道。有时因条件的限制，对不能采用电焊焊接的地方，可以用气焊焊接公称直径大于50mm的管子。

电焊操作简便、适用面广，其焊缝强度比气焊高且经济，因此应优先采用电焊焊接。氩弧焊成本较高，一般在有特殊要求的场合使用。对管内清洁要求较高，且焊接后不易清理的管道，其焊缝底层应采用氩弧焊施焊，如汽轮机入口管、锅炉给水管、机组的循环密封油管等。奥氏体不锈钢管道的焊缝底层也宜采用氩弧焊施焊。

2. 气焊

气焊是利用可燃气体与氧气混合燃烧的火焰所产生的高热熔化焊件和焊丝而进行金属连接的一种焊接方法。所用的可燃气体主要有乙炔气、液化石油气、天然气及氢气等，目前常用的是乙炔气，因为乙炔在纯氧中燃烧时放出的有效热量最多。

氧气切割是利用金属在高温（金属燃点）下与纯氧燃烧的原理而进行的切割。气割开始时，用氧-乙炔焰（预热火焰）将金属预热到燃点（在纯氧中燃烧的温度）然后通过切割氧（纯氧），使金属剧烈燃烧生成氧化物（熔渣），同时放出大量热，熔液被氧气流吹掉，所产生的热量和预热火焰一起将下层金属加热到燃点。因此，当氧气流将生成的氧化物吹掉并与未燃金属接触时，这些未燃金属也要开始燃烧，如此继续下去就可将整个厚度切开。

气焊设备包括氧气瓶、氧乙炔表、乙炔瓶、氧气减压器、乙炔减压器、射吸式焊炬、氧气管、乙炔管等。

1）氧气瓶容积一般为40L，公称压力为15MPa。

2）氧气减压器将氧气瓶内高压氧气调节到所需的工作压力并保持稳定，同时可测量瓶内压力，有高压表、低压表，测量压力范围为：高压表0~25MPa；低压表0~0.4MPa、0~1.6MPa、0~2.5MPa、0~4MPa。

3）乙炔减压器为乙炔瓶上的附件，将乙炔瓶内高压乙炔调节到所需的工作压力并保持稳定，同时可测量乙炔瓶内的压力，其测量范围为：高压表0~2.5MPa，低压表0~0.25MPa。

4）射吸式焊炬的外观如图2-26所示，其规格及型号见表2-3。

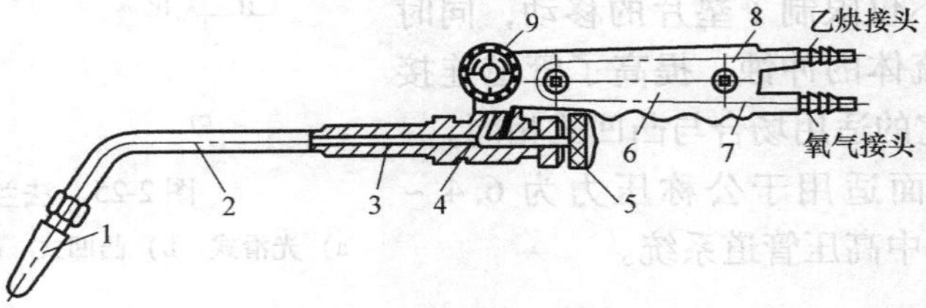

图2-26　射吸式焊炬

1—焊嘴　2—混合气管　3—射吸管　4—喷嘴　5—氧气阀　6—手柄　7—氧气导管　8—乙炔导管　9—乙炔阀

表2-3　射吸式焊炬规格及型号

型　号	焊接低碳钢厚度/mm	压力/MPa		可换焊嘴个数	焊嘴孔径/mm	焊炬总长度/mm
		氧　气	乙　炔			
H01-2	0.5~2	0.1~0.25	0.001~0.12	5	0.5~0.9	300
H01-6	2~6	0.2~0.4		5	0.9~1.3	400
H01-12	6~12	0.4~0.7		5	1.4~2.2	500
H01-20	12~20	0.6~0.8		5	2.4~3.2	600

常用的气焊条（焊丝）用碳素钢制成，长度有0.6m、1m两种，规格见表2-4。

表2-4　焊丝直径及适用范围

管壁厚度/mm	1~2	3~4	5~8	9~12
焊丝直径/mm	1.5~2	2.5~3	3.5~4	4~5

3. 电焊

在建筑设备安装工程中经常使用的是电焊，主要指的是电弧焊，它可分为自动电弧焊和手工电弧焊两种方式。直径比较大的管子管口焊接用自动电弧焊既省劳动力又可提高焊接质量和速度。本节着重介绍手工电弧焊的一般知识，其他种类焊接技术可参阅相关的专业书籍。

手工电弧焊可采用直流电焊机或交流电焊机。直流电焊机焊接的特点是焊接电流稳定，焊接质量较好。但往往施工现场只有交流电源，所以施工现场一般采用交流电焊机进行焊接。以下分别介绍电焊机、焊条、电焊基本操作及焊接要求。

（1）电焊机　电焊机由变压器、电流调节器及振荡器组成，其作用分别是：

1）变压器的作用是将常用的220V或380V电源电压，变为焊接需要的55～65V安全电压。

2）电流调节器的作用是根据焊件薄厚的不同，对焊接电流进行相应的调节，一般可按焊条直径的40～60倍来确定焊接电流的大小。

3）振荡器的作用是提高电流的频率，使交流电的交变间隔趋于无限小，增加电流的稳定性。

（2）焊条　焊条由焊芯和焊药层组成。其中焊药层的作用是依靠焊药层熔化后形成的焊渣和气体保护焊缝免受空气中氧和氮等气体侵入，避免焊缝中出现气孔等缺陷；另外还可向熔池过渡有益的合金元素以改善焊缝性能。

焊条根据熔渣的特性分为酸性焊条和碱性低氢型焊条两类。酸性焊条容易使焊缝产生气孔，用于低碳钢和不重要的结构钢的焊接。碱性低氢型焊条的焊缝金属合金化效果好，不易产生气孔，主要用于高强度低合金钢和各种性能合金钢的焊接。

（3）电焊基本操作　焊接时的运条过程是：引弧—沿焊缝纵向直线运动，同时向焊件送焊条—熄弧。或者引弧—沿焊缝作直线运动，同时向焊件送焊条并作横向摆动—熄弧。

引弧方法通常有两种：接触引弧法是将焊条垂直对焊件碰击，然后迅速将焊条离开焊件表面4～5mm便产生电弧；擦火引弧法是将焊条像擦火柴似的擦过焊件表面，随即将焊条提起距焊件表面4～5mm便产生电弧。焊条的送进运动主要是用来维持所要求的电弧长度。由于电弧的热量熔化了焊条端部，电弧逐渐变长，有熄弧的倾向。要保持电弧继续燃烧，必须将焊条向熔池送进，直至整根焊条焊完为止。为保证一定的电弧长度，焊条的送进速度应与焊条的熔化速度相等，否则会引起电弧长度的变化，影响焊缝的熔宽和熔深。

（4）焊接要求　管子对接时，其对口的错口偏差不得超过管壁厚的20%，且不超过2mm；管子对接焊缝应饱满，且应高出焊件1.5～2mm；应选择合适的焊接电流，见表2-5，防止因电流不合适而出现咬边、未熔合、未焊透等焊接缺陷。

表2-5　各种焊接电焊条使用电流

焊条直径/mm	焊接电流/A	焊条直径/mm	焊接电流/A
1.6	25～40	4	160～200
2.0	40～65	5	200～270
2.5	50～80	5.8	260～300
3.2	100～130		

4. 焊接质量检查

焊接结束后，应对焊缝作质量检查。

(1) 外观检查　用眼观察或用放大镜检查。焊缝应有余高和覆盖面宽度，其要求见表2-6和表2-7。焊缝应表面平整、宽度和高度均匀一致，并且无明显缺陷。

对要求高的管道安装工程，可用射线探伤、超声波探伤的试验方法。

表2-6　氧乙炔焊焊缝余高和宽度　　(单位：mm)

管壁厚度	1~2	3~4	5~6	焊缝形式
焊缝余高 *h*	1~1.5	1.5~2	2~2.5	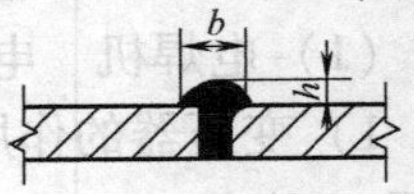
焊缝宽度 *b*	4~6	8~10	10~14	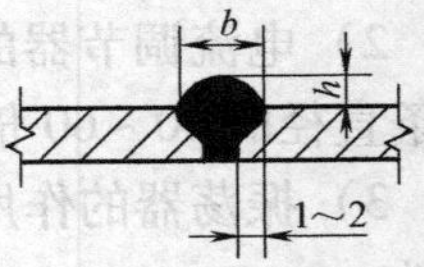

表2-7　电焊焊缝加强面高度和宽度　　(单位：mm)

管壁厚度		2~3	4~6	7~10	焊缝形式
无坡口	焊缝余高 *h*	1~1.5	1.5~2	—	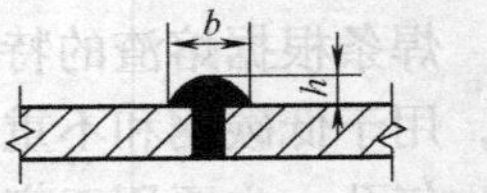
	焊缝宽度 *b*	5~6	7~9	—	
有坡口	焊缝余高 *h*	—	1.5~2	2	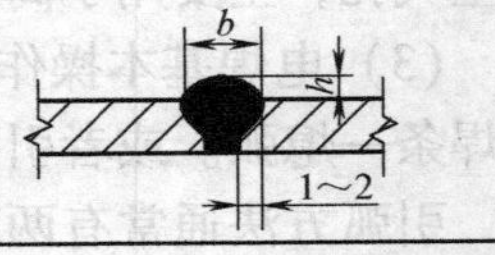
	焊缝宽度 *b*	盖过每边坡口约2mm			

(2) 内部检查　可用水压、气压、渗油等密封性试验，检查焊缝的严密性。

(3) 强度检查　用抗拉、抗弯曲等试验检查焊缝的机械强度，焊缝的抗拉强度应大于母材强度的85%，即

$$\sigma_h \geqslant 0.85\sigma_g$$

$$\sigma_h > 100F/A$$

式中，σ_h 为焊缝的抗拉强度（MPa）；σ_g 为母材的抗拉强度（MPa）；F 为拉伸试验的破坏力（N）；A 为焊缝的断面积（m^2）。

2.3　铸铁管的加工及连接

2.3.1　铸铁管的切断

铸铁管的材质较脆，所以切断方法与钢管不同，可用錾切方法将其錾断。錾切管子常用的工具为錾子（凿子）和锤子。其操作方法是：将管子切口划线，并在切断线的两侧垫上厚木板，如图2-27所示。錾切操作时，转动管子，用錾子沿切断线轻轻錾断1~2圈，錾切

出线沟。然后沿沟线一边用力敲打錾子，一边转动管子，连续敲打錾子直至切断管子。大口径管的錾切应由2人操作，2人分别站在管子两侧，1人拿錾子，1人拿锤子配合操作。

操作时应注意：

1）錾子的刃口要对准管子的切断线；拿錾子要端正，并与管子中心线垂直，不得偏斜。

2）錾切带有裂纹的管子时，为避免裂缝的继续扩展，可先在裂纹的延伸方向30～50mm处，用錾子横錾一条深痕，以控制錾切管子时裂纹因受振动而继续伸延。

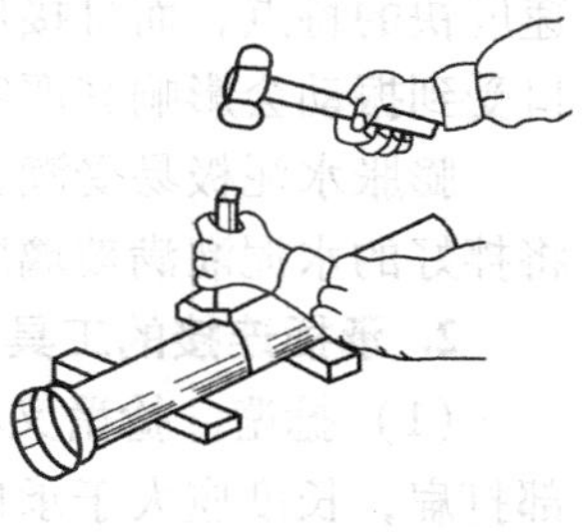

图2-27　铸铁管的切断

3）操作时，人应站在管子侧面，且应戴好防护眼镜，以免操作过程飞出铁屑伤人。

2.3.2　铸铁管的连接

铸铁管的连接方法分为法兰连接和承插连接两种。其中法兰连接只用在管件连接等特殊位置，管道的接口一般都用承插连接。

1. 接口材料

（1）油麻石棉水泥接口　以油麻和石棉绒、硅酸盐水泥加水的拌合物为接口材料，在承插口内填塞并用力打实，以保证接口严密，如图2-28所示。

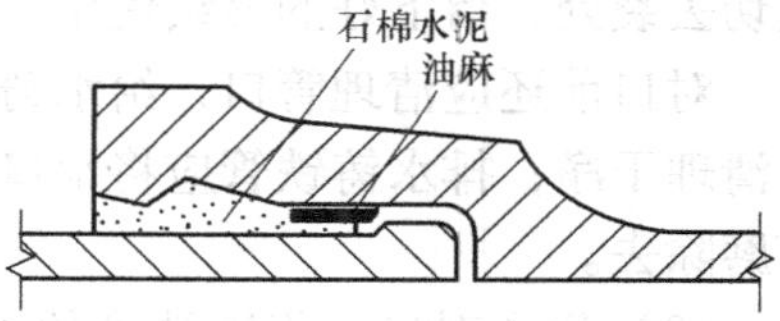

图2-28　承插式铸铁管油麻石棉水泥接口

（2）油麻青铅接口　以青铅作为主要接口材料，将铅熔化填入承插口间隙的叫做熔铅接口；将铅条填塞进承插口间隙的叫做冷铅接口。青铅接口抗振动弯曲的性能好，无需养护、接口严密，但青铅价格较高，只用在有特殊要求的情况下。

作冷铅接口时，应将铅条分层填塞。青铅接口尺寸及主要材料用量见表2-8。

表2-8　青铅接口尺寸及主要材料用量

管径/mm	承口长度/mm	灌铅深度/mm	塞麻深度/mm	环形空间标准宽度/mm	每个接口的铅、麻用量/kg	
					青　铅	油　麻
75	75	50	25	9	2.24	0.106
100	80	50	30	9	2.86	0.138
150	85	50	35	9	4.11	0.200
200	85	50	35	10	5.30	0.252
250	90	50	40	10	7.56	0.368
300	95	50	45	10	8.89	0.432

（3）橡胶圈石棉水泥接口　用橡胶圈代替油麻，即在承插口间隙中加入1～2个橡胶圈。橡胶圈具有良好的弹性，塞入后使接口的严密性增加，而且接口属于柔性接口，即使管子沿轴线方向有少量位移或接口受外界影响产生弯曲，接口也不至于渗漏。

（4）膨胀（自应力）水泥砂浆接口　膨胀水泥在凝固期间，具有遇水膨胀、强度增长速度快的特点，而且接口操作简单，工效高，适用于工作压力不超过1MPa的管道上，但接口受到振动会影响其严密性，因此，不宜用在露天和架空敷设的管道上。

膨胀水泥极易受潮，在工地存放不能超过3个月。在施工前应对水泥作膨胀性试验，可将拌好的水泥灌满玻璃瓶，如玻璃瓶产生裂纹，则膨胀水泥有效。

2. 承插连接的工具

（1）捻凿　捻凿又称弯刀，多用ϕ16mm的钢筋现场打制。弯刀呈45°来回弯形状，刀部打扁，长度应大于承口深度，刀头厚度可为2mm、4mm、6mm、8mm、10mm几种，手柄部分为圆形，长度约为150mm。

（2）锤子　其质量有0.75kg、1kg、1.25kg几种，打口时应按管径大小选用锤子。

3. 承插连接的操作方法

如图2-29所示为铸铁管承插连接构造图，其连接的操作方法如下：

（1）管材检查及管口清理　铸铁管及管件在连接前必须进行检查，一是检查是否有砂眼；二是检查是否有裂纹。裂纹是由于铸铁管性脆，在运输及装卸中碰撞而形成的。检查的方法为：用锤子轻轻敲打管壁，发出清脆而实的声音表示完好，破裂声说明有裂缝。有裂缝的管件不能使用，裂纹管应切去裂处，留下好的继续使用。

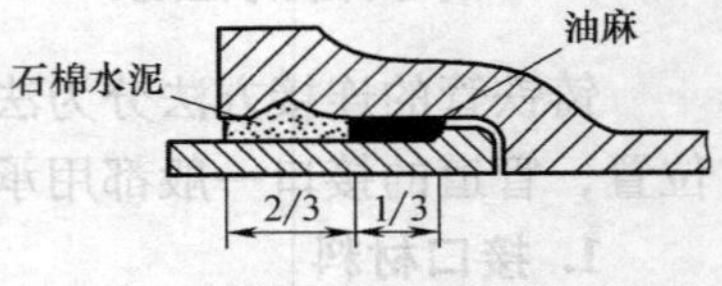

图2-29　铸铁管承插连接构造图

对口前还应清理管口，给水铸铁管应用氧-乙炔燃气烧去承口内、插口表面的沥青涂料并清理干净；排水铸铁管应将承口内的铸砂及杂物清理干净，并将管外壁的铸造筋用磨光机打磨除去。

（2）管子对口　将铸铁管的承插口插入承口内，使插口端部与承口内部底端保留2～3mm的对口间隙，并尽量使接口的环形缝隙保持均匀。对口间隙不应超过表2-9的规定，必要时可用探尺检测，如图2-30所示。

表2-9　铸铁管承插口最大对口间隙

管子直径/mm	沿直线敷设	沿曲线敷设
	最大对口间隙/mm	
75	4	5
100～200	5	7～13
300～500	6	14～22

（3）填麻、打麻（或打橡胶圈）　将麻线拧成粗度大于接口环形缝隙的线股，用捻凿打入接口缝隙，打麻的深度一般应为承口深度的1/3。

图2-30　对口间隙的检查

（4）填接口材料，打灰口　麻打实后，将接口材料（石棉水泥、水泥、水泥砂浆、自应力水泥砂浆等）分层填入接口，并分层用捻凿和锤子加力打实，直至锤打时有回弹力。打实后，填料应与承口平齐。

（5）接口养护　在接口处绕上草绳或盖上草帘，在上面洒水对水泥材料的填料进行潮润性养护，养护时间一般不少于48h。

2.4　铜及铜合金管的连接

铜及铜合金管的连接有螺纹连接、焊接连接和法兰连接。其更多的还是采用焊接连接。

1. 螺纹连接

铜及铜合金管螺纹连接的螺纹与焊接钢管的螺纹标准相同，但用于高压铜管的螺纹，必须在车床上加工，按高压管道的要求施工。连接时，其螺纹部分必须涂以石墨、甘油。

2. 焊接连接

焊接连接时，可采用插入焊接（管口扩张成承插口插入焊接）或套管焊接。大口径铜管对口焊接，采用加衬焊环的方法。焊环的材质与管材应一致。下面简单介绍钎料钎焊工艺。

（1）焊前准备要求　铜管的气割面必须与铜管中心线垂直，铜管顶部、外表面与铜管管件重叠的一段应光泽、清洁、无油污，否则应表面清理后再焊接。一般可采用钢锉修平，用纱布或不锈钢丝绒打光；严重氧化时，可采用质量分数为5%～10%硫酸液清洗，去除表面残酸并烘干后才能使用。

（2）装配间隙的控制　管件和铜管装配间隙的大小直接影响到钎焊质量和钎料的用量。为了保证通过毛细管作用的钎料得以散布，在套接时应调整钢管自由端和管件承口（或插口）处，使其装配间隙符合表2-10的要求。

表2-10　装配间隙标准　（单位：mm）

铜管外径 D_w		8～10	12～16	19	22	28	35
间隙	最大	0.20	0.26	0.39	0.42	0.44	0.55
	最小	0.03	0.05				0.10
铜管外径 D_w		44	55	70	85～105	133～159	219
间隙	最大	0.55	0.70		0.80	1.50	2.00
	最小	0.10					

（3）钎料的形式　根据不同规格的管件，可以采用钎焊条或钎焊环的形式，见表2-11。

表2-11　钎料形式的选择

公称直径 D/mm	钎料形式
6～50	钎焊环
65～200	钎焊条

（4）加热连接　当铜管外径小于等于55mm时，选用氧-丙烷火焰焊接；当钢管外径大于55mm时，允许采用氧-乙炔火焰焊接。均匀加热被焊管件，尽可能使母材快速加热，温度在650～750℃时送入钎料，切勿用火焰直接加热钎料；当钎料全部熔化后立即停止加热，否则，由于钎料的流动性好，会不断地往里渗透，不容易形成饱满的焊脚。注意在加热时，避免超过必要的温度，且加热时间不要过长，以免使管件强度降低。管道安装时，尽量避免

倒立焊，同时为避免钎料下淌，可用石棉绳捆扎在钎料下面进行阻流。钎焊结束后，先用湿布擦拭连接部分，这样既可稳定钎焊部分，又可避免烫伤。再在焊缝连接部分用质量分数为10%的柠檬酸溶液清洗，用热毛巾擦净。最后用流水冲洗管道，以免残余熔渣滴在管路内引起事故。

3. 法兰连接

法兰连接有焊接法兰、翻边活套法兰和焊环活套法兰。焊环的材质应与管材一致。钢法兰的垫片一般采用石棉橡胶板或铜垫片，也可根据输送介质的温度和压力选择其他材质的垫片。

2.5 常用非金属管的加工及连接

2.5.1 塑料管的加工及连接

塑料管按材质可分为硬聚氯乙烯塑料管（UPVC 管）、聚乙烯塑料管（PE 管）、聚丙烯塑料管（PP 管）、聚丁烯塑料管（PB 管）等，塑料管在工程中的应用越来越广泛。各种塑料管的加工、连接方法多数相同，个别的不同。

1. 塑料管的加工

（1）机械加工　塑料管的切割一般采用细齿木工手锯或木工圆锯进行切割，切割口的平面度公差为：$D<50$mm 时，应小于或等于 0.5mm；$D=50\sim60$mm 时，应小于或等于 1mm；$D>160$mm 时，应小于或等于 2mm。聚丁烯管还可采用截管器切断。

塑料管的坡口可用人工和机械两种方法制作。人工的方法是用锉刀锉出坡口；机械的方法是用坡口机或机床加工坡口，再用粗锉刀磨坡口表面。

（2）热加工　将塑料管加热以提高塑料管的塑性，在热状态下加工成所需要的形状。塑料弯管应由无缝塑料管制成，弯曲半径 $R=(3.4\sim4)D$。加工时，先将塑料管的一端用木塞塞紧，管内用无杂质的细砂填实，以防止弯管过程中截面形状发生变形，细砂填完后用木塞将管子另一端堵死。管子的加热时间可根据管径大小按表 2-12 中的规定选择。管子按要求加热后，迅速放入弯管胎内弯曲，冷却后成形。塑料弯管的圆度不应超过 3%。考虑到弯管冷却有收缩的现象，弯管时应使弯曲角度比要求的大 2°左右。

表 2-12　塑料管煨弯加热时间

公称直径/mm	≤65	80	100	150	200
加热时间/min	15～20	20～25	30～35	45～60	60～75

塑料管采用承插口连接或采用松套法兰连接时，须将管子的一端扩胀或做成承口。扩胀前，先将一端管口用锉刀加工成 30°～45°的内坡口，另一端管口加工成同样角度的外坡口，如图 2-31 所示。再将管子扩胀端均匀加热，加热的长度作扩口时为 20～50mm，作承插口时为管径的 1～1.5 倍。加热温度：硬聚氯乙烯管、聚氯乙烯管为 120～150℃；聚丙烯管为 160～180℃。加热的方法：采用蒸汽间接加热或用甘油直接加热，图 2-32 所示为简易甘油加热锅。

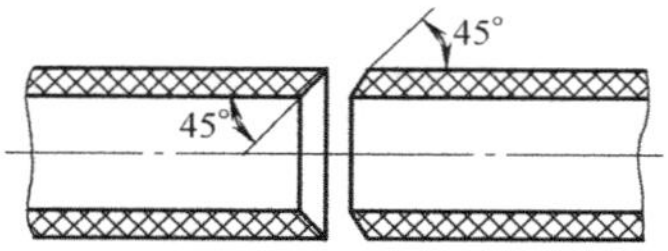

图 2-31 管口扩胀前的坡口

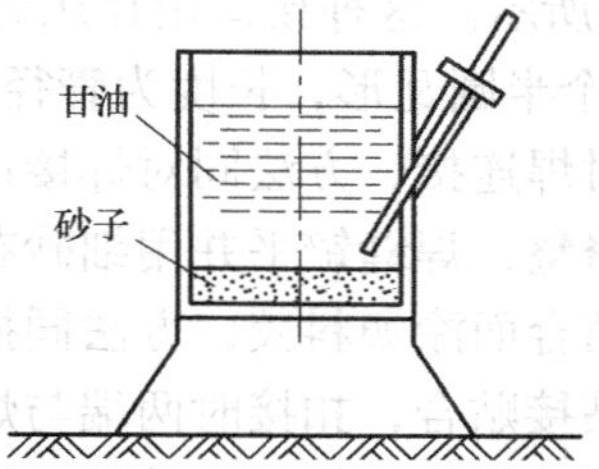

图 2-32 简易甘油加热锅

做承口时，将带有外坡口的管子插入加热变软的带有内坡口的管端内，使其扩大为承口。待成型后，再将插口的管端拔出。做扩口时，金属模具也应预热至 80～100℃。

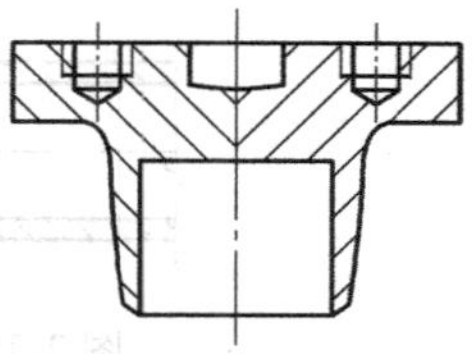

图 2-33 塑料管翻边内胎模

塑料管采用松套法兰连接时，必须先进行管口翻边。翻边前管口加热的温度及加热时间与管口扩胀相同。管子加热取出后应立即套上法兰，将预热后的翻边内胎模（见图 2-33）插入变软的管口，使管口翻成垂直于管子轴线的卷边，成型后退出胎模，并用水冷却。翻成后的卷边不得有裂纹和皱折等缺陷。

2. 塑料管的连接

塑料管的连接一般分为承插连接、焊接连接、螺纹连接和法兰连接等。

（1）承插连接 如图 2-34a 所示，硬聚氯乙烯管的填塞接口为刚性连接，其操作工序和方法是：

1）加热扩口。用热空气加热，将管端加工成承口。

2）对口。将管子插入承口，可顶住承口而不留对口间隙。

3）填麻捣实。将麻股填入环形缝隙并捣实，麻股占承口深度的 2/3。

4）灌树脂玛琦脂。一次灌满，约占承口深度的 1/3。

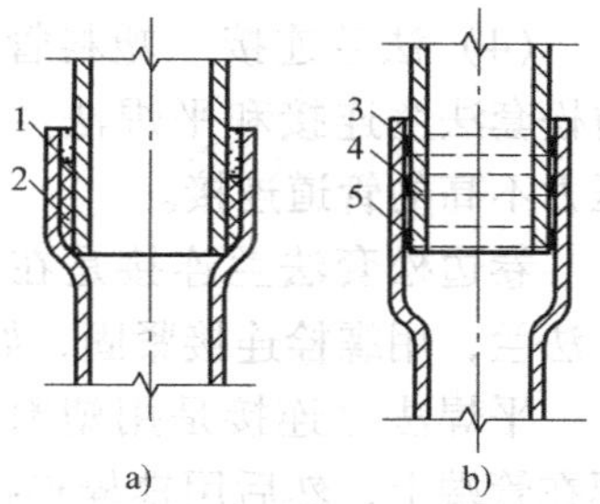

图 2-34 硬聚氯乙烯管的承插连接
a）填塞接口 b）补偿接头
1—树脂玛琦脂 2—油麻 3—上弦杆
4—橡胶圈 5—下弦杆

补偿接头如图 2-34b 所示。硬聚氯乙烯管的补偿接头是一种可伸缩的柔性接头，其操作工序及方法是：

1）扩口。承口扩制方法如前所述，但承口深度较大（根据伸缩量确定）。

2）上弦杆焊接。将塑料焊条烤热并围在管子插口上部，用焊接法焊牢作为上弦杆。

3）套橡胶圈。在上弦杆与插口管端之间，用力套上橡胶圈。

4）下弦杆焊接。将下弦杆焊接在插口端面上作为下弦杆。

5）对口。将焊有上、下弦杆及套有橡胶圈的插口，用力插入承口，应使橡胶圈处于上、下弦杆中间。

（2）焊接连接 焊接连接分为对焊连接和带套管对焊连接。对焊连接像钢管焊接连接一样，在管端坡口，利用焊条将接口熔接在一起，如图 2-35 所示。这种接口强度比承插接口差，但施工简便，严密性也好，一般用在工作压力较低和 $D>200$mm 的管道工程中。带套管对焊连接是针对对焊连接强度较低的弱点，在对焊接口外边再加焊一个套管增加接口强度，如图 2-36 所示。这种接口用在压力较高或检修工程中。套管采用与管壁同厚的塑料板制作，制成两个半圆瓦形，长度为管径的 2.2 倍，接口接连方法如下：

1）管子对焊连接，方法同对焊接口。

2）坡口修整，焊缝铲平并用细砂布磨光。

3）套管结合面涂塑料胶，方法同插接涂胶。

4）套管粘接贴合，扣接时两端与焊缝等距。

5）套管封口焊接，将两个端缝、纵缝封焊。

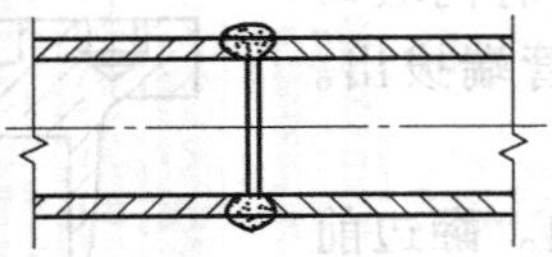

图 2-35　对焊连接

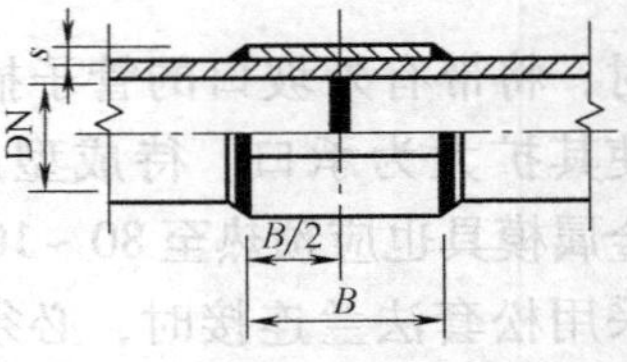

图 2-36　带套管对焊连接

(3) 螺纹连接　PP-R 管（无规共聚聚丙烯管）与金属管件连接，应采用带金属嵌件的聚丙烯管件作为过渡，如图 2-37 所示。该管件的 PP-R 管采用热熔连接，与金属管件或卫生洁具五金配件采用螺纹连接。

(4) 法兰连接　塑料管的法兰连接常用卷边松套法兰连接和平焊法兰连接两种，适用于压力不高的管道连接。

卷边松套法兰连接是在翻边的塑料管上套上法兰，用螺栓连接紧固，如图 2-38a 所示。

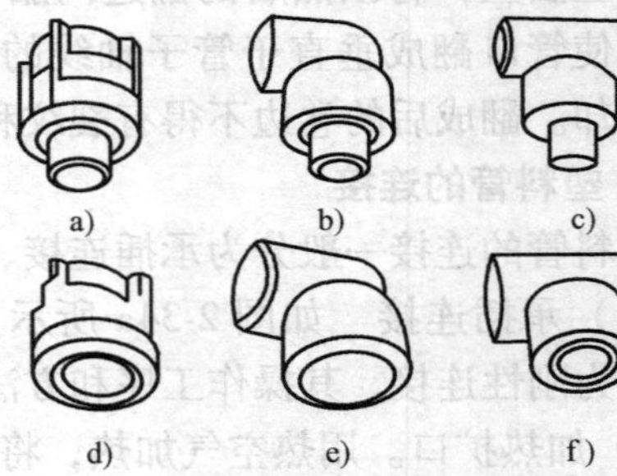

图 2-37　聚丙烯管件

a）外螺纹接头　b）外螺纹弯头　c）外螺纹三通　d）内螺纹接头　e）内螺纹弯头　f）内螺纹三通

平焊法兰连接是用塑料板制成法兰，直接焊在管端上，然后用螺栓连接。这种接口，连接简单，拆卸方便，适用于压力较低的管道上。平焊法兰连接要求法兰尺寸应与钢法兰尺寸一致，但厚度要大些，法兰两面都要与管子焊接，如图 2-38b 所示。法兰垫料选用布满密封面的轻质宽垫片，防止拧紧螺栓时损坏法兰。

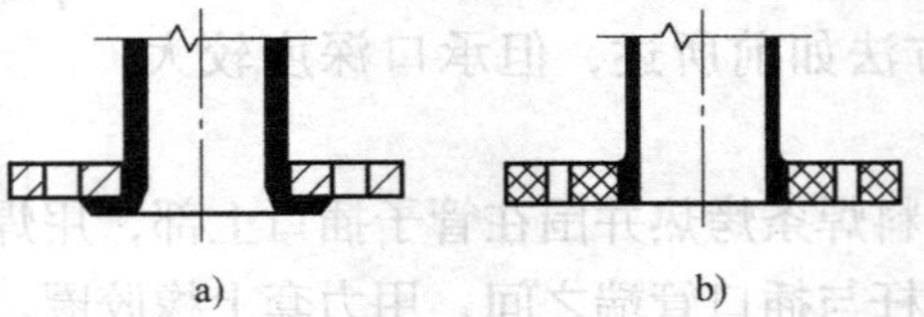

图 2-38　塑料管的卷边松套法兰连接和平焊法兰连接

a）卷边松套法兰连接　b）平焊法兰连接

2.5.2　复合管的连接

铝塑复合管是近几年在我国逐渐推广的新型管材，特别是在室内给水工程中，铝塑复合管将成为镀锌钢管的替代产品。铝塑复合管是由中间层纵焊铝管、内外层聚乙烯管及它们之间的热熔胶共挤复合而成的。

铝塑复合管是借用了金属管的强度和塑料管的耐蚀性的优点而制成的。与现有的给水镀锌管相比，其具有耐腐蚀、不结垢、水流阻力小、本体质量轻、热导率小、抗噪声、施工方便等优点。

1. 加工

1）管的调直和切断。铝塑复合管一般呈盘圆形供应，到现场后需调直，用手调直即可，可不用其他工具。

2）管的切断。铝塑管的切断一般使用专用的管剪刀，也可使用手工锯及其他切割工具。

3）管的弯曲。铝塑管一般采用弯管弹簧，直接用手弯曲即可，无需加热，弯曲半径等于或大于管外径的5倍。

2. 连接

铝塑复合管连接有两种：螺纹连接和压力连接。

（1）螺纹连接　螺纹连接步骤如图2-39所示。

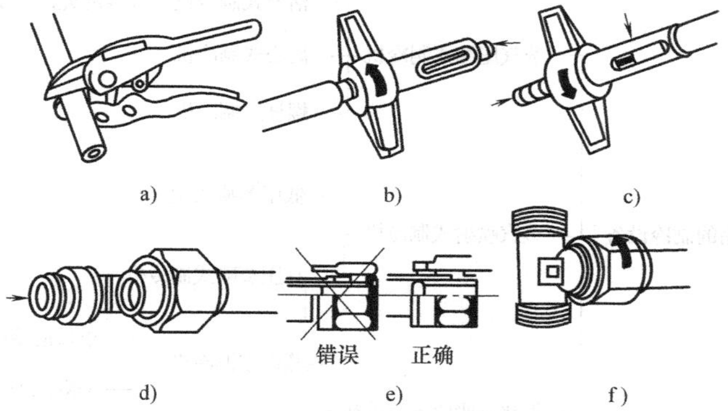

图2-39　铝塑复合管连接步骤示意图

1）用剪管刀将管子剪成合适的长度。

2）穿入螺母及C形铜环。

3）将整圆器插入管内到底，用手旋转整圆，同时完成管内圆倒角。整圆器按顺时针方向转动，对准管子内部口径。

4）用扳手将螺母拧紧。

（2）压力连接　压制工具有电动压制工具与电池供电压制工具。当使用承压和螺钉管件时，将一个带有外压套筒的垫圈压制在管末端。用O形密封圈将内壁紧固起来。压制过程分两种，使用螺钉管件时，只需拧紧旋转螺钉；使用承压管件时，需用压制工具和钳子压接外层不锈钢套管。

钢塑复合管常用的连接方法为：螺纹连接和压力连接。进行螺纹连接时，钢塑管需要专门的套丝工具；而铝塑管由于铝层具有很好的可塑性，因而可使管材很容易地伸直和弯曲，并保持不回弹，安装时可不必套螺纹。钢塑管其余连接方法与铝塑管相同。

第3章 制冷设备及管道安装

3.1 概述

3.1.1 制冷系统设备分类

制冷系统的种类繁多，形式各异。制冷所用的能源也各有不同。有以电能为能源制冷的，如利用氟利昂及其他工质实现制冷循环的压缩式制冷机；有以蒸汽为能源制冷的，如蒸汽型溴化锂吸收式制冷机等；还有以其他热能为能源制冷的，如热水型溴化锂制冷机、直接燃烧燃气或燃油的溴化锂制冷机等。

我国目前广泛使用的制冷设备有如下几种：

- 广泛使用的制冷设备
  - 蒸气压缩式制冷机
    - 活塞式制冷机（含多机头式、模块式）
    - 离心式制冷机
    - 螺杆式制冷机
  - 蒸汽喷射式制冷机
    - 低压蒸喷式制冷机
    - 高压蒸喷式制冷机
  - 溴化锂吸收式制冷机
    - 蒸汽型溴冷机
      - 单效溴冷机
      - 多效汽型溴冷机
    - 非蒸汽型溴冷机
      - 直燃型溴冷温水机
      - 热水型溴冷机

本章主要介绍空调用制冷设备安装，属普通制冷（> −120℃）。空调制冷中应用最广泛的是蒸气压缩式制冷系统（活塞式、离心式、螺杆式制冷系统）和吸收式制冷系统。

蒸气压缩式制冷系统的设备，主要包括压缩机、冷凝器、蒸发器、辅助设备及管道系统。吸收式制冷机是各换热器的组合体，换热器的名称是根据其在制冷循环中的作用而确定的，主要有蒸发器、吸收器、发生器（高压发生器和低压发生器）、冷凝器、溶液换热器等。

专业厂家生产的制冷设备，根据产品的大小、结构、使用情况不同，出厂时有的是整体式，有的是组装式。较大型制冷设备则是散装式。下面以蒸气压缩式制冷系统为例，介绍整体式、组装式、散装式制冷设备的区别。

1）整体式制冷设备。将制冷压缩机、冷凝器、蒸发器及各种辅助设备组装在同一个底座上或同一个箱体内，称为整体式设备，如空调器、冷藏箱、电冰箱等。

2）组装式制冷设备。一般是将压缩机、冷凝器、油分离器、贮液器、过滤器等分为一组，成为压缩-冷凝机组；而将蒸发器、膨胀阀等分为另一组，成为制冷设备；安装时，按产品说明书的要求，将两组用管道连接起来，成为一个系统，然后再进行校验。

3）散装式制冷设备。压缩机、冷凝器、蒸发器、膨胀阀及其他辅助设备，均为散装供货，安装时先按产品说明书提出的技术要求进行单体安装，再将各部件用管道连接起来，然后进行校验。

制冷设备的安装，以散装式制冷设备的安装最为复杂，因此它的安装方法对于组装式或整体式制冷设备的安装具有指导意义。

本章重点介绍散装式制冷设备及系统的安装，其内容包括压缩机、冷凝器、蒸发器、辅助设备、管道及阀门等的安装，并介绍制冷系统的试运行。

3.1.2　制冷系统设备安装的特殊性

制冷系统的安装与其他机械设备系统的安装有所不同，对其特殊性必须充分重视才能保证制冷机组的正常运转。

1）承压性与强度要求。所有设备和管道都有承压性要求，一般情况下它所承受的压力比大气压高几倍到十几倍，各设备承受的压力也不同。有些设备有时在真空下工作，因此这些设备和管道都有一定的强度要求。

2）气密性要求。制冷系统是与大气互相隔绝的密闭式系统，内部压力比大气压力高，有时又低于大气压力。有些制冷剂无色无味，并有很强的渗透性，极易从微小的不严密处泄露，而且不容易被发现；有些制冷剂具有毒性，可燃、可爆。因此，保证制冷系统内部的气密性，防止制冷系统向外泄露及防止空气渗入系统内，是保证制冷系统正常运转的关键之一。

3）清洁性要求。所有设备和管路内部的氧化皮、焊渣及其他杂质必须清理干净，否则会引起气缸、活塞、气阀、膨胀阀和油泵等部件磨损，或者堵塞管路，影响制冷装置的正常运转，还会缩短制冷压缩机的使用寿命。

4）干燥性要求。系统内存在水分（对氟利昂系统而言），会产生冰堵现象，影响制冷装置的正常运转，为此要求系统内高度干燥。在安装制冷系统时必须注意施工的各个环节，严格按照有关规范及产品说明书中的技术要求施工，确保工程质量；系统安装好后，应认真作好气密性试验，在充注制冷剂前严格抽出系统中的不凝性气体和水分。

5）润滑油回油性要求。氟利昂一般都溶于油，因此润滑油常与制冷剂一起在系统内循环。进行管道安装时，应考虑能使润滑油很好地返回曲轴箱，否则润滑油会在管道中沉积，增加流动阻力；或者引起润滑油积聚在冷凝器和蒸发器的传热面上，形成油膜，影响传热及系统的制冷效果；严重时还会造成压缩机失油，导致轴承和滑动部件损坏。

安装制冷系统时，还应注意施工的各个环节，严格按照 GB 50274—2010《制冷设备、空气分离设备安装工程施工及验收规范》及产品说明书中的技术要求施工，确保工程质量。

3.2　压缩机的安装

3.2.1　活塞式制冷压缩机的安装

活塞式制冷压缩机在工作过程中，由于机器的往复惯性力和旋转惯性力的作用，压缩机产生振动、噪声，既消耗能量，又加剧了工作零件的磨损。故活塞式压缩机一般都要安装在足够大的混凝土基础上。对于安装在离空调房间较近的压缩机，为防止振动和噪声对周围环境的影响，应设置减振基础来消除设备产生的振动。常见减振基础的形式如图 3-1 所示。

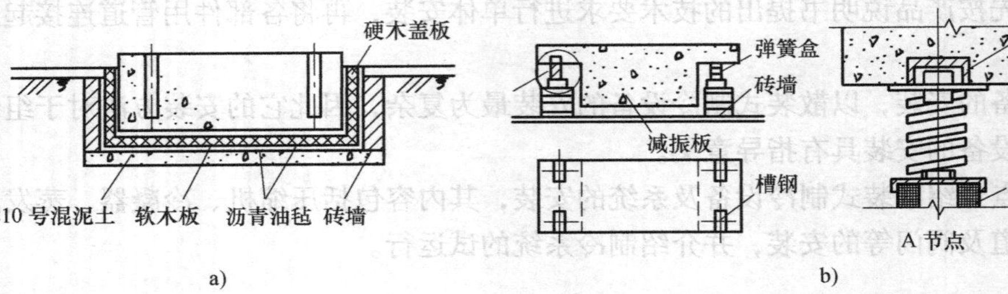

图 3-1 减振基础
a）软木减振基础 b）弹簧减振基础

1. 压缩机的安装

活塞式制冷压缩机的安装步骤如下：

1）开箱检查验收。首先要对制冷机进行设备的开箱检查和验收工作，然后在制冷压缩机就位之前，检查和验收混凝土基础，并依据图样放线找出混凝土基础中心线，如有多台压缩机时，应使中心线平行并且对齐。上述两项工作完成后，就可以进行机组的搬运和吊装。

2）吊装就位。吊装前，先将基础表面清理干净，按图样坐标位置，找出中心线、地脚螺孔中心线和设备底座边缘线，如图 3-2 所示。将压缩机搬运到基础旁，准备好设备就位的吊装工具，用强度足够的钢丝绳套在压缩机的起吊部位，接触的地方应垫以软木或旧布等加以保护，按吊装的技术安全规程将压缩机吊起，在压缩机坐落到基础上之前穿上地脚螺栓，对准基础中心线，在地脚螺栓孔两侧摆上垫铁，徐徐下落到预先浇筑好的混凝土基础上，一切准备妥当之后，将压缩机慢慢放在垫铁上。压缩机就位后，它的中心线应与基础中心重合。若出现纵横偏差，可用撬棍进行调正。调正方法如图 3-3 所示。

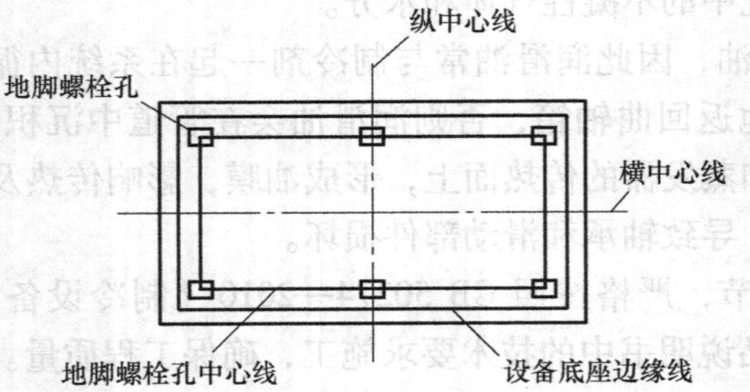

图 3-2 基础放线

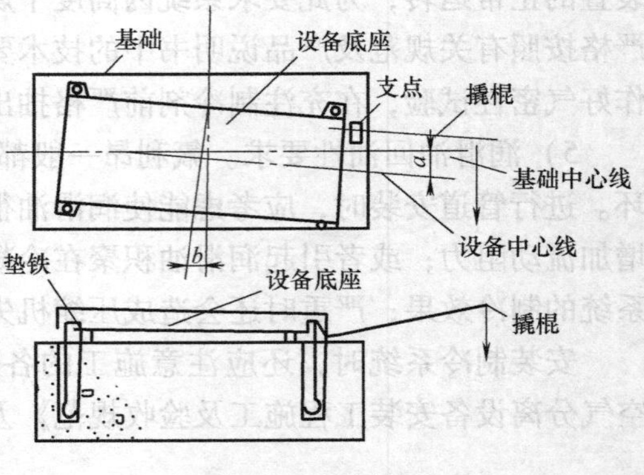

图 3-3 设备调正

3）测量水平度。用水平仪测量压缩机的纵、横向水平度，压缩机纵、横向水平度的偏差应<0.1%，不符合要求时，用斜垫铁调整。当水平度达到要求后，用强度等级标号高于基础一级的混凝土将地脚螺栓孔灌实，待混凝土强度达到的 75% 后，再作一次校核，符合要求后将垫铁定位焊固定，然后拧紧地脚螺栓，进行二次灌浆。

4）传动装置的安装。当压缩机与电动机不在一个共用底座上时，还需进行传动装置的安装。安装方法如下：将电动机及其导轨安装好，并用拉线的办法使电动机和压缩机带轮在同一个平面上。常用的传动装置有联轴器和带轮两种形式。在小型活塞式制冷压缩机中，联轴器和带轮既是能量传动装置，又起蓄放能量的飞轮作用，以达到压缩机和电动机运转均匀、平稳和电流波动小的目的。在中小型活塞式制冷压缩机中，一般都不单独设置飞轮而采用弹性联轴器（图 3-4）。这种联轴器由一副联轴器（压缩机轴上装 1 个联轴器，电动机轴上装 1 个联轴器）组成，中间插入几个上面套有橡皮弹性圈的柱销，橡皮弹性圈柱销能起缓冲、减振作用。联轴器的安装关键是要保证压缩机和电动机的两轴同心，否则橡皮弹性圈容易损坏，并引起压缩机振动。在安装调整时，先固定压缩机，然后再调整电动机位置。检查时，将千分表的支架固定在电动机半联轴器的柱销上，千分表的测头触在飞轮的内侧角上旋转一周，如果两轴不同心，由于橡皮的弹性，千分表指针在转动过程中必然会出现摆动，根据指针摆动的大小和方向就可以判定两轴同心度的大小。通过不断调整电动机的位置来使两轴同心（图 3-5）。但实际两轴绝对同心不易做到，同时弹性连接不同于刚性连接，即使两轴绝对同心，转动时千分表的指针也会出现轻微摆动。因此，在实际工作中，千分表的摆动在 ±0.3mm 范围内时，即可认为符合要求。为了提高校正精度，也可用两只千分表同时进行校正。将一只千分表的测头触在联轴器端面的垂直方向，另一只千分表的测头触在水平方向。这种校正方法比单表校正麻烦一些，但比较精确。

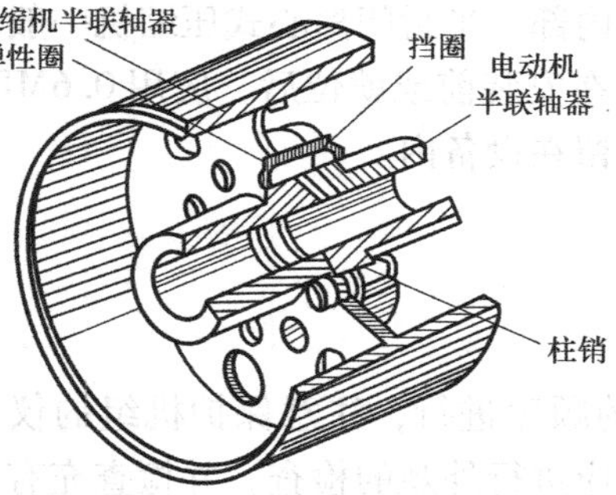

图 3-4 弹性联轴器

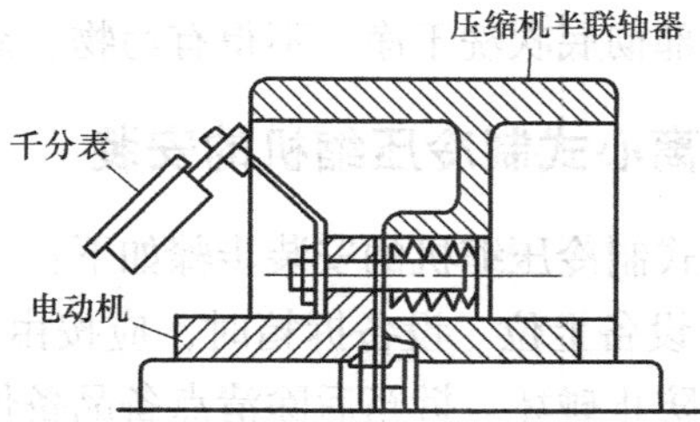

图 3-5 测量轴同心度

5）传动带的安装。中小型活塞式制冷压缩机一般都采用 V 带。V 带有 O、A、B、C、D、E、F 七种型号。从 O 型至 F 型，传递功率依次递增。各型号 V 带适用的功率范围及推荐的 V 带型号见表 3-1。安装带轮时应注意电动机带轮与压缩机带轮之间的相对位置和 V 带的拉紧程度。两带轮之间的相对位置偏差过大，会造成 V 带自行滑脱，并加速 V 带的磨损；V 带拉得过紧，会造成压缩机轴或电动机轴发生弯曲，加速主轴承过早地发生磨偏。V 带处于大的张力下会缩短寿命，张得过松又会因打滑影响功率的传递。检查两带轮之间相互位置偏差可用直尺或拉线的方法进行（图 3-6），用调整电动机位置的方法使两带轮位于同一直线上。检查 V 带的拉紧程度，经验做法是用食指压两带轮中间的 V 带，以能压下 20mm 为宜。另外，在固定电动机滑轨时，应留出 V 带使用伸延后调整电动机的余量，以便于调整 V 带的松紧度。

表 3-1 推荐的 V 带型号

传递功率/kW	0.4 ~ 0.75	0.75 ~ 2.2	2.2 ~ 3.7	3.7 ~ 7.5	7.5 ~ 20	20 ~ 40	40 ~ 75	75 ~ 150	150 以上
推荐 V 带型号	O	O、A	O、A、B	A、B	B、C	C、D	D、E	E、F	F

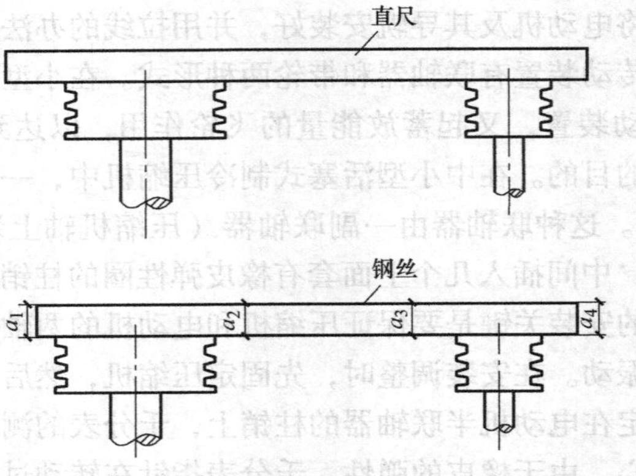

图 3-6　两带轮之间相互位置偏差的检查

2. 压缩机的拆卸与清洗

一般认为在技术文件规定的期限内，外观完整、机体无损伤和锈蚀等情况下，压缩机不必进行全面拆洗，仅需拆卸缸盖，清洗油塞、气缸内壁、连杆、吸排气阀等部件，并打开曲轴箱盖，清洗油路系统和更换箱内润滑油。对充有保护性气体的机组，在设备技术文件规定的期限内，以及外观完整和氮封压力无变化的情况下，可不作制冷压缩机的内部清洗，只作机壳外表面擦洗。在擦洗过程中，应防止水分混入内部。半封闭离心式压缩机一般可不作解体清洗，但应把油箱、油路清洗干净并保证畅通。在安装前或就位后，应用 0.6MPa 的压缩空气将内部彻底吹洗干净，不得有污物、铁屑等存留在设备内。

3.2.2　离心式制冷压缩机的安装

离心式制冷压缩机的安装步骤如下：

（1）设备上位　设备拆箱时，应按由上而下的顺序进行，注意保护机组的仪表、电器及管路，防止碰坏。拆箱后除清点备品备件外，还应进行外观的检查，并检查充有的保护性气体是否泄漏。

设备拆箱后，应连同原有底排拖到安装部位。吊装的钢丝绳应置于蒸发-冷凝器筒体支座外侧，不能使仪表盘、油管、水管等部件受力，钢丝绳与设备接触点应垫上木板，吊装方法如图 3-7 所示。

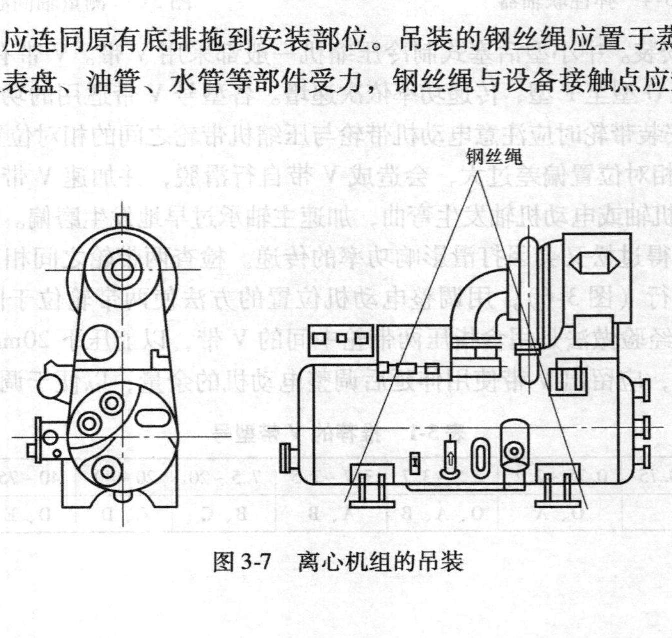

图 3-7　离心机组的吊装

机组吊装上位后，其中心应与基础轴线重合。两台以上并列的机组，应在同一基准标高线上，允许偏差为±10mm。

机组的找平应在油位处的机加工面上测量，允许偏差为0.2/1000。

（2）设备清洗　半封闭式离心压缩机，一般不进行解体清洗，但应将油箱、油管清洗干净并保证畅通。如遇某些情况，需要对离心压缩机进行解体清洗时，可参照下列程序进行：

1）拆卸压缩机外部连接的部件，如仪表管路、吸气弯管、执行机构、蜗壳盖、导叶机构，并松开螺母拆下叶轮、蜗壳。

2）拆开增速器、齿轮、轴、挡油杯、油封、联轴器等。

3）拆开油箱盖、电动机轴承盖。

4）打开筒体下部阀门、法兰，清理冷凝器、蒸发器内杂物，并吹扫干净。

5）设备的零部件全部解体后，应彻底的清洗，使油孔畅通。清洗时对每个零部件要认真检查，清洗后应涂以冷冻机油，妥善保管，所有的密封衬垫均应按原材质、尺寸制作更换。

（3）设备的组装　离心式压缩机解体清洗后的组装，应按下列要求进行：

1）按先拆后装、后拆先装的顺序，以及拆卸清洗时记录的状况，依次认真装配。

2）装配转动部分，应装一件盘动一下，再装下一件，经检测偏差在允许范围内，再继续装配。各部位的装配间隙应参照设备的技术文件的规定，其主要部位的间隙见表3-2。

3）机组进行组装后，再对仪表、安全保护、自控电路、水冷却管路及其他零部件进行组装，其紧固件应均匀紧固。

表3-2　主要部位的间隙　（单位：mm）

序　号	间隙部位	允许值
1	叶轮与蜗壳轴间隙	1.20～1.30
2	叶轮外径与蜗壳径向间隙	2.00
3	叶轮轴向位移	0.20～0.40
4	齿轮轴与轴承的径向间隙	ϕ80～100　0.10～0.18 ϕ55～70　0.08～0.14 ϕ40　0.08～0.12
5	油封与轴的径向间隙	0.25～0.35
6	浮环密封径向间隙	0.07～0.09
7	联轴器同心度	0.02

3.2.3　溴化锂吸收式制冷机组的安装

中、小型溴化锂吸收式制冷机，通常都在制造厂内总装好后运至用户处，这时只需把整机吊装于基础座上，然后找正纵横方向的水平，即可连接进出口汽、水管道。图3-8所示为制冷机安装基础图。对于大型制冷机，由于运输及车间门高等问题，一般以散件运至现场，在现场进行组合安装。组装时必须严防杂物、焊渣进入机内，以免引起喷淋喷嘴的堵塞。总装完成后，必须进行严格的检漏和漏点修补工作，直至检漏合格为止。此时制冷机车间最好有行车（即桥式起重机）。

下面详细介绍蒸汽管道、凝结水管道、冷媒水管路系统、冷却水管路的安装。

1）蒸汽管道。溴化锂吸收式制冷机的汽源可以由锅炉直接供汽，或由背压式汽轮机供汽，或由集中供热电厂供汽，或由工艺过程供给低品位的余汽。溴化锂制冷机选用蒸汽的压力由不同的供汽方式及锅炉的容量、参数而定。

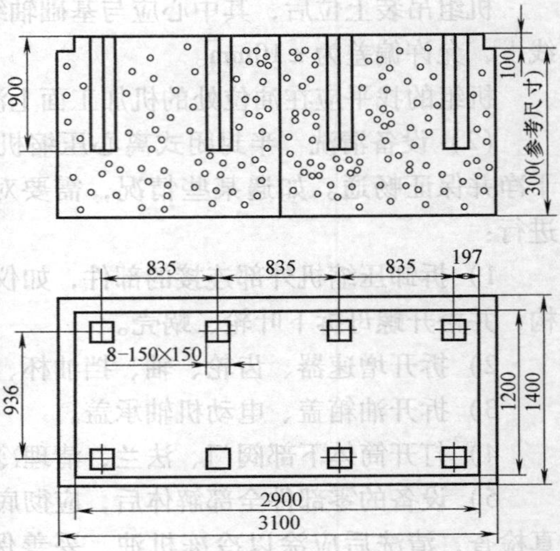

图 3-8　制冷机安装基础图

图 3-9 所示为一般供汽系统的蒸汽管路系统图。来自锅炉房的新蒸汽，经减压阀进入分汽缸，然后从分汽缸接至蒸汽用户，在接管上装有调节阀及截止阀。在用调节蒸汽工作压力的方法来改变溴化锂制冷机的制冷量时，调节阀起调节蒸汽压力的作用，因此调节阀的开度是随制冷机的制冷负荷而变的。调节阀后的截止阀用来隔断制冷机与分汽缸间蒸汽的通路。调节阀经常处于半开状态，蒸汽对该阀门有一定的节流作用，阀门有被蒸汽吹毛的可能，故调节阀关闭时不能起切断蒸汽的作用。为使制冷机有较好的停机过程，截止阀的位置应尽量靠近制冷机的进汽箱，这样，当外界突然停电时，立即关闭截止阀，可以使制冷机内的残汽尽量减少，从而减少发生器中溶液结晶的危险。

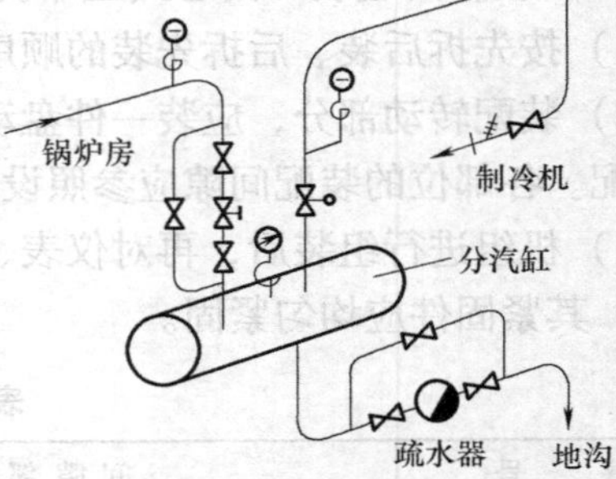

图 3-9　蒸汽管路图

当锅炉额定蒸汽压力为 3.5MPa、2.4MPa 或 1.3MPa 时，必须通过节流阀把蒸汽压降至溴化锂制冷机所需的蒸汽压力，这个压力下降的过程是由减压阀来完成的。减压后的蒸汽先进入分汽缸（图 3-9），然后进入制冷机。当减压阀需检修时，为了不使制冷机停机，在减压阀前后加一旁通支管，并相应地加三个截止阀，如图 3-9 所示。锅炉供汽压力较制冷机的工作压力高，采用节流降压的供汽方式，对保证制冷机的供汽压力是有好处的。但当减压范围增大后，减压后的蒸汽温度太高，对制冷机的工作不利，因而还须加减温装置。这不仅增加了设备投资，而且增加了操作的复杂性，从热经济性角度看，这是很不经济的。

因此，当锅炉额定蒸汽压力为 3.5MPa、2.4MPa 或 1.3MPa 时，蒸汽在进入溴化锂制冷机前最好先经过小型背压式电厂或抽凝式电厂，使高品位的蒸汽在汽轮机中做功带动发电机发电，然后用低压蒸汽供溴化锂制冷机，以提高能量综合利用率。

用背压式汽轮机排汽的供汽方式，可以不装减压阀，由发电厂来的蒸汽直接进分汽缸，即可进入溴化锂制冷机。

为了提高进入溴化锂制冷机蒸汽的干度，除了在蒸汽管道上加装疏水器外，在分汽缸上还需装疏水器，以便随时排泄蒸汽带入分汽缸的水分，不使其进入制冷机而影响发生器的工作。

从分汽缸引出的加热蒸汽管道在连接至制冷机的途中应配有一定的弯头，以便使蒸汽管道具有足够的吸收热膨胀变形的能力。用管道自身的挠性吸收热膨胀产生的变形，使蒸汽管道与制冷机的接口处避免过大的热应力。

2）凝结水管道。为了提高加热热源的能量利用率，对于一般的制冷机，从发生器出来的凝结水均经过凝结水冷却器，一部分热量用来加热稀溶液，然后才离开制冷机。离开制冷机的凝结水，可以向地沟排放或通至浴室水箱，但大部分送回锅炉房的疏水膨胀箱，经锅炉给水泵打进锅炉。其系统如图 3-10 所示。图中球阀 1 可用来调节凝结水流量，从而达到调节制冷量的目的。但这种调节方式，有时会引起发生器传热管中凝结水的积聚，影响发生器的换热效果。

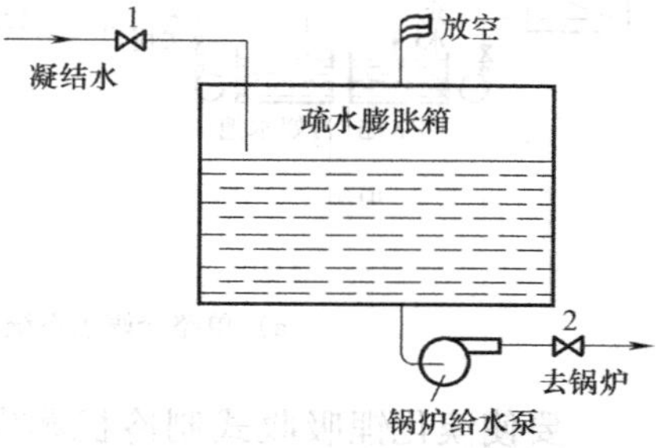

图 3-10　凝结水管路系统

1—球阀　2—给水阀

3）冷媒水管路系统。冷媒水管路系统的连接方式随冷负荷用户性质的不同而有不同的要求。对于工艺过程中间产物的冷却（如发酵罐中的冷却，反应釜中反应物的冷却），管路系统比较简单，但冷媒水传热管的材质要根据被冷却介质的种类而定。

对于闭式循环的冷媒水系统，冷媒水在封闭的管路系统中循环流动，其系统如图 3-11 所示。冷媒水泵将冷媒水打到蒸发器中降温后送至冷用户 1 * 及 2 * ，经冷用户后的回水可以通过同一管道汇合后进入冷媒水池，也可以使各冷用户的回水各自进入冷媒水池。在楼层数较多时，为避免上下层间水动力相互干扰，采用各层分别回水或相邻层间分组回水的方式，这会给空调的调节带来方便。为了便于冷媒水管路中水流量的调节，在系统中设置旁通阀 1，在管路的最高处设置放空阀 2。

闭式循环系统理论上不需要补充冷媒水，但由于管路系统的漏水、水泵的泄漏及检修时的放水，在系统中必须设置补充水管。为了防止风机盘管中的堵塞，冷媒水泵进口管路必须放置过滤器 3。

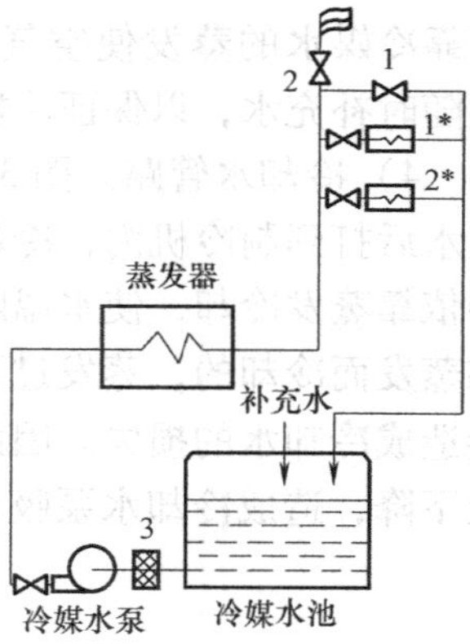

图 3-11　闭式冷媒水系统

1—旁通阀　2—放空阀　3—过滤器

对于高层建筑，一般的制冷机可采用如图 3-12 所示的冷媒水系统。图 3-12a 所示是将蒸发器出口的冷媒水先储存于冷媒水池，然后通过冷煤水泵打至各层用户。图 3-12b 所示是将蒸发器出来的冷媒水分成两路，一路去冷媒水池，然后经冷媒水泵加压后进入高层用户；一路直接去低层用户。高、低层用户的回水分别经各自的管道流入回水池内。图 3-12a 所示系统简单，但空调冷水管路均在高压下工作，容易泄漏，而且冷媒水泵耗电量大。图 3-12b 所示的管路较复杂，但它分成了高层的高压工作区与低层的低压工作区，不同的压力用不同的泵供水，不仅能节省电耗，而且回水的水动力性能较图 3-12a 好，因此，各层间流量的分配较图 3-12a 均匀，其空调质量容易得到保证。

在溴化锂吸收式制冷机的蒸发器不允许承受高压的条件下，高层建筑的空调用冷媒水的供应也可采用如图 3-12c 所示的系统。该系统的特点是使空调回水流经制冷机的蒸发器，从蒸发器出来的冷煤水进入冷媒水池，再经高压泵将冷媒水送给用户使用。此系统简单，但要使各楼层的回水汇集于一起后具有相同的余压来克服蒸发器的阻力，从水动力学角度看，容易造成各楼层间流量分配的不均，从而影响楼层间的空调质量。

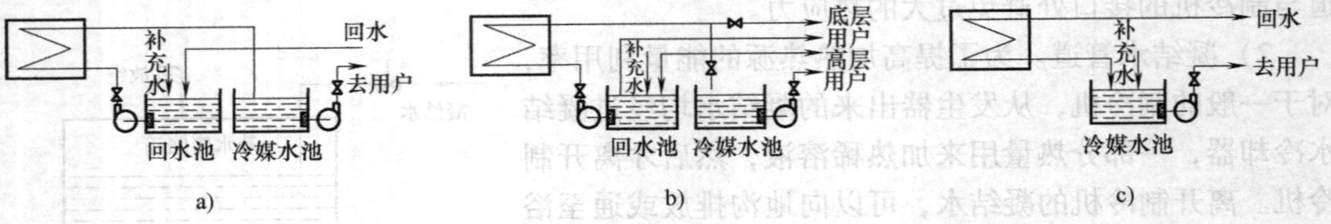

图 3-12　冷媒水系统

a）单路冷媒水系统　b）双路冷媒水系统　c）蒸发器回水冷媒水系统

要使溴化锂吸收式制冷机蒸发器的传热管和水室能承受0.8MPa 以上的压力，可以采用如图 3-13 所示的冷媒水供应系统。集中供应冷风的空调系统，是把蒸发器出口的冷媒水通过喷雾喷头在洗涤室内与空气直接进行热交换（图 3-13），没有被蒸发的冷媒水积于洗涤室下部水槽，依靠重力回水至冷媒水池，然后经冷媒水泵打进蒸发器循环工作。这种冷风供应方式是依靠冷媒水的蒸发使空气降温，因此在工作过程中必须随时补充水，以保证冷媒水泵所需的吸入液面。

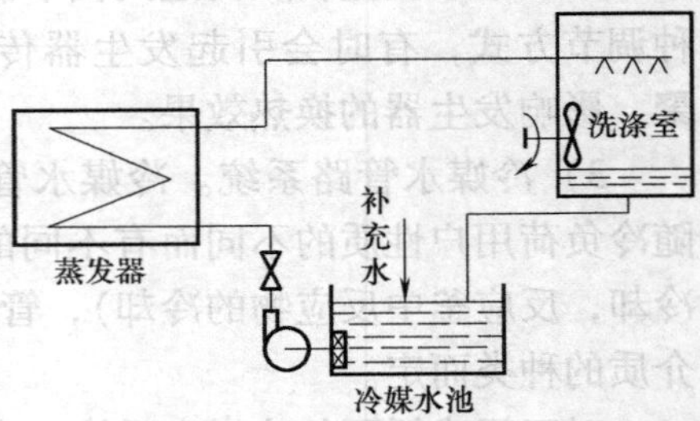

图 3-13　开放式冷媒水系统

4）冷却水管路。图 3-14a 所示为采用闭式循环的冷却水系统，冷却水泵从冷却水池中吸水后打到制冷机内，冷却水流经吸收器、冷凝器后从制冷机出来，进入冷却塔，在冷却塔中依靠蒸发冷却，使水温降低，然后从冷却塔底部流入冷却水池，如此循环使用。冷却水是靠蒸发而冷却的，蒸发过程要损失一部分水，有些质量差的冷却塔还有较大的飘水，这些都会造成冷却水的损失。因此，随着制冷机的运转，必须随时向冷却水池补充水，以免水池液位下降，造成冷却水泵吸水高度不足。

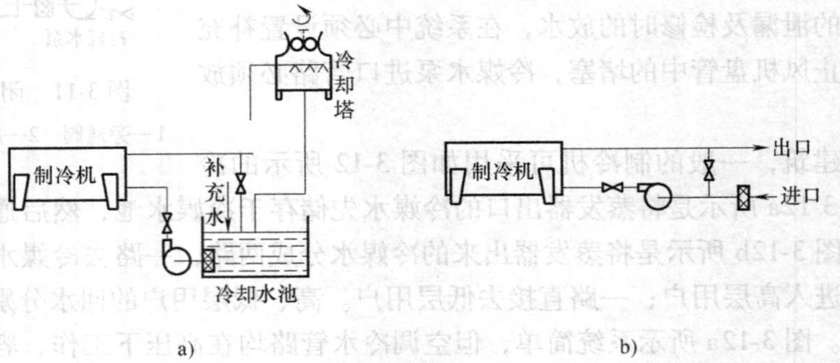

图 3-14　冷却水系统

a）闭式循环的冷却水系统　b）开式循环的冷却水系统

使用冷却塔的冷却水系统，可以用调节冷却塔通风量的办法来调节冷却水温度。溴化锂吸收式制冷机冷却水温度如果过低，会引起溶液结晶或冷剂水污染。为避免这些现象的发生，一般要求冷却水温度不低于20℃，当冷却塔完全处于自然通风条件下尚无法达到这个要求时，可以将制冷机出水口上的旁通阀打开，使部分温度高的冷却水经旁通阀进入冷却水池，以便提高冷却水的进口温度。

当采用江、河、湖、海的水作为冷却水时，开式循环的冷却水系统如图3-14b所示。为了维持河水温度过低时制冷机的正常工作，可调节出水管上的旁通阀，旁通部分的温水进入冷却水泵的入口，提高冷却水的温度。

为了提高制冷机的热利用系数，同时也为了改善制冷机车间的劳动条件，对加热蒸汽管、发生器、溶液热交换器、蒸发器、冷媒水管等设备需要进行保温，以防环境对系统加热而造成冷量损失。

加热蒸汽管、发生器、溶液热交换器的保温材料可以用硅藻土石棉泥或膨胀珍珠岩制品。冷媒水管和蒸发器会吸收空气中的水分而结露，因此必须选用不吸潮的保温材料，如玻璃纤维、聚苯乙烯泡沫塑料等。

经过保温后的制冷机，其COP一般可提高2%～3%。

3.2.4　螺杆式压缩机的安装

螺杆式压缩机的零部件通过检查、测量、修理和清洗后，即可进行装配工作。其步骤如下：

1）以压缩机的吸气端座为底，并在其下垫上木块，竖直装配。

① 将各主轴承按号装入吸、排气端座内，再将吸气端座的两个主轴承各装上挡圈。在压入主轴承后，查看是否变形，并测量主轴承内径尺寸，使其与转子轴颈配合的间隙符合规定要求。

② 将吸气端座平放在平台上，其平面涂上环氧胶，吊起机体，呈垂直状装在吸气端座上，压入定位销后，才可拧紧螺钉。

③ 装上滑阀组件，但滑阀导向块（导键）应按出厂要求装配，不得前后调换。将机体内和待装入的转子表面涂上润滑油，用吊环螺栓将阴转子吊起，垂直装入机体内，然后用吊环螺栓吊起阳转子，慢慢地旋入机体内，此时，阴转子要跟随阳转子旋转恢复原来位置。

④ 当转子放入机体后，待转子的下端已与吸气端座紧靠，可测量转子排气端面与机体端面的间隙。

⑤ 用两只吊环螺栓水平地吊起排气端座，然后通过转子轴端装入机体，在放置时，勿使轴端碰伤主轴承表面。

⑥ 放入调整垫块，将推力轴承装在排气端转子轴（内螺杆）上，然后将圆锥滚柱轴承装在吸气端的轴上。在各转子轴上旋上锁紧螺母（必须拧紧），装上推力轴承压板，用螺钉压住。注意：用手盘动转子应轻便无阻力，且能惯性转动若干转。

⑦ 用两个吊环螺栓垂直而慢慢地吊起排气端座，此时转子也跟着上升，使转子露出适当高度，垫上垫块，用塞尺测量转子排气端面与排气端座的间隙。若排气侧的间隙过大，可减薄调整垫块；若间隙过小，则加厚调整垫块。调整结束后，将机体平面按上述方法涂上环氧胶。

⑧ 排气端座平面放上纸垫，对准定位销和紧固连接螺钉，装上排气端座。

⑨ 装上轴封弹簧座、弹簧、推环、密封圈、动环及静环等零件，最后将轴封盖的连接螺钉紧固。在装配上述零件时，应涂上润滑油。

2）压缩机水平放置后的装配。

① 装上平衡油缸套和平衡活塞，以及油缸套和油活塞（包括密封圈和压板）。

② 将吸气端座平面放上纸垫，装上吸气端盖，要对准定位销和紧固连接螺钉，然后装上能量调节指示器、组件和帽盖。

③ 装上压缩机的联轴器，将压缩机装到机组上。

④ 联轴器的安装。

a. 将飞轮与电动机半联轴器的连接螺钉紧固。

b. 将千分表固定在压缩机半联轴器上。测量飞轮的外圆表面和端面，应达到下列要求：两轴的同心度偏差应小于或等于0.04mm，飞轮的轴向圆跳动量小于或等于0.1mm。

⑤ 装上止回阀、气体过滤器、安全阀以及油压调节阀。

3）润滑系统的装配。

① 油泵的装配。

a. 将轴承和轴装入壳体内，再把油道垫板放入泵体，注意方向不要装错，以防油泵不上油。

b. 将内、外齿轮以及偏心套装泵体，用手转动检查是否灵活。

c. 将轴承装到轴承端座上，与泵体和连接螺钉紧固。

d. 拧紧轴承两端的锁紧螺母，再装上后端盖。

e. 把液压泵装到机组上，校正联轴器，紧固地脚螺栓，然后再把支架与泵体和连接螺钉拧紧。

② 装上粗、精油过滤器，以及各部位的连接油管。

③ 将四通阀装入控制台，并与油管连接。

3.3 冷凝器的安装

冷凝器按其冷却方式可分为水冷式、蒸发式和淋浇式及空气冷却式等三类。水冷式冷凝器按其结构又可分为立式和卧式两种。

冷凝器是承受压力的容器，安装前应检查设备的出厂检验合格证，安装后系统应进行气密性试验。

冷凝器的吊装应根据施工现场的条件，可采用倒链、提升机或绞车等起重吊装工具。其设备找平、找正的允许偏差为：立式冷凝器的垂直度和卧式冷凝器的水平度均不应大于1/1000。

3.3.1 立式冷凝器的安装

立式冷凝器一般安装在混凝土水池上。其安装方式有三种：装于浇制钢筋混凝土水池的顶部，装于池顶的工字钢或槽钢上，装于预埋在池顶的钢板上。

1）装于浇制钢筋混凝土水池的顶部。为避免预埋的螺栓与冷凝器的孔眼有偏差而影响安装，可将预埋螺栓的位置改为预埋套管。吊装冷凝器后，将地脚螺栓和垫圈穿入套管中，待冷凝器找正后拧紧螺母。

2）装于池顶的工字钢或槽钢上。应与池顶预埋的螺栓固定在一起，再将冷凝器吊装安放在工字钢或槽钢上。

3）装于预埋在池顶的钢板上。钢板应与钢筋混凝土池顶的钢筋焊接在一起。安装冷凝器时，先按冷凝器地脚螺孔位置，将工字钢或槽钢置于预埋的钢板上，待冷凝器找正后，再将工字钢或槽钢与预埋的钢板焊牢。

焊接设备的平台和钢梯时，应注意不能损伤冷凝器，焊接后应检验有无损伤现象。

3.3.2　卧式冷凝器的安装

卧式冷凝器一般安装在室内，并设有压力表、安全阀和均压管。为了使冷凝器的冷却水系统正常运转，应将封头盖顶部装设的小阀门开启，排除冷凝器内的空气，待运转正常，将空气排除后关闭。为了在检修时将冷却水放出，应在封头盖底部装设排水阀门。

1）平面布置。卧式冷凝器的平面布置如图3-15所示。图中右侧要留出的尺寸，相当于冷凝器内管束的长度，以便更换或检修管束。如果室内的面积较小，也可在卧式冷凝器端面对应位置上开设门窗，利用门窗由室外更换装入管束。

卧式冷凝器的安装如图3-16所示，图中的尺寸H根据设计要求或实际要求而定。

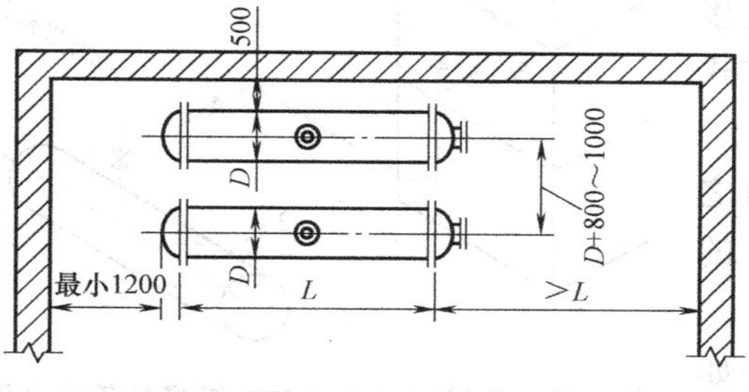

图3-15　卧式冷凝器的平面布置

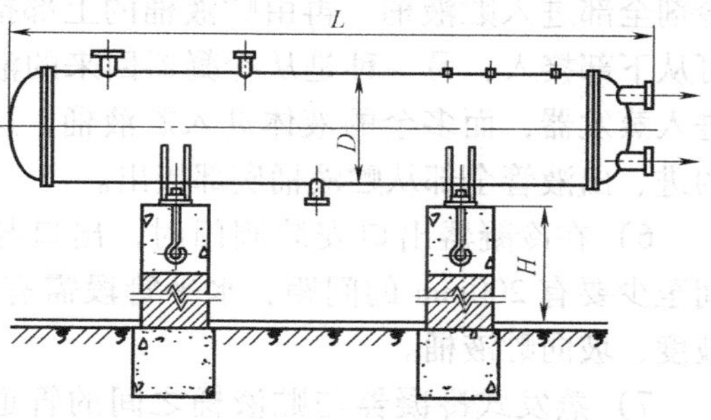

图3-16　卧式冷凝器的安装示意图

2）安装高度。为了节省设备占地面积，也可将冷凝器安装在贮液器上，支架可采用槽钢制作。卧式冷凝器的垂直安装高度及间距如图3-17所示。

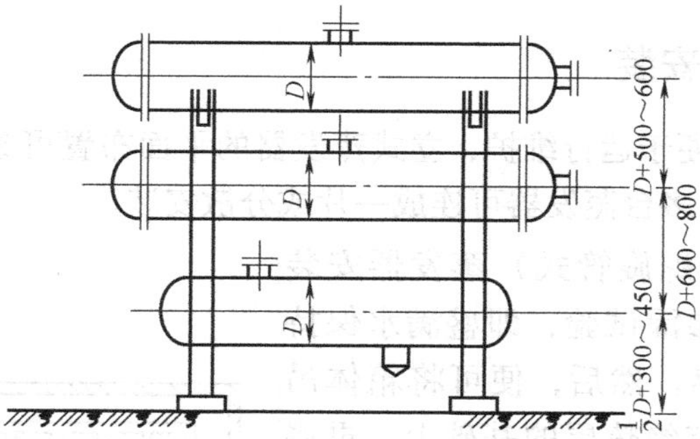

图3-17　卧式冷凝器的垂直安装高度及间距

3.3.3　蒸发式冷凝器的安装

蒸发式冷凝器由水箱、侧板、支架、冷却排管、喷水管、挡水板、轴流式风机、离心式水泵和连接管路组成。这种冷凝器适合露天安装或者安装于机房屋顶。其优点是冷却水消耗量小，适用于水源不足的场合；其缺点是体积大，价格较贵。

蒸发式冷凝器安装注意事项如下：

1）冷凝器安装前应用1.8MPa的空气或2.7MPa的水进行试压，其试压方法和蒸发器相同，合格后才能进行安装。

2）检查混凝土或钢架基础，合格后再将冷凝器吊装就位，然后进行水平找正。可用线锤进行找直，装好后检查出液管的坡度，一般坡向贮液器。冷凝器上部溢水挡板不得有偏斜现象。

3）冷凝器的排气管连接压缩机的排气管，应有0.01的坡度，坡向油分离器和冷凝器。

4）压缩机排气管上有的需设置止回阀。如果是采用洗涤式油分离器，止回阀必须装在油分离器的进气管上，因为洗涤式油分离器的进液管和冷凝器连通。

5）冷凝器的出液管接到贮液桶上。冷凝器与贮液桶的接管形式可以分为两种，一种是系统循环的全部制冷剂都经过贮液桶，即由冷凝器回来的制冷剂全部进入贮液桶，再由贮液桶的上部接入，也可从下部接入；另一种是从冷凝器回来的液体直接进入蒸发器，而多余的液体进入贮液桶，这种方式的进、出液管全部从贮液桶底部接出。

6）在冷凝器出口安装阀门时，出口与阀门之间至少要有200mm的间距，水平管段需有0.02的坡度，坡向贮液桶。

7）蒸发式冷凝器与贮液桶之间的管道连接如图3-18所示。

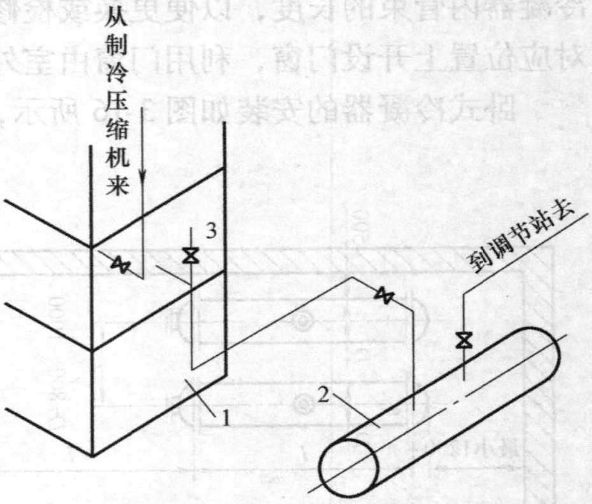

图3-18　蒸发式冷凝器与贮液桶接管示意图
1—蒸发式冷凝器　2—贮液桶　3—放空气阀

3.4　蒸发器的安装

3.4.1　立式蒸发器的安装

1）平面布置。为了便于运行维护，立式蒸发器的平面布置可参考图3-19。三台或三台以下蒸发器可靠墙布置，多台蒸发器可连成一片或分散安装。

2）安装。立式（或螺旋管式）蒸发器安装前，应对水箱箱体进行渗漏试验，即盛满水保持8~12h，以不渗漏为合格。然后，便可将箱体吊装到预先做好的上部垫有绝热层的基础上，再将蒸发器管组放入水箱内。应使蒸发器管组垂直，并略倾斜于放油端；各管组的间距应相等，采用水平仪和铅垂线检查其安装是否符合要求。为避免基础绝热垫层的损坏，应在垫层中加放与保温材料厚度相同、宽200mm经过防腐处理的木梁。

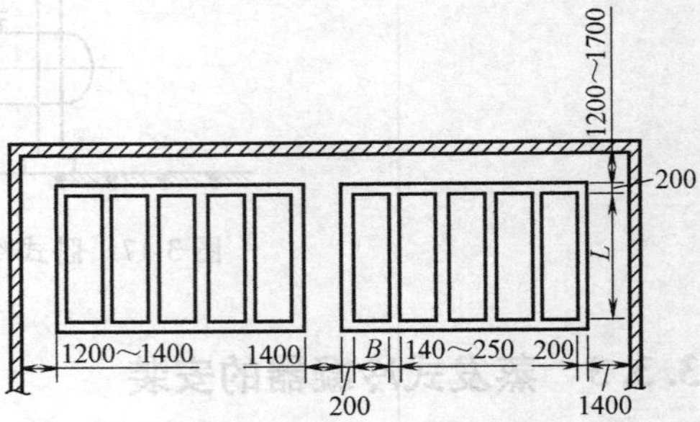

图3-19　立式蒸发器的平面布置

保温材料与基础应作防水层。组装完毕，蒸发器的气密性试验合格后，即可进行保温工作。

在安装立式搅拌机时，应将刚性联轴器分开，清除内孔中的铁锈及污物，要注意原定的连接方向，使孔与轴能正确地配合。再取下电动机上的平键，将搅拌机轴和电动机轴清理干净，用刚性联轴器将两轴进行连接。

3.4.2　卧式蒸发器的安装

卧式蒸发器和卧式冷凝器一样，安装在已浇筑好而且干燥后的混凝土基础或钢制支架上，在其底脚与支架间加放 50～100mm 厚的经防腐处理的木块，并应保持水平。待制冷系统压力试验及气密性试验合格后，再进行保温。

3.4.3　排管的制作及安装

管子通过坡口、除锈、刷油、调直、弯管等各单项工序的加工处理后，即可根据图样要求进行排管的预制组装。

下面以目前冷藏库中常用的光滑顶排管为例，说明其预制组装过程。

该排管系由长 28m、排管宽度为 3m，上下两层共 50 根 ϕ38mm × 3mm 的钢管组成。中间用 10 组角钢支架横装将管子固定。图 3-20 所示为这种顶排管构造示意图，图 3-20a 中 *A*、*B*、*C* 节点参见图 3-20b。

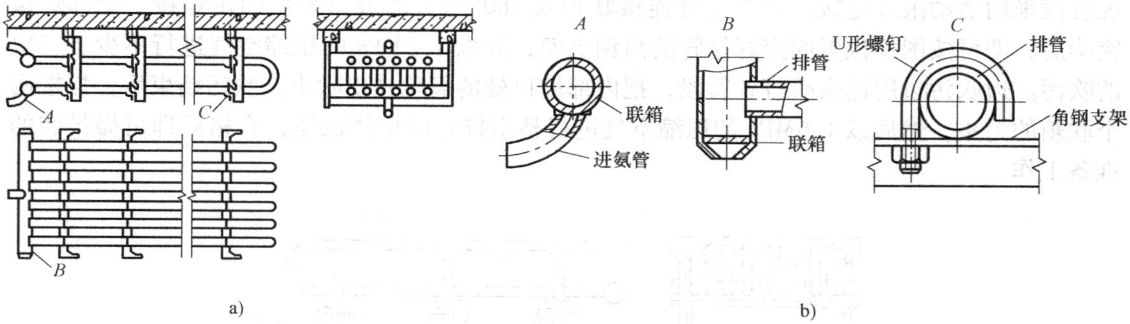

图 3-20　顶排管构造示意图

a）顶排管制作图　b）排管预制节点图

1. 排管的半成品预制

根据排管的尺寸，将排管划分成三个部分。联箱和 180°弯头两部分在预制厂中预制，中间管段待现场组装时配管（图 3-21）。

（1）预制回折 180°弯头　每组排管共有 25 个弯管，可选用一根 6m 长的管子在弯曲半径为 90mm 的弯管机上弯制，这样弯管的一端为固定端，而另一端则为自由端。

（2）预制联箱　每组有两个联箱（由 ϕ76 × 4mm 无缝钢管制成），按图样下好料后，就可在立式钻床上钻管孔（插入 ϕ38mm 的无缝钢管），使用 ϕ40mm 的钻头，每个联箱钻 25 个孔。

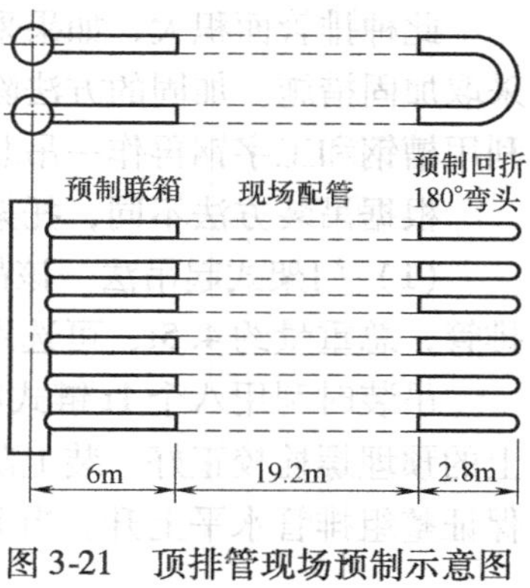

图 3-21　顶排管现场预制示意图

组装时，将联箱放在预制好的支架上，人工将 ϕ38mm 钢管（一般每根 ϕ38mm 无缝钢管长度为 6m，可选用整根的）插入联箱孔中，上好第一道和第二道支架。ϕ38mm 钢管插入联箱管孔的深度要求为 10mm，为了保证这个尺寸值，先选一根 ϕ50mm 钢管套装到联箱中，然后在联箱的两头垫起一定的高度，这样使每根钢管插到孔内后不用再量尺寸。当全部支管（25 根）插孔就位后，先把排管支架固定在操作支架上，再依次用 U 形螺钉将 ϕ38mm 钢管的两端固定在排管的角钢支架上。然后把 ϕ50mm 钢管从联箱中抽出，再进行排管的焊接。这样全部坡口均为平焊，操作方便。排管预制各节点详图如图 3-20b 所示。

联箱预制工序可配备 5 人，即组对平台上两个人，负责举起插入联箱的支管，并上紧上好排管上的第二道角钢支架；地面有两人操作，负责举起支管插入联箱及上好第一道排管角钢支架；焊工一人负责全部焊接工作（可不用预先定位焊固定）。全部联箱支管焊好后，可利用一个挂在操作台上的滑轮，通过卷扬机将组装好的联箱放下（以联箱为回转轴）。再用木塞堵好各支点的封头，搬运到存放地点。这样每班可制作八组。

2. 排管的组对

排管联箱组的半成品制好后，就可用特制的车辆运到现场进行组装（排管的组装位置应在设计图样指定的安装位置下方的地坪上）。如图 3-22 所示就是利用双层组对支架组对，以便于焊接。组对时，先将上下联箱及 180°弯管固定在组对拖架上，再将联箱至 180°弯管的中间距离按图样要求（此种排管全长为 28m）的尺寸进行配管。为了保证焊接质量，所配管段采用活动滚焊连接，只有直管连接联箱及 180°弯管的坡口采用固定焊接。全部焊接完毕后，即可按图样位置固定好排管的角钢支架，并以 1.6MPa 的压缩空气进行不少于三次的吹污。边吹污边用锤头敲打各管段，把内部坡口处的氧化铁皮吹出。吹污结束后，焊接两个联箱的封头，然后以 1.6MPa 的压缩空气进行整组排管的单体试压，合格后即可做吊装的准备工作。

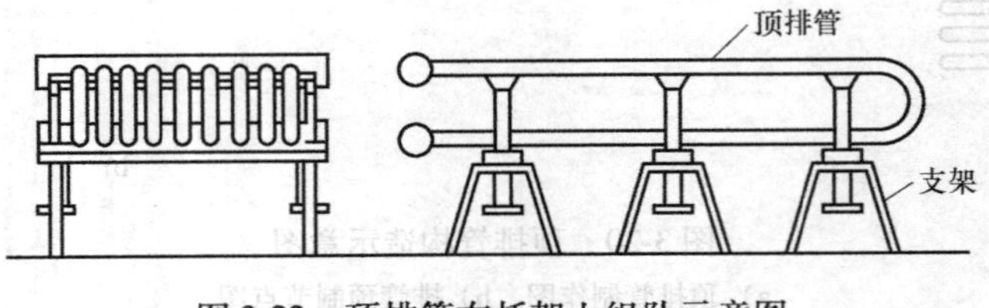

图 3-22　顶排管在托架上组队示意图

3. 排管吊装

此种排管面积大，如果采取整体吊装，其本身刚性较差，为避免吊装时发生变形，必须采取加固措施。加固的方法除按图样规定上好各排管的角钢支架和吊点支架外，在底部还要利用槽钢和工字钢再作一吊装托架。

根据吊装方法不同，托架有所区别。

（1）门架式起吊法　该吊装方法是根据排管形式及重量来选定吊点。如 50 根 28m 长的排管，总重量约 4.5t，可选用八个吊点，吊装架示意图如图 3-23 所示。

吊装时利用八个 1t 链式起重机（倒链），吊于支架的八个吊点上。起吊前应预先将楼板上的预埋螺栓校正好，装上防腐垫木及角钢。吊起时，八个人同时拉动倒链，动作一致，以保证整组排管水平上升。当上升到预定位置时，即可上好预埋螺栓，在上螺栓时应校正排管

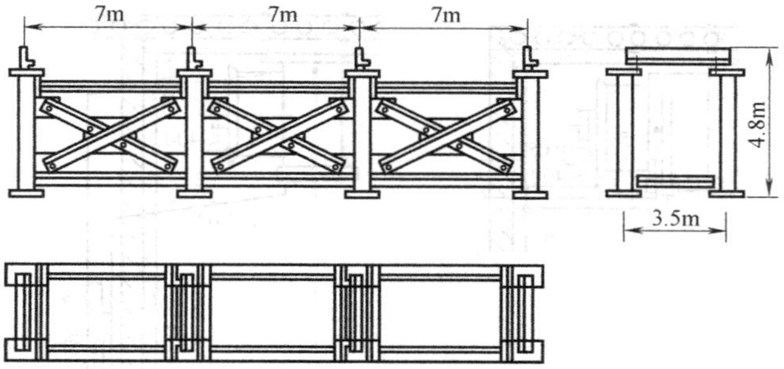

图3-23　门架式吊装架示意图

的水平及坡度。

（2）三角架起吊法　该吊装方法必须在土建施工楼板时，根据排管长度和重量确定吊点数量和位置，并且在楼板上预留吊装孔。吊装时，一层的顶排管通过吊装托架，在二层楼板上支起三角架、挂好链式起重机，二层的顶排管通过三层地板上的链式起重机往上起吊，顶层的顶排管可通过阁楼间进行起吊。顶排管吊装完毕可将接板的预留吊装孔堵好。该吊装方法的托架形式如图3-24所示。吊装时，每个吊点配备一个链式起重机，如长28m，50根的排管可通过6个1.5t的链式起重机进行吊装。吊装过程应由一人指挥，动作一致。图3-25所示是三角架吊装法示意图。

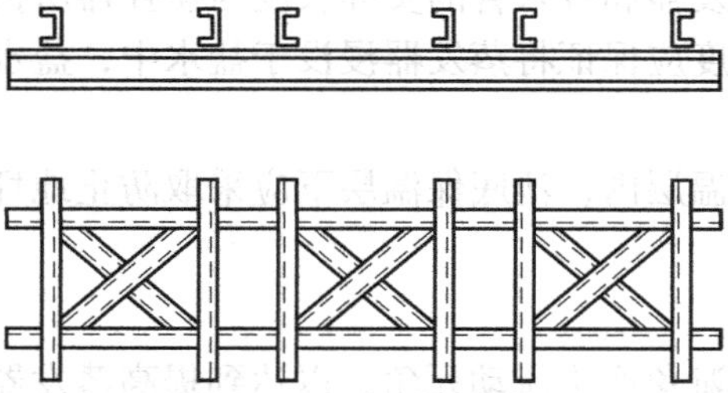

图3-24　三角架吊装托架示意图

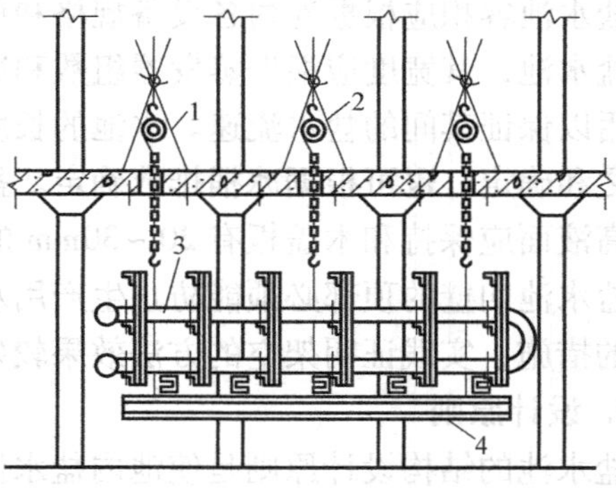

图3-25　三角架吊装法示意图

1—三角架　2—链式起重机　3—顶排管　4—吊装托架

3.4.4　冷风机的安装

冷风机在安装前，应先进行水压试验，合格后才能进行安装。冷风机有两种形式：落地式和吊顶式。落地式用地脚螺栓固定在混凝土地板上，在拧紧地脚螺栓前，先进行找平找正（可用垫铁进行调整），吊顶式冷风机是用螺栓吊装在顶棚底下，安装形式如图3-26所示。

吊顶式冷风机的安装应在土建施工冻结间顶板时，根据所采用冷风机的型号预先埋好吊点螺栓或焊接钢板，同时穿越墙壁的制冷管道和水管道也要预留好孔洞。冷风机安装前同样要进行水压试验。

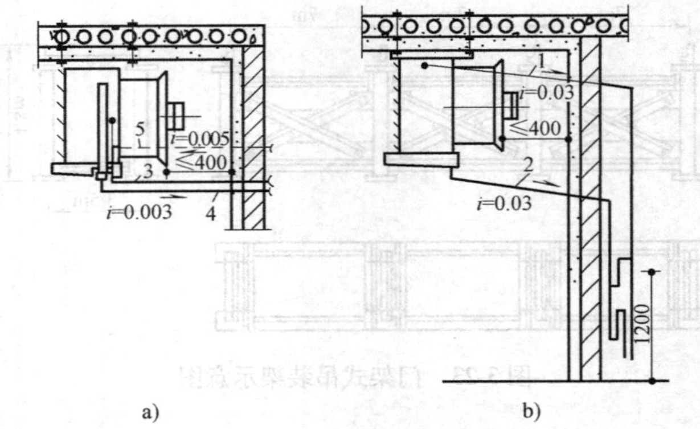

图 3-26　吊顶式冷风机安装大样图

a）制冷管道连接形式　b）冲霜水管连接形式

1—冲霜进水管　2—排水管　3—供液管　4—回气管　5—热气冲霜管

3.5　其他辅助设备的安装

3.5.1　盐水池的安装

盐水池容积应根据池内各设备规格和设备布置方式确定。对于蒸发器沿制池长度方向布置的盐水池，其宽度应根据蒸发器组数和冰桶数、冰桶间盐水通道的宽度而定。通道不要太宽，用以保证其间的盐水流速。水池的长度可根据蒸发器和吸入管的实际长度与搅拌器所占位置之和确定，也可根据冰桶排数确定。盐水池的高度应保证将蒸发器浸没于盐水中，盐水池最高液面应保持和木盖板有 20～30mm 的距离。

盐水池四壁的顶部必须能防止生产用水渗入到保温层内，池底保温层下应采取防止地坪冻胀的措施，实践证明架空的方法效果较好。

1. 设计原则

盐水池的结构设计原则是使池内盐水流动充分，避免产生流动死角，以达到提高蒸发器换热效率和节能增效的目的。

盐水池外壳通常采用 6～8mm 厚的 20 钢板制作，周边用角钢等材料加固，内壁进行防腐处理，外壁采取保冷措施。改进后将盐水进口处的导流板改为导流筒结构，低温盐水出口更靠近蒸发器，盐水回流口位于导流筒附近，在导流筒中间安装推进式立式搅拌器。导流筒的内径比搅拌桨的直径约大 100mm，高度 350～400mm。工作时通过电动机带动搅拌桨旋转，旋转的桨叶迫使盐水沿导流筒向下流动，盐水池的结构应使流过蒸发器表面的盐水分布均匀，流速应不小于 0.6m/s，以保证制冷效率。

2. 三种常用规格盐水池结构

1）$6m^3$盐水池。$6m^3$盐水池结构简图如图 3-27 所示。盐水池被导流板 1 和 7 分成了两部分，池中盐水通过搅拌桨叶的旋转搅动产生流动，盐水沿导流筒向下流动，通过导流孔和导流板 1 下的空隙流过蒸发器，经过蒸发的盐水与蒸发器进行充分的热交换后，从导流板 7 的上面流回导流筒，从而使池内盐水不断循环，吸收蒸发器的热量而达到降温目的。热交换后的低温盐水被输送到各使用设备再次进行热交换后又流回盐水池中，如此循环，从而满足生产需要。此盐水池可供1台制冷机（如2V—12.5、2F—10或4F—10等型号制冷机）和1~2组蒸发器使用，需选用1台250型推进式立式搅拌器作为池内盐水循环流动的动力源。

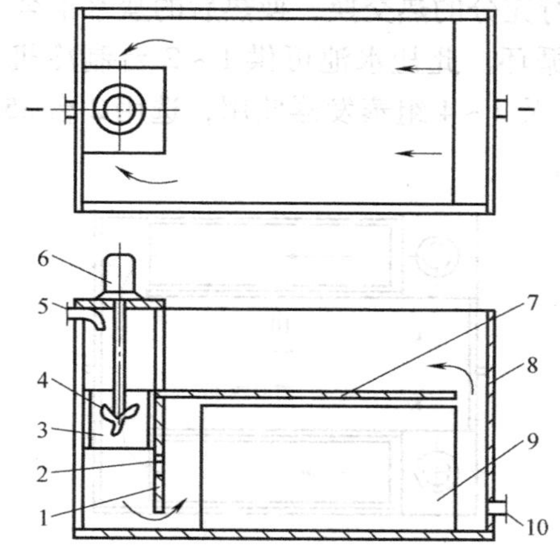

图3-27 6m³盐水池结构简图

1、7—导流板 2—导流孔 3—导流筒 4—搅拌桨 5—盐水回流口 6—电动机 8—盐水池外壳 9—蒸发器 10—低温盐水出口

2）10m³盐水池。10m³盐水池结构简图如图3-28所示。盐水池被导流板分成左、中、右三部分，通过搅拌桨的旋转推动使盐水沿导流筒向下流动，经过两块导流弧板后改变流动方向，盐水被分成上、下两部分流经蒸发器后沿旁路回到导流筒。根据实际工况需求，10m³的盐水池可供1~2台制冷机（如2V—12.5、4V—12.5、4F—10或2F—10等型号制冷机）和1~3组蒸发器使用，可按实际情况组配并对盐水池结构进行必要的修改。选用1台300型推进式立式搅拌器作为池内盐水循环流动的动力源。

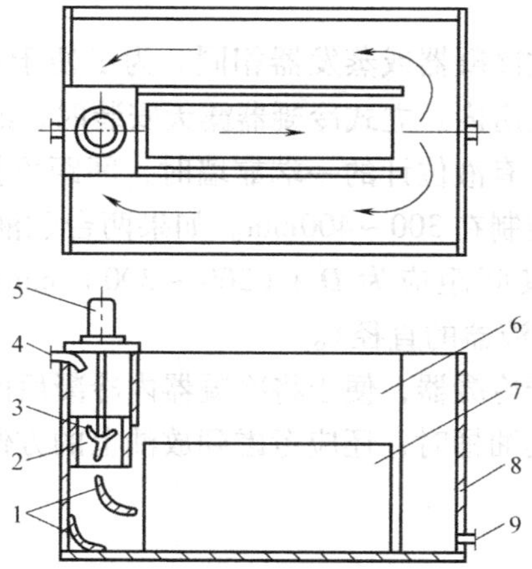

图3-28 10m³盐水池结构简图

1—导流弧板 2—导流筒 3—搅拌桨 4—盐水回流口 5—电动机 6—导流板 7—蒸发器 8—盐水池外壳 9—低温盐水出口

3）20m³盐水池。20m³盐水池结构简图如图3-29所示。从图中可以看出，盐水池被导流弧板1和导流筒2分成了左、中、右三部分，左、右两部分用于放置蒸发器。池中盐水由2组搅拌桨叶推动，迫使盐水沿导流筒向下流动，在两块导流弧板处改变流动方向，分成上、下两部分的盐水经蒸发器进行充分的热交换，换热后的盐水汇合于池中间部分后继续分开流向两边的导流筒，如此不断循环。此盐水池可供1～2台制冷机（如4V—12.5、6W—12.5或8S—12.5等型号制冷机）及2～4组蒸发器使用，选用2台350型推进式立式搅拌器作为池内盐水循环流动的动力源。

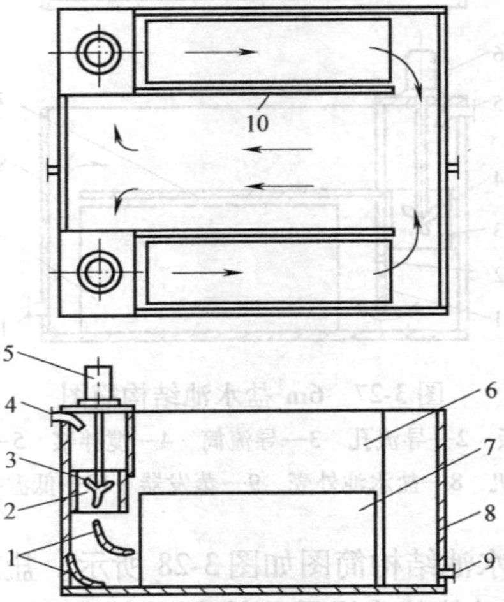

图3-29　20m³盐水池结构简图

1—导流弧板　2—导流筒　3—搅拌桨　4—盐水回流口　5—电动机
6、10—导流板　7—盐水池外壳　8—蒸发器　9—低温盐水出口

3.5.2　贮液器的安装

贮液器的安装方法与卧式冷凝器或蒸发器相同。为了便于观察贮液器液位高低的变化，一般贮液器安装在压缩机的机房内。立式冷凝器露天安装时，贮液器也多露天安装。在安装时应注意其安放的平面位置，有液位计的一端靠墙时，间距可控制在500～600mm；无液位计的一端靠墙时，其间距可控制在300～400mm。如果两台贮液器并排安装，应考虑到操作上的方便，若背靠背操作，其间距应为$D+(200\sim300)$ mm；若相对操作，其间距应为$D+(400\sim600)$ mm（D为贮液器的直径）。

贮液器的安装高度应低于冷凝器，便于将冷凝器内冷凝后的液体制冷剂靠重力自流到贮液器内。当大型贮液器设有集油桶时，还应考虑到放油上的方便。

3.5.3　油分离器的安装

制冷剂经压缩机压缩后，首先进入油分离器，将润滑油和制冷剂加以分离。制冷剂中之所以会有润滑油，是由于被压缩后的制冷剂处于高压高温的过热状态，运动速度很快（达12～30m/s）；另外，聚集在气缸壁上的润滑油在气缸的高温作用下，部分汽化形成蒸气，从而被带出压缩机。当油的蒸气或颗粒混在制冷剂中进入冷凝器或蒸发排管时，就会大大降低冷凝器与排管的传热效率。因此，油分离器的作用是将制冷剂中的润滑油分离出来。

1. 油分离器的工作原理

夹带有润滑油的制冷剂从排气管进入油分离器后，一方面受到分离器中液态制冷剂的冷却，油的蒸气开始凝成油珠；另一方面，制冷剂的运动方向有所改变，加之油分离器的管径比高压排气管大3～3.5倍，使制冷剂运动速度降低，由原来的12～20m/s降至0.8～1m/s。在运动方向改变和运动速度降低的情况下，比较重的润滑油油滴便沉在底部，比较轻的制冷剂则从上部进入冷凝器。

2. 油分离器的常用种类

（1）洗涤式油分离器　其主体是用钢板焊成的一长圆形桶，两端有钢板封头，其上设有制冷剂进出口、放油口、液态制冷剂进口等，夹带有油雾的制冷剂由插入油分离器液面下的立管进入，经过液态制冷剂洗涤后，向上通过伞形的挡板从侧面流出。由于热制冷剂经液态制冷剂洗涤后，温度下降，速度改变、减慢，加上伞形挡板的作用，油滴得到进一步的分离，从而使油滴分离到底部。此种分离器效率较高，但必须保证分离器中正常的液态制冷剂的液面。

（2）填料式油分离器　填料式油分离器内部装有一定数量的填料，填料多用细铁丝或其他的材料绕成，其结构如图3-30所示。

（3）离心式油分离器　离心式油分离器是利用气体从切线方向进入，经高速旋转后，使油滴沿壳体内壁分离下来，而制冷剂则从中部排出（图3-31）。

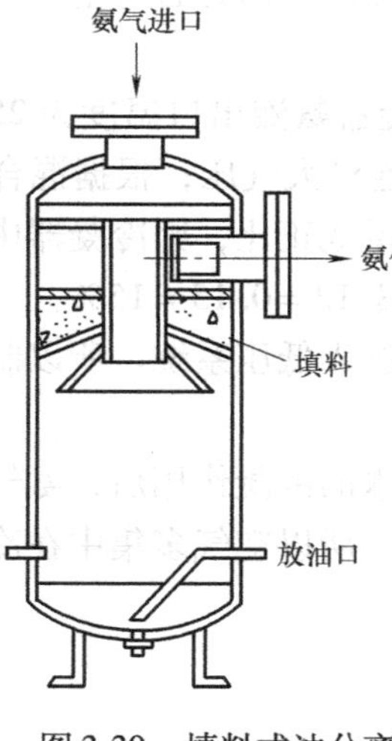

图3-30　填料式油分离器

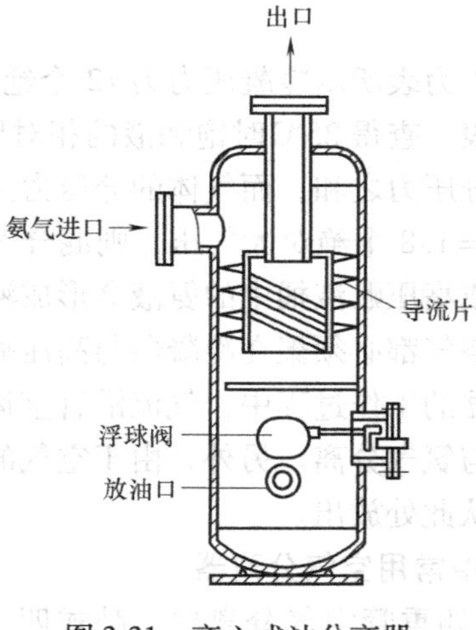

图3-31　离心式油分离器

3. 油分离器的安装

检查基础标高及中心线尺寸，复核设计要求后进行安装。一般油分离器的进液口应比冷凝器的出液口低200～300mm，或低于贮液桶的液面200～300mm。安装应垂直牢固，装好后用水平尺或线锤进行找平找正。

3.5.4　空气分离器的安装

空气分离器又称放空气器，用来清除制冷系统中的空气及其他不凝性气体，如氮气、氢气等。

1. 系统中有不凝性气体混入的原因

1）制冷系统在投产前未能很好地抽成真空或设备检修时有一部分空气进入。

2）当低压系统低于大气压时，空气会从管路接头及其他密封不好的地方进入。

3）在压缩温度很高时，氨气可能有部分分解为氮气和氢气。

4）加油时，油管口露出油面，使空气进入曲轴箱。

2. 系统中混入不凝性气体的影响

1）使氨压缩机的排气温度升高。因为在同样压缩比时，气体的等熵指数越大，压缩终了时的温度越高。空气的等熵指数是 1.41，而氮气的等熵指数是 1.28，由于排气温度高，从而降低了制冷效果。

2）促使氨的冷凝压力升高。因为空气混入后，在冷凝器管壁形成了一层气层，而空气的热导率低，造成了冷凝效率的降低，使进入冷凝器中的氨气不能全部冷凝，结果由于氨气的集聚而使冷凝器的压力升高。

3）使蒸发器中蒸发温度降低。混入空气后同样在管壁内形成气膜，因而降低了蒸发器的传热效率。

3. 系统存有空气的表现

当系统中存有空气时，除压力表随活塞压缩行程剧烈摆动外，由于空气的等熵指数大于氨气的等熵指数，致使系统的排气温度高于正常排气温度。除上述特征外，也可根据冷凝器上压力表的数值与冷凝器氨液出口温度是否相对应而得知冷凝器内是否有空气，以及空气的含量有多少。

例如：压力表所示冷凝压力为 12 个绝对大气压，冷凝器氨液出口温度为 25℃，根据氨的热力性能表，查得 25℃时饱和液的相对压力为 10.2 个绝对大气压；根据混合气体总压力等于各气体分压力之和，而气体的分压力又与该气体的含量成正比，则冷凝器中的分压力等于 $12-10.2=1.8$ 个绝对大气压，则混合气体的含量为 $1.8/12=0.15=15\%$。

冷凝器或高压贮液桶中的氨液会形成液封，防止空气进入低压系统。所以制冷装置中任何部分进入空气都必须聚在冷凝器与高压贮液桶中。

在冷凝器的工作过程中，气流沿管壁运动，受到冷却水的冷凝作用后，氨气逐渐凝成氨液，空气则与氨气分离。另外，由于空气的密度较氨气大，所以空气多集中在冷凝器的中下部，空气即从此处放出。

4. 冷库中常用空气分离器

1）卧式四重管空气分离器。卧式四重管空气分离器的构造及工作原理如图 3-32 所示。

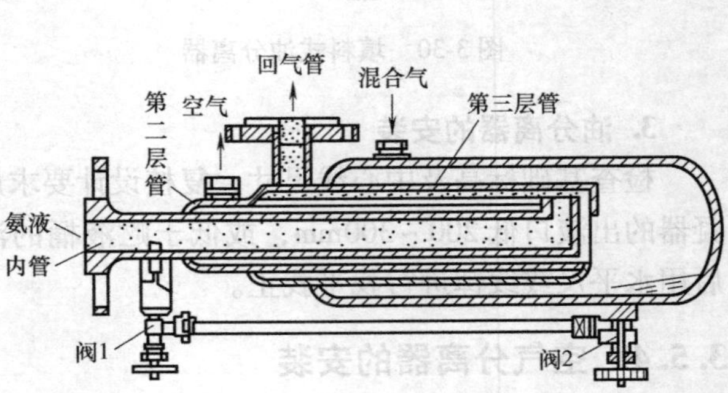

图 3-32　卧式四重管空气分离器构造及原理图

从高压贮液桶来的氨液经节流阀后进入放空气器的内管，然后进入第二层管间（中管）空隙。来自高压贮液桶和冷凝器中的空气混合气体进入第一层（即最外一层）的管间空隙与第三层管间空隙。内管和第二层管间空隙中的氨液吸收了第

一、三层管间空隙中的空气、氨气混合气的热量而蒸发。蒸发后的蒸气通过回气管去往扩散器，再被压缩机吸回。第一层和第三层管间空隙中的混合气体被冷却后，氨蒸气凝为液体，空气中的不凝性气体通过一接管放至水桶中，而冷凝后的氨液则流到放空气器底部，通过阀2、阀1节流后通往放空气器内管继续使用。

2）立式壳体盘管式空气分离器。此种放空气器壳体系由钢管焊成，内有蒸发盘管一组。其构造如图3-33所示。

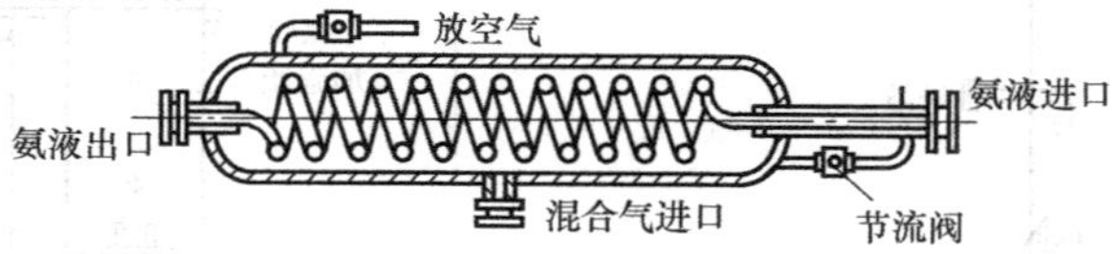

图3-33　立式壳体盘管式空气分离器

5. 卧式空气分离器的安装

卧式空气分离器安装标高一般为1.2m，安装时氨液进口端应高于另一端，一般为0.005的坡度。卧式空气分离器需在墙上安装，如图3-34所示。

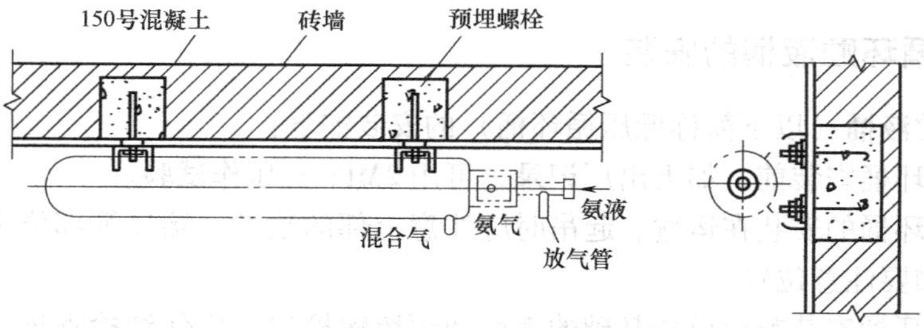

图3-34　卧式空气分离器安装示意图

3.5.5　氨液分离器的安装

氨液分离器的作用是将蒸发器或蒸发排管所蒸发的氨气，在被压缩机吸入之前将其中所夹带的氨液分离出来。在设置循环贮液桶的氨泵供液系统中，就不再设置氨液分离器。而在设置氨液分离器的系统中，氨液分离器能起到均匀供液的作用。

氨液分离器的工作原理与油分离器相同，即通过方向的改变和速度的降低来实现气液分离的目的。

一般氨液分离器设置在高于冷间最高层的蒸发排管0.5～2m的地方。安装过低，液面不能充分克服各局部阻力，会影响供液量；安装过高，排管内静压过大，使氨液的蒸发温度升高。

氨液分离器的构造如图3-35所示，在氨液分离器的中部设有进液管，由手动节流阀或浮球阀供液。为了操作方便，还设有压力计和液面指示器，桶底设有放油阀。

安装前，首先复核基础标高及中心线尺寸，合格后方能进行安装。氨液分离器的标高一般应超过蒸发器顶部0.5～2m。安装应垂直、稳固、不能倾斜，可用水平尺和吊线锤法进行测量。在安装的卡子处应加绝缘垫（硬木），其厚度一般为50mm。四周刷冷底子油，如果装在离墙附近时，应考虑保温层的厚度。阀门、压力表、液面指示器均应装在保温层外。氨液分离器在墙上安装的示意图如图3-36所示。

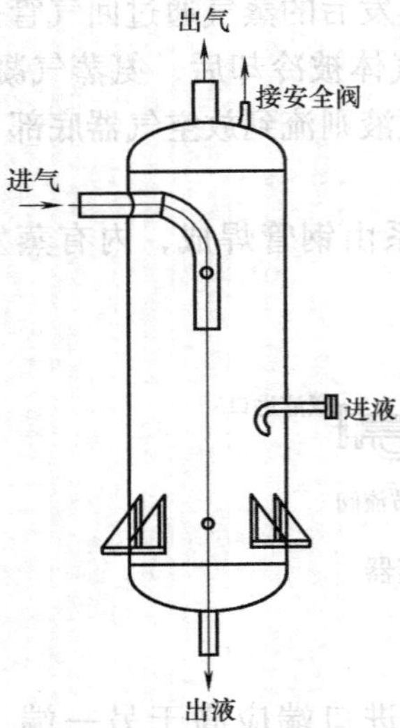

图 3-35　氨液分离器

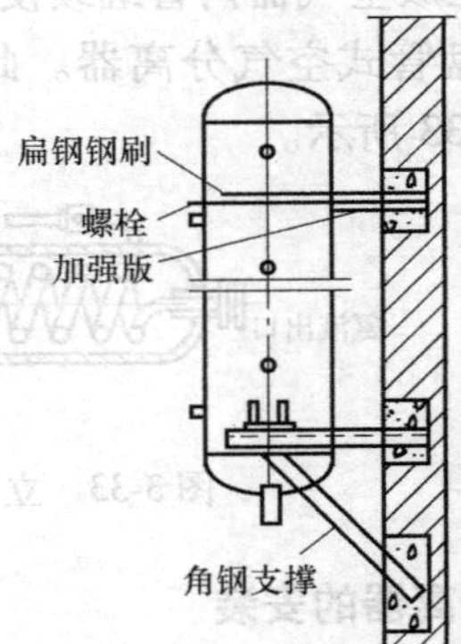

图 3-36　氨液分离器在墙上安装的示意图

3.5.6　低压循环贮液桶的安装

低压循环贮液桶（以下简称低压循环桶）的安装如下：

1）低压循环桶安装前，如无出厂记录，可用 2MPa 气压作试验。

2）低压循环桶的安装在运输、起吊时应注意上部的法兰、接口等部位不能碰撞。选择的起吊点及绳扣要注意位置。

3）低压循环桶安装前对设备基础的表面和预留螺栓位置应仔细检查核对，中心线和标高允许偏差为 5mm。

4）低压循环桶的安装应有不大于 0.001 的坡度，坡向集油器。

5）在较大的冷库中，多采用氨泵供液形式，再加上低压循环贮液桶几何尺寸较大且需要立式安装，氨泵又必须设置在循环贮液桶的底部，所以，一般在机房的设备间需采用中间有楼板的二层建筑形式。这就要求在土建进行二层楼板的施工时，应根据循环贮液桶的直径和需要保温层的厚度，在楼板上预留安装孔洞并埋设好地脚螺栓。

安装应根据土建施工的进度，最好在未封顶前将循环贮液桶提前用吊车吊装就位，以防土建施工完毕不好吊装。

安装时，循环贮液桶的地脚螺栓部分的支脚钢板与楼板的接触部分应垫有用沥青浸过的绝缘木板。安装试压完毕，即可进行保温工作。图 3-37 是低压循环贮液桶安装及配管示意图。

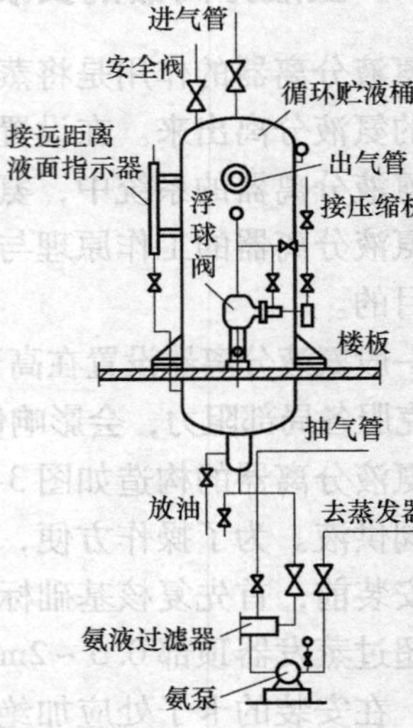

图 3-37　低压循环贮液桶安装及配管示意图

3.5.7　集油器及紧急泄氨器的安装

（1）集油器　集油器又称贮油器，用以收集油分离器和系统中各设备放出的润滑油，并将油中的制冷剂回收，以减少氨的损失。

集油器是由钢管壳体及封头焊接而成，其上有进油口、放油口、抽气口和压力表。容积较大的还设有液面计。常用的集油器构造如图3-38所示。

（2）紧急泄氨器　紧急泄氨器用于事故排氨或泄氨，故一般安装在便于操作的地方。安装时，泄氨器的进液管、进水管、泄出管的口径，不应小于设备上的管径，且泄出管下部不允许装设漏斗或与地漏连接，应直接通入有水的下水道内。紧急泄氨器在墙上的安装示意图如图3-39所示。

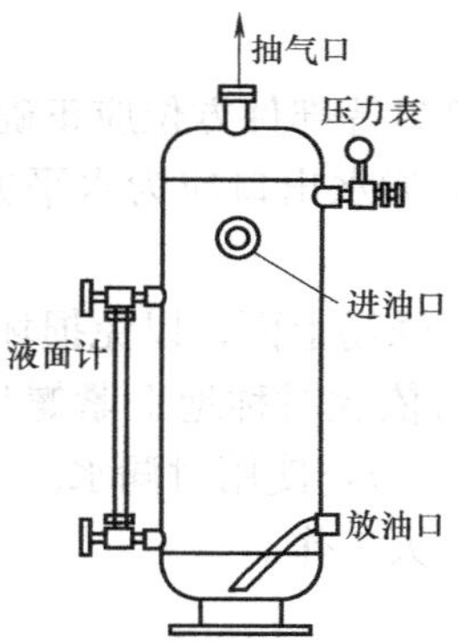

图3-38　集油器

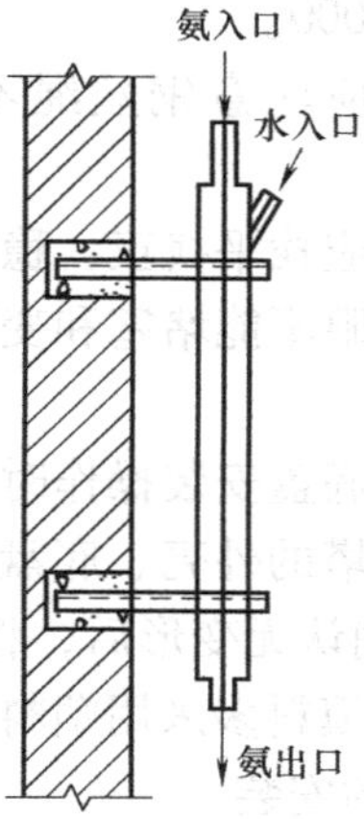

图3-39　紧急泄氨器的安装示意图

3.5.8　冷却塔的安装

1. 冷却塔的布置原则

为保证冷却塔的正常运转，充分发挥设备的冷却能力，应按下列原则布置：

1）冷却塔应安装在通风良好的地点，其进风口与周围的建筑物应保持一定的距离，保证新风能进入冷却塔；避免挡风和冷却塔运转时排出的热湿空气短路回流，降低冷却塔的冷却能力。

2）冷却塔应避免安装在有热空气产生的场所，并避免安装在粉尘飞扬场所的下风向，不能布置在煤堆、化学药品堆放处。

3）冷却塔布置的方位与夏季的主导风向有关。开放式冷却塔的长边应与夏季主导风向垂直，双列布置的机械通风分格式冷却塔的长边应与夏季主导风向相平行；而单列布置的机械通风分格式冷却塔的长边则应与夏季主导风向垂直。

4）开放式冷却塔多格布置时，其组合后的长边应不大于30m。机械通风鼓风式冷却塔多格布置时，如超过5格时应采取双列布置。机械通风抽风式冷却塔如为双面进风，可采用单列布置；如为单面进风，可采用双列布置。

2. 冷却塔的安装方法

冷却塔有高位安装和低位安装两种形式。安装的具体位置应根据冷却塔的形式及建筑物的布置而定。

冷却塔的高位安装，是将其安装在冷冻站建筑物的屋顶上，在冷库或高层民用建筑的空调制冷已普遍采用，可减少占地面积。冷却塔高位安装，是将需要处理的冷水从蓄水池（或冷凝器）经水泵送至冷却塔，冷却降温后从塔底集水盘向下自流压入冷凝器中，以此不断地循环。一般由蓄水池或冷却塔的集水盘中的浮球阀自动补水。

冷却塔的低位安装，是将其安装在冷冻站附近的地面上。其缺点是占地面积较大，一般常用于混凝土或混合结构的大型工业冷却塔。

（1）冷却塔的整体安装　对于玻璃钢中小型冷却塔一般进行整体安装，在安装过程中应注意下列事项：

1）冷却塔的基础按设备技术文件的要求，做好预留、预埋工作，基础表面要求水平，水平度不应超过5/1000。

2）设备吊装时应注意钢丝绳不应使玻璃钢外壳受力，钢丝绳与设备接触点应垫上木板。

3）设备上位后应找平找正，稳定牢固，冷却塔的出水管口等部件方位应正确。

4）布水器的孔眼不能堵塞和变形，旋转部件必须灵活，喷水出口应为水平方向，不能垂直向下。

5）在冷却塔的底盘安装操作时，安装人员应踩在底盘加强筋上面，以免损坏底盘。

6）在安装冷却塔的外壳、底盘时，应先穿上螺栓，然后依次对称地上紧螺母，防止外壳和底盘变形。在确认无变形后，将其缝隙用环氧树脂密封，防止使用时漏水。

7）冷却塔内的填料多采用塑料制品，在施工中应做好防火工作。

（2）淋水装置的安装

1）点滴式淋水装置。点滴式淋水装置如果采用开放点滴式，层数一般选装10～23层；如果采用机械通风塔，层数一般选装13～33层。

2）薄膜式淋水装置。薄膜式淋水装置有膜板式、纸蜂窝式、点波式和斜波纹式等形式，其安装可按下列方法进行。

① 膜板式淋水装置：一般用木材、石棉水泥板或塑料板等材料制成。石棉水泥板以波纹板为好，安装在支架上每4片连成一组，板间用塑料管或橡胶垫圈隔成一定的间距，中间用镀锌螺栓固定。

② 纸蜂窝式淋水装置：可直接架在角钢或扁钢支架上，或直接架于混凝土支架上。

③ 点波式淋水装置：它的安装方法有框架穿针法和粘接法两种。其中，框架穿针法是用铜丝或镀锌铁丝正反穿连点波片，组成一个整体，再装入角钢制成的框架内，并以框架为一安装单元；粘接法是用过过氯乙烯清漆涂于点波片的点上，再点对点粘好，每粘接40～50片用重物压1～5h后粘牢。组成的框架单元，可直接架在支撑梁、架上。

④ 斜波纹式淋水装置：它的安装方法与点波式淋水装置相同。其单元的高度为300～400mm，安装总高度为800～1200mm。

（3）布水装置的安装。布水装置有固定管布水器和旋转管布水器两种。

1）固定管布水器。它的喷嘴按梅花形或方格形向下布置。具体的布置形式应符合设备技术文件或设计要求。一般喷嘴间的距离按喷水角度和安装的高度来确定，要使每个喷嘴的水滴相互交叉，必须做到向淋水装置均匀布水。常用喷嘴在不同压力下的喷水角度见表3-3。

表 3-3 布水器喷嘴的喷水角度

序号	喷嘴		接管直径/mm	不同压力下的喷水角度		
	形式	出口直径/mm		0.03MPa	0.05MPa	0.07MPa
1	瓶式	16	32	36°	40°	44°
2	瓶式	25	50	30°	33°	36°
3	杯式	18	40	58°	63°	69°
4	杯式	20	40	59°	64°	70°

2）旋转管布水器。它的喷水口的安装形式有以下三种：

① 装配开有条缝的配水管：条缝宽度一般为2~3mm，条缝水平布置。

② 喷嘴布水：应按设备技术文件或设计要求安装。

③ 装配开有圆孔的配水管：其孔径为3~6mm，孔距为8~16mm。单排安装时，孔与水平方向的夹角为60°，双排安装时，上排孔与水平方向的夹角为60°，下排孔与水平方向的夹角为45°。开孔面积为配水管总截面积的50%~60%。

（4）配水装置的安装。配水装置有槽式和池式两种。

1）槽式配水装置。它的水槽高度一般为350~450mm，宽度为100~120mm。槽内正常水位保持在120~150mm。配水槽中的管嘴直径不小于15mm，管嘴布置成梅花形或方格形，管嘴水平间距为：大型冷却塔800~1000mm；中小型冷却塔500~700mm；管嘴与塔壁间距>500mm。槽形配水装置的管嘴，在安装时应与下方的溅水碟对准。

2）池式配水装置。池式配水装置只用于横流式冷却塔。管嘴在配水池上按梅花形或方格形布置，在管嘴顶部以上的最小水深为80~100mm。配水池的高度应大于计算最大负荷时的水深，并留出保护高度100~150mm。

（5）收水器的安装。收水器一般安装在配水管上、配水槽中或箱的上方，以阻留排出塔外空气中的水滴，起到水滴与空气分离的作用。在抽风式冷却塔中，收水器与风机应保持一定的距离，以防止产生涡流而增大阻力，降低冷却效果。

（6）通风设备冷却塔的安装。通风设备有抽风式冷却塔和鼓风式冷却塔两种。

1）抽风式冷却塔。电动机盖及转子应有良好的防水措施，常采用封闭式笼型电动机，注意接线端子的密封。

2）鼓风式冷却塔。要防止风机溅上水滴，风机与冷却塔体距离一般不小于2m。

3.5.9 泵类的安装

1. 水泵的安装

（1）水泵及其附件　组成冷却水系统的主要设备除冷却塔外，还有水泵及管路附件。水泵的种类较多，在冷却水系统常采用IS型单级离心水泵，它适用于输送清水或物理化学性质类似清水的介质。水泵的流量范围为6.3~400m^3/h，扬程范围为5~125m，温度范为0~80℃。水泵有两种工作转速，即1450r/min和2900r/min，其性能见表3-4和表3-5。

为减少水泵在运转中产生振动，在要求严格的场所水泵必须安装在减振支架上。减振器有z形圆锥形减振器、弹簧减振器。为减少水泵产生的振动传至管道，水泵与进出口管道连接中间应加装橡胶补偿接管。

管道附件包括水过滤器、止回阀、碟阀及电动调节阀等。

表 3-4　当电动机转速为 1450r/min 时性能表

泵　型　号	流量 Q /(m^3/h)	扬程 H/m	效率 η (%)	功率/kW		电动机型号
				轴　功　率	配用功率	
IS50—32—125	6. 3	5	54	0. 159	0. 65	Y801—4
IS50—32—160	6. 3	8	48. 5	0. 283	0. 55	Y802—4
IS50—32—200	6. 3	12. 5	42	0. 511	0. 75	Y80z—4
IS50—32—250	6. 3	20	36	0. 953	1. 5	Y90L—4
IS65—50—125	12. 5	5	64	0. 266	0. 55	L801—4
IS65—50—160	12. 5	8	60	0. 544	0. 75	Y802—4
IS65—40—200	12. 5	12. 5	54. 5	0. 781	1. 1	Y90S—4
IS65—40—250	12. 5	20	48	1. 418	2. 2	Y100L2—4
IS65—40—315	12. 5	32	42	2. 594	4	Y112M—4
IS80—65—125	25	5	71	0. 480	0. 75	Y802—4
IS80—65—160	25	8	69	0. 789	1. 5	Y90L—4
IS80—50—200	25	12. 5	65	1. 309	2. 2	Y100L1—4
IS80—50—250	25	20	59. 5	2. 299	3	Y100L2—4
IS80—50—315	25	32	53	4. 111	5. 5	Y132S—4
IS100—80—125	50	5	75	0. 908	1. 5	Y90L—4
IS100—80—160	50	8	75	1. 452	2. 2	Y100L1—4
IS100—65—200	50	12. 5	73	2. 332	4	Y112M—4
IS100—65—250	50	20	69	3. 947	5. 5	Y132S—4
IS100—65—315	50	32	63. 5	6. 862	11	Y160M—4
IS125—100—200	100	12. 5	79	4. 309	7. 5	Y132M—4
IS125—100—250	100	20	76	7. 167	11	Y160M—4
IS125—100—315	100	32	72	12. 101	15	Y160L—4
IS125—100—400	100	50	66. 5	20. 476	30	Y200L—4

表 3-5　当电动机转速为 2900r/min 时性能表

泵　型　号	流量 Q /(m^3/h)	扬程 H/m	效率 η (%)	功率/kW		电动机型号
				轴　功　率	配用功率	
IS50—32—125	12. 5	20	60	1. 135	2. 2	Y90L—2
IS50—32—160	12. 5	30	54. 5	1. 993	3	Y100L—2
IS50—32—200	12. 5	50	48	3. 546	5. 5	Y132S1—2
IS50—32—250	12. 5	80	42	6. 484	11	Y160M1—2
IS65—50—125	25	20	69	1. 973	3	Y100L—2
IS65—50—160	25	30	67	3. 532	5. 5	Y132S1—2
IS65—40—200	25	50	59. 5	5. 721	7. 5	Y132S2—2
IS65—40—250	25	80	53	10. 277	15	Y160M2—2

（续）

泵型号	流量 Q /(m^3/h)	扬程 H/m	效率 η（%）	功率/kW		电动机型号
				轴功率	配用功率	
IS65—40—315	25	125	47	18.107	22	Y180M—2
IS80—65—125	50	20	75	3.631	5.5	Y132S1—2
IS80—65—160	50	30	73	5.969	7.5	Y132S2—2
IS80—50—200	50	50	69	9.867	15	Y160M2—2
IS80—50—250	50	80	63.5	17.155	22	Y180M—2
IS80—50—315	50	125	57	29.861	37	Y200L2—2
IS100—80—125	100	20	78	6.983	11	Y160M1—2
IS100—80—160	100	30	78	11.173	15	Y160M2—2
IS100—65—200	100	50	76	17.917	22	Y180M—2
IS100—65—250	100	80	72	30.259	37	Y200L2—2
IS100—65—315	100	125	66.5	61.190	75	Y280S—2

（2）水泵安装　水泵安装前应复查下列项目：

1）基础的尺寸、位置、标高应符合设计要求。

2）开箱检查不应有缺件、损坏和锈蚀等情况，管口保护物和堵盖应完好。

3）水泵盘车应灵活、无卡阻现象，且无异常的声音。

水泵找平找正应符合下列要求：

1）水泵找平应以水平中开面、轴的外伸部分、底座的水平加工面为基准进行测量。

2）小型整体式水泵安装应牢固，不应有明显的偏斜，泵体水平度每米不得超过0.1mm。

3）离心水泵的联轴器应保持同轴度，轴向倾斜每米不超过0.8mm，径向位移不超过0.1mm。

4）主动轴与从动轴找正、连接后，应盘车检查是否灵活。

5）水泵与管路连接后，应复校找正。如由于管路连接不正常时，应调整管路。

水泵的管路安装应符合下列要求：

1）钢管内部和管端应清洗干净，并清除杂物。

2）钢管与水泵相互连接的法兰端面应平行、对中，不能借法兰螺栓或管接头强行连接。

3）水泵管路与水泵连接后，不应在水泵上部进行焊接或气割，以防止焊渣进入泵内损坏水泵的零件。

2. 氨泵的安装

在制冷工艺中，氨泵用于将低压循环贮液桶中的低压氨液直接向库房蒸发器强制输送，大量未耗用的液体从蒸发器再流回低压循环贮液桶。这种供液方式能提高蒸发器的效率，从而使库房的降温效果增强。

（1）氨泵的类型　氨泵有多种类型，我国冷藏库中常用的氨泵有齿轮氨泵和离心氨泵。

1）齿轮氨泵。齿轮氨泵是一种容积式转子泵，一般由泵体、主动齿轮、从动齿轮、轴封、电动机等主要部件组成。齿轮为螺旋齿，采用优质合金钢制成。

齿轮氨泵的工作原理与齿轮油泵相同，主动齿轮与从动齿轮相互啮合，把泵体的工作腔分成两个独立的空间，即一为吸入腔，另一为排出腔。当电动机通过联轴器带动主动齿轮时，从动齿轮跟着旋转，这样，齿轮的开啮处成为吸入腔，啮合处则成为排出腔。随着齿轮不断旋转，液体充满各个齿谷并不断送到排出腔后输出泵外。

2）离心氨泵。目前我国冷藏库使用的离心氨泵大部分为双级泵，有两道叶轮，用优质钢锻成。泵体由铸铁铸成，泵轴由合金钢制作。泵与电动机用联轴器连接，组装在铸铁公共底盘上。

（2）氨泵安装　由于氨泵和电动机都有公共底盘，故在安装前应根据安装图样要求，仔细核对基础的坐标和标高，确认无误后经找平找正将地脚螺栓固定。在进行氨泵配管时，泵的进出口管径不应小于泵的进出口尺寸，在安装连接管时还应注意，避免由于管道过重而影响泵的工作。

3.5.10　洁净室净化设备的安装

洁净室内净化设备的安装主要包括以下内容：

1. 传递窗的安装

（1）传递窗的形式　传递窗的形式有机械式、气闸式、灭菌式、药液通过式和回转式等。

1）机械式。机械式传递窗有内外两道窗扇，其间用机械连、锁。当一边窗扇打开时，另一边窗扇即被锁住，不能打开；此时将所要传递的物品放进窗体中间，关上打开的窗扇，另一边窗扇的自锁开关解脱，窗扇被打开，即可取出物件。

2）气闸式。与机械式相比，气闸式传递窗窗体之间还有洁净空气流通过，其原因是气闸式传递窗中安有风机和高效空气过滤器。在开窗之前必须先起动风机，使洁净气流循环通过，从而避免室内的空气受到污染。

3）灭菌式。在生物洁净室，传递的物件有可能带有不少的微生物病菌，因此在传递窗中设置有紫外线灯。紫外线灯的开启为自动方式，在进行物料的传递时，打开传递窗，将物料放入窗内，关闭传递窗并延迟一段时间后紫外线灯自动打开进行杀菌，照射若干分钟后紫外线灯自动关闭，经过一段时间后再打开传递窗的另一面窗扇。

4）药液通过式。这是一种隔绝式传递窗，由一个两端带有可打开、关闭的箱体组成，箱体内有一从上向下的隔板，隔板与底部留有一定的距离。且箱体内灌有杀菌、消毒的药液。当进行物品传递时，将物品装入一密闭的盒内，打开传递箱的一侧盖板将物品盒放入药液内后关闭盖板。然后从另一侧打开盖板将物品盒取出。这种传递窗又被称为封闭可取式传递窗。

5）回转式。回转式传递窗是采用圆套筒的形式，在两个圆筒上各开一个可打开、关闭的窗扇，当传递窗的一个套筒上的窗扇处于关闭状态时，另一套筒上的窗扇方可打开，即两个套筒上的窗扇始终只能有一个可以打开，从而避免室外含有尘埃、病菌的空气进入洁净室内。

（2）传递窗安装时应注意的问题　无论是土建式结构还是壁板式结构的洁净室，传递窗与洁净室围护结构之间的缝隙必须处理好，不得有漏风现象。安装时可采用漏光法进行检查，必须保证接缝的严密性。

2. 余压阀的安装

余压阀的作用是维持洁净室内有一定的正静压，以防止室外空气对室内洁净空气造成污染，保证室内正常工作的进行。常用的余压阀是滑块式，通过余压阀的风量一般为5～20m^3/min，可维持室内外压差为5～40Pa，余压阀一般安装在洁净室下风侧墙体的下部。一般为工作台面以下。这样既可以将已污染的空气从余压阀处排出，又不影响室内空气的洁净。

余压阀在安装时应注意起闭灵活，做到横平、竖直，不得有歪斜现象。在对余压阀进行调整时，应根据净化空调系统送入室内的空气量及室内要求的静压值逐步调整到位。

3. 洁净室内静压控制系统的安装

用于洁净室内静压控制的自动系统，在安装之前必须首先检查所到货的静压调节器、传感器是否与要求的一致。然后应在实验室内进行校验检查，合格后方可安装。

静压控制系统包括压力传感器和压力调节器。压力传感器、压力调节器在安装之前应检查其是否有出厂鉴定合格证明文件。同时，应交给具有相关资质的技术单位进行鉴定，在符合技术条件后方可安装。

4. 空气吹淋室的安装

空气吹淋室是人身净化设备，利用高速、洁净的空气射流吹落进入洁净室人员服装表面附着的尘埃。空气吹淋是对进入洁净室内的工作人员的裸露面及全身服装进行外表净化的重要措施。同时进、出吹淋室的两扇门是互锁的，互锁有机械方式和电气方式两种。因而可防止污染空气进入洁净室，从而兼起气闸的作用。

空气吹淋室分为小室式和通道式两种。它可以对裸露体表面上的临时附着物进行高速吹淋，使附着的微小粒子脱落并排除。空气吹淋室有一进、一出两扇门，且这两扇门互为连锁。小室式吹淋小室，每次只允许进入一人吹淋，当工作人员进入吹淋室，且关闭入口门后，吹淋风机自动起动，吹淋一段时间后（吹淋时间一般可由人身的净化程度进行调整），方可打开进入洁净室内的门。通道式洁净室，每次可进入多人进行吹淋。

小室式吹淋室的吹淋时间一般在30～60s，吹出的气流速度在25～35m/s，吹淋室吹出的空气温度一般在30～35℃，并设有自动控制和无风断电保护装置。

空气吹淋室在安装时地面应平整，设备在安装就位后应保持其纵轴垂直、横轴水平，且应在吹淋室的底部垫隔振层。

3.5.11 生物洁净室内设备的安装

生物安全柜在搬运过程中严禁横倒放置和拆卸，在运达现场后方可拆开包装。生物安全柜在设计未作规定时，应避开人流频繁处，并应避免房间气流对操作口空气幕的干扰。生物安全柜的安装位置应距墙面和其他设备（包括背面、侧面等）80～300mm。底面和底边紧贴地面的安全柜所有的沿底边缝均应加以密封。生物安全柜排风管道的连接以方便更换排风空气过滤器为原则。

3.6 管道及管道上设备的安装

3.6.1 管材的选用及常用管子规格

1. 钢管

钢管从制造工艺上可分为无缝钢管和焊接钢管两种。

无缝钢管分为热轧无缝钢管和冷拔无缝钢管。热轧无缝钢管是用优质碳素钢或低合金钢的坯料加热后经穿孔机穿孔而成。其规格以“外径×壁厚”表示，国内生产的热轧无缝钢管的外径为32~630mm。用于制冷工程中的中、低压管道系统的无缝钢管的材质为10、20钢和Q345钢等。

焊接钢管又叫有缝钢管，它是由扁钢坯料卷制成形，沿纵缝焊接而成。根据表面处理的情况，可分为镀锌钢管和不镀锌钢管。

常用的热轧无缝钢管和焊接钢管的规格见GB/T 8163—2008和GB/T 3091—2001。

2. 铜管和黄铜管

铜管俗称纯铜管。它和黄铜管都是经过挤制和拉制而成的无缝管。管的规格以“外径×壁厚”表示。适用于温度低于250℃的制冷及化工设备的管路。拉制铜管和黄铜管的规格见表3-6和表3-7。

表3-6 拉制铜管的外径和壁厚尺寸 （单位：mm）

外径 \ 壁厚	0.5	0.75	1.0	1.5	2.0	2.5	3.0	3.5	4.0	4.5	5.0	6.0	7.0	8.0	9.0	10.0
3，4，5，6，7	○	○	○	○	○	—	—	—	—	—	—	—	—	—	—	—
8，9，10，11，12，13，14，15	○	○	○	○	○	○	○	○	—	—	—	—	—	—	—	—
16，17，18，19，20	—	—	○	○	○	○	○	○	○	○	—	—	—	—	—	—
21，22，23，24，25，26，27，28，29，30	—	—	○	○	○	○	○	○	○	○	○	—	—	—	—	—
31，32，33，34，35，36，37，38，39，40	—	—	○	○	○	○	○	○	○	○	○	—	—	—	—	—
41，42，43，44，45，46，47，48，49，50	—	—	○	○	○	○	○	○	○	○	○	○	—	—	—	—
52，54，55，56，58，60	—	—	○	○	○	○	○	○	○	○	○	○	—	—	—	—
62，64，65，66，68，70	—	—	—	○	○	○	○	○	○	○	○	○	○	○	○	○
72，74，75，76，78，80	—	—	—	○	○	○	○	○	○	○	○	○	○	○	○	○
82，84，85，86，88，90，92，94，96，98，100	—	—	—	○	○	○	○	○	○	○	○	○	○	○	○	○

注：“○”表示有产品，“—”表示无产品。摘自GB/T 1527—2006。

表3-7 拉制黄铜管的外径和壁厚尺寸 （单位：mm）

外径 \ 壁厚	0.5	0.75	1.0	1.5	2.0	2.5	3.0	3.5	4.0	4.5	5.0	6.0	7.0	8.0	9.0	10.0
3，4，5，6，7	○	○	○	—	—	—	—	—	—	—	—	—	—	—	—	—
8，9，10，11，12，13，14，15，16	○	○	○	○	○	○	○	○	—	—	—	—	—	—	—	—
17，18，19	○	○	○	○	○	○	○	○	○	○	—	—	—	—	—	—
20，21，22，23	—	—	○	○	○	○	○	○	○	○	○	○	—	—	—	—
24，25，26，27，28，29，30	—	—	○	○	○	○	○	○	○	—	○	○	○	—	—	—
31，32，33，34，35，36，37，38，39，40	—	—	○	○	○	○	○	—	○	○	○	○	○	—	—	○

（续）

外径 \ 壁厚	0.5	0.75	1.0	1.5	2.0	2.5	3.0	3.5	4.0	4.5	5.0	6.0	7.0	8.0	9.0	10.0
42，44，45，46，48，50	—	—	○	○	○	○	○	○	○	—	○	○	○	—	—	—
52，54，55，56，58，60	—	—	○	—	○	○	○	○	○	○	○	○	—	—	—	—
62，64	—	—	—	—	○	—	○	○	○	—	—	—	○	—	—	—
65	—	—	—	—	—	—	—	○	○	○	○	○	○	○	○	○
66，68，70	—	—	—	—	○	—	○	○	○	—	—	—	○	—	—	—
72，74，76，78，80，82，84，86，88，90	—	—	—	—	○	○	○	—	○	—	—	—	○	—	—	—
92，94，96，98，100	—	—	—	—	○	—	○	○	○	—	—	—	—	○	—	—

注：“○”表示有产品，“—”表示无产品。摘自 GB/T 1527—2006。

3.6.2　管道除污

制冷系统管道在安装前必须对其内壁进行除锈、清洗及干燥等工序，使管道安装后能够具备系统试运转的条件。管道的除锈方法可根据不同的管材采取下列方法。

1. 无缝钢管

一般采用人工或机械的方法清除钢管内壁的氧化皮等污物。常用钢丝刷子在钢管内往复拖拉，将钢管内铁锈污物清除后，再用干净抹布蘸上煤油擦净，然后用经干燥过的压缩空气吹除钢管内部，以吹出的空气在白纸上无污物为合格。最后将管道用塑料布扎牢封存，防止再次发生锈蚀。

管径较小的钢管、弯头，可用干净的抹布蘸煤油将其内壁擦净。如钢管内壁残留的氧化皮等污物不能完全除净时，可用质量分数为20%的硫酸溶液，在温度为40～50℃的条件下进行酸洗，一般10～15min可将氧化皮完全除净。酸洗后，应对钢管进行光泽处理。其光泽处理液的成分如下：铬酐100g，硫酸50g，水150g。

经过光泽处理的钢管必须先用水冲洗，再用质量分数为3%～5%的碳酸钠溶液中和，然后再用水冲洗，最后对钢管进行加热、吹干和封存。

2. 纯铜管

在煨弯过程中，因烧红退火后在铜管内壁产生的氧化皮，应将其清除。清除的方法为：一种是酸洗，即将纯铜管放在含量为98%的硝酸和水的溶液中浸泡数分钟（其比例为3：7），取出后用水冲洗，再用3%～5%的碳酸钠溶液中和，最后用水冲洗烘干；另一种是将棉纱布绑扎在铁丝上，浸上汽油，从铜管的两端穿入拉出，经多次拖拉直到洗净为止。

3.6.3　管道连接

制冷管道是将制冷压缩机、冷凝器、节流阀和蒸发器等设备及阀门、仪表等连接构成一个封闭循环的制冷系统，使制冷剂不间断循环流动，起到制冷作用。制冷管道布置得合理与否，将直接影响制冷系统运行的效果。

在制冷管道的布置中，应使管道与设备、管道与管道之间保持合理的位置关系，保证制冷剂在系统中顺利地循环流动。

1. 氟利昂制冷管道的连接

（1）制冷压缩机吸气管道　制冷系统投入运行后，润滑油随制冷剂进入蒸发器中，液体制冷剂在蒸发器内汽化，润滑油与制冷剂蒸气仍混在一起。吸气管道的布置应使润滑油能顺利地随吸气返回制冷压缩机中。吸气管道与制冷压缩机的连接，应根据蒸发器与制冷压缩机的相对位置而确定。

1）为保证润滑油随氟利昂气体能顺利地返回压缩机曲轴箱内，吸气管的水平管段应有不小于0.02的坡度坡向压缩机。

2）蒸发器和制冷压缩机布置在同一水平位置时，吸气管的布置应如图3-40所示。应使蒸发器和制冷压缩机之间的管路形成U形弯，防止停机后液体制冷剂进入制冷压缩机内。

3）蒸发器在制冷压缩机上方时，蒸发器上部管应做成如图3-41所示的U形弯。

4）蒸发器在制冷压缩机下方时，其吸气管的连接方式如图3-42所示。

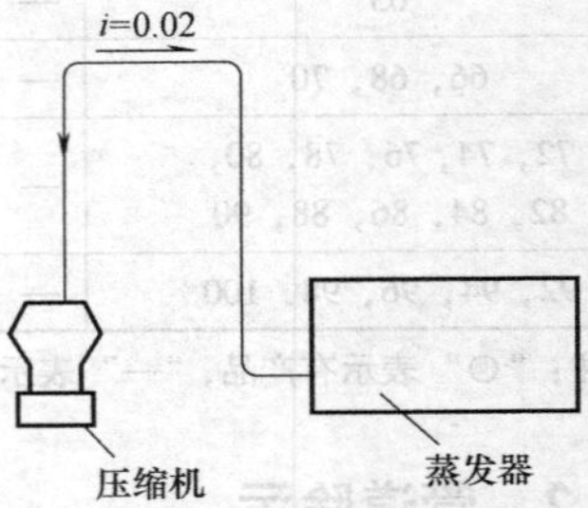

图3-40　蒸发器与制冷压缩机在相同标高的管道连接示意图（i为坡度）

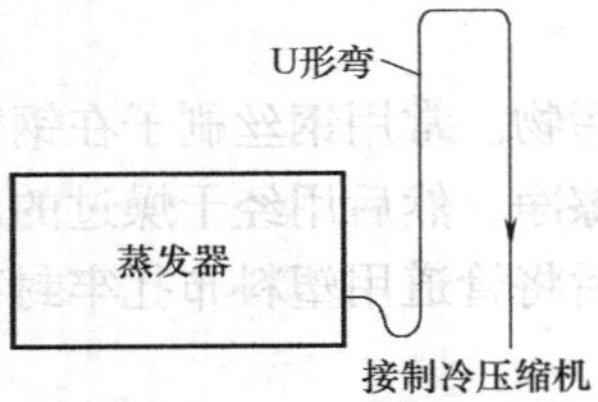

图3-41　蒸发器在制冷压缩机上方时的管道连接方式

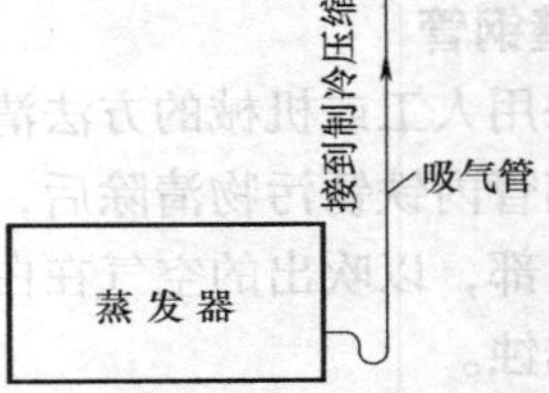

图3-42　蒸发器在制冷压缩机下方时的管道连接方式

由蒸发器至制冷压缩机的吸气立管，在负荷最小、制冷剂气体流速最低时，必须保证能将润滑油均匀地带入制冷压缩机中。润滑油能否被制冷剂气体经向上的吸气立管带入制冷压缩机，取决于立管中制冷剂气体的流速和密度。

（2）制冷压缩机排气管道　制冷压缩机排气管道安装时，应根据下列原则进行。

1）制冷系统排气管的水平管段应有不小于0.01的坡度坡向冷凝器。使制冷压缩机的润滑油流入冷凝器，防止其返回制冷压缩机的顶部。

2）制冷系统的直立排气管如管长超过2.5m，为防止管内壁沉淀的润滑油进入制冷压缩机顶部，应使排气管上形成如图3-43所示的集油弯。集油弯在系统停机时存留液体制冷剂和润滑油的混合液体。如直立管较长，除在靠近制冷压缩机处设一个集油弯外，每隔8m再设一个集油弯，以保证存留混合液体的容量（图3-43）。设有油分离器的排气管，可不设集油弯，系统停机后排气立管的润滑油可流入油分离器中，而不会产生倒灌入制冷压缩机的现象。

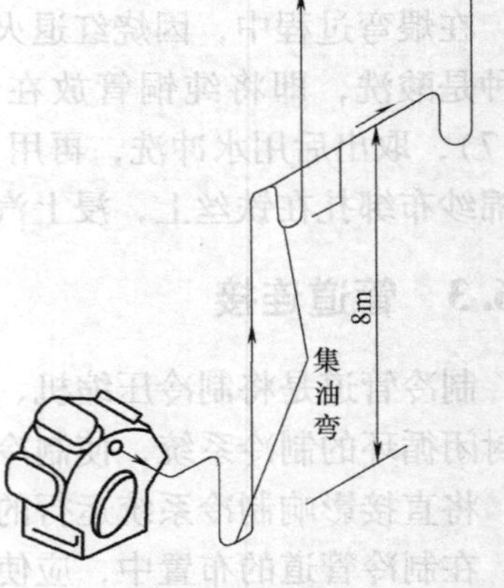

图3-43　排气管至制冷压缩机的集油弯

3）两台或多台制冷压缩机并联时，为防止在运转中制冷压缩机排出的润滑油流入停用的制冷压缩机中，其排气总管应采取图3-44所示的连接方式。

4）排气总管安装在制冷压缩机上方时，制冷压缩机的排气管应从上面接入总管，可防止排气总管的润滑油倒流入停用的制冷压缩机内，其连接方式如图3-45所示。

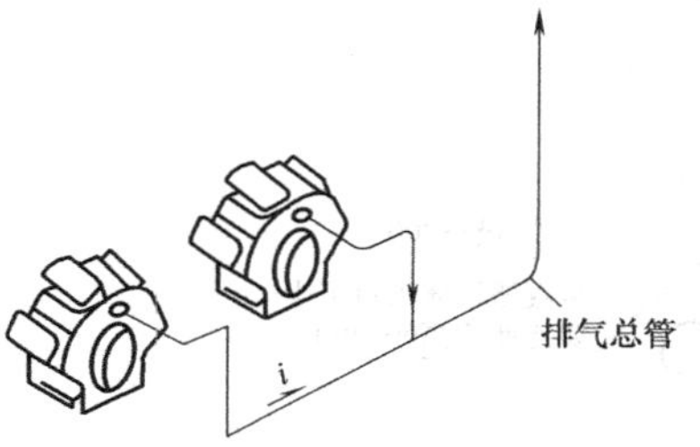

图3-44 多台制冷压缩机的排气管连接方式之一

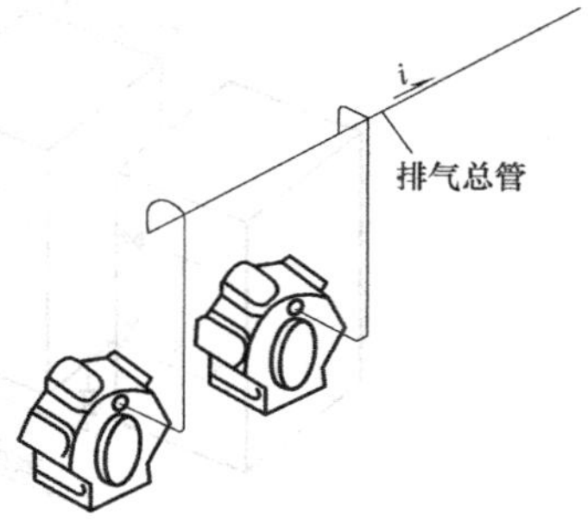

图3-45 多台制冷压缩机的排气管连接方式之二

（3）冷凝器至贮液器的液体管道 冷凝器至贮液器的液体是靠液体重力流入的，为防止冷凝器排出液体时出现高液位现象，冷凝器与贮液器应保持一定的高差，其连接的管道要保持一定的坡度。

1）卧式冷凝器至贮液器的液体管道。管道内的液体流速不应超过0.5m/s，水平管段的坡度为0.02，坡向贮液器。冷凝器至贮液器之间的阀门应安装在距离冷凝器下部出口不少于200mm的部位，其连接方式如图3-46所示。

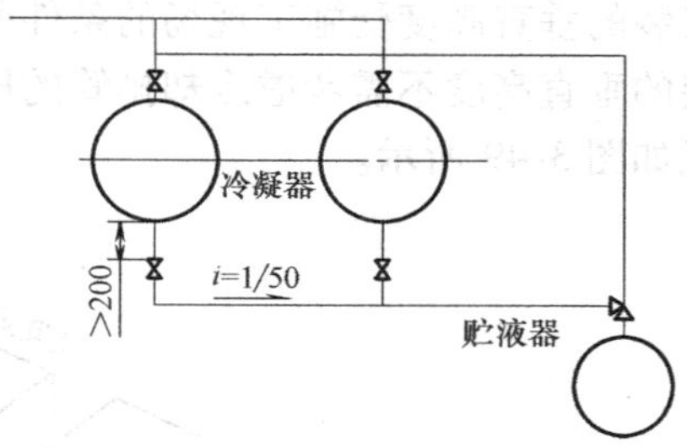

图3-46 卧式冷凝器与贮液器连接方式

2）蒸发式冷凝器至贮液器的液体管道。单组冷却排管的蒸发式冷凝器，可用液体管本身进行均压。冷凝液体的流速不应超过0.5m/s，水平管段的坡度为0.02，坡向贮液器。如阀门安装位置受施工条件所限，可装在立管上，但必须装在出液口200mm以下的位置。为保证系统的正常运转，蒸发式冷凝器排管的出口处应安装放空气阀。如冷凝器与贮液器之间不安装均压管时，应在贮液器上安装放空气阀，其连接方式如图3-47所示。

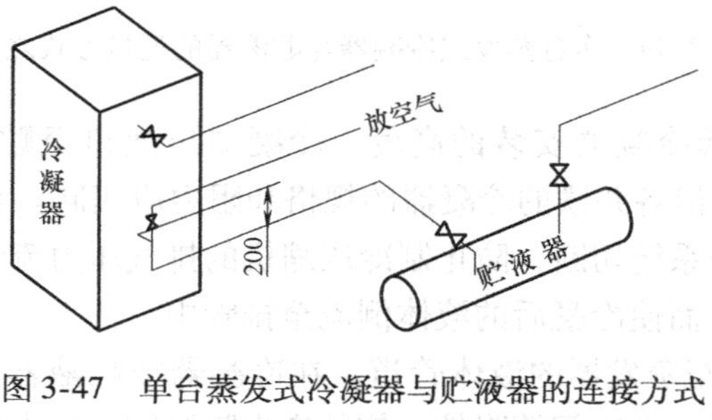

图3-47 单台蒸发式冷凝器与贮液器的连接方式

多台蒸发式冷凝器并联使用时，为防止由于各台冷凝器内的压力不一致而造成冷凝器液体回灌进入压力较低的冷却排管中，液体出口的立管段应留有足够高度，以平衡各台冷凝器之间的压差和抵消排管的压降。液体总管在进入贮液器处向上弯起作为液封。冷凝器液体出口与贮液器进液水平管的垂直高度应不少于600mm。液体管内的液体流速不应大于0.5m/s，并有0.02的坡度坡向贮液器。冷凝器与贮液器应安装均压管，其连接方式如图3-48所示。

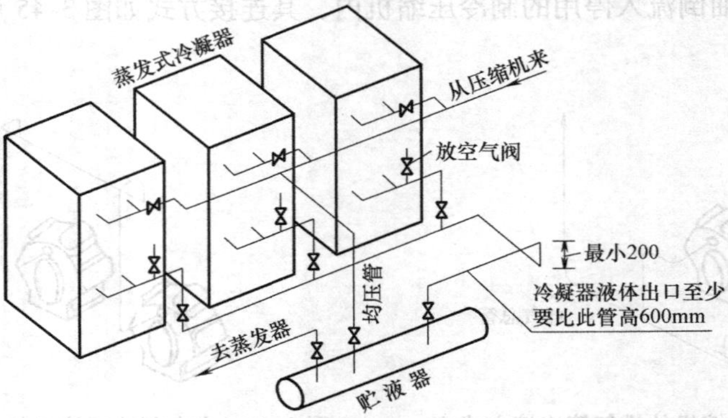

图3-48 多台蒸发式冷凝器与贮液器的连接方式之一

该连接方式仅适用于冷却排管压降较小的冷凝器（约0.007MPa）。如压降较大，则压降每增加0.007MPa，冷凝器液体出口与贮液器进液水平管的垂直高度相应增加600mm。如安装的垂直高度受施工现场的条件所限，可将均压管安装在冷凝器的液体出口管段上，其安装的垂直高度不需考虑冷却排管的压降，只需考虑克服进液管管件和阀门的阻力，其连接方式如图3-49所示。

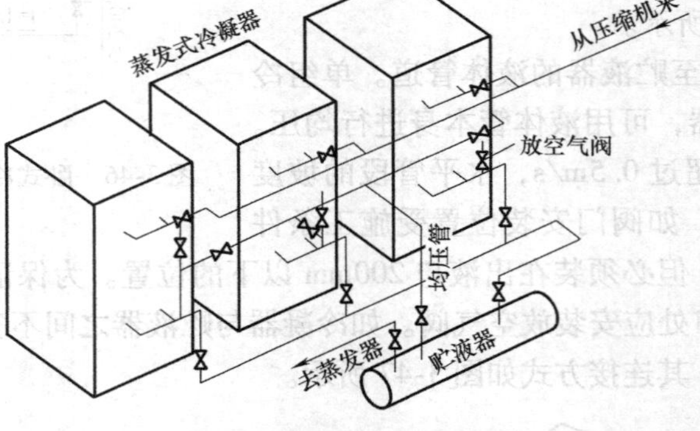

图3-49 多台蒸发式冷凝器与贮液器的连接方式之二

该连接方式可以降低冷凝器安装的高度，冷凝器出液口至贮液器进液口的高度达到450mm，即可满足要求，但各并联的冷凝器的规格和阻力应相同。在系统运转中，如停用某台冷凝器，必须用阀门与系统切断，防止制冷压缩机的排气压力流经停用的排气管倒灌进入其他冷却排管的出口端，而使冷凝后的液体倒流至排管中。

3）冷凝器或贮液器至蒸发器的液体管道。在冷凝器或贮液器至蒸发器的液体管道上，由于装有干燥器、过滤器、电磁阀等附件，使其产生膨胀阀前压力损失和供液到高处的静液柱压力损失，且管外浸入的热量使制冷剂温度上升。如以上的因素超过制冷剂的过冷度时，将会出现闪发气体，造成膨胀阀的供液量不足，降低系统的制冷能力。为防止产生闪发气体，应在制冷系统中设置气热交换器，使膨胀阀前的液体制冷剂得到一定的过冷。

在氟利昂系统中设置的换热器如图 3-50 所示，由贮液器引出的高压液体制冷剂与来自蒸发器的低压气体制冷剂进行热交换，使高压液体制冷剂得到过冷。同时，在热交换过程中夹杂在低压气体制冷剂中的液滴因吸收热量而汽化，可防止压缩机出现湿冲程。

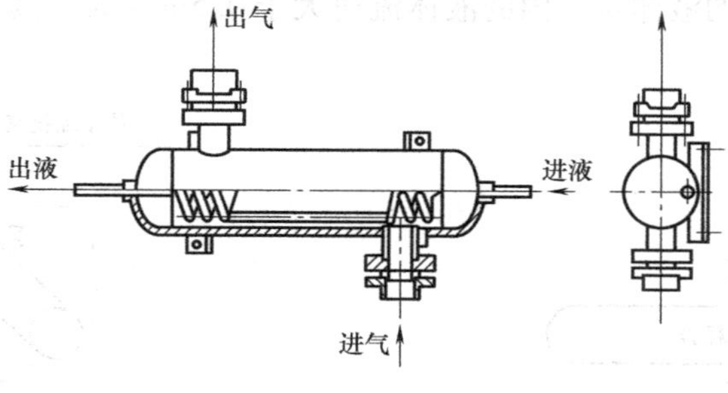

图 3-50　换热器

为防止环境温度的影响，当液体制冷剂温度低于环境温度时，可采取保温措施。

① 单台蒸发器在冷凝器或贮液器下面时的管道连接方式。为防止在制冷系统停止运行时液体制冷剂流向蒸发器，在系统中没有安装电磁阀的情况下，应安装倒 U 形液封管，其高度不小于 2000mm，连接方式如图 3-51 所示。

② 多台蒸发器在冷凝器或贮液器上端时的管道连接方式。采用多台蒸发器在冷凝器或贮液器上端时，如不能避免产生闪发气体，可按图 3-52 所示的连接方式，使每台蒸发器较均匀的流过闪发气体。如果液体管道的压力损失较大，则膨胀阀尺寸应比充分过冷时增大一号。

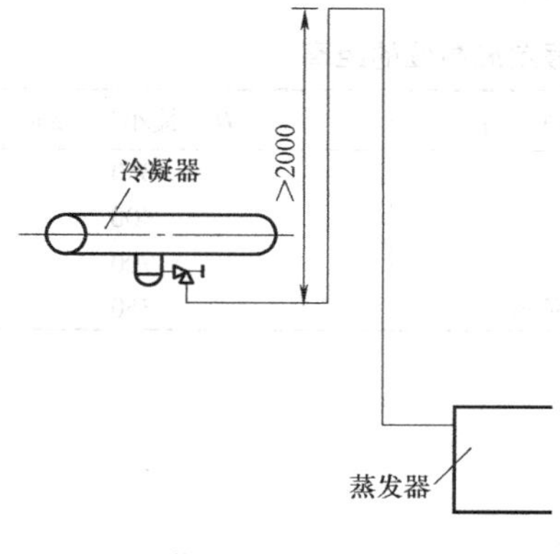

图 3-51　蒸发器在冷凝器或贮液器下面时的管道连接示意图

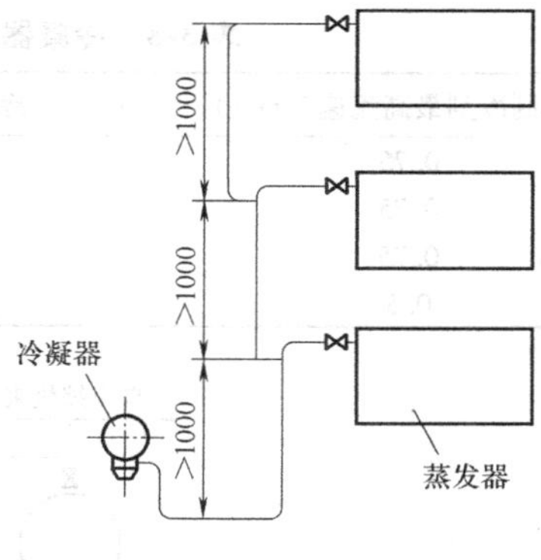

图 3-52　蒸发器在冷凝器或贮液器上端时的管道连接示意图

2. 氨制冷管道的连接

1）制冷压缩机吸气管道。由蒸发器至制冷压缩机的吸气管道应有 0.005 ~0.01 的坡度，坡向蒸发器，防止管道中的液体制冷剂进入制冷压缩机中造成液击现象。

另外为防止管道的干管内液体制冷剂进入制冷压缩机，吸气支管应从干管的顶部接出。

2）制冷压缩机排气管道。制冷压缩机排气管道应有大于或等于 0.01 的坡度，坡向油分离器和冷凝器，防止排气管道中的润滑油进入制冷压缩机，造成液击现象。

另外排气支管应从排气干管的顶部或斜向接出，防止管道内的润滑油进入停开的制冷压缩机中。

3）冷凝器至贮液器的液体管道。卧式冷凝器至贮液器间的管道不长时可不设均压管，管内的液体流速不应大于0.5m/s。由冷凝器的出口至贮液器进口处的角阀的垂直管段，应有300mm以上的高差。其连接方式如图3-53所示。

如冷凝器至贮液器的液体管道内的液体流速大于0.5m/s时，其间应安装均压管。其连接方式如图3-54所示。

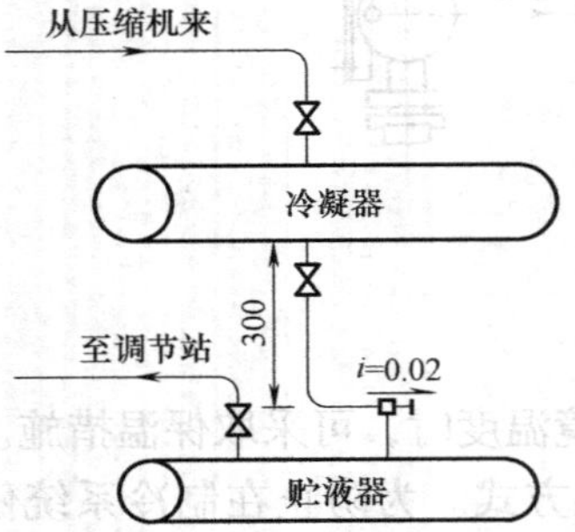

图3-53　卧式冷凝器至贮液器的连接方式之一

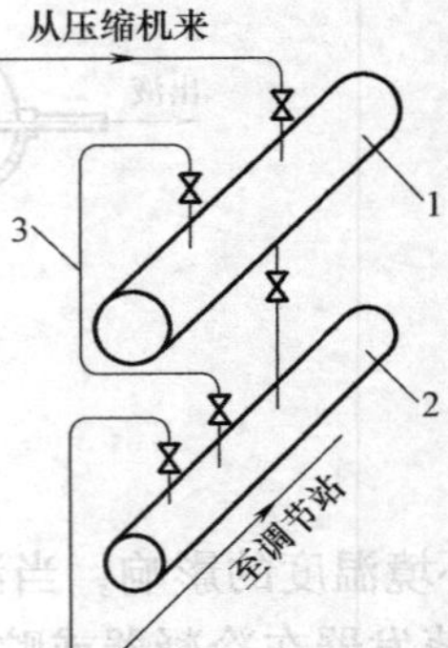

图3-54　卧式冷凝器至贮液器的连接方式之二

1—冷凝器　2—贮液器　3—均压管

如配用"库存"式贮液器时，冷凝器出口至贮液器内假定的最高液位间的距离 H（图3-55），应满足表3-8所列的数值，以防止液体制冷剂倒灌进入冷凝器。冷凝器的出液管上如果需要安装阀门时，其安装的高度应在贮液器内液面水平面以下。

表3-8　冷凝器出口至贮液器内假定最高位的距离

液体制冷剂最高流速/(m/s)	冷凝器至贮液器之间的阀门	H（最小）/mm
0.75	无阀门	350
0.75	角阀	400
0.75	直通阀	700
0.5	无阀门、角阀、直通阀	350

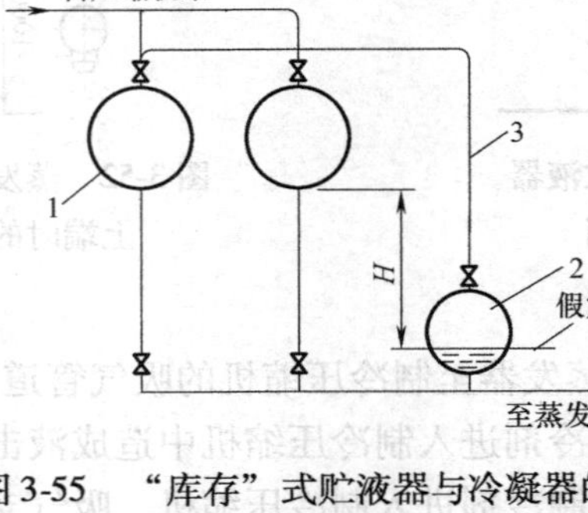

图3-55　"库存"式贮液器与冷凝器的连接方式

1—冷凝器　2—贮液器　3—均压管

在冷凝器至贮液器的液体管上安装阀门时，出口与阀门之间要有不小于200mm的距离。

水平管段应有不小于0.02的坡度坡向贮液器，并使管内的液体流速维持在0.5～0.75m/s。如果在立式冷凝器至贮液器之间设有均压管，则应从冷凝器的中部与贮液器的顶部引出接管，以保证在贮液器内的压力超过冷凝压力的情况下系统仍能正常循环。均压管的尺寸与制冷剂的种类及制冷量有关，其管径见表3-9。系统的连接方式如图3-56所示。

如果施工现场的条件需要将立式冷凝器安装的高度降低时，可将贮液器进口的阀门改用角阀，或将冷凝器出口处的阀门改装在水平管段上，如图3-57所示。多台立式冷凝器与多台贮液器的连接方式如图3-58所示。

表3-9　氨系统均压管尺寸

均压管道直径/mm	20	25	32
最大制冷量/(kW/h)	770	1040	1740

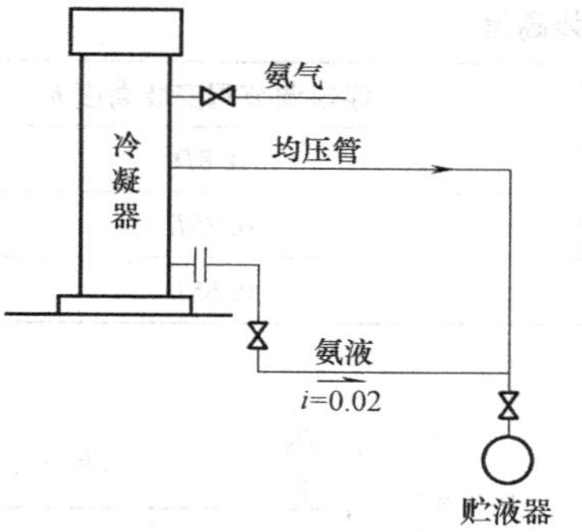

图3-56　立式冷凝器与贮液器连接方式之一

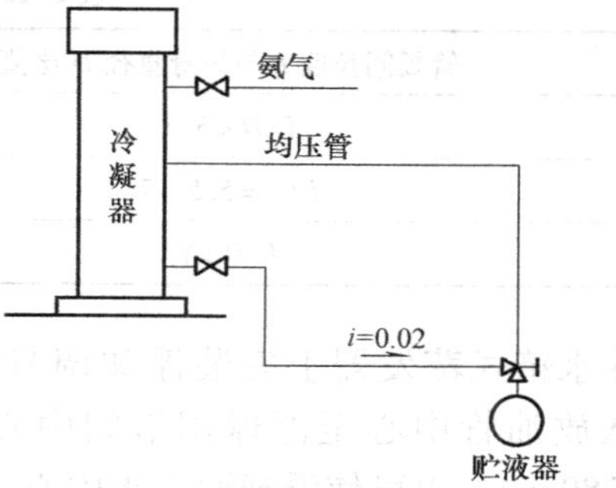

图3-57　立式冷凝器与贮液器连接方式之二

4）冷凝器或贮液器至洗涤式氨油分离器的液体管。洗涤式氨油分离器的进液管，应从冷凝器至贮液器的氨液管的管底接出。为使氨液能较通畅地进入氨油分离器，其规定液面（设备样本提供的数值）应比氨液进液管的连接处低150～250mm。其连接方式如图3-59所示。

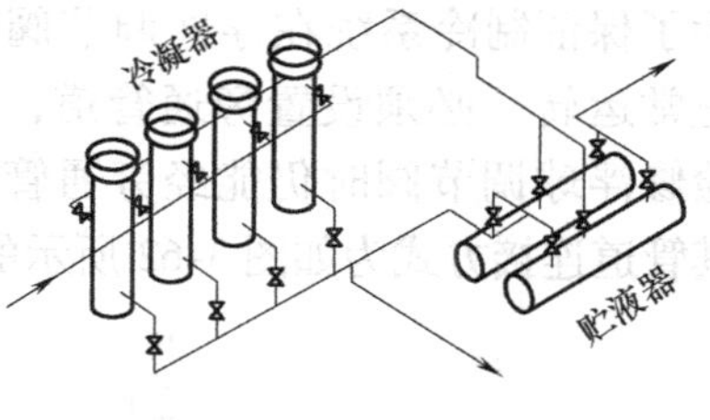

图3-58　立式冷凝器与贮液器连接方式之三

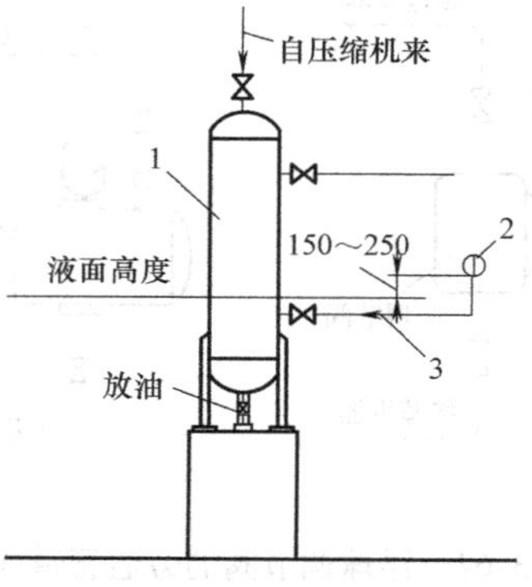

图3-59　洗涤式氨油分离器的连接方式

1—洗涤式氨油分离器　2—冷凝器至贮液器的氨液管　3—氨油分离器进液管

5）浮球调节阀的安装。为使蒸发器达到一定的热交换效果，且避免将液体制冷剂带入制冷压缩机而产生液击现象，必须注意蒸发器中的液位既不能过低也不能过高。

在卧式蒸发器上安装浮球调节阀的高度，应根据蒸发器管板间的长度 L 与筒身直径 D 的比值来确定。其安装方式如图 3-60 所示，安装高度见表 3-10。

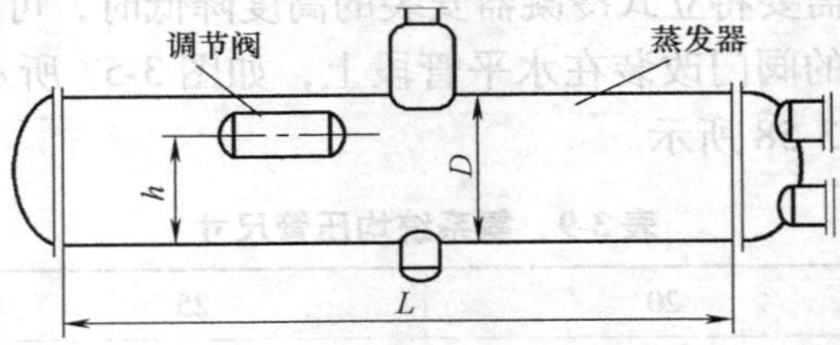

图 3-60 浮球调节阀安装位置

表 3-10 浮球阀调节安装高度

管板间长度 L 与筒身直径 D 比值	浮球调节阀安装高度 h
$L/D<5.5$	$0.8D$
$L/D=5.5\sim7$	$0.75D$
$L/D>7$	$0.65D$

在水箱式蒸发器上安装浮球调节阀的高度，应使从放油管中心至浮球调节阀中心的距离为 700～780mm。也可使浮球调节阀中心与蒸发排管的上总管管底齐平，其安装位置如图 3-61 所示。

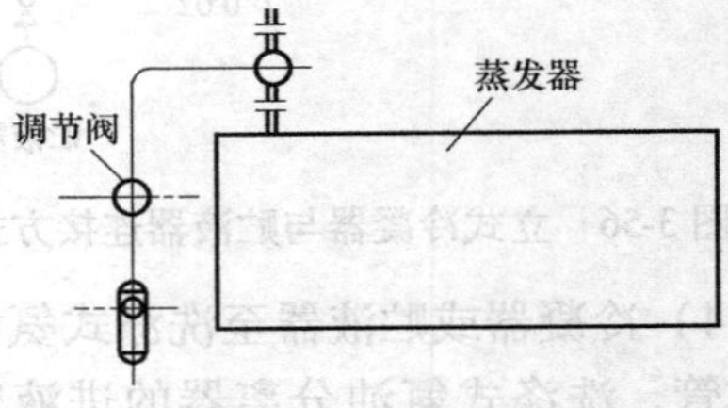

图 3-61 水箱式蒸发器浮球调节阀安装位置

为了保证制冷系统在浮球调节阀检修状况下仍能正常运转，必须设置旁通管道，使液体制冷剂在检修浮球调节阀时仍能经旁通管道进入蒸发器。其管道连接方式为如图 3-62 所示的两种形式。

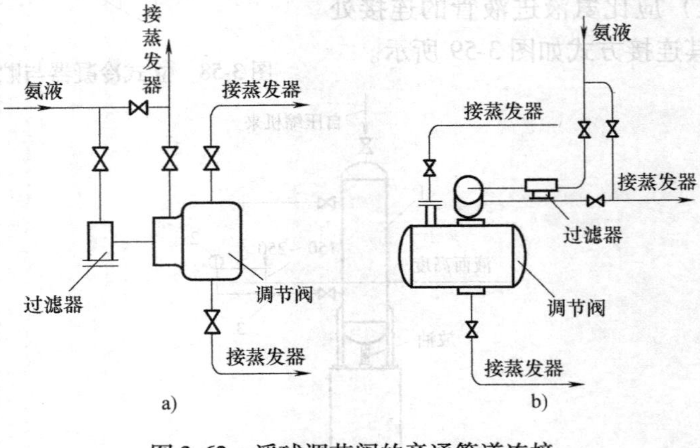

图 3-62 浮球调节阀的旁通管道连接

a）连接方式之一 b）连接方式之二

3.6.4　管道敷设

制冷管道的敷设分为架空敷设和地下敷设。

1. 架空敷设

架空管道除要设置专用支架外，一般应沿墙、柱、梁布置，对于人行通道不应低于2.5m。当制冷压缩机的吸气管与排气管布置在同一支架时，吸气管应放在排气管的下部，多根平行的管道其间应留有一定的间距，一般间距不小于200mm。

为防止吸气管道与支架接触产生“冷桥”现象，在管道与支架之间应设置用油浸处理过的木块，如图3-63所示。

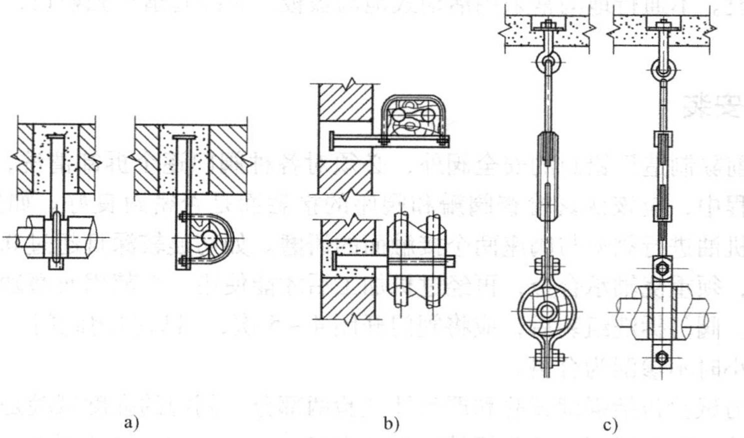

图3-63　制冷管道支吊架

a）单管沿墙敷设绝热管道　b）双管沿墙敷设绝热管道　c）绝热管道吊架

在敷设制冷管道时，液体管道不能有局部向上凸起的管段，气体管道不能有局部向下凹陷的管段，避免由此而产生的“液囊”和“气囊”，使液体和气体在管道内流动阻力增加而影响系统的正常运转。从液体立管接出支管时，一般应从立管的底部接出，从气体立管接出支管时，一般应从立管的上部接出。

制冷管道的三通接口，不允许使用T形三通，应制作成顺流式三通，其外形如图3-64所示。如支管与主管的管径相同，且管径小于50mm时，主管上应局部加大一个规格制作扩大管，其外形如图3-65所示。

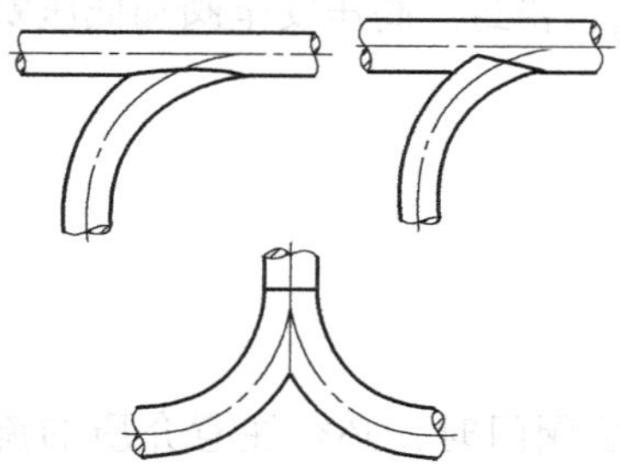

图3-64　顺流式三通图

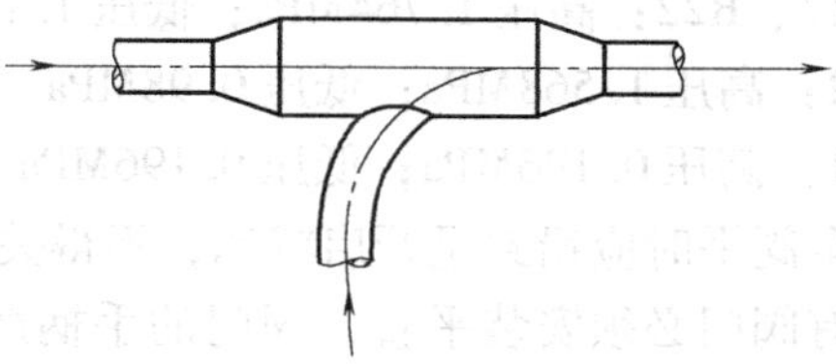

图3-65　同管径顺流式三通

制冷管道穿墙或穿楼板时应设套管，套管与管道间应留有10mm的间隙。所留的间隙除保温墙外，不应填充材料。

制冷管道的弯管应尽量采用冷煨法煨制，防止热煨弯生成的氧化皮或嵌在管壁上的砂子增加系统的污物。弯管的曲率半径一般不小于管子外径的2.5倍。制冷管道不能使用压制弯管和焊接弯管。

2. 地下敷设

地下敷设可分为通行地沟敷设、半通行地沟敷设及不通行地沟敷设。

通行地沟一般净高不小于1.8m。如地沟为多管敷设时，应将低温管道敷设在下部，并远离其他管道。半通行地沟的净高一般为1.2m。通常不能冷热管道同沟敷设，其他非热管道可以同沟敷设。不通行地沟常采用活动式地沟盖板，制冷管道单独敷设，不与其他管道同沟敷设。

3.6.5 阀门安装

阀门安装前除制造厂铅封的安全阀外，必须对各种阀门逐个拆卸清洗，清除油污铁锈。在阀门拆洗过程中，应该认真检查阀瓣和阀座的接触面是否密封良好。如发现有连通的切痕，应用冷冻机油进行阀瓣与阀座两个接触面的研磨。如切痕较深且超过0.05mm以上，研磨不易去掉时，须重浇轴承合金，再经过机加工后才能使用。严禁用研磨砂进行研磨或用砂纸、锉刀修理。阀门拆洗组装后，应将阀门开闭4～5次，然后关闭阀门，从下部入口灌入煤油，经两个小时不渗漏为合格。

阀门的压力试验包括强度试验和严密性试验两部分。阀门的强度试验是对阀体材料进行承压性能的检验，试验时阀门的关闭件应为开启状态，使压缩空气从阀体一端充入，从另一端把阀封闭，然后开始升压至试验压力（工作压力的1.25倍），达到试验压力后保持一定的时间，如无渗漏现象则为合格。阀门严密性试验是对阀门中阀瓣与阀座的密封面、阀盖与阀体的密封垫以及填料函作密封程度的检验，其试验压力等于阀门的公称压力。用于水、蒸汽和空气等气体介质的阀门，以水作严密性试验。用于氨和氟利昂制冷剂的制冷系统的阀门，以煤油作严密性试验。

浮球阀、电磁阀及浮球式液面指示器等，安装前应单体进行动作灵敏度的试验，并检验其密封性。

安全阀在安装前应检查铅封情况及出厂合格证，不得随意拆卸。同时要分清高、低压所用的安全阀，不能混淆。如规定的压力与设计要求不符时，应按计量检验资格的有关规定将阀拆封进行调整，作出压力调整记录。经检验合格后再进行铅封。高压安全阀和低压安全阀的规定压力分别为：

R717、R22：高压1.764MPa；低压1.176MPa。

R12：高压1.568MPa；低压0.98MPa。

R11：高压0.196MPa；低压0.196MPa。

安全阀平时应铅封呈开启状态，不得关闭。

所有阀门必须安装平直，阀门的手柄严禁朝下。安装阀门时，必须注意介质的流动方向。以阀座为基准，自下而上（低进高出）的安装方法可使阀门的阀杆填料处于较低压力状态下工作，便于阀盖处泄漏时添加或更换填料，并且开启轻便。立式止回阀的介质流动方向应自下而上，防止装反。

3.7 制冷系统试运行

3.7.1 吹污

制冷设备和管道在安装之前已进行了单体除锈吹污工作。但是，很多管道在焊接时不可避免地会有焊渣、铁锈及氧化皮等杂质污物残留在系统管道内，这些杂质污物有可能被压缩机吸入到气缸内，使气缸或活塞表面产生划痕、拉毛，甚至造成敲缸等事故。有时，污物还会堵塞膨胀阀、毛细管和过滤器，使制冷系统无法正常工作。因此在正式运转以前，制冷系统必须进行吹污处理，进一步洁净系统，保证制冷系统安全运行。

系统吹污时要将所有与大气相通的阀门关紧，其余阀门应全部开启。吹污工作应按设备和管道分段或分系统进行，其排污口应选择在各段的最低点。具体可按下面要求进行：

（1）用氮气或干燥的压缩空气进行吹污　给排污系统充入氮气或干燥的压缩空气，当压力升至0.6MPa以后，停止充压、可用榔头轻轻敲打吹污管，同时迅速打开排污阀，以便使气体急剧地吹出积存在管子法兰、接头或转弯处的污物、焊渣和杂质。这样反复进行多次，直至系统内排出的气体干净时为合格。检查方法是用一块干净白布，绑扎在一块木板上，对着排污口（操作人员不要面对排污口），当白布上不见污物即为合格。

（2）用制冷压缩机进行吹污　吹污工作尽可能利用空气压缩机，如果条件不具备，可选定一台制冷压缩机专门进行吹污工作。其操作方法是先拆卸压缩机吸入阀过滤器法兰，并包扎好白绸子，再开启排气阀，关闭吸气阀，使空气通过白绸子过滤后进入。起动压缩机，调整压力至0.5～0.6MPa，然后反复多次进行排污，至系统干净为止。

系统吹污结束后，应对吹污系统上的阀门进行清理，取出阀芯，清洗阀座内和阀芯上的污物，然后重新装配。

3.7.2 气密性试验

制冷系统气密性试验的目的在于检查设备和管路坡口、法兰和螺纹等有无泄漏，以便进行修理，保证制冷系统的严密性。制冷系统的气密性试验一般在安装结束、系统吹污之后进行。

制冷系统的气密性试验应尽量选用双级空气压缩机。若使用制冷压缩机，则应与系统吹污一样，指定一台专用机。

制冷系统气密性试验压力，应根据所用的制冷剂确定，其试验压力见表3-11。

表3-11　气密性试验压力　（单位：MPa）

制冷剂	高压压力	低压压力
R717、R22、R13	1.8	1.2
R12	1.6	1.0

试验时间为24h，前6h因系统内的气体冷却允许下降0.02～0.03MPa。以后18h内，当室内温度恒定不变时，压降不变为合格；若室内温度有变化时，试验终了时的压力约等于下

式计算值，即

$$p_2 = p_1 \frac{273 + t_2}{273 + t_1}$$

式中　p_1 为试验开始时的压力（MPa）；p_2 为试验终了时的压力（MPa）；t_1 为试验开始时的温度（℃）；t_2 为试验终了时的温度（℃）。

如果试验终了的压力小于式（3-1）的计算值时，说明系统不严密，应进行全面检查，找出漏点加以修补，并重新试压，直到合格为止。试验过程中常用皂液法检漏，即用肥皂水涂抹焊缝、接头和法兰连接处，如发现有冒泡现象，则说明此处泄漏，应作出标记以便修补。试验过程中压力和温度应每小时记录一次，作为工程验收依据。

氨制冷系统的试压工作应采用空气压缩机，若无合适的空气压缩机，也可以指定一台制冷压缩机代替。由于吸、排气温度和试验压力都比较高，容易引起制冷压缩机磨损或损坏。因此，试压工作应遵守以下规定：

1）在制冷机吸入口应包扎白绸子，运转时应间断进行，逐渐升压，严格控制排气温度不超过120℃，油压不低于0.3MPa。

2）检查压缩机上的安全阀和压力继电器的调定值。压缩机的进、排气压差不得超过1.4MPa，严禁用堵塞安全阀的方法来提高压差。当系统高压部分试压时，为了克服压缩机安全阀过早开启，可将整个系统的压力升高至1.2MPa，再关闭高、低压系统之间的阀门，使压缩机吸入低压系统的气体。此时，应关小低压吸气阀，起动压缩机，调节吸气压力至0.2～0.25MPa，使低压系统内的压缩空气经压缩机进入高压系统。由于低压系统有一定压力，则高压系统上升至1.8MPa时，安全阀不会启跳。

3）试压时可以临时断开压力继电器电路。氟利昂制冷系统不能用压缩空气进行试压，只能用氮气。因为氮气具有无腐蚀、无水分和不燃烧等优点，可以防止氟利昂系统产生冰塞现象。由于氮气气瓶压力很高，可达15MPa，使用氮气瓶向系统充氮时一定要在气瓶上安装减压表。

制冷系统进行气密性试验时，必须采取以下安全措施：

1）无论是氟利昂系统还是氨系统，必须与大气接通，决不能带压焊接。

2）修补焊缝次数不能超过两次，否则应割掉换管重新焊接。

3）系统试压时可将氨泵、浮球阀及浮球液位器等有关设备的控制阀关闭，以免损坏。

3.7.3　负压试验

制冷系统经过吹污、试压和保压等气密性试验合格后，需进一步进行真空试验。真空试验的目的是检验系统在真空条件下有无渗漏，排除系统内残留的空气和水分，并为系统充注制冷剂做好准备。真空试验要求制冷系统内的绝对压力达到2.7～4kPa。若在真空条件下，整个系统中的真空度在24h内无变化即为合格。

制冷系统的抽真空，如小型制冷机、电冰箱、空调器可用真空泵进行。对于大型制冷系统，可用压缩机自身抽真空，也可用压缩机把系统中的大量空气抽走，然后用真空泵把剩余气体抽净。

1. 用真空泵抽真空

首先开启系统上所有连接的阀门，关闭与大气相通的阀门，并开启压缩机的排气阀，然后将真空泵吸入口与系统制冷剂注入阀用耐压橡胶管连接好，起动真空泵进行抽真空工作，系统内空气由真空泵排气口排出。当真空度超过97.3kPa时，关闭制冷剂的注入阀，停止真空泵工作，检查系统是否泄漏。检漏方法是把点燃的香烟放在各坡口及法兰接头处，如发现烟气被吸入，即说明该处有漏点。

2. 用制冷压缩机进行抽真空

首先开启系统的所有阀门，关闭所有与大气相通的阀门，然后关闭压缩机的排气阀，开启压缩机的吸气阀与排空阀，起动压缩机，使系统内的空气由排空阀排出，进行系统抽真空工作。

用制冷压缩机抽真空时应注意油压大小，油压最低保持在0.05MPa以上，过低会导致停机。对较大系统抽真空应间断进行，使压缩机能得到冷却。当系统内的真空度达到97.3kPa以上时停机，关闭排空阀并进行真空度检漏。

对于有高、低压继电器或油压继电器的设备，抽真空时应将继电器线路断开，防止因触头动作而停机。对于全封闭式制冷压缩机的制冷系统，不能用压缩机自身进行抽真空，必须使用真空泵抽真空。

3.7.4　制冷机组负荷试运转

1. 活塞式制冷压缩机的试运转

活塞式制冷压缩机试运转之前应做好下列工作：

1）机房应干净整洁，准备好试车工具、材料和记录。

2）检查电动机、电动机运转方向和各仪表是否符合要求。

3）检查安全阀、油压继电器，高、低压继电器等安全保护装置的整定值。

4）检查冷却水系统，核对曲轴箱油面高度。若没有发现问题，可以分步进行压缩机的试运转。

（1）无负荷试运转　无负荷试运转的目的在于检查各部件经清洗、拆装后的运转情况，并提高各摩擦部件配合的密封性和摩擦面的表面粗糙度。

无负荷试运转时要求拆下气缸盖，取出缓冲弹簧、安全块和吸排气阀组。运转前必须安装气缸压紧装置，向活塞环部加入1~2mm厚的润滑油，并用干净布包扎好气缸顶部的缸盖部分，防止灰尘或异物落入气缸内。然后手动盘车无误再点动试运转，若无卡阻现象，开启压缩机间歇运转5min、15min、30min，如没有异常现象可以连续运转4h。无负荷试运转应达到以下要求：缸体、轴承座和密封器等摩擦部位的温度不应高于室温25~30℃，运转电流稳定，运动部件没有杂音。

（2）空气负荷试运转　空气负荷试运转的目的是为了观察压缩机工作性能，监听各运动部件在加载情况下的声音是否正常。

无负荷试运转合格后，应更换润滑油，清洗滤油器，装好吸排气阀、安全块、缓冲弹簧和缸盖，松开吸气过滤器法兰螺栓，留出一定空隙包上绸布作为空气吸入口，开启压缩机上的排气阀，关闭吸气阀，起动压缩机，调整排气压力在0.3MPa左右，连续运转4h。空气负荷运转的要求是：吸、排气阀起落跳动声响正常；冷却水的进口水温不超过35℃，出口水温不超过45℃；油压应较吸气压力大0.1~0.3MPa，油温不应超过70℃；最高排气温度不超过145℃；各连接部分应无漏气、漏油现象，各摩擦部分的温度应符合技术要求。

（3）连通系统负荷试运转　活塞式制冷压缩机连通系统负荷试运转的目的，是检查压缩机在制冷工况下的工作性能和安装质量。连通系统负荷试运转应在系统吹污、试压和真空试验合格，系统充注制冷剂之后进行。在进行系统负荷试运转之前应先开启压缩机进行排空，然后调整有关阀门与系统连通，再转入制冷系统负荷试运转，并担负某一系统的降温工作。在试运转中应根据系统实际情况进行必要的调整，使油压、吸气压力和排气压力达到技术文件的要求。在一般情况下，试运转前应将卸载装置的指示箭头拨到最小容量，开启排气阀，接通电源，起动制冷压缩机，缓慢开启吸气阀，并注意电流表指示数值。如果听到液击声，应关小吸气阀，待液击声消除后再慢慢开启吸气阀，直至将吸气阀完全开启，再拨动卸载装置手柄，逐步增加容量，若无液击现象，可调至最大容量。调整油压，使其吸气压力高至0.1～0.3MPa，油温低于70℃。若使用R717、R22制冷剂时，其排气温度不应超过145℃；若使用R12制冷剂时，其排气温度不应超过130℃。活塞式制冷压缩机连通系统负荷试运转的时间不应少于4h。

2. 螺杆式制冷压缩机的试运转

螺杆式制冷压缩机试运转的准备工作可参考活塞式制冷压缩机，并对以下事项进行检查：

1）联轴器轴线同轴度不大于0.08mm，轴向圆跳动不大于0.05mm。

2）手动盘车，能轻易地旋转；观察油位应达到油面线。

3）接通电源，操作开关应在手动位置。

4）喷油阀应开启1/5圈，供油阀和排气阀应开启。

5）滑阀应处于零位。

6）检查高、低压是否平衡，若高、低压不平衡，应开启平衡阀，使高、低压平衡后再关闭平衡阀。

试运转时，应先起动油泵，使油压上升后再起动压缩机。待主机运动正常、指示灯亮后再慢慢开启吸气阀，调整滑阀至所需要的能量位置。不应长时间地空载运转，并注意观察油压和各部分温度的变化。若有不正常声音或局部温度特别高时应立即停机检查。单级螺杆式制冷压缩机运转10～30min后，排气温度应稳定在60～90℃，油温在40～45℃，油压在0.2～0.3MPa，排气压力在1.1～1.5MPa。并且应检查滑阀是否正常，进行增荷或减荷调节，监听有无异常声响。若无异常现象，再进行短时间的全负荷运转。

螺杆式制冷压缩机供液操作与活塞式制冷压缩机的顺序相同，连续试运转的时间应不少于8h。制冷机组手动运转正常后，可投入自动运转，运转时间为4h。

3. 离心式制冷压缩机的试运转

离心式制冷压缩机试运转的准备工作除了参考活塞式制冷压缩机外，还应检查润滑系统是否正常，并要求首先进行油泵试运转，调整油压在0.1～0.3MPa。油温在40～45℃，运转时间不少于8h，以便冲洗油路中的污垢。油泵运行之后，应更换冷冻机油，并重复进行清洗工作，直至确认润滑油系统清洁为止。如果制冷机内未充注制冷剂和润滑油，绝对不能起动压缩机或油泵，即使点动设备检查叶轮转向也决不允许，否则会严重损坏设备。

油泵试运转合格后，再进行离心式制冷压缩机的试运转。

（1）空负荷试运转　离心式制冷压缩机空负荷试运转的目的在于检查电动机的转向和各附件的动作是否正确，以及机组的机械运转是否良好。其试运转程序如下：

1）将压缩机吸气口的导向叶片或进气阀关闭，拆除冷凝器及蒸发器检视口等，使压缩机排气口与大气相通。

2）开启水泵，使冷却水系统正常工作。

3）开启油泵，调整循环系统，保证系统正常供油。

4）点动压缩机，检查无卡阻现象后再起动，间歇运转5min、15min、30min，仔细观察是否有异常现象及不正常声音。

5）停机时要观察电动机转子的惯性，其转动时间应能延续1min以上。并防止压缩机停机后短时间内再次起动，一般待停机15min后才能再次起动。

（2）机组负荷试运转　离心式压缩机组负荷试运转的目的在于检查机组在制冷工况下机械运转是否良好。其试运转程序如下：

1）制冷系统充注制冷剂之后，除了油泵润滑系统、冷冻水、冷却水系统具备负荷运转条件外，浮球室内的浮球应处于工作状态，吸气阀和导向叶片应全部关闭，各调节仪表和指示灯应正常。

2）把转向开关指向手动位置，起动主电动机，根据主电动机运转情况，逐步开启吸气阀和能量调节导向叶片。导向叶片连续调整到30%～50%，使其迅速通过喘振区，检查主电动机电流和其他部位均正常后，再继续增大导向叶片的开启度，逐步增加机组负荷，直至全负荷为止，无异常现象时连续运转2h。

3）手动开机运转正常后，再进行自动开机试运转。把转向开关指向自动位置，人工起动后，机组随之进入自动运转，制冷量自动进行调节。当控制仪表动作后自动停机时，控制盘上会有灯光显示及音响报警。自动运转方式应在各种仪表继电器进行调整和校核后才能进行。自动试运转应连续运转4h。

4）机组转入正常运行，应每小时检查并作好运行记录。油压、油温、蒸发压力、冷凝压力、浮球工作状态、导向叶片开启度和运转电流等数值应符合正常运行时的操作参数。

第4章　供热设备及管道安装

供热设备及管道的安装，是按照施工图样、施工验收规范和质量检验评定标准的要求，将设备安装就位与管道连接，组成满足生活和生产要求的采暖和供热系统。

4.1　室内采暖系统的安装

室内采暖系统是指室内的供暖设施，包括供暖管路、散热设备及附属器具等。此系统的安装，既要保证系统工作的可靠性，还要便于运行管理及维修，在保证施工质量的同时也要尽量节约材料和人工费用，做到安全施工。同时也要注意美观方面的要求，在施工中更要做好与土建施工及其他管道施工的配合。施工时应执行国标 GB 50242—2002《建筑给水排水及采暖工程施工质量验收规范》的规定。

本节适用于饱和蒸汽压力不大于 0.7MPa、热水温度不超过 130℃ 的室内采暖系统安装工程的质量检验与验收。

4.1.1　室内采暖管道的安装

室内热水采暖系统如图 4-1 所示，根据管道的敷设位置分为：

主立管——从引入口连接，连接水平干管的竖直管段。

水平干管——连接主立管和立管的水平管段。

立管——连接水平干管和各楼层散热器支管的竖直部分。

散热器支管——连接立管和散热设备的水平管段。

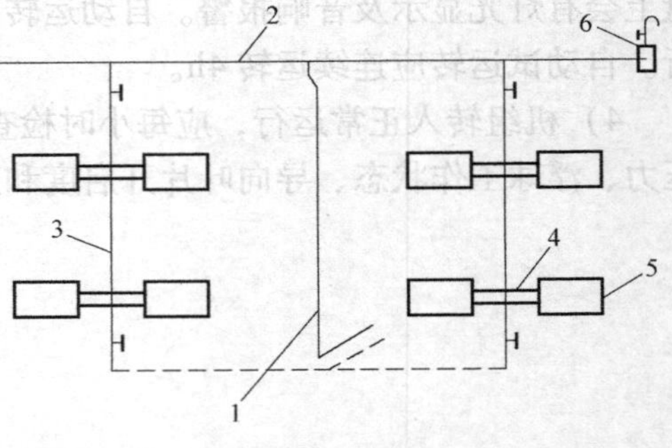

图 4-1　室内热水采暖系统

1—主立管　2—供热水平干管　3—立管　4—散热器支管　5—散热器　6—集气罐

为了系统改变方向、分支及控制调节的需要，采暖管道上要安装各种管子配件和阀门。

1. 施工前的准备工作

施工前的准备工作是十分重要的，它是保证整个工程施工与安装按顺序进行的重要环节，施工准备工作的内容很多，在室内采暖系统安装中应主要做好如下施工准备工作：

1）技术资料的准备。包括熟悉和会审图样、编制施工图预算和施工预算、制订施工用机具及易损耗品的供应计划，提出正式工程用的材料和设备计划。

图样会审由建设单位、设计单位、施工单位和监理单位共同参加。通过图样会审将设计中的一切疑难问题和不妥的地方正确解决。室内供暖系统图样审图应注意以下几个方面：供暖设计的各图对工程的要求是否一致；供暖管道的坡度、标高、管径及变径处是否标注清楚；平面图和系统图上散热设备的数量；管径是否一致，有无遗漏；供暖管道及设备与土建结构、给排水管道、电气设备、工艺管道及其他管道是否有矛盾；方案有无明显的不合理之处等。

2）资源准备。包括物资及劳动力组织的准备。

3）施工现场的准备。包括清除障碍物、施工测量及定位、搭设临时设施等。

2. 施工方法

室内供暖系统的施工方法有现场测线和预制化施工两种。

现场测线是在已建建筑中实测管道、设备的安装尺寸，按顺序进行的施工方法。该方法在土建工程进行到一定程度后进行，对土建结构施工尺寸要求不严格，安装时宜在现场根据不同部位的实际尺寸测量下料，施工进度比较缓慢。建筑柱体工程采用砌筑法施工时常采用这一方法。

预制化施工是在现场安装之前，按室内供暖系统的施工图和土建有关尺寸预先下料、加工、部件组合的施工方法。该方法要求土建结构施工尺寸准确，预留孔洞及预埋铁件的尺寸、位置无误，因此，最好采用现场机械钻孔，而不必预留孔。预制化施工要求供暖安装人员下料、加工技术水平高，准备工作充分，以提高施工的机械化程度和加快现场安装速度，缩短工期。建筑物主体工程采用预制化、装配化施工，为供暖系统逐步实行预制化创造了有利的条件。

无论采用哪一种施工方法，测线都是必要的，前者需现场测线，后者需按图测线。测线是为了使下料尺寸准确，安装后符合质量标准要求。

测线计量尺寸通常要涉及下列名称：

建筑长度——管道系统中两个配件、阀门或设备的中心距离。如两立管之间的中心距离，立管与散热中心的距离等。

安装长度——管子配件、阀门或设备间管子的有效长度。安装长度等于建筑长度减去管子配件或接头后的装配长度。

加工长度——管子所需的实际下料尺寸。

下料时，应以施工图标注的建筑长度为依据，确定每个管段的尺寸。

确定水平管段（干管）尺寸时，可由两个连接管件的中心距（建筑长度）减去管件的装配尺寸即为安装长度，如图 4-2 所示。若管段为直管段，则安装长度就是加工长度；若管道中有弯管，则安装长度加上管段因弯曲而增加的长度为加工长度。

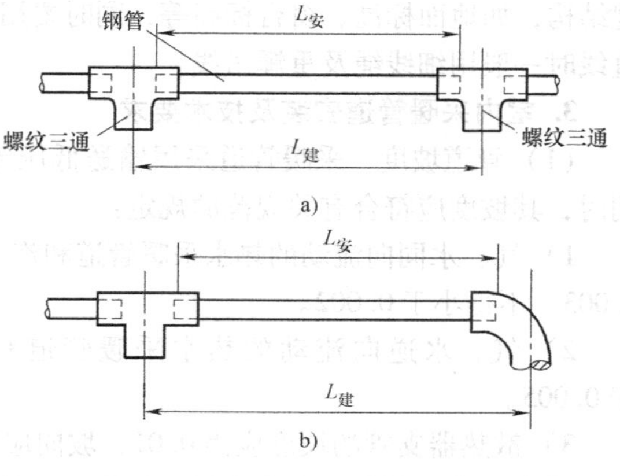

图 4-2　水平管段的建筑长度与安装长度

确定竖直管段（立管）尺寸时，首先根据某两个管件（管段）的标高差来确定两个管件（管段）之间的建筑长度。图 4-3 所示中干管的标高由施工图给定，三通的位置由散热器的位置推算确定，二者间的标高差即为干管与三通之间管段的建筑长度，去掉管件的装配长度即为安装高度。若管段为直管段，则安装长度就是加工长度；若管道中有弯管，则安装长度加上管段因弯曲而增加的长度为加工长度，如图4-4所示。

在双管采暖系统中，当立管与散热器支管垂直相交时，立管应做抱弯绕过支管，如图4-5所示，其具体尺寸要求见表4-1。

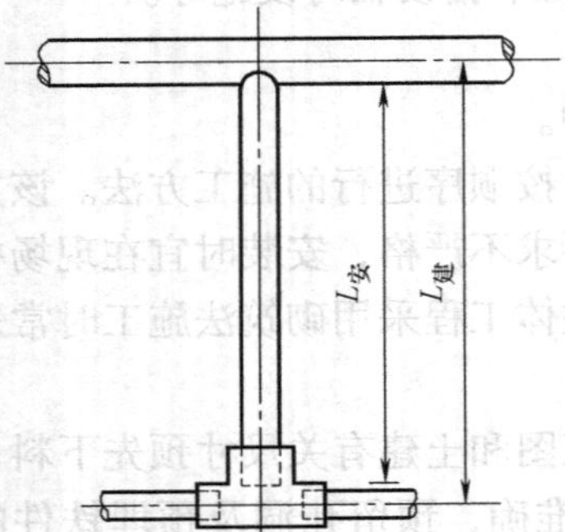

图4-3　竖直管段的建筑长度与安装长度

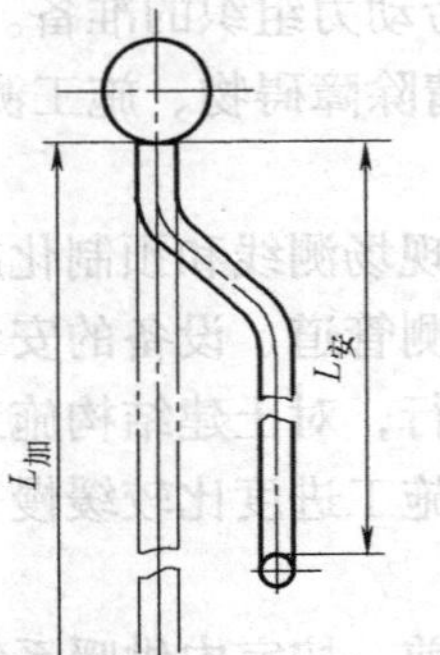

图4-4　有弯管时的安装长度与加工长度

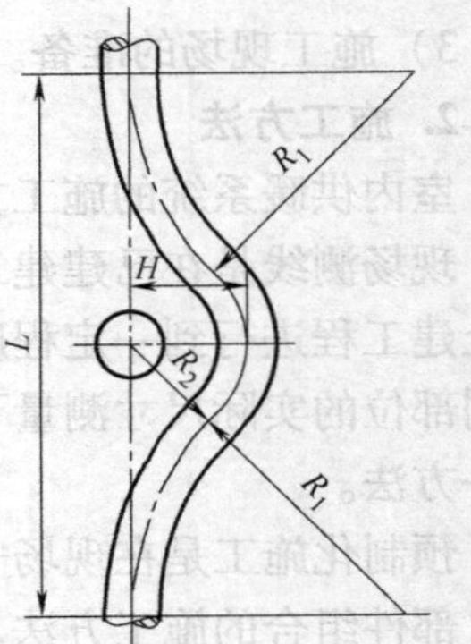

图4-5　抱弯尺寸示意图

表4-1　抱弯尺寸表　（单位：mm）

立管公称直径	R_1	R_2	L	H
15	60	38	145	32
20	80	42	170	35
25	100	49	198	38
32	125	75	244	42

施工程序有两种：一种是先安装散热器，再安装干管、配立管和支管；另一种是先安装干管和配立管，再安装散热器和配支管。也可以采用散热器和干管同时安装的方法，施工进度与土建进度配合。

不管采用哪种方法，首先要选择基准，且基准要选择正确。室内管道安装时所用的基准是水平线、水平面和垂直线等。定水平线时用细白线绳拉直。确定水平面的高度可借助于土建结构，如地面标高、窗台标高等，同时要用钢卷尺和水平尺，要求较高时用水平仪。定垂直线时一般用细线绳及重锤吊线。

3. 室内采暖管道安装及技术要求

（1）管道坡度　采暖管道采用输送低压流体的钢管，管道安装应有坡度，当设计未注明时，其坡度应符合有关规范的规定：

1）气、水同向流动的热水采暖管道和汽、水同向流动的蒸汽和凝结水管道，坡度应为0.003，不得小于0.002。

2）气、水逆向流动的热水采暖管道和汽、水逆向流动的蒸汽管道，坡度不应小于0.005。

3）散热器支管的坡度应为0.01，坡向应利于排气和泄水。

检查方法：观察，对水平尺、拉线、尺量进行检查。

（2）预留预埋 管道穿过建筑物基础、楼板、墙体和设备基础时，要根据设计预留孔洞或埋设套管。这项工作对于钢筋混凝土结构的建筑物尤为重要。钢筋混凝土结构具有一定强度后凿洞困难，而且凿洞会降低其强度。孔洞尺寸如设计无明确规定时，可参照表4-2进行预留。

表4-2 预留孔洞尺寸 （单位：mm）

管道名称及规格		明管留孔尺寸（长×宽）	暗管墙槽尺寸（宽×深）	管外壁与墙面最小净距
供热立管	≤DN25	100×100	130×130	25~30
	DN32~DN50	150×150	150×130	35~50
	DN70~DN100	200×200	200×200	55
	DN125~DN150	300×300	—	60
二根立管	≤DN32	150×100	200×130	—
散热器支管	≤DN25	100×100	60×60	15~25
	DN32~DN40	150×130	150×100	30~40
供热主干管	≤DN80	300×250	—	—
	DN100~DN150	350×300	—	—

套管的作用是防止管道在使用过程中热胀冷缩脱掉墙皮以及使管道移动受限。管道穿墙、穿楼板时均应加设套管，且应符合如下规定：

1）安装在一般房间楼板内的套管，套管底部与楼板面相平，套管上部应高出装饰面20mm。

2）穿越卫生间、盥洗室、厕所、厨房、楼梯间等易积水的房间楼板的套管，套管下端应与楼板底面平齐，套管上端应高出装饰面50mm。

3）穿过楼板的套管与管道之间缝隙应用阻燃密实材料和防水油膏填实，保证端面光滑。

4）穿墙套管应加设铁皮套管，两端底与墙饰面平齐。套管内径一般比被套管外径大8~12mm，其间隙内应均匀塞以石棉或油麻并要卡牢、塞紧，不允许随管道窜动。

当管道穿过地下室或地下构筑物外墙时宜用防水套管。一般可用刚性防水套管，有严格防水要求时，采用柔性防水套管。防水套管中的填料要密实。

（3）采暖管道的连接 当小于等于DN32时，应采用螺纹连接；当大于DN32时，采用焊接或法兰连接；当采用PP-R、PB等塑料管时，应采用热熔焊方式连接。管道采用法兰连接时衬垫不得凸入管内，其外边缘以接近螺栓孔为宜，不得安放双垫或偏垫。连接法兰的螺栓，直径和长度应符合标准，拧紧后，凸出螺母的长度不应大于螺杆直径的1/2。螺纹连接管道安装后的管螺纹根部应有2~3扣的外露螺纹，多余的麻丝应清理干净并作防腐处理。

（4）弯制钢管 弯制钢管的弯曲半径应符合下列规定：热弯管应不小于管道外径的3.5倍；冷弯管应不小于管道外径的4倍；焊接弯头应不小于管道外径的5倍；冲压弯头应不小于管道外径。

（5）管道从门窗或其他部位绕过的处理 当管道从门窗或其他洞口、梁、柱、墙垛等处绕过时，其转角处如高于或低于管道水平走向，在其最高点或最低点应分别安装排气和泄水装置，其目的是排除管道中的空气和最低处的脏物。

（6）多种管道交叉时的避让原则　安装过程中，多种管道交叉时的避让原则见表4-3。

表4-3　多种管道交叉时的避让原则

避让管	不让管	理　由
小管	大管	小管绕弯容易，且造价低
压力流管	重力流管	重力流管改变坡度和流向对流动影响较大
冷水管	热水管	热水管绕弯要考虑排气、放水等
给水管	排水管	排水管管径大，且水中杂质多，受坡度限制严格
低压管	高压管	高压管造价高，且强度要求也高
气体管	水管	水流动的动力消耗大
阀件少的管	阀件多的管	考虑安装操作与维护等多种因素
金属管	非金属管	金属管易弯曲、切割和连接
一般管道	通风管	通风管体积大，绕弯困难

（7）管道安装的允许偏差及检验方法　室内采暖管道安装的允许偏差及检验方法见表4-4。

表4-4　室内采暖管道安装的允许偏差及检验方法

项目			允许偏差/mm	检验方法	检查数量
水平管道纵、横方向弯曲	每米	DN≤100	0.5	用水平尺、直尺、拉线和尺量检查	按系统内直线管段长度每50m抽查1段，不足50m的不少于1段，有分墙建筑的以隔墙为分段数，抽查5%，但不少于5段
		DN>100	1		
	全长（25m以上）	DN≤100	≤13		
		DN>100	≤25		
立管垂直度	每米		2	吊线和尺量检查	一根立管为1段，两层及其以上楼层分段数各抽查5%，但不少于10段
	全长（25m以上）		≤10		
弯管	椭圆率	≤DN100		用外卡钳和尺量检查	导管上的弯管抽查10%，但不少于5个，立、支管上的弯管抽查5%，但不少于10个
	折皱不平度	≤DN100			
		>DN100			
减压器、除污器、疏水器		几何尺寸	10	尺量检查	全数检查
保温	保温层厚度 δ		$+0.1\delta$ -0.05δ	用钢针刺入保温层和尺量检查	凡能按隔墙、楼层分段的，均以每一楼层分隔墙内的管段为1个抽查点，抽查5%，但不少于5处。不能按隔墙、楼层分段的，每20m抽查1处
	表面平整度	卷材或板材 涂抹或其他	5 10	用2m靠尺和楔形塞尺检查	

（8）管道支、吊、托架的安装　根据结构形式可将支架分为托架（或托钩）、吊架、管卡三种。支架在墙上的固定方法，可根据具体情况采用在墙上打洞、灌水泥砂浆的固定方法或预埋金属件、焊接固定的方法或用膨胀螺栓、射钉枪固定的方法以及在柱子上用拉紧角钢固定的方法等，如图4-6所示。

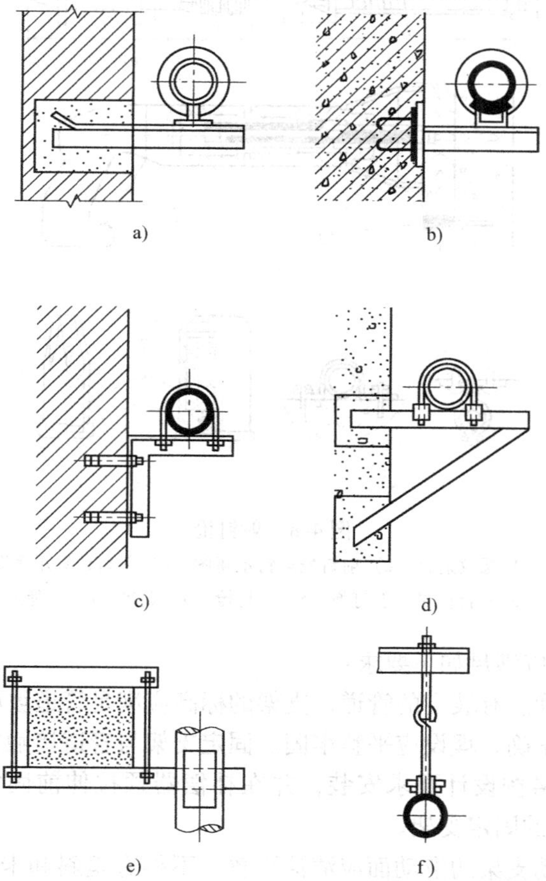

图4-6　采暖管道支架

a）埋栽在墙上悬臂托架　b）焊于预埋钢板上的托架　c）膨胀螺栓固定的托架
d）埋栽在墙上的三角托架　e）夹在柱子上的托架　f）吊架

图4-7所示的胀管型膨胀螺栓适用于砖、木及钢筋混凝土等建筑结构。它是由带锥头的螺杆、胀管及螺母组成的。图4-8所示的射钉枪使用时不用钻孔，而是借助于射钉枪中的弹药爆炸的能量，将钢钉直接射入建筑结构中，将支架固定。

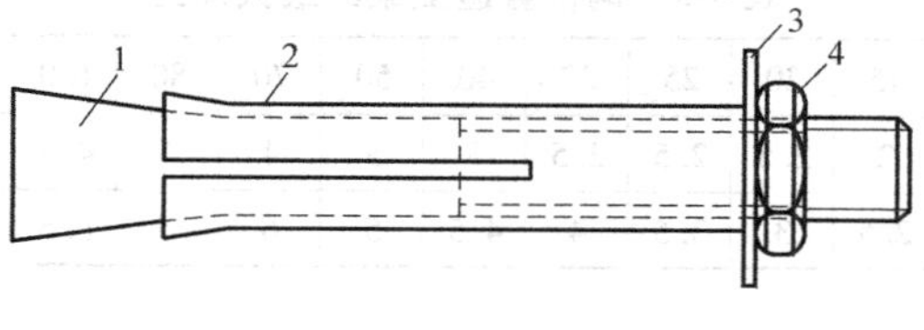

图4-7　胀管型膨胀螺栓

1—带锥螺杆　2—胀管　3—垫圈　4—螺母

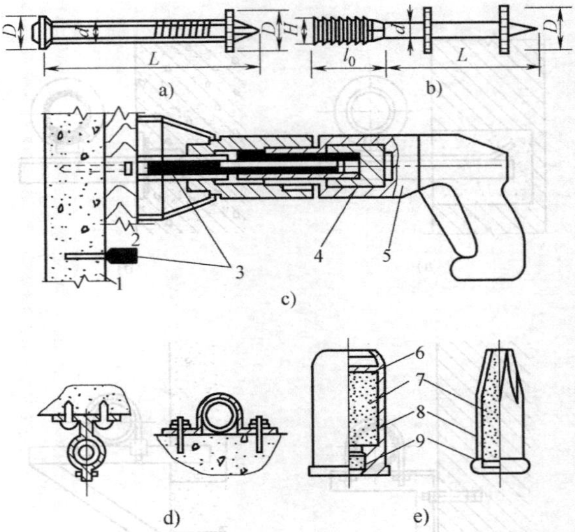

图 4-8　射钉枪

a）圆头射钉　b）螺纹射钉　c）射钉枪射钉示意图　d）射钉位置示意图　e）射钉弹

1—基体　2—被紧固件　3—射钉　4—射钉弹　5—射钉枪　6—纸垫　7—发弹药　8—弹壳　9—击发药

管道支、吊架安装应满足如下要求：

1）支架标高要正确。有坡度的管道，支架的标高应满足管道坡度的要求。

2）支架安装位置正确，埋设应平整牢固。固定支架与管道接触应紧密，固定应牢靠。

3）固定支架应严格按设计要求安装，并在补偿器预拉伸前固定。在有位移的直管段上，不得安装任何形式的固定支架。

4）导向支架和滑动支架的滑动面应清洁平整，不得有歪斜和卡涩现象，滑托与滑槽两侧应留有 3～5mm 的间隙，安装位置应从支承面中心向位移相反方向偏移，偏移量为位移的一半。有热位移的管道，在系统运行时，应及时对支架进行检查与调整。

5）无热伸长管道的吊架、吊杆应垂直安装。有热伸长管道的吊架、吊杆应向膨胀的反方向，按位移的 1/2 倾斜安装。

6）支、托、吊架上不允许有管道焊缝、管件及可拆卸件。

7）固定在建筑结构上的管道支架、吊架不得影响结构的安全。

钢管水平安装的支架间距不应大于表 4-5 的规定。

表 4-5　钢管管道支架的最大间距

公称直径/mm		15	20	25	32	40	50	70	80	100	125	150	200	250	300
支架的最大间距/m	保温管	2	2.5	2.5	2.5	3	3	4	4	4.5	6	7	7	8	8.5
	不保温管	2.5	3	3.5	4	4.5	5	6	6	6.5	7	8	9.5	11	12

供暖系统的塑料管及复合管垂直或水平安装的支架间距应符合表 4-6 的规定。采用金属制作的管道支架，应在管道与支架间加衬非金属垫或套管。

表 4-6 塑料管及复合管管道支架的最大间距

管径/mm			12	14	16	18	20	25	32	40	50	63	75	90	110
最大间距/m	保温管		0.5	0.6	0.7	0.8	0.9	1.0	1.1	1.3	1.6	1.8	2.0	2.2	2.4
	水平管	冷水管	0.4	0.4	0.5	0.5	0.6	0.7	0.8	0.9	1.0	1.1	1.2	1.35	1.55
		热水管	0.2	0.2	0.25	0.3	0.3	0.35	0.4	0.5	0.6	0.7	0.8		

(9) 金属管道立管管卡的安装 建筑物层高小于等于5m时，每层安装1个，距地面为1.5~1.8m；层高大于5m，每层不得少于2个，且应均匀安装，同一房间管卡应安装在同一高度上。散热器支管长度大于1.5m时，应在支管上安装管卡。

4. 室内采暖管道的安装

(1) 热力入口的安装 图4-9所示为常见的热水供暖系统入口装置在地沟内安装的示意图。

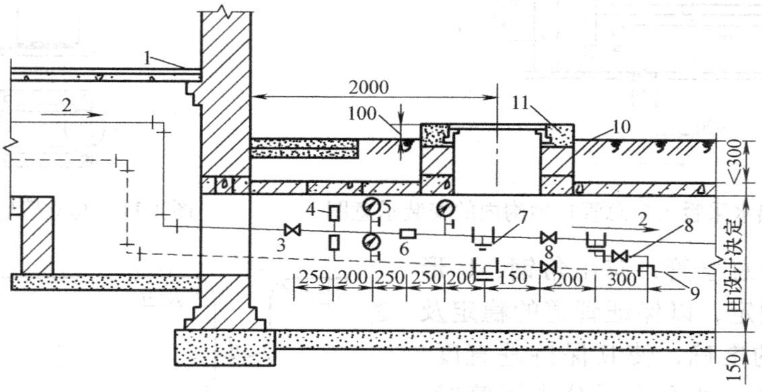

图4-9 热水供暖系统入口安装示意图

1—室内地坪 2—坡向 3—有调压板时节门不装 4—温度计 5—压力表 6—调压板 7—DN25泄水堵 8—闸阀 9—DN25循环管 10—室外地坪 11—100号素混凝土

安装技术要求如下：

1) 管道入口处，地沟应局部加宽。

2) 地沟的进人孔应偏于地沟的一侧。

3) 室外管沟进人孔应设铁爬梯。

4) 热水系统入口的压力表、温度计、调压板仅按图示位置预留螺塞及旋塞，如需随工程安装，则由设计注明。

(2) 总管安装 室内采暖管道以入口阀门或距建筑物外墙皮1.5m为界。室内采暖总管由供水（汽）总管和回水（凝结水）总管组成，一般是并行穿越基础预留孔洞进入室内。按其供水方向看：右侧是供水总管，左侧是回水总管。两条管道上均应设置总控制阀或入口装置（如减压、调压、疏水、过滤、测温、测压等装置），以便于启闭和调节。

热水采暖入口总管在地沟内的安装示意图如图4-10所示。在总管入口处，供水总管、回水总管底部用三通接出室外，安装时可用比量法下料进行预制，连成整体。必要时经水压试验合格后，做好防腐保温，然后整体穿入预留基础孔洞，以免因场地狭窄、操作不便而影响保温质量。

(3) 总立管的安装　安装前，应检查楼板预留管洞的位置和尺寸是否符合要求。其方法是由上至下穿过孔洞挂铅垂线，弹画出总立管安装的垂直中心线，作为总立管定位与安装的基准线。

总立管自下而上逐层安装，应尽可能使用长管，减少接口数量。为便于焊接，接口应置于楼板上 0.4～1.0m 处为宜。对于高层建筑，总立管底部应设刚性支座支承，如图 4-11 所示。

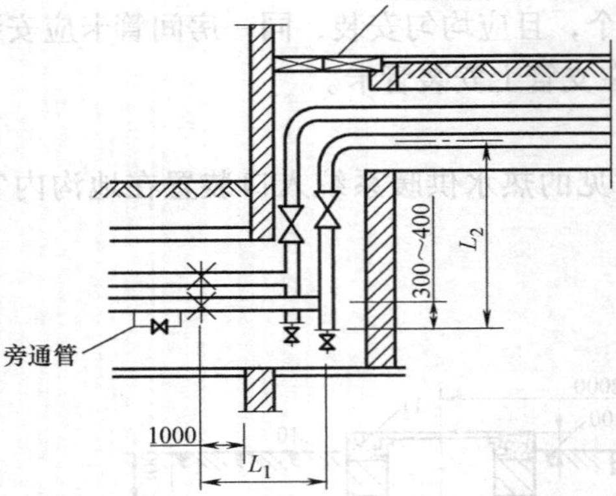

图 4-10　热水采暖入口总管在地沟内的安装示意图

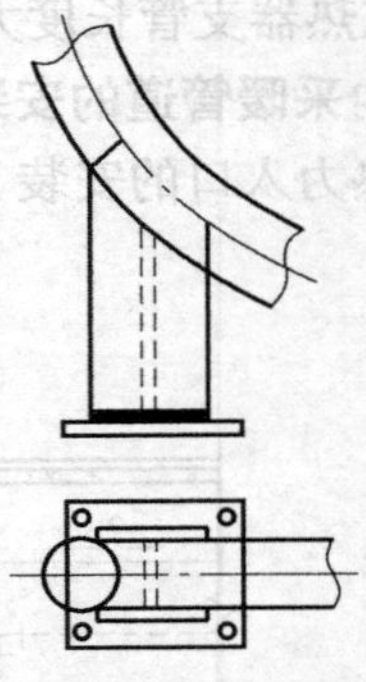

图 4-11　总立管底部刚性支座

每安装一层总立管，应用角钢、U 形管卡或立管卡固定，以保证管道的稳定及各层立管量尺的准确，使其保持垂直度。总立管顶部如分为两个水平分支干管时，应按如图 4-12 所示的方法连接，且两侧分支干管上第一个支架距总立管距离应在 2m 以内。

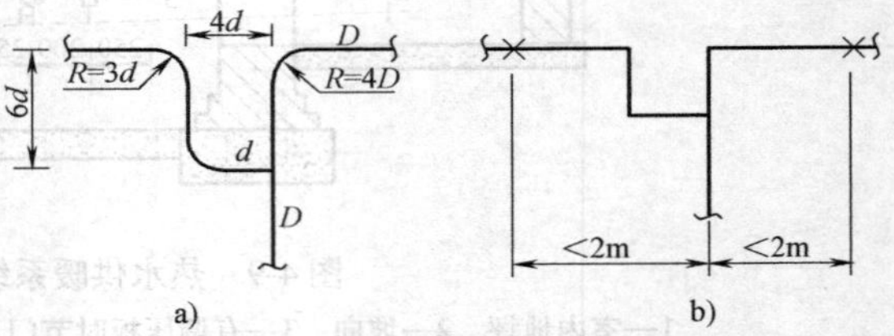

图 4-12　总立管与分支管连接
a）管道连接　b）支架设置

(4) 干管的安装　在室内采暖系统中，采暖干管分为供水干管（或蒸汽干管）和回水干管（或凝结水管）两种。室内采暖干管的安装程序为：定位、划线、安装支架、管道定位、对口连接、找好坡度、固定管道。

1）确定干管位置、划线、安装支架。根据施工图所要求的走向、位置、标高和坡度，检查预留孔洞，挂线弹出管子安装位置线，再根据施工现场的实际情况，确定出支架的类型和数量，即可安装支架。

2）管道就位。管道就位前应进行检查，检查管子是否弯曲，表面是否有重皮、裂纹及严重的锈蚀等。有严重缺陷的管子不得使用，对有弯曲、挤扁的管子进行调直、整圆、除锈后，管道就位。

3）对口连接。管道就位后，应进行对口连接，对口应对齐、对正，并留有对口间隙（一般为 1.0～1.5mm）。先点焊，待矫正后再进行全部焊接，最后固定管道。

干管安装的其他技术要求：

1）干管变径。干管变径如图 4-13 所示。蒸汽管变径采用底平偏心连接，便于凝结水的排除；热水干管变径采用顶平偏心连接，便于空气的排除。

2）干管分支。干管分支应做成如图4-14所示的连接形式。应避免采用T形连接，否则，当干管伸缩时有可能将直径较小的分支干管连接坡口拉断，或者引起分支干管的弯曲变形；此外，焊接时，不允许开大孔将分支干管插入主管中焊接，且在主干管弯管的弯曲半径范围内，不得开孔焊接支管，应在弯曲半径外100mm以上位置开孔焊接。

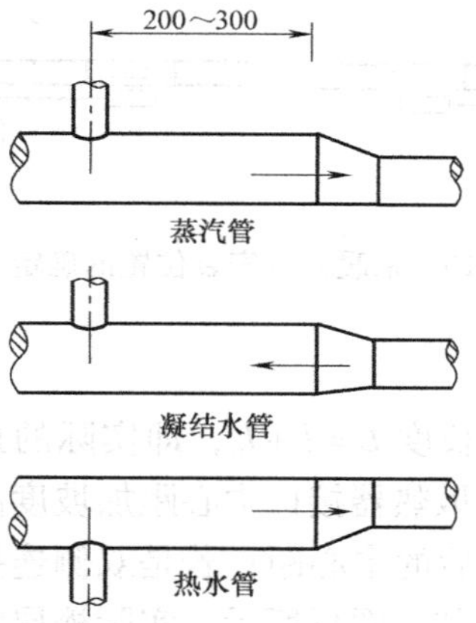

图4-13 干管变径方法示意图

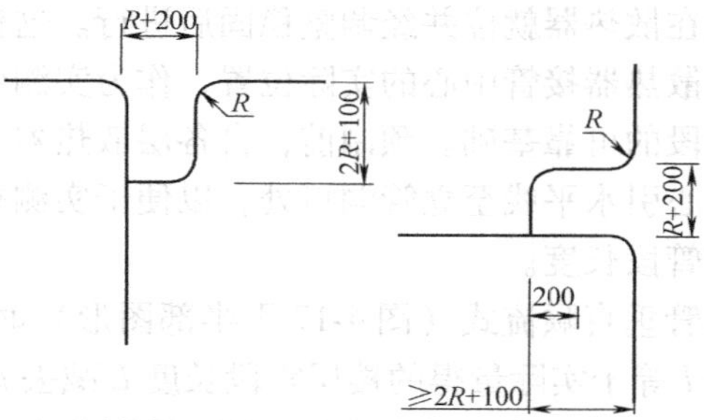

图4-14 干管与分支管连接方法示意图

3）回水干管过门。回水干管过门应做成如图4-15所示的形式。过门沟的尺寸按设计确定，也可采用400mm×400mm尺寸，长度略大于门的宽度。过门地沟处钢管要保温，且要设泄水阀。泄水阀上面还应设置局部地沟活动盖板。

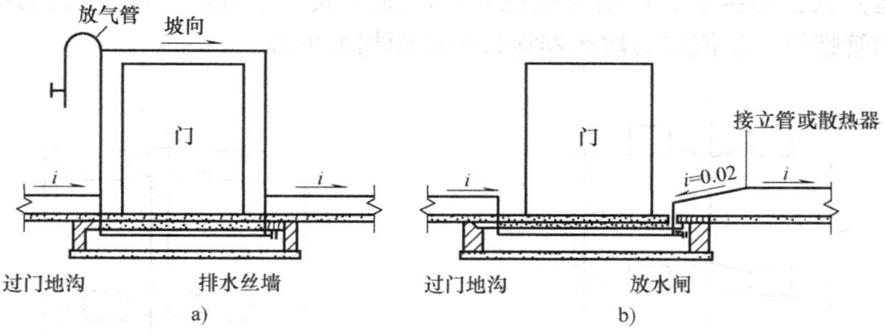

图4-15 回水干管过门的安装方法

a）蒸汽凝水管 b）热水回水管

4）在管道干管上焊接垂直或水平分支管道。干管开孔所产生的钢渣等废弃物不得残留在管内，且分支管道在焊接时不得插入干管内。

（5）立管安装 室内采暖立管有单管、双管两种形式，立管的安装有明装、暗装两种安装方式，立管与散热器支管的连接又分为单侧连接和双侧连接。因此，安装前均应对照图样予以明确。

1）立管安装位置。立管的位置是由设计确定的，一般置于墙角处。为便于安装与维修，立管在确定安装位置时，应保证与后墙有一定净距，同时，应与侧墙保持易于维修操作的距离。一般情况下，立管距窗口应不少于150mm，距侧墙应不少于300mm，如图4-16所示。

立管位置确定后，应打通各楼层立管预留孔洞，自顶层向底层吊通线，用线坠控制垂直度，把立管的中心线弹画在后墙上，作为立管安装的基准线。根据立管与后墙面的净距，确定立管管卡的位置，栽埋好管卡。

2）立管的预制与安装。采暖立管的预制与安装应在散热器就位并经调整稳固后进行。这样可以用散热器接管中心的实际位置，作为实测各楼层管段的可靠基础。预制前，自各层散热器下接管中心引水平线至立管洞口处，以便于实测楼层间的管段长度。

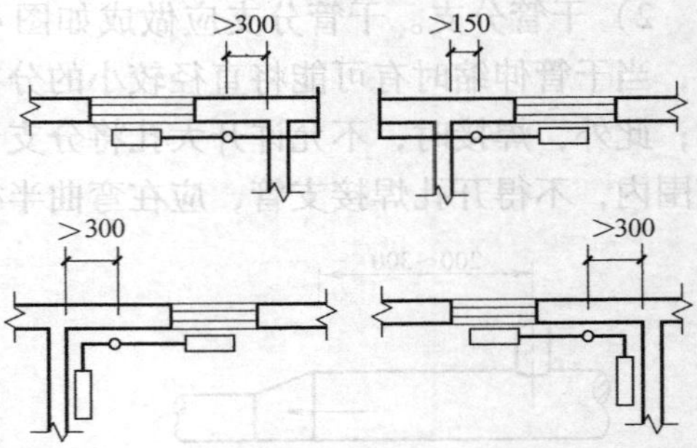

图 4-16 采暖立管安装位置的确定

单管垂直顺流式（图 4-17 下半部图形）时，楼层管段长度 $L=l+l_0$，即实际的预制管段长度 l 等于实际量得的楼层管段长度 L 减去 l_0，其中 l_0 为散热器接口中心距加坡度高。预制管段制作时，若是单侧连接，则 l 是两个弯头加填料拧紧后的中心距；若是双侧连接，则 l 是两个三通 T 形连接后的长度。单管跨越式如图 4-17 上半部分图形所示，实际楼层管段长度 $L=l+l_0$，预制管段长度就等于实际楼层管段长度 L。散热器单侧连接，则用三个三通比量下料，组装拧紧后，顶部与中部三通中心距为 L。散热器双侧连接，则用三个四通比量下料，组装拧紧后，顶部与中部四通中心距为 L。

双管采暖立管的预制如图 4-18 所示，其楼层管段长度为 $L=l+l_0$。其中 l_0 由四通（单侧连接为三通）及括弯组成，预制时应把 l 和 l_0 加工成一根管段，使上部为四通（三通），下部为裸露的管螺纹。l_0 值应为散热器接口中心距加坡度高。

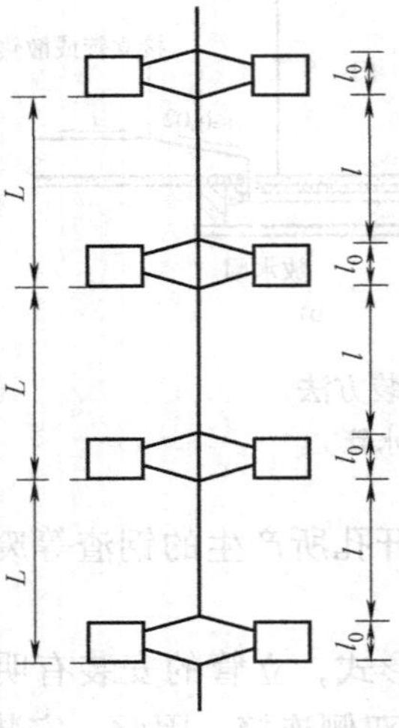

图 4-17 单管采暖立管预制

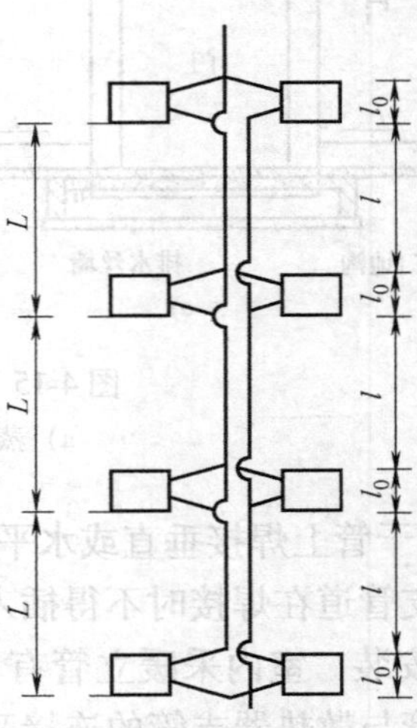

图 4-18 双管采暖立管预制

立管预制后，即可由底部到顶层（或由顶层到底层）逐层进行各楼层预制管段的连接安装，每安装一层管段均应穿入套管，并在安装后逐层用管卡固定。

（6）立管与干管的连接 当回水干管在地沟内接出供暖立管时，一般由 2～3 个弯头连接，并在立管底部安装放水堵或闸阀，如图 4-19 所示。供热干管在顶棚下接立管时，为保证立管与后墙的安装净距应用弯管连接，热水立管可以从干管底部引出，蒸汽立管应从干管的侧部（或顶部）引出，如图 4-20 所示。

施工时，采暖立管与干管连接所用的来回弯管，以及立管跨越采暖支管所用的半圆弯管均应在安装前集中加工预制，其加工制作如图 4-21 所示，弯管尺寸见表 4-7。

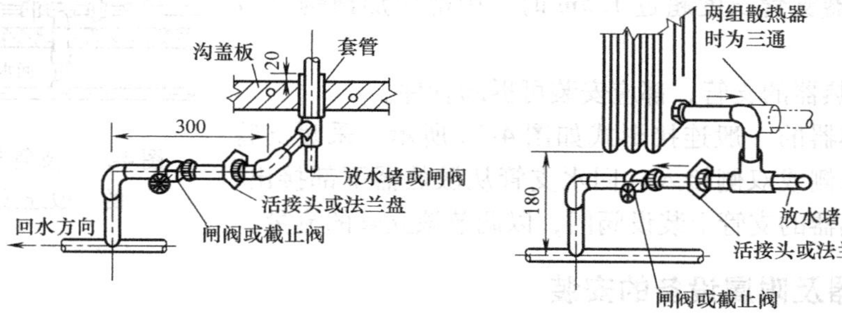

a)　　b)

图 4-19　供暖立管与干管的连接

a）地沟内立干管连接　b）明装立干管连接

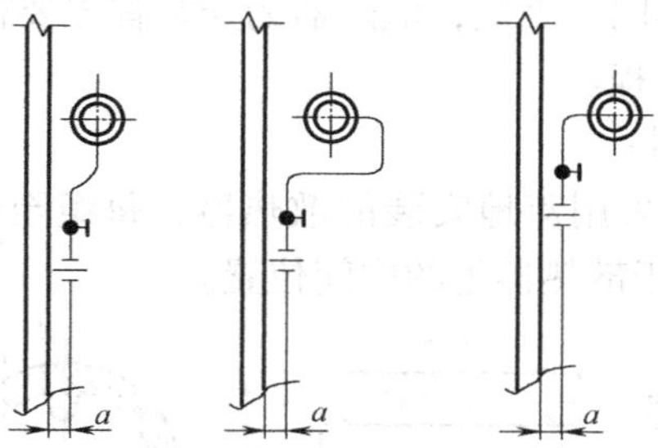

a)　　b)

图 4-20　采暖立管与顶部干管的连接

a）采暖供水管　b）蒸汽管

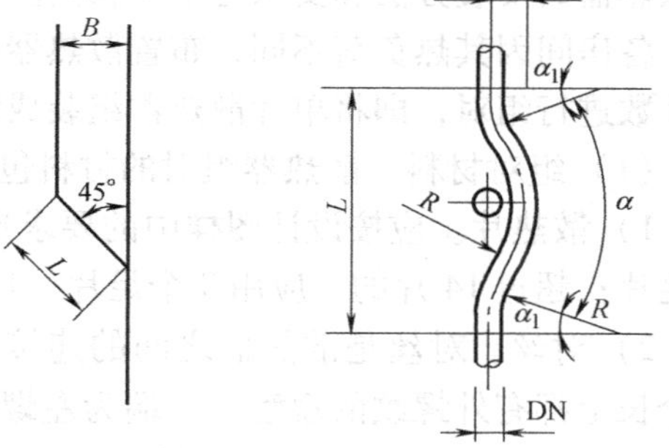

a)　　b)

图 4-21　弯管尺寸

a）来回弯管　b）抱弯

表 4-7　弯管尺寸表　　（单位：mm）

公称尺寸	α	α_1	R	L	H	公称尺寸	α	α_1	R	L	H
DN15	94	47	50	146	32	DN25	72	36	85	198	38
DN20	82	41	65	170	35	DN32	36	105	244	42	—

注：此表适用于采暖、给水、生活热水管道安装；α、α_1 的单位为（°）。

立管安装完毕后，应将各层套管内填塞石棉绳或沥青、油麻，并调整其位置使套管固定。

（7）散热器支管的安装　应注意以下原则：

1）散热器支管安装一般是在立管和散热器安装完毕后进行（单管顺流式与立管安装同时进行）。支管与散热器之间，不应强制进行连接，以免因受力造成散热器渗漏或配件损坏，也不应用调整散热器位置的办法，来满足与支管的连接，以免散热器的安装偏差过大。

2）散热器的支管应有坡度。单侧连接时，供水支管、回水支管的坡度值为5mm；双侧连接时为10mm；对蒸汽采暖，可按1%安装坡度施工。

3）散热器立管和支管相交，立管应煨弯绕过支管。

4）当散热器支管长度超过1.5m时，中部应加拖钩（或管卡）固定。

5）所有散热器的支管，都应安装可拆卸管件。

支管与散热器的一般连接形式如图4-22所示。采暖支管从散热器上部单侧或双侧接入，回水支管从散热器下部接出，同时在底部散热器的支管上装设阀门，以调节该立管的流量。

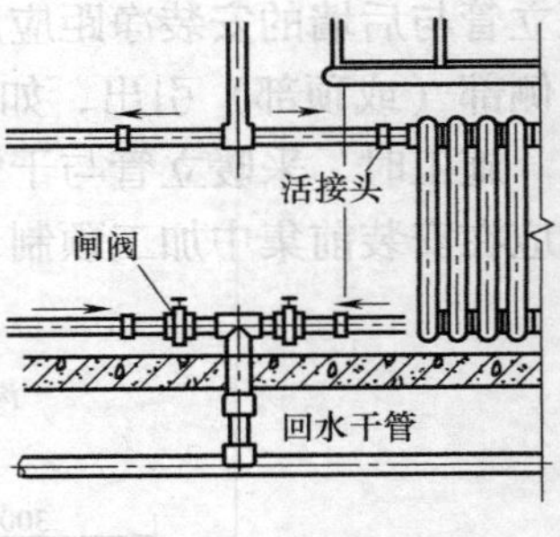

图4-22　支管与散热器的一般连接形式

4.1.2　散热器及附属设备的安装

1. 散热器的安装

散热器是室内采暖系统的散热设备，热媒通过它向室内传递热量。散热器的种类很多，目前国内常用的散热器可分为铸铁散热器（包括M—132、四柱、大60、小60、翼型等）和钢制、铝制散热器（包括串片式、板式、扁管式、柱式等）以及辐射板散热器。不同种类的散热器其安装方法和要求也不尽相同。

各房间因其热负荷不同，布置散热器的数量也不同，因此，散热器的安装首先要根据设计片数进行组对，即将单片散热器组装成组的操作过程。

（1）组对材料　散热器组对的材料包括以下材料：

1）散热片。应按设计图样中的要求准备，对于采用落地安装的散热器，每组至少用2个足片；超过14片的，应用3个足片，且有一片置于散热器组的中间位置。

2）对丝。对丝是散热器之间的连接件，它是一个全长上都有外螺纹的短管，一端为左螺纹，另一端为右螺纹，如图4-23所示。数量为2（$n-1$）个（n为散热器设计片数）。

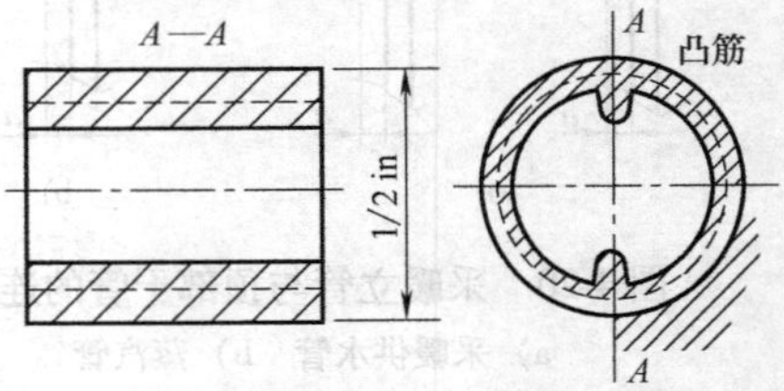

图4-23　散热器对丝

3）垫片。为保证散热器接口的严密性，在对丝的中部（左右螺纹的分界处）加设的零部件，有石棉橡胶垫和耐热橡胶垫，其数量为2（$n-1$）个。

4）补芯。散热器管口和散热器支管之间的连接件，并有右旋和左旋两种，每组散热器用2个补芯，其左右按设计图样清点标明。当供暖支管与散热器组同侧连接或每组散热器组同侧连接时，均采用右旋补芯；异侧连接时，用右旋、左旋螺纹补芯各1个。

5）螺塞。又称为堵头，散热器不接支管的管口处所用的零部件。也分右旋和左旋，每组散热器用2个螺塞。当供暖支管与散热器组同侧连接时，用2个左旋螺塞；异侧连接时，用右旋、左旋螺塞各1个。在散热器螺塞上钻孔攻内螺纹，安装手动放风阀。

（2）组对使用工具　散热器组对使用的工具包括：

1）组对工作平台：如图4-24所示。

2）钥匙组对散热器时扭动对丝的工具，如图4-25所示。散热器钥匙为螺纹钢或优质圆钢打制的组对工具，其中环形一端供插入加力杆用，另一端打扁打平，锉成棱角分明的钥匙，以利于插入对丝内孔扭动对丝。

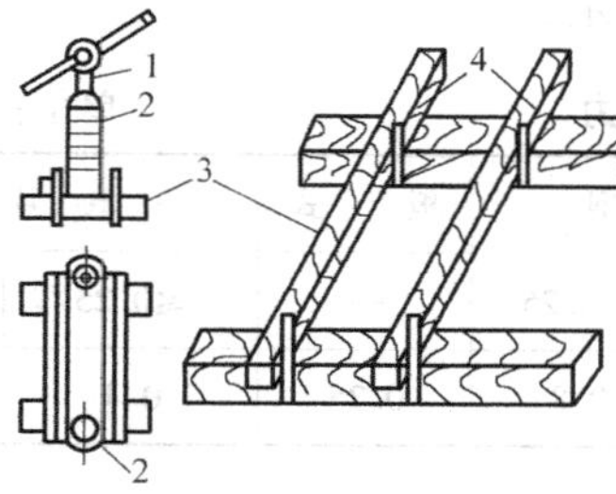

图4-24　方木制成的工作平台
1—钥匙　2—散热器　3—木架　4—地桩

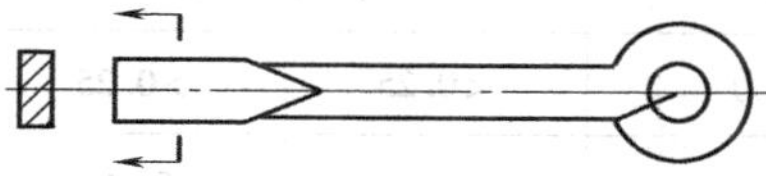

图4-25　组对散热器用的钥匙

（3）组对程序　散热器组对的程序为：

1）按设计散热器的型号、规格进行核对和检查，鉴定其质量是否符合验收规范规定。

2）将散热器内的脏物、污垢以及对口处的浮锈清除干净。

3）备好散热器组对用的工作台或制作简易支架。

4）按设计要求的片数组对、试扣，选出合适的对丝、螺塞、补芯，然后进行组对。

5）据热源分别选择好衬垫。当介质为蒸汽时，选用1mm厚的石棉垫涂抹铅油；当介质为过热水时，采用高温耐热橡胶石棉垫；当介质为一般热水时，采用耐热橡胶垫。

6）组对。将对口平面清理干净，并把环形散热器垫片刷上白厚漆（铅油），然后将其套在对丝中间，再将对丝拧到散热器的对口上，拧进2～3牙为宜。再将另一片散热器的反扣对准对丝，用两把散热器钥匙从上面的散热片两个接口插入，钥匙的方头正好卡住反丝内部的凸缘处，如图4-26所示。这时一人扶稳散热器，另一人先轻轻按加力的反方向扭动钥匙，使对丝外退。当听到“叭”的一声时，说明对丝已入扣。改变用力方向，按顺时针方向旋转，正扣、反扣会同时向散热片的接口拧入，注意两把钥匙必须同时旋转，直到把垫片拧出油来，达到密封要求。如此循环，待垫片达到需要数量为止。垫片不得漏出颈外。

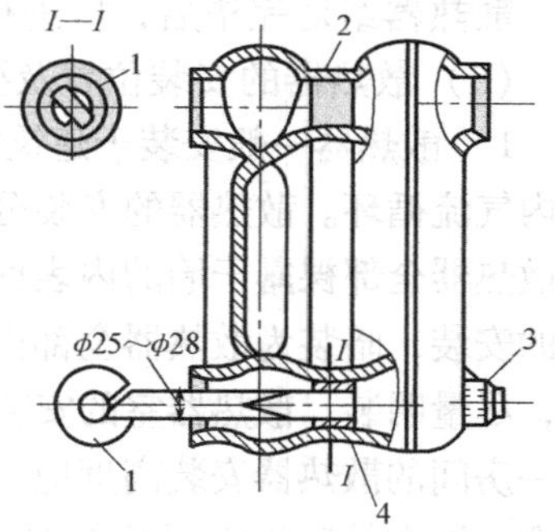

图4-26　散热器组对
1—钥匙　2—垫片　3—补芯　4—对丝

散热器组对时，应特别注意上下（左右）两接口要均匀进口，不可在一个接口上加力过快，否则除操作困难外，常常会扭碎对丝。

7）上堵头及补芯。当组对最后一边片，应进行上堵头、上补芯。堵头及补芯应加垫片，再拧入散热器边片。

（4）散热器的试压　散热器组对完毕后，所有散热器挂装之前应逐组进行水压试验，以检验散热器组对的严密性。每组散热器留出两个接头，下部接头与手压泵或其他加压装置连接，上部接头装排气阀，其余的接头用螺塞堵住。试压时，散热器立放或斜置，先打开进水阀充入自来水，打开排气阀排气，待充满水排气后关闭排气阀，将补充水加压注入散热器内。试验压力若设计无要求时应符合表4-8的规定。试验时应缓慢升至试验压力，稳压2～

3min。逐个接口进行外观检查，不渗漏即为合格；否则，更换不合格片，更换后应重新进行水压试验，直至合格。散热器单组试压装置如图 4-27 所示。

表 4-8　散热器的试验压力　　（单位：MPa）

散热器型号	铸 铁 型		扁 管 型		板　式	串 片 式	
工作压力	<0.25	>0.25	≤0.25	>0.25	—	≤0.25	>0.25
试验压力	0.4	0.6	0.6	0.8	0.75	0.4	1.4

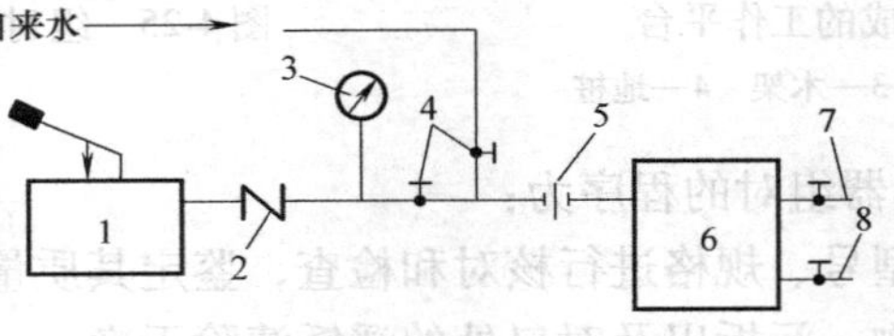

图 4-27　散热器单组试压装置

1—手压泵　2—止回阀　3—压力表　4—截止阀　5—活节　6—散热器组　7—放气管　8—放水管

散热器水压试验合格后，应进行除锈刷油。一般刷防锈漆两遍，面漆一遍。待散热器安装后，系统水压试验合格，再刷第三道面漆。

散热器组对完毕后，应进行单组试压，以检验气密性。

（5）散热器的安装位置及要求　散热器的安装位置及要求如下

1）散热器一般安装于建筑物外墙的窗下，以抵挡冷风渗透及有利于室内气流循环。散热器的安装分为明装、暗装、半暗装三种形式。明装为散热器全部裸露于墙的内表面安装，半暗装为散热器的一半嵌入墙槽内的安装，暗装为散热器全部嵌入墙槽内的安装。除有特殊要求的房间外，尽量明装。散热器室的安装应有利于清扫散热器及下部地面的积尘；同一房间的散热器安装高度应一致；散热器中心线应与窗台口中心线相重合，即在外窗下面对称布置。散热器中心距墙面的尺寸应符合表 4-9 的规定，在窗台下面布置的具体要求如图 4-28 所示。

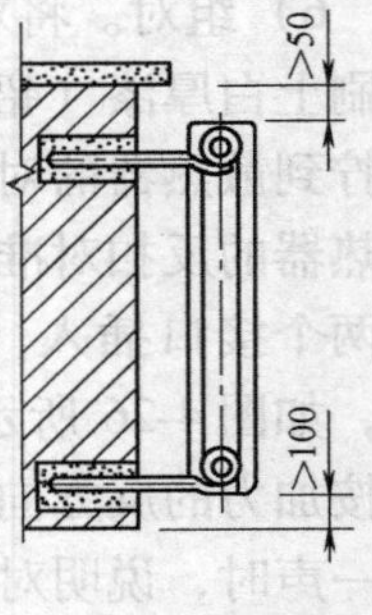

图 4-28　散热器在窗台下的布置

表 4-9　散热器离墙的距离

散热器型号	60	M132 M150	四　柱	圆　翼	扁管、板式（外沿）	串 片 式	
						平　放	竖　放
中心距墙表面距离/mm	115	115	130	115	30	内表面距墙表面 30mm 左右	

2）散热器的安装应着重强调稳固性、端正及美观性。从其安装的支承方式分为直立安装和托架安装。其中，直立安装有两种情况：一种为柱型散热器靠其足片直立于地面上安装，但在距散热器底部 2/3 处，应设一卡件，以控制其不会倾倒，如图 4-29a 所示；另一种是散热器安装所依托的建筑物为轻型结构，不足以支承散热器组自重时，采用底部用支承座，中上部用卡件的安装方式，如图 4-30 所示。

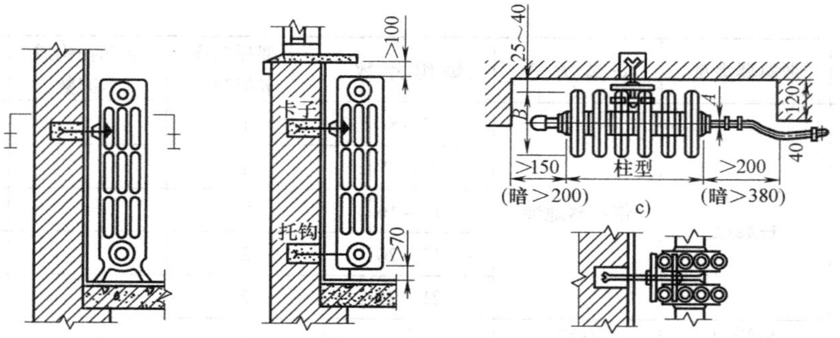

a)　　b)　　d)

图 4-29　散热器的安装

a）直立安装　b）托架安装　c）半暗装　d）卡件安装

直立于地面安装的柱型散热器，当一组散热器的片数为 3～14 片时，每组应装 2 个足片，并将其组装在散热器组的两个边侧；当片数为 15～24 片时，应组装 3 个足片，除散热器组室外两个边侧各组装 1 个足片外，另 1 个应组装在散热器组的中间位置。

托架安装时，可用托钩支承散热器组重量，也可在散热器底部设托钩，中上部设卡件以固定散热器组。

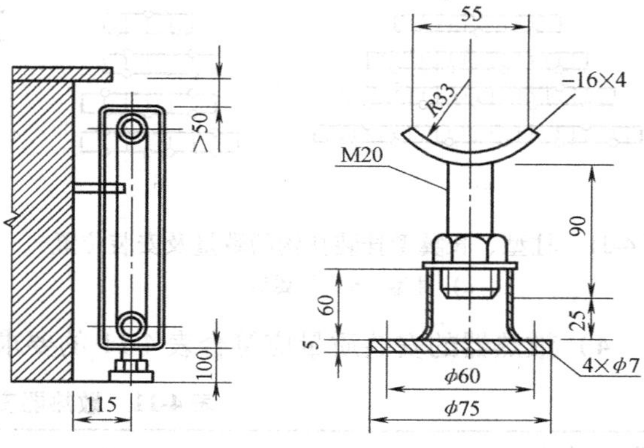

a)　　b)

图 4-30　支承座、卡件固定散热器

a）安装示意图　b）支架结构

3）散热器安装必须牢固、平正。为此，散热器的支承件（托钩、卡件、支座等）必须有足够的数量和强度，且以支承件的安装位置来确保散热器安装位置的正确。常用柱型、长翼型散热器所需托钩的数量见表 4-10，其安装位置如图 4-31 所示，托钩和卡件的尺寸如图 4-32 所示。

表 4-10　散热器托钩数

序　号	散热器类型	安装方式	每组片数	上部托钩或卡架数	下部托钩或卡架数	合　计
1	长翼型	挂装	2～4	1	2	3
			S	2	2	4
			6	2	3	5
			7	2	4	6
2	柱型 柱翼型	挂装	3～8	1	2	3
			9～12	1	3	4
			13～16	2	4	6
			17～20	2	5	7
			21～25	2	6	8

（续）

序　　号	散热器类型	安装方式	每组片数	上部托钩或卡架数	下部托钩或卡架数	合　　计
3	柱型 柱翼型	带足落地装	3～8	1		1
			8～12	1		1
			13～16	2		2
			17～20	2		2
			21～25	2		2
4	扁管型	挂装	1	2	2	4

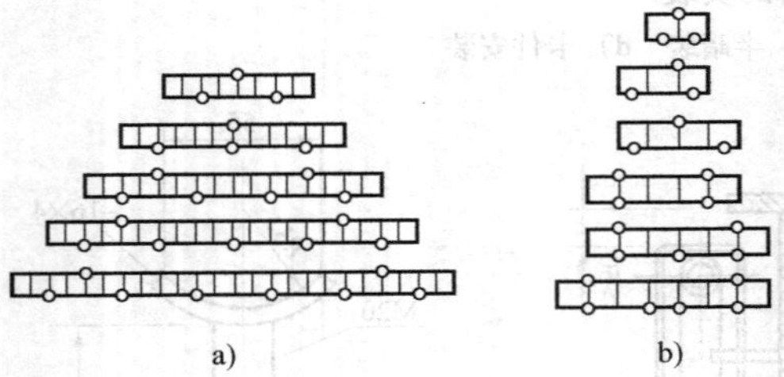

图 4-31　柱型、长翼型挂装托钩的数量及安装位置

a）柱型　b）长翼型

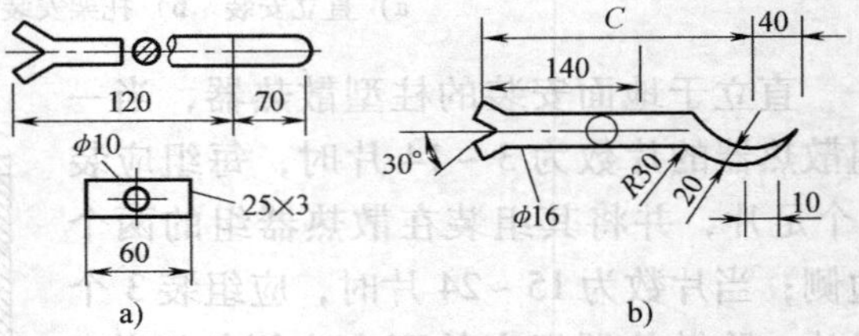

图 4-32　托钩和卡件的加工尺寸

a）托钩　b）卡件

4）散热器的安装质量应符合表 4-11 的要求。

表 4-11　散热器安装的允许偏差

项　　次	项　　目			允许偏差/mm
1	散热器	内表面与墙表面距离		6
		与窗口中心线		20
		散热器中心线垂直度		3
2	铸铁散热器正面全长内的歪斜	60 型	2～4 片	4
			5～7 片	6
		圆翼型	2m 以内	3
			3～4m	4
		M132、M150 柱型	3～14 片	4
			15～24 片	6

2. 附属设备的安装

为了使室内供暖系统运行正常，调节维修方便，还必须设置一些附属设备，如集气罐、膨胀水箱、阀门、除污器、疏水器和排气阀等。

（1）集气罐　集气罐设置于管道系统的最高处，其作用是将热水采暖系统的空气收集并加以排除，以保证系统的正常工作。上供式系统安装在供水干管末端或连在倒数第一根、第二根立管接干管处；下供式系统往往与空气管相接。集气罐分为立式和卧式两种，如图 4-33所示。集气罐的直径应比连接处干管直径大一倍以上，便于气体逸出并聚集于罐顶。为了增大储气量，进、出水管宜接近罐底，罐上部设 ϕ15mm 的放气管。放气管末端装有放气阀，并通到排水设施处。放气阀的位置还要考虑使用方便，一般离地面 1.8m。

（2）膨胀水箱　热水供暖系统中膨胀水箱有调节水量、稳定压力及排除空气三个作用。其形状分为方形和圆形，一般为方形，如图 4-34所示。水箱顶部的人孔盖应用螺栓紧固，水箱下方垫枕木或角钢架。水箱内外刷防腐漆，并应进行满水试漏，箱底至少比室内供暖系统最高点高出 0.3m。如安装在非采暖房间需要进行保温。

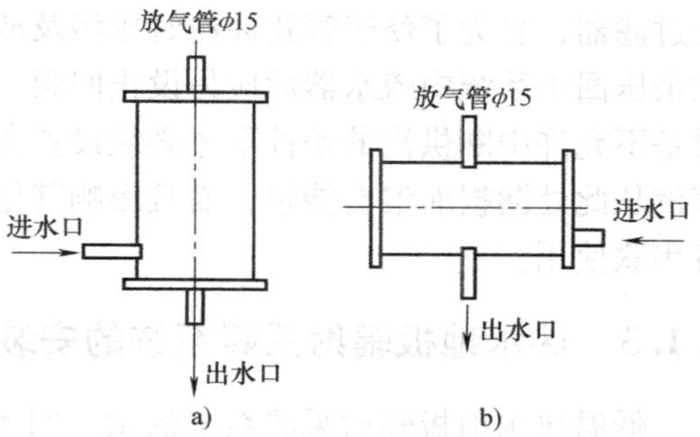

图 4-33　集气罐

a）立式　b）卧式

膨胀水箱上有 5 根管，即膨胀管、循环管、溢流管、信号管及排水管。膨胀管一般应连接到循环水泵吸入口处的回水总管上。循环管使水箱内的水不冻结，当水箱所处环境温度在 0℃以上时可不设循环管，如果膨胀水箱有保温设施也可以不设置循环管。有循环管时其安装方法如图 4-35 所示。溢流管供系统内的水充满后溢流之用，溢流管应安装在距膨胀水箱顶部 100mm 的侧面，其末端应接到楼房或锅炉房排水设备上。为了便于观察，不允许直接与下水道相接。为保证系统安全运行，膨胀管、循环管、溢流管上都不允许设阀门。信号管又称为检查管，供管理人员检查系统内水是否充满用。信号管应装在膨胀水箱侧面 1/3 的高度，信号管末端接到锅炉房内排水设备上方，且末端安装阀门。系统运行试压时，应及时将信号管上的阀门打开，观察膨胀水箱的充水情况。

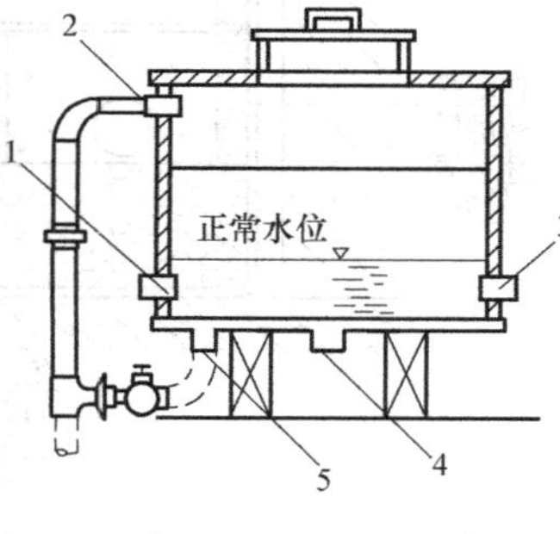

图 4-34　膨胀水箱

1—信号管　2—溢流管　3—循环管　4—膨胀管　5—排污管

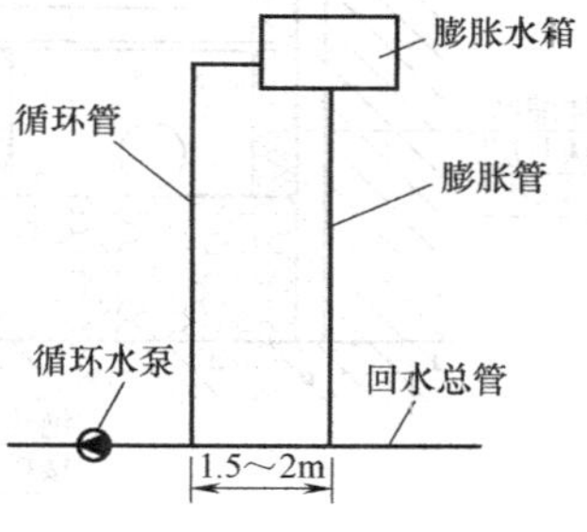

图 4-35　膨胀水箱膨胀管与循环管的安装

（3）阀门　室内采暖系统的阀门用于启闭、调节、控制流向和压力等。常用闸阀用于启闭，调节阀起调节作用，用止回阀控制流向，用安全阀控制安全压力，在蒸汽系统中还用减压阀减压。管道采用螺纹连接时用螺纹阀门，焊接时用法兰阀门。阀门应安装在便于操作、维修及检查的地方。同一房间内阀门的安装高度应一致，螺纹阀门应保证螺纹完整。

（4）除污器　为了除去供暖管道在安装和运行过程中的污物，防止管路和设备堵塞，应在用户引入口或循环水泵进口处设除污器，安装时注意方向。除污器上部需设排气阀，下部设排污螺塞。使用时到非采暖期要定期清理内部污物，除污器一般用法兰与管路连接。

（5）疏水器　疏水器是蒸汽供暖系统的专用器具，用来阻汽和排凝结水。疏水器应接近于用热设备并置于用热设备凝结水出口之下。一般疏水器要经常检修或更换，应安装在方便操作的地方，而且它的前后要用可拆件与管路相连。疏水器本身若无过滤器，宜在其前方设过滤器，且为了便于管路冲洗时排污及放气，前方应有冲洗管。如本身不能起逆流作用，在余压回水系统中疏水器后应另设止回阀。疏水器是否设置旁通管应慎重考虑，只有在用汽设备不允许中断供汽的条件下才必须设置旁通管。若在其他情况下设置旁通管，就有可能使蒸汽从此处漏损而浪费能量，而且影响其他加热设备和室外回水管网的压力平衡。疏水器不可串联使用。

4.1.3 热水地板辐射采暖系统的安装

低温热水地板辐射采暖系统的供、回水温度由计算确定。民用建筑供水温度宜为35～50℃，不应超过60℃，供、回水温差不宜大于10℃。低温热水地板辐射采暖系统的工作压力不宜大于0.8MPa；建筑物高度超过50m时，宜竖向分区设置。无论采用何种热源，低温热水地板辐射采暖系统热媒的温度、流量和资用压差等参数，都应和热源系统相匹配；同时热源系统应设置相应的控制装置，满足低温热水地板辐射供暖系统运行与调节的需要。

1. 地面构造

地面构造由楼板（图4-36）或与土壤相邻的地面（图4-37）、绝热层、加热管、填充层、找平层和面层组成。并应符合下列规定：

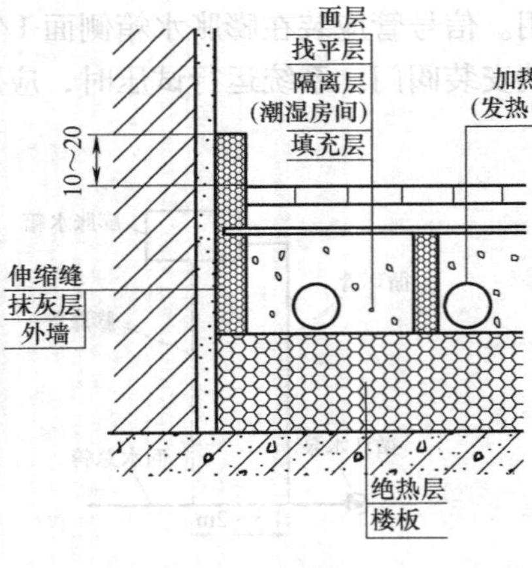

图4-36 楼层地面构造示意图

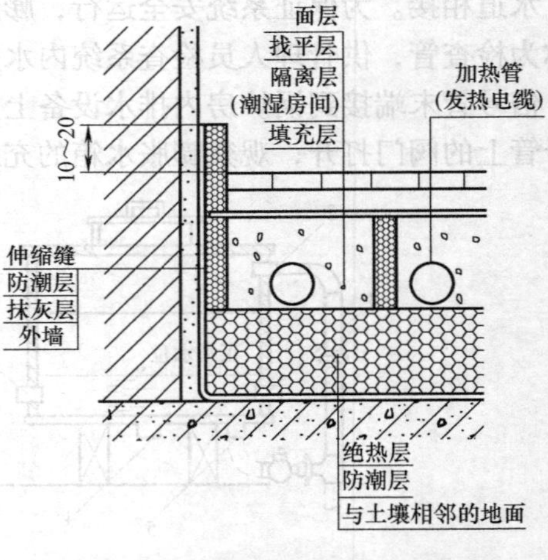

图4-37 与土壤相邻的地面构造示意图

1）与土壤相邻的地面，必须设绝热层，且绝热层下部必须设置防潮层。直接与室外空气相邻的楼板，必须设绝热层。

2）对卫生间、洗衣间、浴室和游泳馆等潮湿房间，在填充层上部应设置隔离层，如图4-38所示。

3）当工程允许地面按双向散热进行设计时，各楼层间的楼板上部可不设绝热层。

地板辐射供暖系统绝热层采用聚苯乙烯泡沫塑料板时，其厚度不应小于表4-12的规定值；采用其他绝热材料时，可根据热阻相当的原则确定厚度。

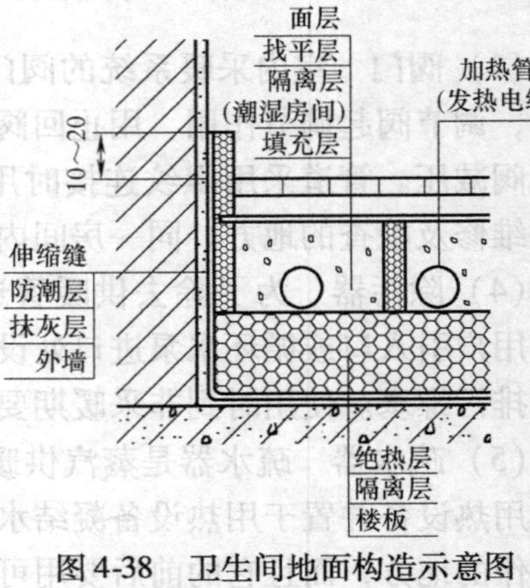

图4-38 卫生间地面构造示意图

表 4-12　聚苯乙烯泡沫塑料绝热层厚度　　　（单位：mm）

楼层之间楼板上的绝热层	20
与土壤或不采暖房间相邻的地板上的绝热层	30
与室外空气相邻的地板上的绝热层	40

面层宜采用热阻小于 0.05m^2·K/W 的材料，如陶瓷和木地板等。填充层的材料宜采用 C15 豆石混凝土，豆石粒径宜为 5～12mm。加热管的填充层厚度不宜小于 50mm，当地面荷载大于 20kN/m^2时，应会同结构设计人员采取加固措施。

2. 加热管系统

在住宅建筑中，低温热水地板辐射供暖系统应按户划分系统，配置分水器、集水器；户内的各主要房间，宜分环路布置加热管。连接在同一分水器、集水器上的同一管径的各环路，其加热管的长度宜接近，并且不宜超过 120m。每个环路加热管的进、出水口，应分别与分水器、集水器相连接。分水器、集水器内径不应小于总供、回水管内径。每个分水器、集水器分支环路不宜多于 8 路。每个分支环路供、回水管上均应设置可关断阀门。在分水器之前的供水连接管道上，顺水流方向应安装阀门、过滤器、阀门及泄水管。在集水器之后的回水连接管上，应安装泄水管并加装平衡阀或其他可关断调节阀。对有热计量要求的系统应设置热计量装置。在分水器的总进水管与集水器的总出水管之间宜设置旁通管，旁通管上应设置阀门。分水器、集水器上均应设置手动或自动排气阀。

加热管采取不同布置形式时，会导致地面的温度分布不同。布管时，应本着保证地面温度均匀的原则进行，宜将高温管段优先布置于外窗、外墙侧，使室内温度分布尽可能均匀。加热管的布置形式很多，通常有以下几种形式，如图 4-39～图 4-43 所示。加热管的布置宜

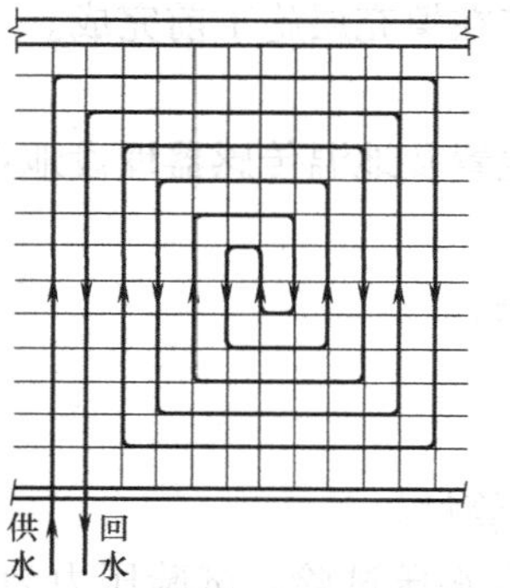

图 4-39　回折型布置

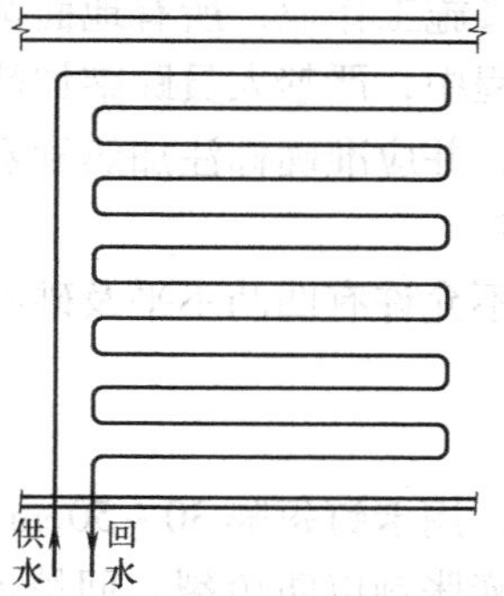

图 4-40　平行型布置

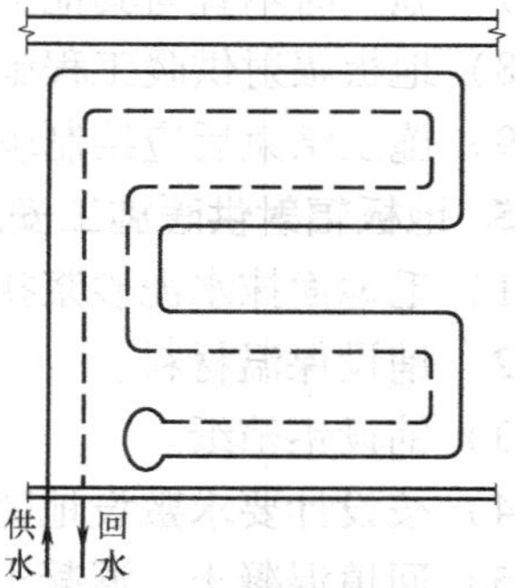

图 4-41　双平行型布置

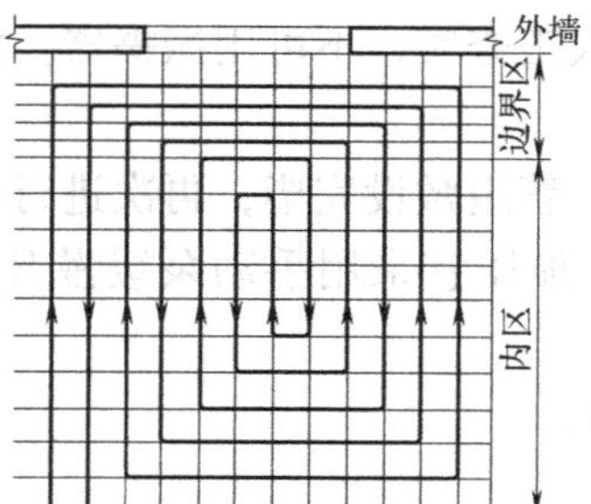

图 4-42　带有边界和内部地带的回折型布置

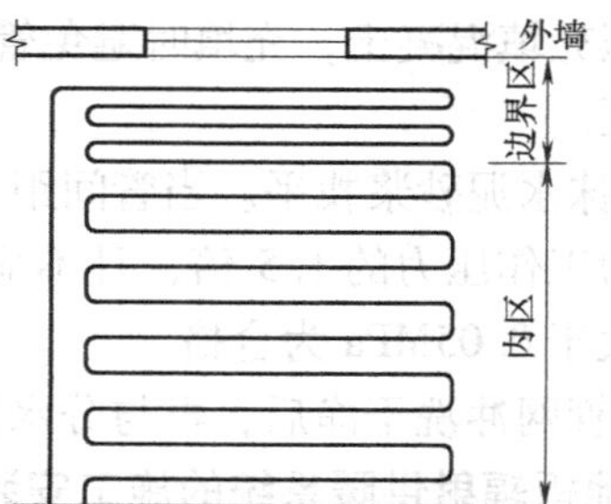

图 4-43　带有边界和内部地带的平行型布置

采用回折型（旋转型）或平行型（直列型），加热管的敷设管间距应根据地面散热量、室内计算温度、平均水温及地面传热热阻等计算后确定。地面的固定设备和卫生洁具下，不应布置加热管。

3. 施工安装前应具备的条件

1）设计施工图样和有关技术文件齐全。

2）有较完善的施工方案、施工组织设计，并已完成技术交底。

3）施工现场具有供水或供电条件，有储放材料的临时设施。

4）土建专业已完成墙面粉刷（不含面层），外窗、外门已安装完毕，并已将地面清理干净；厨房、卫生间应作完闭水试验并经过验收。

4. 施工安装总体要求

1）所有进场材料、产品的技术文件应齐全，标志应清晰，外观检查应合格。必要时应抽样进行相关检测。

2）加热管应进行遮光包装后运输，不得裸露散装；运输、装卸和搬运时，应小心轻放，不得抛、摔、滚、拖，不得曝晒雨淋，宜储存在温度不超过40℃、通风良好且干净的库房内；与热源距离应保持在1m以上。应避免因环境温度和物理压力受到损害。

3）铺设绝热层的地面应平整、干燥、无杂物。墙面根部应平直，且无积灰现象。

4）绝热层的铺设应平整，绝热层相互间接合应严密。直接与土壤接触或有潮湿气体侵入的地面，在铺放绝热层之前应先铺一层防潮层。

5）施工过程中，应防止油漆、沥青或其他化学溶剂接触、污染加热管的表面。

6）施工的环境温度不宜低于5℃；在低于0℃的环境下施工时，现场应采取升温措施。

7）施工时不宜与其他工种交叉施工作业，所有地面留洞应在填充层施工前完成。

8）地板辐射供暖工程施工过程中，严禁人员踩踏加热管。

9）施工结束后应绘制竣工图，并应准确标注加热管敷设位置及地温传感器埋设地点。

5. 地板辐射供暖施工安装顺序

1）毛地面抹水泥砂浆找平，不允许有凹凸不平及砂石碎块。

2）铺设保温材料。

3）铺设铝箔纸。

4）按设计要求敷设地暖盘管，用卡钉每隔30~50cm固定管材。

5）回填混凝土，混凝土应加膨胀剂以防龟裂。回填前应作水压试验，试验压力为系统工作压力的1.5倍，且不应大于0.6MPa，试压10min压降不超过0.02MPa为合格。试压完毕，带压充填混凝土，充填时避免管道移动。采用人工夯实，不可用振捣器。混凝土凝固后方可泄压。

6）抹水泥砂浆找平。当管间距小于100mm时，管道敷设完毕，再次进行水压试验。试验压力为工作压力的1.5倍，且不应大于0.6MPa。加压宜采用手动泵缓慢升压，稳压1h，压降不大于0.05MPa为合格。

7）管网冲洗干净后，再与分水器、集水器连接。

6. 地板辐射供暖系统的施工安装

（1）绝热层的铺设　绝热层应铺设在经过找平的基层（楼板或与土壤相邻的地面）上。铺设绝热层的地面应平整、干燥、无杂物。墙面根部应平直，且无积灰现象。绝热层的铺设应平整，绝热层相互间接合应严密。直接与土壤接触或有潮湿气体侵入的地面，在铺放绝热层之前应先铺一层防潮层。当铺有真空镀铝聚酯薄膜或玻璃布基铝箔贴面层时，除将加热管固定在绝热层上的塑料卡钉穿越处，不得有其他破损。

（2）加热管的安装　加热管应按如下要求进行安装：

1）加热管应按照设计图样标定的管间距和走向敷设，加热管应保持平直，管间距的安装误差不应大于 10mm。

2）加热管敷设前，应对照施工图样核定加热管的型号、管径、壁厚，并应检查加热管外观质量，管内部不得有杂质。加热管安装间断或完毕时，敞口处应随时封堵。

3）加热管安装时应防止管道扭曲；弯曲管道时，圆弧的顶部应加以限制，并用管卡进行固定，不得出现“死折”；塑料及铝塑复合管的弯曲半径不宜小于 6 倍的管外径，铜管的弯曲半径不宜小于 5 倍的管外径。

4）埋设于填充层内的加热管不应有接头。加热管切割时应采用专用工具；切口应平整，断口面应垂直管轴线。

5）加热管弯头两端宜设固定卡；加热管固定点间距、直管段固定点间距宜为 0.5 ~ 0.7m，弯曲管段固定点间距宜为 0.2 ~ 0.3m。

6）加热管出地面至分水器、集水器连接处的弯管部分不宜露出地面装饰层。加热管出地面至分水器、集水器下部球阀接口之间的明装管段，外部应加装塑料套管。套管应高出装饰面 150 ~ 200mm。

7）加热管的环路布置不宜穿越填充层内的伸缩缝。必须穿越时，伸缩缝处应设长度不小于 200mm 的柔性套管。

8）施工验收后，发现加热管损坏，需要增设接头时，应先报建设单位或监理工程师，提出书面补救方案，经批准后方可实施。增设接头时，应根据加热管的材质，采用热熔或电熔插接式连接，或卡套式、卡压式铜制管接头连接，并应作好密封。铜管宜采用机械连接或焊接连接。无论采用何种接头，均应在竣工图上清晰表示，并记录归档。

加热管应设固定装置，可采用下列方法之一固定：

1）用固定卡将加热管直接固定在绝热板或设有复合面层的绝热板上。

2）用扎带将加热管固定在铺设于绝热层上的网格上。

3）直接卡在敷设于绝热层表面的专用管架或管卡上。

4）直接固定于绝热层表面凸起间形成的凹槽内。

（3）分、集水器的安装　分、集水器应固定在墙上或专用箱体内。分水器、集水器宜在开始敷设加热管之前进行安装。加热管与分水器、集水器连接，应采用卡套式、卡压式挤压夹紧连接；连接件材料宜为铜质；铜质连接件与 PP-R 或 PP-B 直接接触的表面必须镀镍。

当水平安装时，宜将分水器安装在上，集水器安装在下，中心距为 200mm，集水器中心距地面不应小于 300mm。当垂直安装时，分集水器下端距地面不应小于 150mm。为防止局部地面温度过高，加热管末端应有穿出地面距分集水器 1m 长的管段。加热管末端出地面处，不应超出分、集水器外部的投影面。加热管与分、集水器牢固连接后，应对每一环路进行冲洗，直至出水干净为止。

（4）填充层的施工　混凝土填充层施工应具备以下条件：

1）发热电缆经电阻检测和绝缘性能检测合格。

2）所有伸缩缝已安装完毕。

3）加热管安装完毕且水压试验合格、加热管处于有压状态下。

4）温控器的安装盒、发热电缆冷线穿管已经布置完毕。

5）通过隐蔽工程验收。

混凝土填充层施工，应由有资质的土建施工方承担，供暖系统安装单位应密切配合。混凝土填充层施工中，加热管内的水压不应低于0.6MPa；填充层养护过程中，系统水压不应低于0.4MPa；严禁使用机械振捣设备；施工人员应穿软底鞋，采用平头铁锹。系统初始加热前，混凝土填充层的养护期不应少于21天。养护期满后，对地面应妥加保护，不得在地面上加以重载、高温烘烤、直接放置高温物体和高温加热设备。填充层养护期满后需再对系统进行水压试验。

（5）面层的施工　装饰地面宜采用下列材料：

1）水泥、砂浆、混凝土地面。

2）瓷砖、大理石、花岗石等地面。

3）符合国家标准的复合木地板、实木复合地板及耐热实木地板。

面层施工前，填充层应达到面层需要的干燥度。面层施工除应符合土建施工设计图样的各项要求外，还应符合下列规定：

1）施工面层时，不得剔、凿、割、钻和钉填充层，不得向填充层内楔入任何物件。

2）面层的施工，应在填充层达到强度要求后才能进行。

3）石材、面砖在与内外墙、柱等垂直构件交接处，应留10mm宽的伸缩缝；木地板铺设时，应留不小于14mm的伸缩缝。伸缩缝应从填充层的上边缘做到高出装饰层上表面10～20mm。

装饰层铺设完毕后，应裁去多余部分。伸缩缝填充材料宜采用高发泡聚乙烯泡沫塑料。

以木地板作为面层时，木材应经干燥处理，且应在填充层和找平层完全干燥后，才能进行地板施工。瓷砖、大理石、花岗石面层施工时，在伸缩缝处宜采用干贴。

4.1.4　采暖系统试压、清洗与试运行

1. 试压

室内采暖系统在安装完毕、管道保温之前应进行水压试验，以检查系统的机械强度和严密性能。试验压力应符合设计要求，当设计未注明时，应符合下列规定：

1）蒸汽、热水采暖系统，应以系统顶点工作压力加0.1MPa作水压试验，同时在系统顶点的试验压力不小于0.3MPa。

2）高温水采暖系统，试验压力应为系统顶点工作压力加0.4MPa。

3）使用塑料管及复合管的热水采暖系统，应以系统顶点工作压力加0.2MPa作水压试验，同时在系统顶点的试验压力不小于0.4MPa。

水压试验合格的标准：

1）使用钢管及复合管的采暖系统应在试验压力下10min内压降不大于0.02MPa，且降至工作压力后检查，不渗、不漏。

2）使用塑料管的采暖系统应在试验压力1h内压降不大于0.05MPa，然后降至工作压力的1.5倍，稳压2h，压降不大于0.03MPa，同时各连接处不渗、不漏。

2. 清洗

系统试压合格后，应对系统进行冲洗并清扫过滤器及除污器。观察现场，直至排出的水不含泥沙、铁屑等杂质，以确保系统运行后介质流动通畅。

不允许清洗的附件如流量孔板、温度计、流量计、减压阀、疏水阀、调节阀、止回阀等应拆下用临时短管代替，为防止污物进入阀门或设备内，应在其进口处留有清洗口。对热水采暖系统，可用水清洗，即将系统充满水，然后打开系统最低点处的泄水阀门，让系统中的水连同污物由此排出，这样反复数次，直至排出的水清澈透明为止。对蒸汽采暖系统，可以用蒸汽清洗，清洗时，应打开疏水装置的旁通阀。送汽时，送汽阀应缓慢开启，避免造成水击，直到排气口排出干净蒸汽为止。

3. 试运行

室内采暖系统的清洗工作结束后，即可进行系统的试运行工作。室内采暖系统试运行的目的是在系统供热状态下，检验系统的安装质量和工作情况。此项工作可分为系统充水、系统通热和初调节三个步骤进行。

（1）系统充水　系统的充水工作由锅炉房开始，一般用补水泵充水。向室内供暖系统充水时，应先将系统各集气罐的排气阀打开，水以缓慢的速度充入系统，以利于水中的空气逸出，当集气罐的排气阀流出水时，关闭排气阀门，补水泵停止工作。待一段时间后（2h左右），再将集气罐的排气阀打开，起动补水泵。当系统中残存的空气排除后，将排气阀关闭，补水泵停止工作，此时系统已充满水。

（2）系统通热　系统充满水后，锅炉点火加热，水温升至50℃时，循环泵起动，向室内送热水。这时，工作人员应注意系统压力的变化，室内采暖系统入口供水管上的压力不能超过散热器的工作压力。还要注意检查管道、散热器和阀门有无渗漏、破坏的情况，如有故障，应及时排除。

（3）系统初调节　供暖系统在投入运行时，由于各种因素的影响，即使有良好的设计和正确的施工，也总会有某些用户的室温不符合设计要求。为了保证各用户的室内温度都能达到设计要求，必须对供暖系统进行正确的调节。

热水采暖系统的初调节方法是：通过调整用户入口的调压板或阀门，使供水管压力表上的读数与入口要求的压力保持一致，再改变各立管上阀门的开度来调节通过各立管散热器的流量，一般距入口最远的立管阀门开度最大，越靠近入口的立管阀门开度越小。蒸汽采暖系统的初调节方法是：首先通过调整热用户入口的减压阀，使进入室内的蒸汽压力符合要求，再改变各立管上阀门的开度来调整通过各立管散热器的蒸汽流量，以达到均衡采暖的目的。

4.2　室外热力管道的安装

4.2.1　室外地下敷设管道的安装

1. 管道地下敷设

地下敷设不影响市容和交通，因而地下敷设是城镇集中供热管道广泛采用的敷设方式。

（1）地沟敷设　地沟是地下敷设管道的围护构筑物，其作用是承受土压力和地面荷载并防止水的侵入。

地沟分砌筑、装配式和整体式等类型。砌筑地沟采用砖、石或大型砌体砌筑墙体，配合钢筋混凝土预制盖板。装配式地沟一般用钢筋混凝土预制构件现场装配，施工速度较快。整体式地沟用钢筋混凝土现场灌注而成，防水性能较好。地沟的横截面常做成矩形或拱形。

根据地沟内人行通道的设置情况，分为通行地沟、半通行地沟和不通行地沟。

1）通行地沟。通行地沟是工作人员可以在地沟内直立通行的地沟。通行地沟内，可采用单侧布管或双侧布管两种方式。通行地沟人行通道的高度不低于1.8m，宽度不小于0.6m，并应允许地沟内最大直径的管道通过。

为了便于运行管理人员出入以及保证人员安全，装有蒸汽管道的通行地沟每隔100m应设一个事故人孔；无蒸汽管道的通行地沟，应每隔200m设一个事故人孔。对整体混凝土结构的通行地沟，每隔200m宜设一个安装孔，以便检修和更换管道。

通行地沟应设置自然通风或机械通风装置，以便在检修时，保持地沟内温度不超过40℃。在经常有人工作的通行地沟内，要有照明设施。

通行地沟用在供热管道比较大、管道数目比较多或与其他管道共沟敷设以及不允许开挖检修的地段。通行地沟的主要优点是操作人员可在地沟内进行管道的日常维修以及大修时更换管道，但其造价高。

2）半通行地沟。在半通行地沟内，留有高度1.2~1.4m，宽度不小于0.5m的人行通道。操作人员可以在半通行地沟内检查管道和进行小型修理工作，但更换管道等大修工作仍需挖开地面进行。当无条件采用通行地沟时，可用半通行地沟代替，以利于管道维修和判断故障地点，缩小大修时的开挖范围。

3）不通行地沟。不通行地沟的横截面较小，只需保证管道施工安装的必要尺寸。不通行地沟的造价较低，占地较小，是城镇供热管道经常采用的地沟敷设形式。其缺点是管道检修时必须开挖地面。

为便于管道安装和维修，各种地沟的净高、人行通道宽以及管道保温表面离地沟内表面的最小尺寸，均应按表4-13的规定设计。地沟盖板的覆土深度，不应小于0.2m。

地沟内积水时，极易破坏其内部保温结构，增加散热损失，并且腐蚀管道，缩短其使用寿命。为了防止地面水渗入，地沟壁内表面应使用防水砂浆粉刷。地沟盖板之间、地沟盖板与地沟壁之间要有水泥砂浆或沥青封缝。地沟盖板横向应有0.01~0.02的坡度，地沟底应有纵坡度，其坡向与供热管道坡向一致，不宜小于0.002，以便渗入地沟内的水流入检查室的集水坑内，然后用水泵抽出。若地下水位高于地沟底，应考虑更可靠的防水措施，甚至可以采用在地沟外面排水来降低地下水位的措施。常用的防水措施是在地沟壁外表面敷以防水层。防水层用沥青粘贴数层油毛毡并外涂沥青或在外面再增加砖护墙。

表4-13 地沟敷设相关尺寸 （单位：m）

地沟类型	相关尺寸					
	地沟净高	人行通道宽	管道保温表面与沟墙净距	管道保温表面与沟顶净距	管道保温表面与沟底净距	管道保温表面间的净距
通行地沟	≥1.8	≥0.6*	≥0.2	≥0.2	≥0.2	≥0.2

（续）

地沟类型	相关尺寸					
	地沟净高	人行通道宽	管道保温表面与沟墙净距	管道保温表面与沟顶净距	管道保温表面与沟底净距	管道保温表面间的净距
半通行地沟	≥1.2	≥0.5	≥0.2	≥0.2	≥0.2	≥0.2
不通行地沟	—	—	≥0.1	≥0.05	≥0.15	≥0.2

注：*指当必须在沟内更换管道时，人行通道宽还不应该小于管子外径加0.1m。

（2）直埋敷设　供热管道直接埋于土壤中的敷设方式。在热水供热管网中，直埋敷设在国内外已得到广泛应用。目前，采用最多的形式是供热管道、保温层和保护外壳三者紧密粘结在一起，形成整体式的预制保温管结构形式。

预制保温管供热管道的保温层，多采用硬质聚氨酯泡沫塑料作为保温材料。预制保温管保护外壳多采用高密度聚乙烯硬质塑料管。目前国内也有用玻璃钢作为预制保温管的保护外壳，它造价较低，但抗老化性能比高密度聚乙烯差。

预制保温管须在工厂或现场制造。预制保温管的两端，留有约200mm长的裸露钢管，以便在现场管线的沟槽内焊接，最后再将接口处作保温处理。

2. 管道安装

地沟内管道的安装，应在管沟砌筑后、盖沟盖板前，安装好吊架再进行。直埋管道安装前，要求沟底找平夯实，沿管线敷设位置无杂物，沟宽及沟底标高尺寸复核无误。地沟经检查合格后，即可进行下管安装。在安装管道前先用经纬仪测定管道的安装中心线及标高，根据管道的标高先安装好管道的支架垫块，然后安装管道。

对于用砖或钢筋混凝土块砌筑的地沟，一般都是在管道安装完毕后再盖地沟盖板和回填土。所以对于这种地沟可以采用整体下管，即把整段的管子用几台吊车同时起吊，然后缓慢地把管段放入地沟支座上。各台吊车在起吊和下管时要力求同步，要有统一指挥，以确保安全和施工质量。也可以用移动式龙门钢架，跨架于地沟两侧的轨道上。钢架的横梁上设有可左右及上下活动的轨道吊车。几台吊车同时把管道吊起，抽掉架设在地沟上的枕木，就可以缓慢地同时下管。对所选用吊车的起吊质量，应按其所吊管段质量的2~3倍选用，并严格检查吊车各零部件及钢索有无损坏，以确保安全操作。

（1）地沟管道安装　地沟内管道安装的关键工序是支架的安装。在不通行地沟内，管道的高支座（管道滑托如图4-44所示）通常安装在混凝土支墩上面的预埋钢板上，其安装应在混凝土沟底施工后（同时浇注出支墩），沟墙砌筑前进行。通行和半通行地沟内，管道的高支架安装在型钢支架的横梁上，型钢支架的安装是利用在混凝土沟基土建施工和砌筑沟

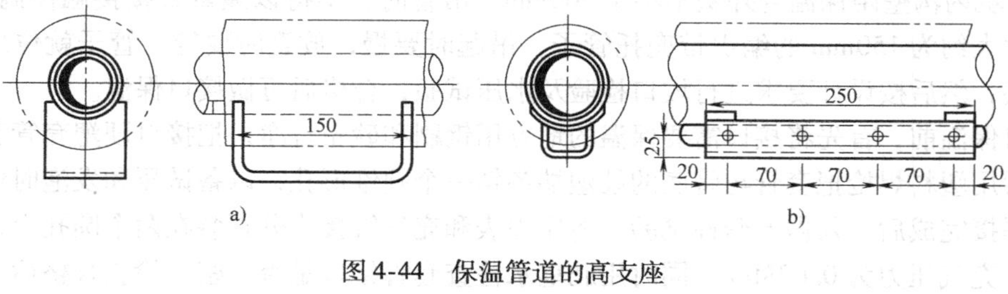

图4-44　保温管道的高支座

a）DN20~DN50滑动支座　b）DN70~DN150滑动支座

墙时，预留的预留孔洞或预埋钢板来固定的。地沟内支架最大间距要求见表4-14。多根管道共同的支架，应按最小管径确定其最大间距，坡度和坡向相同的管道可以共架，对个别坡向和坡度值不同的管子，可以考虑用悬吊的方法安装。当给水管道与供热管道同沟时，给水管可用支墩敷设于地沟底部。

表4-14　支架最大间距

管径/mm		15	20	25	32	40	50	70	80	100	125	150	200
最大间距	不保温/m	2.5	2.5	3.0	3.0	3.5	3.5	4.5	4.5	5.0	5.5	5.5	6.0
	保温/m	2.0	2.0	2.5	2.5	3.0	3.5	4.0	4.0	4.5	5.0	5.5	5.5

地沟内支架安装要平直牢固，同一地沟内若有多层管道时，安装顺序应从最下面一层开始，最好能将下面的管子安装、试压、保温完成后，再安装上面的管子。为了便于焊接，坡口应选在便于操作的位置。所有管子端部的切口，平正检查及坡口切割均应在管子下沟前集中在地面上完成。

在支架横梁（或支墩上钢板）安装后、管道安装前，应按管道的设计位置及安装坡度，在横梁（或钢板）上挂线弹画管道的安装中心线，以作为管子上架就位的安装基准线。然后将已预制好的高支座按其膨胀伸长量，反方向偏移摆在横梁上，如图4-45所示，同时，将其与横梁点焊，随后即可进行管子的上架及连接。

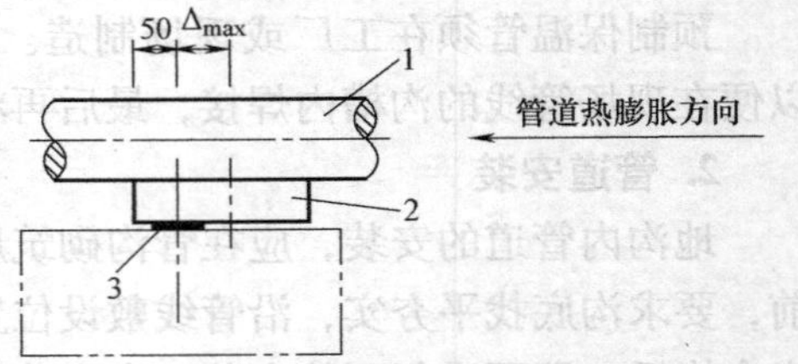

图4-45　支座偏心安装示意图

1—管道　2—支座　3—预埋钢板

管子上架后，经吹扫清除管内污物，即可进行焊接连接。每根管道的对口、点焊、校正、焊接等工作应尽量采用转动的活口焊接，以提高焊接速度及保证焊接质量。管道焊接后，调整高支座位置，将高支座与管子焊牢（滑动支座要在补偿器预拉伸并找正位置后才能焊接），打掉高支座的点焊缝，再进行水压试验及防腐保温等工序即可完成管道安装。

（2）直埋管道安装　直埋管道的安装，最重要的是保温结构的制作质量。一般情况下，保温结构可在加工厂预先做好，再运到现场安装。保温结构只留管子的接口，待焊接并试压合格后再进行接头保温；接头保温结构补做的方法与管道保温结构相同。

由于预制保温管的保温结构不允许受任何外界的机械作用，向管沟内下管时必须采用吊装。下管前应根据吊装设备的能力，预先把2～4根管子在地面上连接在一起，开好坡口，在保温管外面包一层塑料薄膜，同时在沟内管道的接口处，挖出操作坑，坑深为管底以下200mm，坑内沟壁距保温管外壁不小于500mm。吊管时，不得以绳索直接接触保温管外壳，应用宽度大约为150mm的编织带兜托管子，吊起时要慢，放管时要轻。管子就位后，即可进行焊接，然后按设计要求进行坡口检验及水压试验，合格后可做接口保温。

接口保温前，首先将接口需要保温的地方用钢刷和砂布打净，把接口硬塑套管套在接口上。然后用塑料焊枪把套管与管底的硬塑端各钻一个圆锥形孔，以备试压和发泡时使用。接口套管焊接完成后，须做严密性试验，将压力表和充气管接头分别装在两个圆孔上，通入压缩空气，充气压力为0.02MPa。同时用肥皂水检查套管接口是否严密。检查合格后，可进行发泡。

为了使埋地管底很好地落实在沟槽内的地基上，减少管底的弯曲应力，管子下面应有100mm厚的砂垫层。在管子敷设完毕后，再铺75mm厚的粗砂枕层，然后用粉状回填土（即细土）填至管顶以上100mm处，以改善管子周边的受力情况，再往上可用沟土回填。如有余件，最好用砂子回填至管顶以上100mm处，对改善管受力效果极佳，如图4-46所示。

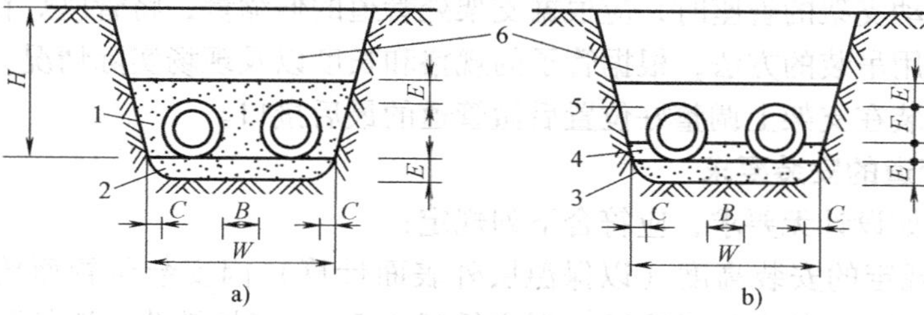

图4-46 管道直埋断面

a）砂子埋管 b）细沙埋管

1—填砂 2、3—砂垫层 4—砂枕层 5—填细土 6—回填土

4.2.2 室外架空管道的安装

室外架空敷设管道用于地下水位高、水质差、地形高低起伏变化大、地下管线多等不利于管道地下敷设的情况。管道架空敷设比地下敷设节省土方工程量，不受地下水的侵害，维修检查方便，但管子受风吹雨淋和日晒，管道的保温层易被破坏。室外架空敷设管道多属空中作业，施工时应制定周密的施工技术和安全措施。室外架空敷设管道的安装应尽可能在地面上做接口，将其预制成一定长度的管段，用吊装的方法放到管道支架上，以减少在空中做管道接口的工作量。这样既加快了施工进度，又减少了施工的不安全因素。

1. 管道架空敷设的形式

管道架空敷设根据支架安装高度的不同可分为三种，如图4-47和图4-48所示。

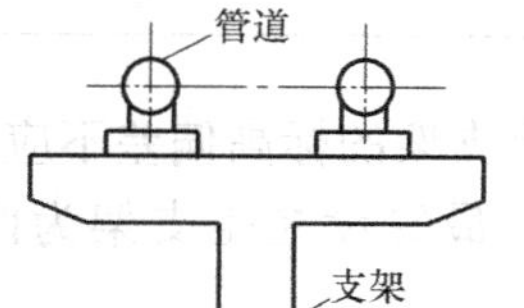

图4-47 管道低支架敷设

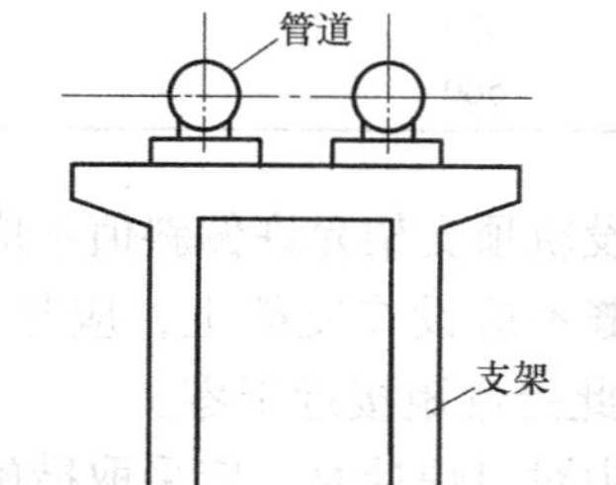

图4-48 管道中、高支架敷设

（1）低支架 支架上管道保温结构底距地面净高不得小于0.3m，一般为0.5～1m。由于管道安装高度低，其所受推力在支架处形成的力矩小，所以支架截面尺寸小。通常是沿着工厂的围墙或平行于铁路、公路的管道敷设。

（2）中支架 支架上管道保温结构底距地面净高为2～4m，常用于人行频繁和非机动车辆通行地段。

(3) 高支架　支架上管道保温结构底距地面净高为4m以上，一般为4~6m。其支架高、截面尺寸大、耗材多，故仅在跨越铁路、公路或其他障碍物时采用。

2. 架空敷设管道安装

首先应对管道支架的位置及标高进行检查，看其是否符合设计要求，并检查其夹层支架安装是否牢固，支架顶面预埋钢板是否符合要求。再用经纬仪测出支架上管道的位置，并做出标记。在安装活动支架的管座时，应根据支架处管道的伸缩量，将管座焊在管道上。

管道就位应采用吊装的方法，根据管子的规格和长度以及现场实际情况，借助起重设备吊装管子，将其安装在支架上调整好位置后做管道的最后接口。

3. 架空敷设管道的安装要求

架空敷设管道如设计无要求，应符合下列规定：

1) 架空敷设规定的安装高度（以保温层外表面计算）因安装位置而要求不同：人行地区，不应低于2.5m；车辆通行地区，不应低于4.5m；跨越铁路，距轨顶不应小于6m。架空热力管道与建筑物、构筑物和电线之间的水平及交叉垂直最小净距应符合表4-15的规定。

表4-15　架空热力管道与建筑物、构筑物和电线之间的水平及交叉垂直最小净距

序号	名称			水平净距/m	垂直净距/m
1	一、二级耐火等级建筑物			允许沿外墙	
2	铁路			3.0（距轨外侧）	6.5（电气机车） 6.0（距轨顶蒸汽及内燃机车）
3	公路边缘、边沟边缘或路堤坡脚			0.5~1.0	4.5（距路面）
4	人行道路边缘			0.5	2.5（距路面）
5	架空输电线路		千伏以下（电线在上）	导线最大偏风时	导线最重处
		1		1.5	1.0
		1~20		3.0	3.0
		35~110		4.0	4.0
		220		5.0	5.0
		330		6.0	6.0
		500		6.5	6.5

2) 架空敷设轨顶支架允许偏斜值不应超过20mm，每个支架的标高偏差不应超过2mm。

3) 管道焊缝不应设在支架上，应与支架有一定距离，最好设在距支架为两支架间距1/5的位置上，此处弯矩接近于零。

4) 管道空中对口焊接时，应采取措施保证管子不塌腰。当管径小于300mm时，用弧形承托板在下面托住接口处，将接口点焊定位，然后去掉承托板施焊；管径大于300mm时，采用搭接板辅助对口。

5) 架空敷设管道位置允许偏差为20mm，标高允许偏差为10mm。

6) 为保证管道受热膨胀后，滑动支架的管座中心线落在支承板中心线上，安装时应将管座中心偏向管道受热膨胀的反方向50mm，如图4-49所示。

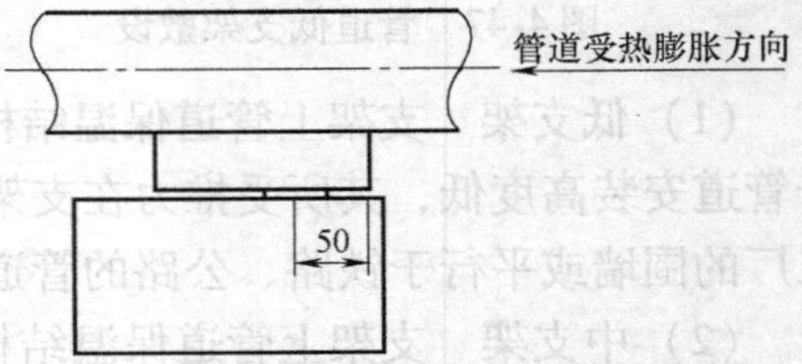

图4-49　滑动支架安装

4.2.3　热力管道支架及补偿器的安装

1. 热力管道支架的安装

（1）活动支架　活动支架直接承受管道的重量，并使管道因温度变化而自由伸缩移动。活动支架有滑动支架、滚动支架及悬吊支架，其中应用最广泛的是滑动支架。

1）滑动支架。滑动支架有低位和高位两种。低位的滑动支架如图 4-50 所示。支架焊在管道下面，可在混凝土底座上前后滑动。支架周围的管道不能保温，以使支架能自由滑动。高位滑动支架的结构类似于图 4-50 所示的结构，但其支架较高，保温层把支架包起来，支架下部可在底座上滑动。

低位滑动支架用于可通行地沟，高位滑动支架常用于不可通行地沟及半通行地沟。

2）滚动支架。滚动支架如图 4-51 所示，管道支架架在底座的圆轴上，其滚动可以减少承重底座的轴向推力。这种支架常用在架空敷设的塔架上。

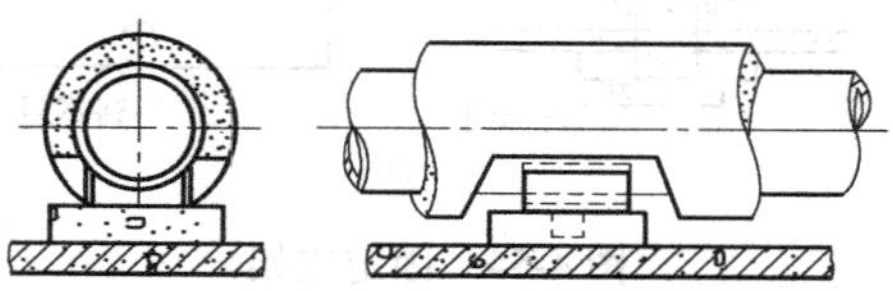

图 4-50　低位滑动支架

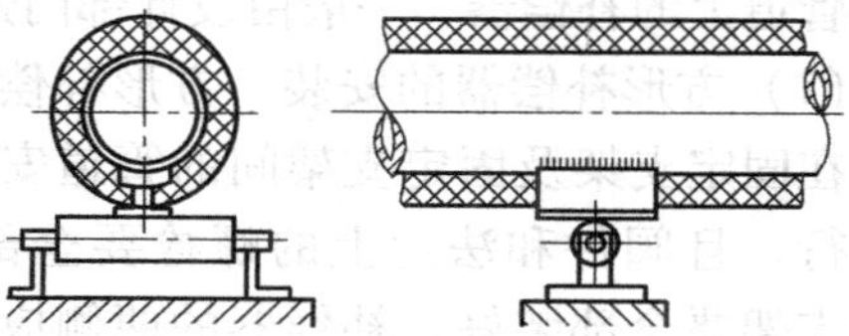

图 4-51　滚动支架

3）悬吊支架。在架空敷设管道中或悬臂托架上常用悬吊支架。在靠近补偿器的几个吊架上要采用弹簧支架。

安装管道支架时，应正确找到管道中心线及标高，使管子的重量均匀地分配在各个支架上，避免集中在某几个支架上，以免焊缝受力不均而产生裂纹。同时，根据均匀载荷多跨梁的弯曲应力分析知，管道的焊缝不应在应力最集中的支架上，如图 4-52 所示，而应在 $l/5$ 跨距的 a、b、c 各点上。

（2）固定支架　为了分配补偿器之间管道的伸长量，并保证补偿器均匀工作，在补偿器的两端管道上，安装有固定支架，把管道固定在地沟的承重结构上。

在通行地沟中，常用型钢支架把管道固定住，如图 4-53 所示。

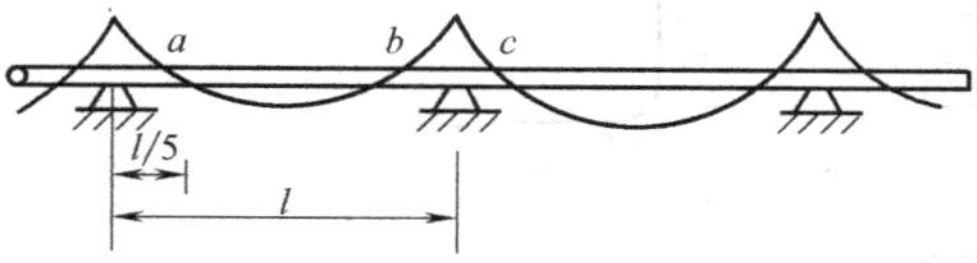

图 4-52　焊缝的最佳位置

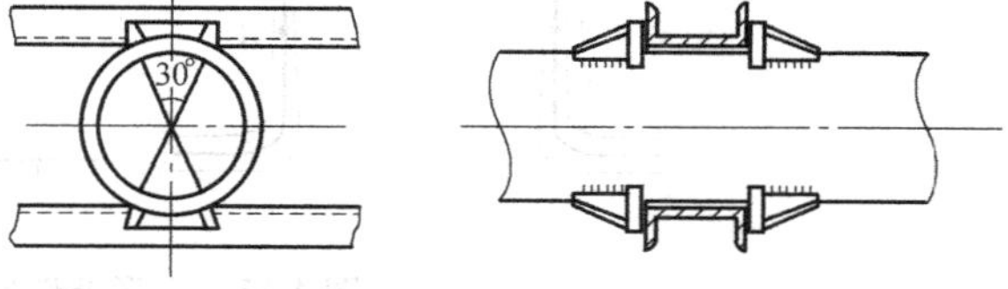

图 4-53　固定支架

不可通行地沟及无沟敷设管道常用混凝土结构或钢制结构的固定支架，如图 4-54 所示。

固定支架承受着很大的轴向作用力、活动支架摩擦反力、补偿器反力及管道内部压力的反力。因此，固定支架结构应经设计计算确定。

对于方形补偿器，应把补偿器预拉伸后再把管道焊在固定支架上。

2. 补偿器的安装

在直管段上，若两固定支架间管道的热膨胀受到了限制，将会产生极大的热应力，使管子损坏。因此，必须设置管道补偿器，用以补偿管道因温度变化而引起的伸长量，确保管道正常工作。

管道补偿分为自然补偿和专用补偿。自然补偿是利用管道自然转弯的几何形状具有的弹性来补偿热伸长，使管子热应力减小。专用补偿是利用专门设置在管路上的补偿器的变形来补偿热伸长。专用补偿器有方形补偿器、套管补偿器、波纹管补偿器及球形补偿器等类型。供热管道上的补偿器，一般由设计部门选定。

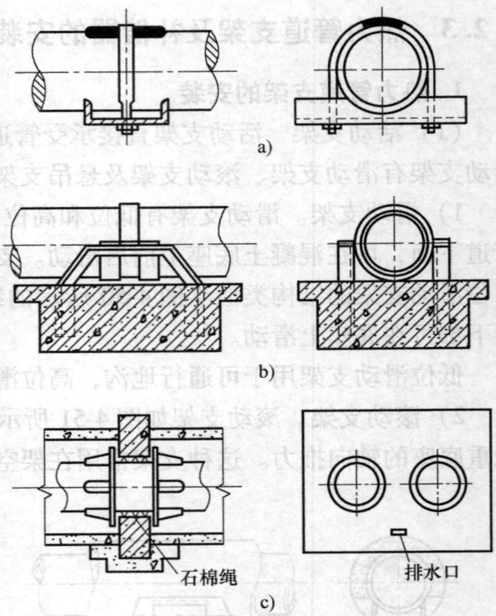

图 4-54　固定支架

（1）方形补偿器的安装　方形补偿器的安装应在固定支架及固定支架间的管道安装完毕后进行，且阀件和法兰上的螺栓要全部拧紧，滑动支架要全部装好。补偿器的两侧应安装导向支架，第一个导向支架应放在距弯曲起点 40 倍公称直径处。在靠近弯管设置的阀门、法兰等连接处的两侧，也应设导向支架，以防管道过大的弯曲变形而导致法兰等连接件泄露。补偿器两侧的第一个支架应设在距弯曲起点 1m 处。

方形补偿器应按设计要求制作，最好利用一根钢管煨制。当管径较大，用一根管长度不够而需接口时，坡口的位置应设在垂直臂的中间点，如图 4-55 所示的 *A* 点，此处所受弯矩最小，绝不能将坡口放在水平臂上（顶部）。为减小方形补偿器在工作中的变形，提高补偿器的补偿能力，安装方形补偿器前应进行预拉伸。预拉伸可在冷态下进行，可采用拉伸器拉伸或千斤顶撑拉的方法，预拉伸的变形量应为其补偿能力的一半，如图 4-55 所示。

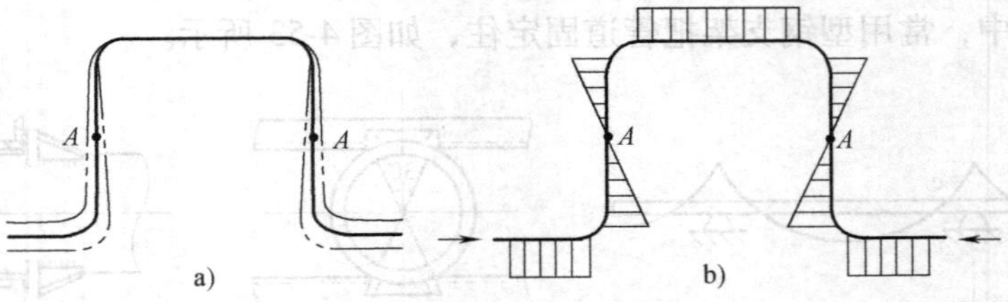

图 4-55　方形补偿器变形和受力图

a）变形图　b）受力图

方形补偿器可水平安装，也可以垂直安装，其安装要求如下：

1）方形补偿器水平安装时，垂直臂应水平放置，平行臂应与管道坡度相同。

2）方形补偿器垂直安装时，不得在弯管上开孔安装放气管和排水管。

3）方形补偿器处滑托的预偏移量应符合设计图样的规定。

4）方形补偿器垂直臂偏差即平面偏差应不超过±10mm。

5）方形补偿器应先预拉伸，然后安装，做好固定支架后，才能拆除预拉伸的支承杆件。

（2）套管补偿器的安装　套管补偿器有钢制和铸铁两种。铸铁套管补偿器用法兰与管道连接，只适用于公称压力小于1.3MPa、公称直径小于300mm的管道。钢制套管补偿器与管道焊接连接，可用于公称压力小于1.6MPa的管道，有单向和双向两种。图4-56所示为单向套管补偿器，其尺寸及性能见表4-16。补偿器的芯管（又称导管）直径与连接的管道直径相同，芯管可以在补偿器的套管内自由移动，从而起到吸收管道伸长量的作用。在芯管与套管之间的环形缝隙内装填料，使填料靠实端环，用压盖将填料压紧，以保证芯管移动时不出现介质渗漏。

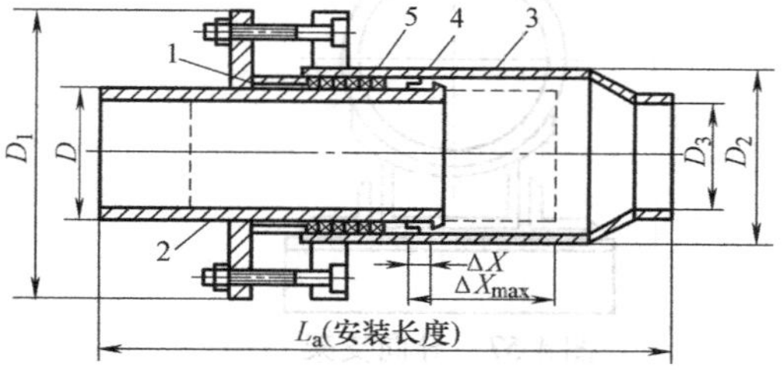

图4-56　单向套管补偿器

1—压盖　2—导管　3—套管　4—端环　5—填料

表4-16　单向套管补偿器尺寸及性能表

公称尺寸DN	尺寸/mm					最大膨胀量 ΔX_{max}/mm	质量/kg	补偿器的摩擦力 F_t/kN	
	D	D_1	D_2	D_3	L_{max}			由拉紧螺钉产生的	当介质工作压力 $p=100$kPa 时产生的
100	108	190	133	100	830	250	18.66	9.85	0.59
125	133	215	159	125	340	250	23.82	9.90	0.80
150	159	250	194	150	905	250	34.78	13.2	1.22
200	219	345	273	205	1170	300	79.87	13.0	2.84
250	273	395	325	295	1170	300	101.24	19.9	3.36
300	325	450	377	311	1275	350	142.26	20.3	3.60
350	377	500	426	363	1285	350	163.00	20.6	3.67
400	426	560	478	412	1360	400	206.35	27.6	4.50
450	478	610	529	464	1360	400	231.68	27.8	4.65
500	529	675	594	515	1370	400	309.08	36.8	7.30
600	630	780	704	614	1375	400	380.00	44.0	8.80
700	720	875	794	704	1380	400	454.33	50.0	10.0

套管补偿器必须安装在直线管段上，不得安装偏斜，以免补偿器工作时管芯被卡住而损坏。为使补偿器工作可靠，应在靠近补偿器管芯处的活动支架上安装导向支架，如图4-57所示。套管补偿器较常用在可通行地沟，其占地面积小，但须经常检修。在不通行地沟内也可使用，但必须设检查井，以便定期检查。若直线管路较长，须设置多个补偿器，最好采用双向套管补偿器，如图4-58所示。这样不但工作可靠，而且可减少检查井数目，降低造价。

套管补偿器安装前应检查填料情况，石棉绳应在煤焦油中浸过，接头处要有斜度并加润滑油，以增加耐腐蚀能力，保证严密性。安装时，还要根据安装环境温度计算导管的安装位置，即导管安装时离开填料的距离为 Δ_1，以防止当管道温度低于安装环境温度时，补偿器因收缩而受到破坏。Δ_1 可按下式计算

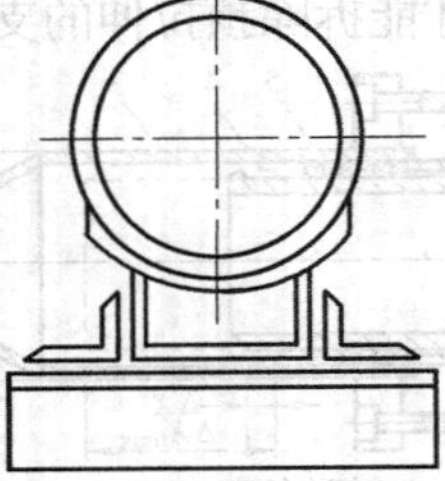

图 4-57 导向支架

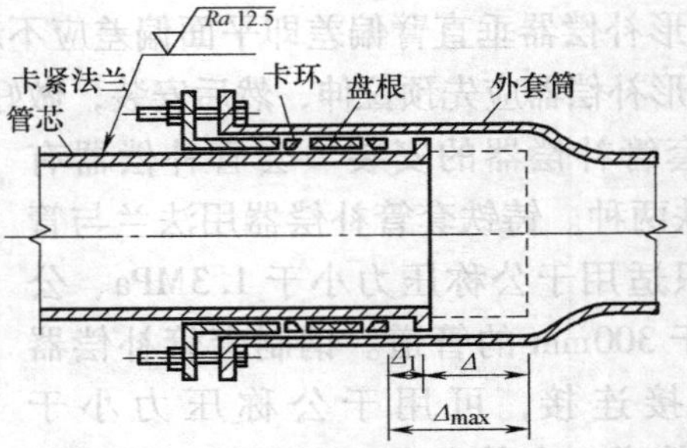

图 4-58 双向套管补偿器

$$\Delta_1 = \Delta_{max}(t_1 - t_0)/(t_2 - t_0)$$

式中 Δ_{max}为套管补偿器最大补偿量（mm）；t_1 为设计安装环境温度（℃）；t_2 为热媒最高温度（℃）；t_0 为室外空气最低温度（℃）。

（3）波纹管补偿器的安装 波纹管补偿器是利用波纹形管壁的弹性变形来吸收管道的热伸长。波纹管补偿器的形式很多，有轴向型、万向型等。图 4-59所示为供热管道上最常用的轴向型波纹管补偿器。在波纹管补偿器内装有导流管，减少了流体的流动阻力，同时也避免了介质对波纹管壁面的冲刷，可以使波纹管的使用寿命延长。波纹管补偿器体积小，质量轻，占地面积小，易于布置，安装方便，且具有良好的密封性能，与套管补偿器相比，它不需要进行维修，承受能力和工作温度都比较高。因此，目前在供热管道中已经广泛采用，其最大公称压力为 2.5MPa，最高使用温度可达 450℃。但波纹管补偿器也存在补偿能力小的缺点，价格也较高。

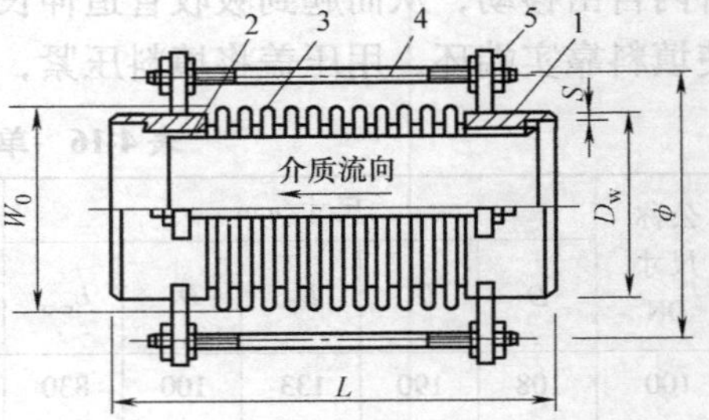

图 4-59 轴向型波纹管补偿器
1—端管 2—导流管 3—波纹管
4—限位拉杆 5—限位螺母

波纹管补偿器端管直径与管道直径相同，端管与管道采用焊接连接，有特殊要求时，也可与管道采用法兰连接。为了提高其补偿能力，波纹管补偿器也应经预拉伸之后再安装于管路上。波纹管补偿器安装时，补偿器与管道必须同轴，不得用补偿器变形的方法调整管道的安装偏差，不允许补偿器受到扭转力矩。为保证管道在补偿器处的同轴度偏差最小，可先将管道敷设好，然后在需要安装补偿器的位置割下一小段管子，割下的管段长度应等于补偿器本身的长度加冷拉长度，将补偿器预拉伸后再焊接到管路上。一般情况下，两个固定支架之间应只设置一个补偿器，补偿器一端要靠近固定支架，另一端应安装导向支架，如图 4-60 所示。

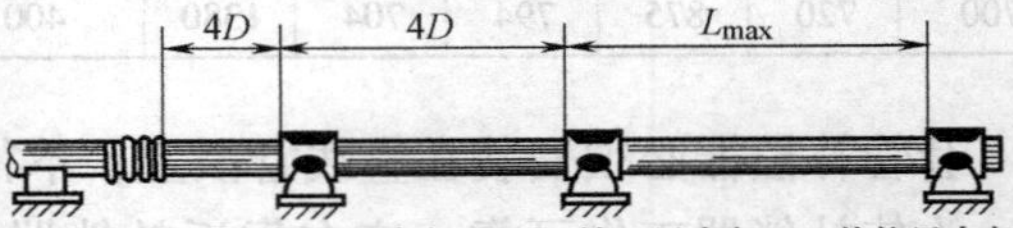

图 4-60 波纹管补偿器导向支座的设置
D—管道公称直径 L_{max}—最大导向间距

4.2.4 检查室或操作平台的安装

地下敷设管道安装有套筒补偿器、阀门以及放水、排气和除污装置等管道附件，故应设检查室（井）。

检查室的净空尺寸要尽可能紧凑，但必须考虑便于维护检修。检查室的净空高度不得小于1.8m，人行通道宽度不小于0.6m，干管保温结构表面与检查室地面距离不小于0.6m。检查室顶部应设入口和入口人梯，入口人孔直径不小于0.7m。为了检修时的安全和通风换气，人孔数量不得小于两个，并应对角布置。当热水管网检查室只有放气门或其净空面积小于0.4m^2时，可只设一个人孔。

检查室还用来汇集和排除渗入地沟或由管道放出的网路水。为此，检查室地面应低于地沟底，其值不小于0.3m；同时，检查室内至少设一个积水坑，并应置于人孔下方，以便于将积水抽出。

中、高架敷设的管道，在安装阀门及放水、放气、除污装置的地方应设置操作平台。操作平台的尺寸应保证维修人员操作方便，平台周围应设防护栏杆。

检查室或操作平台的位置及数量应与管道平面定线和设计时一起考虑。在保证安全和检修方便的前提下，尽可能减少其数目。

4.2.5　热力管道的试压与验收

室外管道同室内管道一样，当管道系统安装完毕后，根据施工程序及规范的要求，应进行管道系统的试压、清洗等工作，以备工程验收。

1. 试压

室外供热管道的水压试验压力为工作压力的1.5倍，但不得小于0.6MPa。试压合格的标准为：在试验压力下10min内压降不大于0.05MPa，然后降至工作压力下检查，不渗不漏。供热管道作水压试验时，试验管道上的阀门应开启，试验管道与非试验管道应隔断。管道试压合格后，应进行清洗。

2. 工程验收

室外供热管网工程的验收，应由施工单位会同建设单位共同进行。为此，施工单位应提交下列技术文件：

1）施工组织设计或施工技术措施。

2）施工记录或施工日记。

3）工程质量自查记录，工程质量管理部门的评定结论。

4）材料、管件的产品合格证，材料质量证书和分析检验报告。

5）设备的产品合格证，设备带的专用工具和备件的移交证明。

6）隐蔽工程验收记录，水压试验记录和其他规范规定的由施工单位进行的各种检查、检验记录。

7）竣工图。

建设单位应按规范的要求对工程的质量等作全面的检查，具体的内容是：

1）管网在工作状态下是否严密，管道支架和热补偿装置是否正常、可靠。

2）安全装置能否达到灵敏、可靠的标准。

3）各种设备的性能及工作状态怎样，性能是否稳定，运行设备产生的噪声不应高于国家规定标准。

4）管网防腐工程施工质量是否良好。

5）工程档案资料是否符合要求。

上述内容检查合格后，双方共同签字验收。

第5章　工业锅炉的安装

锅炉的工作原理是把燃料中的化学能通过燃烧转化成热能，加热供热介质，使之变成高温高压的能量载体供用户使用。因此，锅炉是在一定的温度和压力下工作的压力容器，并且其工作环境较差。锅炉运行时，各个组成部分处于不同的温度状态，停炉时，各组成部分又处于常温状态，存在热胀冷缩的问题；运行中的锅炉内部储存着高温高压的蒸汽和水，一旦出现运行事故将会造成巨大的直接和间接损失。同时由于锅炉的制造特点，其运行效率在很大程度上取决于安装质量。因此，无论从运行的经济性还是从运行的安全性方面考虑，锅炉的安装都必须严格遵守压力容器的安装标准，以确保锅炉的安装质量。

工作压力不大于1.25MPa、热水温度不超过130℃的供热锅炉，应遵照GB 50242—2002《建筑给排水及供暖工程施工质量验收规范》的有关规定施工；工作压力不大于2.5MPa、蒸发量不大于35t/h的现场组装锅炉，应遵照GB 50231—1998《机械设备安装工程施工及验收规范》、GB 50273—1998《锅炉安装工程施工及验收规范》和GB 50211—2004《工业炉砌筑工程施工及验收规范》的有关规定施工；与锅炉连接的管道、锅炉附属设备连接的管道安装，应遵照GB 50235—2010《工业金属管道工程施工规范》及DL/T 50190.4—2004《电力建设施工及验收规范》的有关规定施工。

5.1　锅炉安装工具和设备

锅炉安装需要的大型设备包括牵引设备和起重设备。一般包括绳索（白棕绳、钢丝绳）、吊装工具（撬杠、吊钩、卡环）、滑车、千斤顶、卷扬机和起重桅杆等。

1. 白棕绳

在锅炉吊装作业时，白棕绳是起吊较轻设备及零部件用的绳索，其优点主要是轻便、柔软，便于系结。

白棕绳有浸油和不浸油两种。浸油白棕绳不易腐烂，但质料较硬，不易弯曲，强度比不浸油的绳要降低10%～20%，所以一般在吊装作业中，都用不浸油的白棕绳。但是不浸油的白棕绳受潮后易腐烂，使用期限较短。

2. 钢丝绳

钢丝绳是吊装用的主要绳索，具有强度高、韧性好、耐磨性好等优点；且其磨损后外部产生许多毛刺，容易检查，便于预防事故。

钢丝绳是由许多根直径为0.4～4.0mm、强度1400～2000MPa的高强度钢丝捻成绳股绕制而成，如图5-1所示。按绳股及每股中的钢丝数分，常用的钢丝绳有6股7丝、6股19丝、6股37丝和6股61丝等几种。

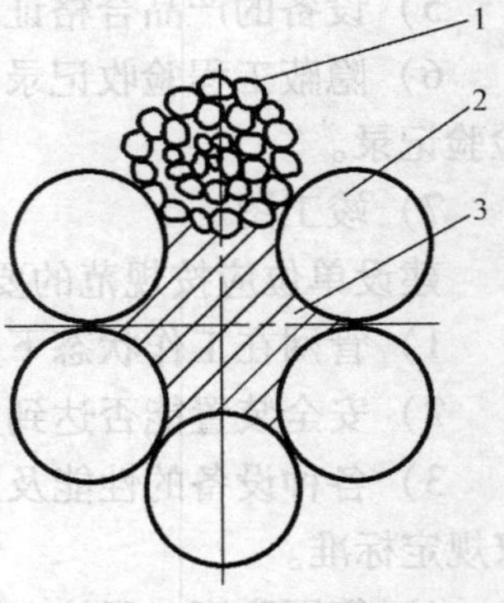

图5-1　普通钢丝绳的截面
1—钢丝　2—钢丝绕成的绳股　3—绳芯

使用时，为了减少钢丝绳的弯曲应力，应尽量采用直径比较大的滑轮或卷筒。

3. 吊装工具

锅炉吊装作业时，主要的吊装工具有撬杠、滚杠、吊钩、卡环和吊索。

（1）撬杠和滚杠　撬杠和滚杠是移动重物和校正设备位置的常用工具。撬杠是用圆钢或六棱形钢锻制成的。它的一头做成尖锥形；另一头做成鸭嘴形或虎牙形，并且弯折40°~45°，对弯折部分及弯折点附近60~70mm的直线部分进行淬火和回火处理。处理后的硬度要求达到40~45HBW。滚杠一般采用钢管制成，它的尺寸可根据需要和现场条件加工。

（2）吊钩　常用的吊钩为单钩。吊钩是由整块钢材锻造的（常用20优质碳素钢），锻成后要进行退火处理，以消除其残存的内应力，增加其韧性，要求硬度达到95~135HBW。吊钩表面应当光滑，不能有剥裂、刻痕、锐角、裂缝等缺陷存在，并且不准对磨损或有裂缝的吊钩进行补焊修理。因为补焊后吊钩会变脆，将导致其受力后裂断而发生事故。

（3）卡环　它用于吊索之间或吊索与构件之间的连接，由弯环和销子（芯子）两部分组成，弯环的形状有直形和马蹄形两种。活络卡环的销子端头和弯环孔眼无螺纹，可以直接抽出，多用于吊装柱子。当柱子就位并临时固定后，可在地面上用绳子将销子拉出，解开吊索，避免了高空作业。

（4）吊索　吊索又称千斤，俗称钢丝绳头，主要用来绑扎设备及零部件，以便吊起。吊索分为两种：环状吊索（图5-2a）和8股头吊索（图5-2b）。

a)　　b)

图5-2　吊索

a）环状吊索　b）8股头吊索

4. 滑车

使用滑车不仅可以省力，也可以改变用力的方向。滑车是起重机和桅杆的主要组成部分。

滑车按滑轮的多少，可分为单门（一个滑轮）、双门和多门等几种；按连接件的结构形式不同，可分为吊钩型、链环型、吊环型和吊梁型四种；按滑车的夹板是否可以打开，分为开口滑车和闭口滑车两种；按使用方式不同，又可分为定滑车和动滑车两种。使用滑车时，应根据其允许荷载值来选用。滑车的允许荷载应根据滑车和轴的直径确定，一般滑车上都有标明。使用中还应注意滑轮直径不能小于钢丝绳直径的10~12倍，以减少绳的弯曲应力。

5. 倒链

倒链又称“神仙葫芦”、“斤不落”。它分为手动和电动两种。

手动式倒链的起重量为0.5~20t，起重高度为3~5m，最高可达12m。在其使用前应仔细检查导钩、链条及轮轴是否有变形或损伤，传动部分是否灵活。挂上重物后，先慢慢拉动链条，等起动链条受力后再检查一遍，看看链轮啮合是否妥当，链条的自锁（制动）情况是否良好。

使用倒链不能超载，操作时要用力适当且均匀，当吊起重物在空中停顿时间较长时，应将手拉链拴在起重链上，以防自锁失灵。

6. 千斤顶

在锅炉安装时，常用千斤顶校正锅炉的安装偏差和锅炉骨架等构件的变形，也可以用于顶升设备等。

千斤顶分为齿轮式、螺旋式和液压式三种。齿轮式千斤顶的起重量较小，一般为30～50kN，最大约为150kN；螺旋式千斤顶的起重量一般为50～500kN，顶推距离130～280mm；液压式千斤顶的起重量为30～500kN。

7. 绞磨和卷扬机

绞磨由推杆（绞杠）、磨头、卷筒、磨架、制动器等部件组成，如图5-3所示。绞磨构造简单，操作方便，但是推动比较费力，目前只在偏僻地区没有电源的情况下使用。

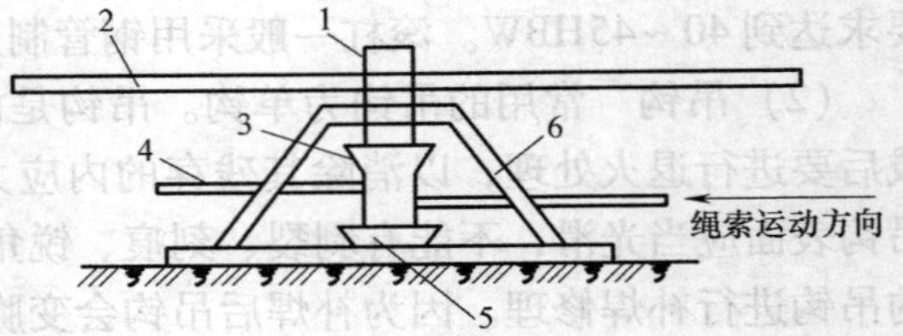

图5-3 绞磨

1—磨头 2—推杆 3—磨腰 4—拉梢绳 5—制动器 6—磨架

卷扬机又称绞车，有手摇和电动两种。手摇卷扬机的卷扬能力，一般为0.5～3t，电动卷扬机的卷扬能力一般为1～10t。

8. 起重桅杆

起重桅杆由桅杆、底座、滑车组和卷扬机等组成。按桅杆制作的材料，分为木制、钢管制和用型钢制作的格构式桅杆等，木制和钢管制桅杆如图5-4和图5-5所示。

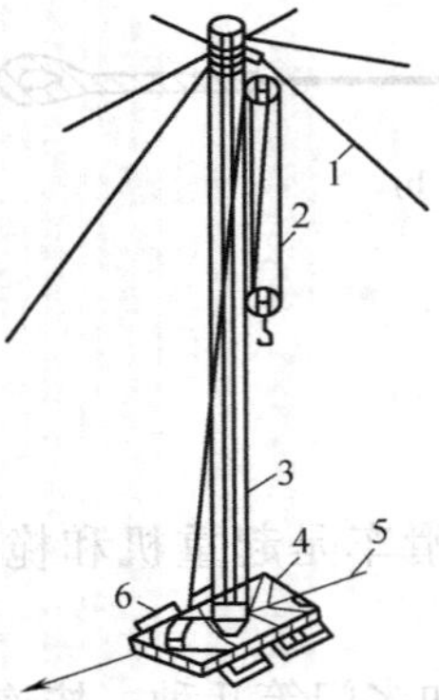

图5-4 木制单桅杆

1—缆风绳 2—滑车组 3—桅杆 4—支座 5—牵索 6—导向滑车

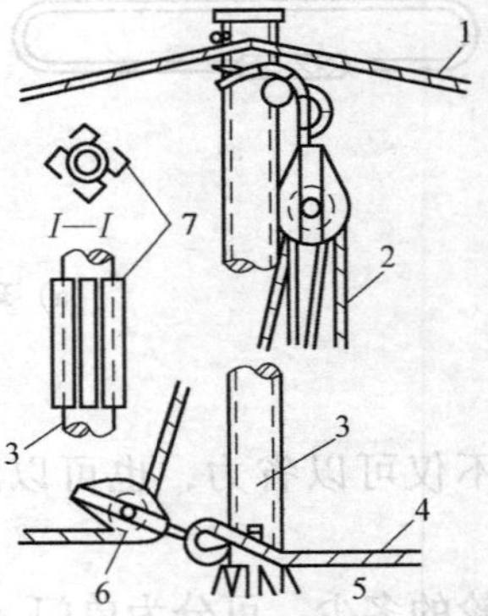

图5-5 钢管制单桅杆

1—缆风绳 2—滑车组 3—桅杆 4—牵索 5—支座 6—导向滑车 7—加固角钢

木制单桅杆的起重高度在15m以内，起重量在20t以下；钢管制单桅杆的起重高度一般在25m以内，起重量在30t以下；格构式桅杆的起重高度可选70余米，起重量可达100余吨。

5.2 锅炉基础验收、划线

1. 基础验收

基础复查验收工作，应由业主代表、监理、土建、安装项目部共同进行。按照GB 50204—2002《混凝土结构工程施工质量验收规范》。

1）检验基础外观质量。不应有蜂窝、孔洞、麻面、裂纹、表面剥落和露筋等缺陷。

2）检验基础混凝土抗压强度，以强度符合设计要求为合格。

3）对基础外形尺寸高度进行测量。用钢直尺测量外形尺寸，用水平仪测量标高。通过基础划线确定地脚螺栓的预留孔是否符合标准。各项技术指标应达到设计要求，对合格的锅炉基础正式办理验收签证手续，方可移交安装。

2. 基础划线

要根据设计要求在基础上划线，确定锅炉与锅炉房的相对位置。划线时，先将锅炉纵向基础线划在基础上，然后在炉前墙边缘画一条与基础纵向基准线相垂直的直线，作为纵向基准线。根据这两条纵横基准线，便可以划出锅炉的平面安装位置。为了确定锅炉的安装高度，可在锅炉房墙壁或立柱上标出 1.5m 或 ±0.00m 标高点，作为安装和校正锅炉钢架时的基准标高。有了这三条基准线，就可将锅炉及辅助设备的安装位置，按设计要求全部划在基础上。划线时要注意各线之间的垂直与水平关系，尽量划得清晰准确。

5.3　锅炉钢架和平台的安装

锅炉钢架是整个锅炉的骨架，它不仅承受着锅炉几乎全部的重量，而且决定锅炉的外形尺寸，同时还是锅炉本体和其他设备安装时找正的依据，所以对钢架的安装和质量检查应十分仔细，必须引起高度重视。

锅炉的基础验收及划线工作已完毕，并且能满足构架连接安装的基本要求，钢结构组装的劳动组织、施工材料、施工通信设施已准备就绪；钢结构安装的技术方案、吊装方案已批准，并进行了技术交底。具备了以上条件方可进入钢架的安装阶段。

锅炉钢架和钢构件是以单件出厂的，经过运输和装卸后有可能产生变形、损坏或丢失。因此，要求在安装前按出厂清单检查各构件的数量，并按图样和技术要求检查其有无损伤、锈蚀、裂纹等缺陷，以及检查各构件的规格、尺寸、平面度、弯曲度、螺栓孔的直径和位置、焊缝质量等是否合格。钢架的允许偏差应符合表 5-1 的规定。

表 5-1　钢架的允许偏差

项　次	检查项目		允许偏差/mm
1	立柱、横梁长度偏差		±5
2	立柱、横梁弯曲度	每 1m	2
		全长	10
3	平台框架平面度	每 1m	2
		全长	10
4	护板、护板框架水平度		5
5	螺栓孔中心距偏差	相邻两孔	±2
		任意两孔	±3

钢架安装时，应根据柱子上托架和柱头标高，在柱子上确定并划出 1m 标高线，此标高线是以锅炉房的标高基准点为依据的。锅炉立柱上的 1m 标高线将作为安装锅炉各零部件和

检测时的基准标高。

钢架安装的垂直度、水平度、相对位置及标高，应严格按照锅炉本体图样施工，并将柱脚牢牢地固定在锅炉基础上，其安装质量应符合表5-2的规定。

表5-2 锅炉钢架安装质量标准

项次	项目	允许偏差/mm
1	各立柱的位置	±5
2	各立柱间距离	间距的1/1000，且不大于10
3	立柱、横梁的标高	±5
4	各立柱相互间标高	3
5	各立柱的垂直度	高度的1/1000，且不大于10
6	两立柱铅垂面内两对角线的长度	长度的1/1000，且不大于10
7	各立柱上或下水平面内相应两对角线的长度	长度的1.5/1000，且不大于15
8	横梁的水平度	长度的1/1000，且不大于5
9	支持锅筒的横梁的水平度	长度的1/1000，且不大于3

支撑在钢柱或钢梁上的平台、撑架、扶梯、栏杆、栏杆柱、挡脚板等应安装平直、焊接牢固，栏杆柱的间距应均匀，栏杆接头焊缝表面应光滑。

5.4 锅筒和集箱的安装

锅筒和集箱是锅炉最主要的受压元件，其安装质量直接关系到锅炉的安装质量。尤其是胀接的锅炉，锅筒的安装位置稍有偏差，就会影响到锅炉受热面的正确安装，严重影响胀管质量。因此，锅筒和集箱的安装必须严格地按技术规程要求进行。

1. 锅筒和集箱安装前的检查

锅筒和集箱安装前应按照装箱清单、有关图样和技术要求，对筒体、内部装置和附件等逐件进行检查，其质量应符合锅炉设计图样、JB/T 1609—1993《锅炉锅筒制造 技术条件》、JB/T 1610—1993《锅炉集箱 技术条件》的要求。锅筒和集箱安装的允许偏差见表5-3。

表5-3 锅筒和集箱安装的允许偏差 （单位：mm）

项目	允许偏差
主锅筒的标高	±5
锅筒纵向和横向中心线与安装基准线的水平方向距离	±5
锅筒、集箱全长的纵向水平度	2
锅筒全长的横向水平度	1
上、下锅筒之间水平方向距离和垂直方向距离	±3
上锅筒与上集箱的轴心线距离	±3
上锅筒与过热器集箱的距离，过热器集箱之间的距离	±3
上、下集箱之间的距离，集箱与相邻立柱中心距离	±3
上、下锅筒横向中心线相对偏移	2
锅筒横向中心线和过热器集箱横向中心线相对偏移	3

1）检查锅筒内、外表面有无裂纹、锈蚀、金属分层等缺陷。

2）检查锅筒、集箱、短管接头有无机械损伤、锈蚀、金属分层、裂痕，焊缝有无裂纹、气孔、夹杂等缺陷。

3）核查锅筒、集箱两端水平和垂直中心线位置是否正确，必要时应根据管孔中心线重新调整和标定。

4）根据锅炉本体图样，用卡尺、钢直尺测量锅筒和集箱外形、管孔、管排间距等尺寸。

2. 锅筒和集箱的划线

锅筒和集箱检查合格后，即可进行锅筒的划线。划线是按锅筒和集箱本身的中心线冲孔标记，在锅筒的两侧弹划出纵向中心线；在锅筒的前后两端面上弹划出水平与垂直的中心十字线；在锅筒底部划出与底座接触就位的基准线，作为锅筒安装时检测位置、标高和就位的基准。

3. 锅筒支座的安装

上锅筒一般置于钢架上的活动支座上，下锅筒则由管束吊承，或吊装于承重横梁下。因此上锅筒支座的安装、下锅筒临时支承架的准备是锅筒安装前必须做的重要工作。

1）锅筒支座。锅筒支座有固定支座和双层活动支座。在安装前应对活动支座进行解体清洗并检查、校正弯曲变形的滚柱。测量两支座的弯曲度，以便确定垫板的厚度。在垫板上划出纵横中心线，并与横梁中心线对准。将该柱及弧形支座摆正，留有膨胀所需的间距，用垫铁在支座垫铁板底下调整。测好后与横梁焊牢，并进行锅筒支座安装位置校正。

2）临时支座。临时支座下锅筒吊装前，应准备好临时支撑装置，由型钢用煤柱固定于锅炉钢架上，当上、下锅筒及其连接管束均已安装完毕，燃烧室开始砌筑时，方可拆除临时支座，在拆除时严禁敲打。

4. 锅筒和集箱在吊装时应注意的事项

1）在吊装时钢丝绳要捆绑牢固，钢丝绳与锅筒接触部位要用木板、革袋或旧棉布垫好，严禁钢丝绳穿过锅筒的管孔；钢丝绳捆绑的部位，不应妨碍锅筒就位，钢丝绳夹要牢固，抱杆应运转灵活。

2）起吊要有专人指挥，必须有持证的起重工人操作；避免锅筒碰撞钢架；当起吊到一定高度时，要停止起吊，观察并确定没有异常现象后再继续起吊；当达到要求的高度后要缓缓下落，并准确放在支座上。

在锅筒和集箱的安装过程中，及时校正筒体和箱体的标高是一项非常重要的工作，其水平度可用水准仪或水平尺检查，其标高可用尺量检查；上锅筒与下锅筒间、锅筒与集箱间、集箱与集箱间、锅筒与钢架间的相对位置，可用吊锤、拉线、尺量检查。对锅筒和集箱的标高、水平度、相对尺寸调整时，可在支座下放置垫铁，直至其水平中心线和垂直中心线的位置准确为止，如图5-6所示。

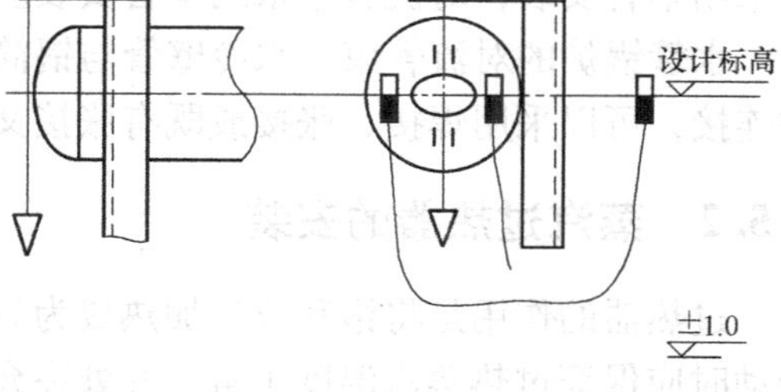

图5-6 锅筒安装水平度及标高校正

5.5 锅炉受热面的安装

受热面是锅炉本体的主要组成部分，其安装质量直接影响锅炉的安全运行。散装的锅炉受热面管子均在锅炉制造厂按图样要求加工成形，出厂后因运输、装卸、保管等因素，管子可能发生变形、损伤、磨损、锈蚀或丢失。因此，在安装前应按装箱清单和制造图样进行清点、检查和校正。

5.5.1 水冷壁和对流管束的安装

锅炉水冷壁有光管水冷壁和膜式水冷壁两种，工业锅炉常用光管水冷壁。水冷壁和对流管束是锅炉最主要的受热面，也是直接受高温作用的受压元件，其安装质量对锅炉正常运行影响很大。

（1）安装前的检查　检查内容和要求包括：

1）管子必须具有出厂质量证明书，其材质应与设计相符。

2）管子表面不应有裂纹、重皮、压扁、腐蚀等缺陷。

3）按图样尺寸在平台上放出弯曲管的大样（比例1：1），并在大样外围焊上若干块小角钢，以控制弯曲管的正确性，作为检查弯曲管的样板。将相同形状的弯曲管各取1根，如能很容易地放入上述样板槽内，并与轮廓线重合的管子为合格，否则应校正、处理。

4）直管的弯曲度全长不超过311mm。长度偏差不应超过±3mm。

5）弯曲管的外形偏差和平面度应与锅炉制造图样相符合。

6）管子的壁厚应均匀，公称外径为32～42mm的管子，其外径偏差不应超过±0.45mm；公称外径为51～108mm的管子，其外径偏差不应超过公称外径的1%。

7）管子应作通球检查，试验用的球一般用不易产生塑性变形的材料制造，通球后的管子应有可靠的封闭措施。通球检查所用球的直径应符合表5-4的规定。

表5-4　球的直径

弯管半径	$<2.5D_{W1}$	$\geq 2.5D_W$ 且 $<3.5D_W$	$\geq 3.5D_W$
球的直径	$0.70D_{N2}$	$0.80D_N$	$0.85D_N$

注：D_W为管子外径（mm）；D_N为管子内径（mm）。

（2）管子的安装工艺　水冷壁的安装方法有单管安装和组合安装两种，一般工业锅炉多采用单管安装，对流管束采用单管安装。

水管锅炉的对流管束、水冷壁管与锅筒或集箱的连接，锅壳式锅炉的烟管、水管与管板的连接，可以采用焊接、胀接或既有胀接又有焊接的连接方法。

5.5.2 蒸汽过热器的安装

过热器的作用是将饱和蒸汽加热成为具有一定温度的过热蒸汽。在锅炉负荷或其他工况变动时应保证过热蒸汽温度正常，并处在允许的波动范围之内。其施工工艺流程如下：

单根蛇形管水压试验→空气吹扫→蛇形管的通球试验→过热器组合安装→集箱（包括过热器和减温器集箱）吊装、就位、找正、固定→防磨罩的焊接→基准蛇形管安装→蛇形管吊装入位、找正→过热器蛇形管的整体找正。

(1) 吊装前的准备

1）根据吊装要求在组件吊装前，进行必要的加固。

2）做好划线，测量标高，清点吊杆数量、编号，复查过渡梁上螺孔尺寸与方位是否正确等就位前的准备工作。

3）将后水冷壁组件用钢丝绳临时悬挂在炉顶大梁下，其位置要比安装位置低一定的距离。可加大折焰角上部高温对流过热器的就位开档，便于高温对流过热器就位，待其就位后再将后水冷壁提升到安装位置。

(2) 安装前的检查　过热器组合安装前，技术人员应先核对厂家合格证（质量保证书）和安检合格通知书，并对过热器主要部件的坡口进行外观检查，确认过热器无裂纹、撞伤、龟裂、压扁、砂眼、分层等现象；未经安检的，应对各主要部件按不同材质和规格，分别对其坡口作探伤检验。

吊杆装置应表面无损伤、裂纹、重皮等缺陷；吊杆螺纹应表面无碰伤，与螺母配合良好。

(3) 过热器安装　过热器安装应在水冷壁管安装前进行或与水冷壁管束安装交错进行，但不能在水冷壁管束安装后进行，以免造成因工作面狭小而无法进行安装的误工事故。过热器蛇形管的允许偏差见表5-5。

表5-5　过热器蛇形管的允许偏差　（单位：mm）

检查项目	蛇形管自由端	管排间距	管排平整度	边缘管与炉墙间隙
允许偏差	±10	±5	≤20	符合图样

为便于吊装，过热器的组合宜采用在组合架上的垂直组合。过热器整体吊装就位后，应立即检测和校正其与锅炉锅筒、相邻柱等的相对位置，须符合有关规定。

5.5.3 省煤器的安装

省煤器是利用尾部烟气的热量来加热给水的换热器。它是利用锅炉尾部低温烟气的热量来加热锅炉给水，降低锅炉排烟温度，从而提高锅炉的热效率，节约燃料的消耗量，是锅炉中不可缺少的组成部分。省煤器施工流程如下：

单根蛇形管水压试验→空气吹扫→通球试验→集箱划线→集箱吊装、就位、找正、固定→防磨罩的焊接→基准蛇形管安装→其他蛇形管安装→省煤器蛇形管的整体找正。

(1) 施工前的准备　为了防止飞灰磨损，在每级省煤器的第1、2层直管上装有防磨罩，在弯头处装有防磨护板。省煤器部分组合安装前，技术人员应先核对厂家合格证（质量保证书）和安检合格通知书，并对省煤器主要部件的坡口进行外观检查，确认无裂纹、撞伤、龟裂、压扁、砂眼、分层等现象；对未经安检的，应对各主要部件按不同材质和规格，分别对坡口作探伤检验。

(2) 省煤器蛇形管采取单片吊装组焊　蛇形管排正式就位对接前，先将支撑梁和集箱找正固定，再沿宽度方向安装两排蛇形管作为基准管。基准蛇形管安装中，应仔细检查蛇形管与集箱管头的对接情况和集箱中心距蛇形管端部的偏差，待将基准蛇形管的尺寸、位置、平整度、垂直度等调整到符合图样要求并固定后，再与集箱对接。以基准蛇形管排为依据，按编号顺序，将其余蛇形管依次就位。组合其他蛇形管的过程中应经常检查、测量与基准蛇形管的偏差，并及时调整。由于蛇形管数量和种类较多，管头弯曲及长短尺寸不同，在组合中要防止弄乱、用错装错。蛇形管全部焊接完成后，应对整个组件作一次外形尺寸复核，对管排应再进行一次调整（调整齐），避免由于蛇形管的不整齐而影响烟气通道。

在安装有防磨罩的蛇形管时，防磨罩应在蛇形管组合之前装好（省煤器组合安装允许偏差值见表5-6），并应正确地留出接头处的膨胀间隙。直段防磨罩焊接时一端焊接，另一端不焊接。弯头护板安装尺寸应严格按图样要求焊接，以免造成烟气偏流。

表5-6 省煤器组合安装允许偏差值 （单位：mm）

检查项目	允许偏差	检查项目	允许偏差
组件宽度	±5	边缘管与炉墙间隙	符合图样
组件对角线差	10	支撑梁标高	±5
集箱中心距蛇形管弯头端部长度	±10	支撑梁水平度	2
		集箱标高	±5
组件边管垂直度	±5	集箱水平度	3

5.5.4 空气预热器的安装

空气预热器是利用烟气热量来加热燃烧所需空气的一种气—气热交换器。其主要作用是加热燃烧空气和降低排烟温度，从而起到强化燃烧、强化传热、提高锅炉效率的作用。

（1）管式空气预热器安装前的检查　中小型锅炉上常用的是管式空气预热器，在安装前应对其外观进行认真检查，其外观尺寸应符合规范规定。必要时进行渗油试验，管孔内外的灰尘、油污、铁屑等杂质必须清除干净。

渗油试验是在管板上涂一层薄的石灰水，干燥后，在管板内部用喷雾器喷洒煤油。油液通过管子与管板间的缝隙到达焊缝里表面，若焊缝有缺陷，则干燥的石灰上即出现焊点。

（2）管式空气预热器的吊装　管式空气预热器安装在支承框架上，支承框架必须首先安装好，并使支承框架水平方向位置偏差不超过±3mm，标高偏差不超过±5mm，垂直度不超过1/1000。并在支承梁上画出各管箱的安装位置边缘线，在四角焊上限位短角钢，以保证空气预热器就位准确迅速。在管箱与支承梁的接触面垫上10mm厚的石棉带，并涂水玻璃以使接触密封。

管式空气预热器吊装时，钢丝绳不允许拴在管束上，必须拴在吊装耳环上。吊装就位时，不能将管束碰弯，管束内不能落入杂物。管箱安装位置与钢架中心线的距离允许偏差为±5mm，垂直度允许误差为±5mm。其检测方法是从管箱上部管中心处挂铅锤，量测铅锤与管子四壁的距离，以测得安装垂直度误差，若不符合要求可在管箱与支架梁间加垫铁。安装就位时，要保证膨胀间隙，若无膨胀节，其间隙应适当留出。吊装卧式管式空气预热器时，必须注意管箱上下方向不能装反。防磨套管与管孔配合应紧密适当，以稍加用力推入为准，其露出高度应符合设计要求，允许偏差为±5mm。管式空气预热器安装完毕，应检查和清除安装杂物，避免运行时阻塞预热器管子，并进行风压试验，以检验其安装的严密性。

5.6 锅炉燃烧设备的安装

5.6.1 炉排的安装

目前，工业锅炉中应用比较广泛的有链条炉排、抛煤机炉（常配手摇翻转炉排）、往复炉排和振动炉排。各种形式的炉排安装工序和要求各不一样，应按锅炉安装使用说明书的要求进行安装。

一般来说，炉排的安装顺序为：

1）安装前打磨铸铁炉排片、炉排梁等构件配合处的飞边、毛刺，以保证各部位的良好配合。

2）安装前要进行炉外冷态试运转，运转时间应不少于2~3天。如发生卡住、跑偏等现象应予以消除，直到运转正常才可进行安装。

3）炉排安装顺序按炉排形式而定，一般是按由下而上的顺序安装。此时应注意与设计图样校对尺寸，保证安装允许的偏差值和炉排两端的缝隙大小，以防止炉排的运行受到影响。例如，组装链条炉排的偏差值不得超过表5-7中的规定。

表5-7 组装链条炉排的偏差 （单位：mm）

序 号	项 目	偏差不应超过
1	炉排中心线位置的偏差	2
2	墙板的标高偏差	±5
3	墙板间的垂直度、全高	3
4	墙板间的距离偏差	5
5	墙板间两对角线的不等长度	10
6	墙板框的纵向位置偏移	±5
7	墙板的纵向水平度	1/1000
8	全长	5

4）安装炉排的变速机构。

5）炉排安装完毕，经认真检查并确认合格后，再进行冷态试运转。

另外，在锅炉安装过程中，受压元件的焊接，一定要由获得受压容器焊接证书的焊工进行，且应在温暖的厂房内进行。冬季焊接碳质量分数低于0.2%的低碳钢管，周围气温不应低于-20℃；碳质量分数大于0.2%的低碳钢管，周围气温不应低于0℃。同时，必须严格按照JB/T 1613—1993《锅炉受压元件焊接技术条件》中的有关规定执行。

5.6.2 燃烧器的安装

（1）安装前的检查

1）安装燃烧器的预留孔位置尺寸应正确。

2）调风器喉口与油枪的同轴度允许偏差为±3mm。

3）油枪、喷油嘴和混合器内部应清洁无堵塞现象；油枪应无弯曲、变形等缺陷。

（2）燃烧器的安装

1）燃烧器的标高允许偏差为±5mm。

2）油枪平直，内部畅通。

3）装配次序、方向正确，重新装配后不渗漏。

4）火嘴喷出的燃料不得直接冲刷水冷壁和炉墙。

5）调风装置调节应灵活。

5.7 锅炉整体水压试验

锅炉在制造和安装过程中，从材料的选择、加工、焊接到安装的各个工序，都进行过检查和相关试验，但这些检查和试验均属于阶段性的。而锅炉整体水压试验则是进一步将锅炉制造、安装阶段的设备质量、安装质量进行全面检查和综合试验，以检验各受压元件的严密性和强度是否达到设计要求，确保锅炉投产后能安全、可靠、经济地运行。对于热水锅炉可按照《热水锅炉安全技术监察规程》进行；对于蒸汽锅炉可按照《蒸汽锅炉安全监察规程》规定进行。

1. 设备、材料要求

在水压试验过程中需要准备的材料包括钢管、截止阀、接头零部件、麻丝、铅油、清油、石笔、粉笔等。主要的机具设备包括电焊机、气焊装置、钢锯、套丝板子、工作案、管钳、活板子、呆扳手、螺钉旋具、克丝钳子、锤子、铁锹等。

2. 作业条件

1）锅炉、省煤器、仪表、管道和阀件全部安装完，经检查和清理，具备水压试验条件。

2）水源充足，电源接通，有污水排放的地点且安全可靠。

3）制订好水压试验的安全技术质量保障措施。

3. 水压试验的范围

锅炉整体水压试验范围包括：锅筒、下降管、集箱、水冷壁、汽水引出管、锅炉管束、蒸汽过热器、省煤器等部件；排空、排污、取样、加药、疏水、热工测点及仪表等系统；锅炉给水泵至省煤器进口集箱的给水系统；主蒸汽阀及蒸汽分汽缸前的主蒸汽管道系统等。

4. 水压试验方法

锅炉整体水压试验压力应符合表5-8的规定。

表5-8 锅炉整体水压试验压力

名　称	锅筒（锅壳）工作压力 p/MPa	水压试验压力
锅炉本体	<0.8	1.5p但不小于0.2MPa
锅炉本体	0.8～1.6	p+0.4MPa
锅炉本体	>1.6	1.25p
过热器	任何压力	与锅炉本体水压试验压力相同
可分式省煤器	任何压力	1.25p+0.5MPa

锅炉整体水压试验应在环境温度高于5℃的条件下进行，当环境温度低于5℃时，应采取可靠的防冻措施。水压试验用水温度一般应保持在15～40℃，水温过低易发生“出汗”现象，即在管子外壁因结露而形成水珠；水温过高，渗漏到管外的水滴会蒸发。这两种情况，都会影响到技术人员对水压试验结论的正确分析。

进行水压试验时，升压和降压均应缓慢。当压力上升到工作压力时，应暂停升压，检查各部分，应无漏水和变形等异常现象。然后升压至试验压力，在试验压力下保持20min，其间压力下降不应超过0.05MPa。再降到工作压力下进行检查，检查期间压力应保持不变，受压元件的金属壁面、焊缝、法兰接口、螺纹接口、阀门盘根等，均应无水珠和水雾，胀口不应滴水珠；水压试验不合格应返修，返修后应重作水压试验；水压试验合格后，应及时将锅水全部放尽，当立式过热器内的水不能放尽时，在冰冻期应采取防冻措施。

5. 安全措施

1）在水压试验过程中检查时，严禁在压力超过0.4MPa时紧固法兰螺栓。

2）水压试验时应设立特别标志，避免在人员嘈杂的情况下发生危险。

3）有压力时，人不允许站在接口处或法兰和阀门的正前面。

4）用锤子检查坡口时，只准在坡口附近轻轻敲，严禁用锤子直接敲击焊缝，以防止出现意外，危害操作人员的安全。

5.8 锅炉炉墙施工

锅炉炉墙是用耐火和保温材料所砌筑或敷设的锅炉外壳，是使锅炉本体燃烧室和尾部烟道等区域的火焰和高温烟气与外界隔开的围墙，主要起到防漏保温和组成烟气通道的作用。因此，在炉墙的砌筑中对炉墙的耐火性、保温性、严密性及抗熔渣、防磨损的技术要求较高，在施工时需由专业筑炉工完成，不允许由普通瓦工代替。

1. 炉墙结构

锅炉炉墙一般分为重型、轻型和敷管，其中敷管用于大型电站锅炉。无论是重型炉墙还是轻型炉墙，它们的结构一般分为内层、中层和外层三层。

1）内层。内层又称耐热层，即向火面的内衬墙。主要是受高温火焰及熔灰的冲刷和侵蚀，保证燃料的充分燃烧。

2）中层。中层又称绝热层，主要起隔热保温作用，防止炉内的热量向外界环境散失。

3）外层。外层即外层墙，主要起密封作用，使炉墙具有一定的严密性，并使墙的外表平整美观。

2. 施工准备

炉墙砌筑施工前，必须掌握以下技术数据。

1）锅炉总图、安装图中的砌砖总图、平立剖面、节点大样、异型或特异型耐火砖图、热膨胀系统图及有关说明。

2）半成品及现场配制的浇注料的技术说明、特别材料要求等技术资料。

3）锅炉房设计部门提供的锅炉基础图。

4）锅炉基础、炉体骨架结构和有关设备安装经检查后签署的中间（工序）交接证书。

5）审查锅炉总图与砌砖总图、平立剖面及大样图与说明是否相符，主要部件的标高、外形、尺寸是否吻合和正确，有无矛盾、漏项。

3. 砌筑方法

（1）重型炉墙砌筑方法　墙体砌筑应按图样由内向外，沿四周同时进行，并按规定留出垂直和水平方向的膨胀缝，炉膛及各受热烟道、炉墙内外必须保持平整，砌体不准有凹凸不平或有个别砖突出现象。砖体（包括耐火砖和机红砖）的砌筑必须错缝和压缝，不能使内外墙的直缝相对。炉墙内各层次的保温砖垂直砖缝同样需要错开，而且保温砖及左右墙面都必须错缝砌筑，不允许使用四分之一砖来砌筑，以保证炉墙的严密性和砖体的良好牵拉。砖砌体的允许偏差见表5-9。

表5-9　砖砌体的允许偏差

项　次	项　目			允许偏差/mm	检测方法
1	垂直度	黏土砖墙	每1mm	3	—
			全高	15	
		红砖墙	全高≤10m	10	
			全高>10m	20	
2	表面平整度	黏土砖墙面		5	2m长靠尺检查靠尺与砖砌之间的间隙
		挂砖墙面		7	
		红砖清水墙面		5	
3	炉膛的长度和宽度			±10	—
4	炉膛的两对角线长度			15	—
5	烟道的宽度和长度			±15	—
6	拱顶跨度			±10	—

（2）炉墙采用错缝砌法　半砖厚的墙采用顺砖砌筑，横向竖缝的交错是使上下层砖错开半块砖；一砖厚的墙采用一顺一顶砖交错砌筑，横向竖缝的交错是使上下层的顶、顺砌砖层错开四分之一砖；一砖半厚的墙采用一列顶砖，一列顺砖来砌筑，横向竖缝的交错是使顺砌的砖列与顶砌的砖列错开四分之一砖。炉墙的砌筑应平整、垂直，而且砖层必须水平。为保持砖层的水平，墙的直线部分应按照沿砌砖边缘拉紧的线绳进行砌筑。用标杆控制砖层厚度，将每层的实际厚度刻在标杆上（砌体各部位砖缝的允许厚度参照表5-10）。也可利用锅炉的钢架立柱，将砌体砖的正确厚度标记在钢架立柱上，代替标杆。在炉墙砌筑过程，有停歇或暂停性的阻碍时，砌砖应当留出阶梯形的错台。炉墙内、外分别为耐火砖、红砖，为防止分离和保持炉墙的稳定性，必须按砌砖图进行内外墙的互相牵连，以保证炉墙的整体性和稳固性。牵连砖的砌筑方法是：水平方向每隔一米，垂直方向五至七层砖挑搭一层牵边砖，牵连异型砖必须按图样规定制造，不允许随便代用或自行取消。为了保持砌砖的水平，必须从炉底第一层砖就开始找平，采用灰浆来找平，如果误差偏大可采用靠尺板、线坠进行检查。如果误差不大且灰缝的灰浆还未硬化时，可作适当校正，否则必须拆除重新砌筑。

表 5-10　砌体各部位砖缝的允许厚度

部位名称		砖缝允许厚度/mm			
		Ⅰ	Ⅱ	Ⅲ	Ⅳ
落灰斗		—	—	3	—
燃烧室	无水冷壁	—	2	—	—
	有水冷壁	—	—	3	—
前后拱及各类拱门		—	2	—	—
折焰墙		—	—	3	—
炉顶		—	—	3	—
省煤器墙		—	—	3	—
硅藻土砖		—	—	—	5
烧嘴砖		—	2	—	—
红砖外墙		—	—	—	8 ~ 10

注：Ⅰ、Ⅱ、Ⅲ、Ⅳ为耐火砌体分类。

无论采用哪种方法，砌筑砖的加工面和有缺陷的表面不宜朝向炉膛或炉子通道的内表面。

（3）绝热层施工时应符合下列要求

1）绝热层施工应在金属烟道、风管、管道等被绝热件的强度试验和严密性试验合格后，才可进行。

2）绝热层的形式、伸缩缝的位置及绝热材料的强度、热导率、品种规格均应符合设计要求。

3）绝热层施工前，应清除锅筒、集箱、金属烟道、风道、管道等被绝热件表面的油污、铁锈，并按设计规定涂刷耐腐蚀涂料。

4）绝热材料采用成型制品时，捆扎应牢固，接缝应错开，里外层压缝、嵌缝应饱满；当采用胶泥状材料时，应涂抹密实、圆弧均匀、厚度一致、表面平整。

5）当保护层采用卷材时，应紧贴表面，不应有折皱和开裂现象；采用抹面时，应平整光滑、棱角齐整，不应有显著裂缝；采用铁皮、铝皮包裹时应压边搭接。

5.9　整体式锅炉的安装

整体式锅炉安装的特点是在锅炉房施工场地内进行整体吊装，就位于已施工验收的锅炉基础上，找平、找正，连接外部烟道、风道，烟囱，汽、水、燃油、燃气管道及上煤、除灰渣系统等，即可进行试车、试运行、投产、供汽。这种安装方法适用于蒸发量不大于4t/h的燃煤蒸汽锅炉和热功率不大于2.8MW的燃煤热水锅炉，以及蒸发量不大于30t/h的燃油、燃气蒸汽锅炉和热功率不大于21MW的燃油、燃气热水锅炉。上述锅炉属于快装锅炉，锅炉出厂时，已将钢结构、受热面、燃烧设备、炉墙等构件和部件组合成一体，并坐落在底盘上。有些燃油、燃气锅炉还将给水泵、控制柜与锅炉本体设置成一体。此种安装方法的优点是安装简便、速度快、工期短、施工费用低，而且由于制造厂的生产环境、设备条件、检测手段等都优于工地，使锅炉本体质量得到保证。

1. 安装前的准备工作

1）编制施工组织设计。施工组织设计是安装工程的施工总方案，是保质、保量、按期顺利完成安装任务的有效措施。整体式锅炉安装施工组织设计的内容，重点为编制大型设备的吊装和施工现场的运输方案、吊装和运输机具的选择与布置、劳动力的组织和安排等。

2）设备基础验收。由土建单位施工的设备基础达到设计强度后，安装单位应及时组织有关人员进行验收。根据设备图样核对基础各部分尺寸和标高，核对预留孔洞、预埋件尺寸与数量；检查混凝土强度试验检测报告等。

3）基础处理。首先应处理基础的尺寸和标高偏差，根据测定的标高配制垫片；然后进行基础划线，在基础上用墨线划出设备的纵向基准线和横向基准线。

2. 整体式锅炉的水平运输

整体式锅炉的施工现场运输常采用水平拖运方案，即坐落在底座上的锅炉本体，借助位于其下的滚杠在道木上滚动来运输。道木可用一定断面尺寸的枕木沿运输路线分两排纵向铺设在滚杠的下面，如图5-7所示。运输时，用卷扬机牵引锅炉底座，也可以用撬杠靠人力撬动锅炉底座，使整体式锅炉沿水平方向移动。

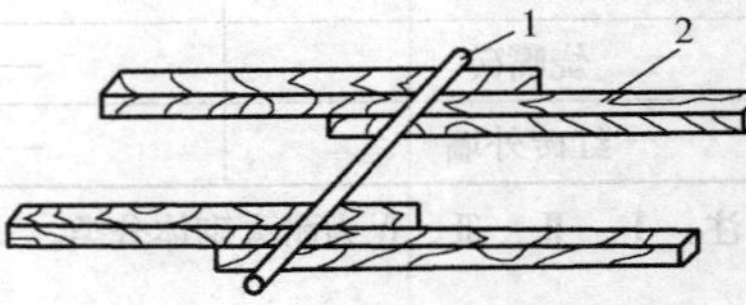

图5-7　水平运输示意图

1—滚杠　2—道木

3. 锅炉安装程序

1）吊装。用单桅杆起重机、汽车起重机或其他起重设备将整体式锅炉起吊并就位到锅炉基础上。也可以采用上述水平拖运方法，在基础上铺设道木，借助滚杠在道木上滚动将锅炉移动到基础上，再依靠千斤顶降落来就位。按照基础上已经划好的纵向和横向基准线找正，尺寸偏差不大于5mm；标高找正以锅壳中心线为准。为利于锅炉排污，安装时，锅炉前端应较后端高50mm，以锅壳中心线的中点标高为设计标高。所以，锅壳中心线的前端标高应较设计值高25mm，而锅壳中心线的后端标高应较设计值低25mm。

2）锅壳内部检查。打开前、后烟箱及检查孔，检查烟管、胀口、坡口和焊件，并作好记录。

3）安装螺旋出渣机。先将落灰斗固定在锅炉排渣口的法兰盘上，以此定位，再将螺旋出渣机的法兰盘与落灰斗上相对应的法兰盘连接。所有法兰接口处均应加石棉橡胶垫，以防泄漏。

4）安装炉排调速装置。炉排调速装置联轴器的轴向、径向允许误差不大于0.05mm。调速装置的安全离合器应调整到空载试运行正常，保证最佳煤层厚度时不跳闸。

5）安装燃烧器。对于燃油、燃气锅炉，安装前应对燃烧器进行仔细检查，然后将其准确地就位到炉前锅壳上预留的孔洞位置，调整后用螺栓固定。

6）安装省煤器。以锅炉的纵向及横向基准线为准，在省煤器基础上划出省煤器的纵向及横向中心线；对省煤器进行一次全面检查，然后起吊省煤器就位于基础上，并将标高调整至规定值，连接烟道；省煤器安装后应单独作一次水压试验。

7）锅炉本体范围内汽水系统、附件安装。安全阀安装前应作水压试验，以检查其强度和严密性；蒸汽锅炉安全阀排汽管应接至室外，阀体下部安装冷凝水管，接至排水地沟；热水锅炉安全阀排放管应接至软化水箱。安装快速排污阀应以顺时针方向为开，逆时针方向为关，以利于操作；快速排污阀应紧靠锅炉本体，紧挨快速排污阀应安装截止阀。排污时，先全开快速排污阀，再缓慢开启截止阀；排污结束时，则先关闭截止阀，再关闭快速排污阀，这样操作的目的在于保护快速排污阀的开启，而且一旦截止阀损坏，在不停炉的情况下也可以更换。安装省煤器再循环管，并将其接至软化水箱，这样一来，在锅炉点火起动和停炉过程中，省煤器内始终有水循环流动，以保护省煤器不被烧坏。

5.10 锅炉安装的竣工和验收

在锅炉水压试验合格、燃烧器安装完毕、锅炉炉墙也砌筑完成后，即可进行烘炉、煮炉及锅炉的试运行。

5.10.1 烘炉

烘炉工作是在锅炉投入运行之前进行的，其意义在于把炉墙中的水分排掉，避免运行时由于炉墙中水分急剧蒸发而造成裂缝，损坏炉墙。同时，烘炉还可以加速完成炉墙材料的物理化学变化进程，使其趋于稳定，以便日后能在高温状态下长期可靠的工作。

1. 烘炉必备的条件

1）土建施工已完成，无雨雪进入锅炉房，锅炉房内有、健全的各项规章制度，与锅炉运行有关的其他附属设备安装完毕，并调试合格。

2）水压试验合格，热工仪表校验完毕，所有设备安装试运转完毕。

3）锅炉本体及附属设备、锅炉与换热站间的工艺管道安装完毕，经水压试验合格，并完成冲洗工作。锅炉本体应经过冲洗。

4）筑炉、保温施工完成，并对炉拱等耐火浇注料的养护期按高铝混凝土计算约为7天。烘炉点火前工作人员要进入炉膛，对各部位进行彻底检查与清扫。

5）与尚在施工的现场及对影响烘炉的各方面因素应有可靠的隔离与隔绝，以防发生意外事故。

6）锅炉房内、外的上、下水管道施工完毕，有可靠的电源、水源及可靠的排水设施。

7）所有易燃品、易爆品必须排除。所有沟道盖板及扶梯平台应安装完毕，必要时可加临时平台，并经有关部门确认，将工地有关施工孔洞堵死。

8）动力照明系统完备。

9）点火前应将锅炉压力升至工作压力进行检查，检查手孔、人孔及临时安装的检测仪表有无渗漏。

10）点火前应将冲洗锅炉的炉水（自来水）放掉，向锅炉内注入合格的软化水。软化水箱的储水量应满足运行要求。

11）必需的热工仪表均已安装完毕，并经校正合格，各类信号装置工作可靠。安全阀及高、低压报警器安装就位，并经校验及调试。

12）热水锅炉不同于蒸汽锅炉，蒸汽锅炉有水位计、自动上水等装置。热水锅炉烘炉实行带压烘炉，其压力值为0.4MPa为宜。锅炉的炉膛降温及炉水降温是靠前集箱排污来完成的，锅炉补水由锅炉房内自动补水装置完成。自动补水装置必须在烘炉前调试合格。

13）烘炉前，鼓风机、引风机、脱硫除尘器、风道及烟道的挡板开关应标记正确，操作灵活。上煤系统、除灰系统、除渣系统及鼓风机、引风机、冷却水系统均安装完成，并调试合格。

14）手动操作的仪表表盘按钮功能标注齐全，并经动作试验合格。

2. 烘炉方法

烘炉可根据锅炉和炉墙的具体特征选用不同的方法。烘炉方法一般有三种：火焰烘炉、蒸汽烘炉和热风烘炉。小型锅炉宜选用火焰烘炉，容量大的锅炉宜选用蒸汽烘炉或热风烘炉。

（1）火焰烘炉　火焰烘炉的方法如下：

1）烘炉前先开启送风机、引风机，将炉墙内的漏气排除。开始点火，用木柴、锯末做燃料，在自然通风条件下进行，并在炉排上铺以50～100mm厚的炉渣，以防止烧坏炉排。

2）烘炉最初三天，将木柴集中放在炉排中间位置，约占炉排面积的一半，用小火烘炉，且火焰不要离炉墙太近。烟道挡板应开启15%～20%，使烟气缓慢流动，并保持炉膛有1mm水柱左右的负压，炉水温度应保持在70～80℃。必要时，可起动引风机。烘炉时，应使炉墙均匀受热，并经常检查炉墙情况，不得有凹凸和裂纹等缺陷产生。

3）初期烘炉三天后，可添加少量的煤，逐步取代木柴烘炉。烟道挡板开启25%～35%，并适当增加引风，炉水温度可达到轻微沸腾。

4）烘炉时火焰应处在炉膛中部燃烧，燃烧应均匀，不可间断。炉排应根据燃烧状况，适时转动，以防烧坏。

5）按烘炉时间以及升温速度应将锅炉分为工业锅炉和发电用锅炉，且按照锅炉的形式、炉墙结构、炉墙施工方法、室温和气候条件等因素具体确定。

6）燃烧强度和温升由过热器后期烟温来控制，一般砖砌的轻型炉墙温升每天不大于100℃，后期烟温最高不大于250℃。

7）敷管式混凝土（耐火混凝土、保温混凝土）炉墙，一般在达到正常养护期后，可不再单独进行烘炉；气候特殊潮湿的地区，可根据具体情况决定是否烘炉；烘炉时温升控制不大于10℃/h，后期过热器出口烟温最高不大于200℃/h，在此温度下持续时间应不少于一昼夜。

8）对于发电用锅炉和有过热器的工业锅炉，烘炉烟温的测点应设置在过热器出口处，对于没有过热器的工业锅炉，可设在省煤器烟道入口处。

（2）热风烘炉　此法多用于扩建电厂且炉墙为轻型炉墙的情况下。具体作法是由正在运行的相邻锅炉引来200～250℃的热风，从有待烘干的锅炉燃烧室下部引入，维持炉膛内正压为1～2mmH_2O（1mm$H_2O \approx 9.8$Pa）进行烘炉。烘炉初期，微开除灰门及锅炉上部炉门，使潮气排除。后期封防燃烧室，开启烟道挡板，维持炉膛负压为2～3mmH_2O，以烘干尾部炉墙。停止热风后再燃烧燃料烘干1～2日。

（3）蒸汽烘炉　蒸汽烘炉的方法是：

1）将锅炉上水至正常水位处，用0.3～0.4MPa的饱和蒸汽从水冷壁下集箱的排污管处接入蒸汽，将蒸汽送入锅炉及省煤器，逐渐加热炉水至90℃，依靠炉水温度缓慢地将炉墙烘干。

2）蒸汽烘炉中应保持炉水在正常水位，并打开烟道挡板和锅炉上部的炉门排除潮气，使炉墙均匀烘干。炉门和烟道挡板应微开，开度不宜过大。

3）蒸汽烘炉时间。一般轻型炉墙4～7天，重型炉墙14～16天。

4）对于电力系统锅炉，由于其体积较大，结构复杂，一般烘炉后期应采用火焰烘炉补烘。

5.10.2 煮炉

锅炉在制造、运输和安装过程中，不可避免地会有泥土、铁锈、油质等脏物聚集于其内部；运行锅炉尽管配备有水处理设备，锅炉受热面内壁结垢（以钙、镁、硅等盐类为主体）也是或多或少地存在着。这些脏物的存在，不但会使蒸汽质量变坏，而且会影响锅炉的传热，降低锅炉效率。结垢严重时还会引起锅炉爆管，使锅炉运行的安全性降低。因此，锅炉安装后要煮炉清洗，同时运行着的锅炉也要定期煮炉清洗。

由于煮炉时加入化学药品的数量与锅炉的水容积和炉内脏物的性质有关，故化学药品应适量添加，具体加药量可参考表5-11。其方法和要求如下。

表5-11 煮炉清洗加入化学药品的量

药品名称	$1m^3$水加药量/kg	
	铁锈较薄	铁锈较厚
氢氧化钠 NaOH	2～3	3～4
磷酸三钠 $Na_3PO_4 \cdot 12H_2O$	2～3	3～4

注：1. 药品按100%的纯度计算。
2. 无磷酸三钠时，可用碳酸钠代替，数量为磷酸三钠的1.5倍。
3. 单独使用碳酸钠煮炉时，每立方米水中加6kg碳酸钠。

1）将药品溶解成溶液后加入锅筒，加药时锅炉应在低水位。煮炉时药液不允许进入蒸汽过热器内。

2）煮炉时间以2～3天为宜。煮炉最后24h，压力应保持在额定工作压力的75%左右；当在较低压力下煮炉时，应适当延长煮炉时间。

3）煮炉期间，应定期从锅筒和水冷壁下集箱取水样，进行水质分析。当炉水碱度低于45mol/L时，应补充加药。

4）煮炉结束时，应交替进行锅炉的持续上水和排污，直到水质达到运行标准。锅炉自然冷却后，打开锅炉上的空气阀，并开启排污阀将锅水全部排出。然后冲洗锅炉内部和曾与药液接触过的阀门、水位计的连通管等，并应清除锅筒、集箱内的沉积物；检查和清洗排污阀，使其畅通。

检查锅炉及集箱内壁无油污，擦去表面附着物后，金属表面无锈斑，则认为煮炉合格。若依然存在锈斑，则应重新进行煮炉直到合格为止。

5.10.3 锅炉系统的试运行

1. 运行前的准备工作

1）试运行工作由安装单位和使用单位共同完成，为保证此项工作顺利进行，应成立试运行指挥机构，统一指挥，统一安排。

2）制订锅炉试运行方案，并经上级技术部门审批。

3）运行操作室内，应布置各系统工艺流程图。

4）各岗位操作人员经考试合格，并已取得锅炉安全监督部门发给的上岗证。

5）运行现场和设备周围经清理符合生产条件，照明和其他安全措施完好。

2. 锅炉试运行考核要点

1）考核锅炉在试运行期间能否在额定参数下，始终保持额定出力，而且各运行指标正常。

2）考核各运行工况，应正常。

3）考核锅炉各部位的热膨胀情况，特别是水冷壁穿出炉墙处的间隙、炉排与侧密封板的间隙、炉排与下集箱的间隙等均应正常；锅壳、锅筒、集箱等膨胀均应正常；炉墙应无裂纹，更不允许有裂缝；每半个小时检查各部位的膨胀指示器一次，并作好记录。

4）考核燃烧设备的运转工况，应正常。

5）考核电气系统，仪表自动控制系统，送风、引风系统，输煤系统，排灰渣系统，汽、水系统，排污系统，烟气净化系统，消声系统，燃油（气）供应系统等，均应运行正常且能协调一致工作。

6）作好试运行记录。对各项运行参数每小时记录一次；对试运行中暴露出的缺陷应作详细记录，留待试运行结束后统一处理。

5.10.4 锅炉交工及验收

当锅炉在全负荷连续运行72h后，经检查和试验各部件及附属设备运行正常时，即可交工。

锅炉验收时必须技术文档齐全。交工时应具备的数据有：锅炉安装质量验收证明书，锅炉出厂技术数据审检记录，图样会审记录，主要受压零部件检查记录，锅炉基础质量复查记录，钢架安装质量记录，受热面管子工程质量检验记录，胀管施工记录，胀管试胀记录，受热面管通球及封闭记录，无损探伤记录，各附加受热面安装记录，安全附件安装记录，锅炉水压试验记录，锅炉附属设备安装记录，锅炉的煮炉、烘炉及试运行记录。

锅炉安装的全面检查应由安装单位、建设单位、质检部门及锅炉压力容器安全检查机构共同参加。经检查合格符合规范即可交付使用。

第 6 章　通风空调设备及管道安装

6.1　通风空调工程的常用材料及板材连接

6.1.1　通风空调系统常用材料

通风空调系统中需要用各种板材和型钢制作风管及配件、管道支架、设备固定支架等。

1. 常用板材

金属风管常用板材有碳钢板、镀锌钢板、不锈钢板、铝板、角钢、方钢、扁钢等。镀锌钢板表面不得有裂纹、结疤及水印等缺陷，应有镀锌层结晶花纹；不锈钢板材应具有高温下耐酸、耐碱的抗腐蚀能力，板面不得有划痕、刮伤、锈斑和凹穴等缺陷；铝板材应具有良好的塑性、导电、导热性能及耐酸腐蚀性能，表面不得有划痕及磨损。

在通风空调工程安装中，金属薄板是最常用的材料，如制作风管、气柜、水箱及围护结构等。常用金属薄板分为：普通钢板（黑铁皮）、镀锌钢板（白铁皮）、塑料复合钢板、不锈钢板和铝板等。

普通钢板，因具有良好的加工性能，结构强度较高，而被广泛应用。通风空调工程安装中常用厚度为0.5～1.5mm的金属薄板制作风管及部件，用厚度为2～4mm的金属薄板制作空调机外壳、水箱、气柜等。

空调工程、净化空调工程等防尘要求较高的通风系统，一股采用镀锌钢板和塑料复合钢板。镀锌钢板表面有镀锌保护层起防锈作用，一般不再刷防锈漆。塑料复合钢板是将普通薄钢板表面喷涂一层0.2～0.4mm厚的塑料，因塑料具有较好的耐蚀性。不锈钢板主要用于食品工业、化工行业高温环境下的耐腐蚀通风系统。铝板延展性能好，适宜咬口连接，耐腐蚀，且具有传热性能良好、在摩擦时不易产生火花的特性。故铝板常用于防爆的通风系统中。

制作风管和风管部件用的薄板质量要求为：板面平整、光滑、无脱皮现象（金属薄板允许表面有紧密的氧化铁薄膜层），不允许有裂缝、结疤及锈坑，厚薄均匀一致，边角规则呈矩形，有较好的延展性，适宜咬口加工。

金属薄板的规格通常是以短边×长边×厚度表示，例如：1000mm×2000mm×1.2mm。

制作风管的钢板厚度一般由设计给定。如设计图样未注明时，一般送风、排风系统风管用钢板最小厚度可参照表6-1选用；除尘系统风管用钢板最小厚度可参照表6-2选用。

表6-1　一般送风、排风系统风管用钢板最小厚度

矩形风管最长边或圆形风管直径/mm	钢板厚度/mm		
	输送空气		输送烟气
	风道无加强构件	风道有加强构件	
<450	0.5	0.5	1.0
450～1000	0.8	0.6	1.5

（续）

矩形风管最长边或圆形风管直径/mm	钢板厚度/mm		
	输送空气		输送烟气
	风道无加强构件	风道有加强构件	
1000～1500	1.0	0.8	2.0
>1500	根据实际情况		

表 6-2 除尘系统风管用钢板最小厚度

风管直径/mm	钢板厚度/mm					
	一般磨料		中硬度磨料		高硬度磨料	
	直管	异型管	直管	异型管	直管	异型管
200 以下	1.0	1.5	1.5	2.5	2.0	3.0
200～400	1.25	1.5	1.5	2.5	2.0	3.0
400～600	1.25	1.5	2.0	3.0	2.5	3.5
600 以上	1.5	2.0	2.0	3.0	3.3	4.0

2. 型钢

在供暖通风与空调工程中，型钢主要用于设备框架、风管法兰盘、加固圈以及管路的支架、吊架、托架等。常用型钢种类有：扁钢、角钢、圆钢、槽钢和 H 形钢等。

扁钢及角钢用于制作风管法兰及加固圈。扁钢的规格是以宽度×厚度表示，如 20mm×4mm 扁钢；角钢分为等边角钢和非等边角钢，风管法兰及管路支架多采用等边角钢，它的规格是以边宽×边宽×厚度表示，如 40mm×40mm×4mm 角钢。

槽钢主要用于箱体、柜体的结构及风机等设备的机座。圆钢主要用于吊架拉杆、管道支架卡环以及散热器托钩。H 形钢用于大型袋式除尘器的支架。其他种类的型钢，本专业安装工程中应用不多。

6.1.2 薄钢板及塑料板连接

薄钢板连接分为拼接、闭合接和延长接三种。拼接是将两张薄钢板的板边相接以增大面积，闭合接是将板材卷制成风管时对口缝的连接，延长接是将一段风管连接成管路系统的连接。薄钢板连接的方法有咬口连接、铆接连接和焊接连接三种，其中以咬口连接应用最为普遍。咬口连接不需要其他材料，适用于厚度 $\delta \leqslant 1.2$mm 的薄钢板。

在工程安装中，塑料板的连接方法常采用焊接连接。

6.2 风管及其配件的制作

6.2.1 矩形及圆形金属风管的制作

矩形金属风管通常用于民用建筑空气调节系统，圆形金属风管通常用于工业建筑通风与除尘工程。矩形、圆形金属风管的制作分为手工制作与机械制作。常用的工具有龙门剪板机、电冲剪、手用电动剪、倒角机、咬口机、压筋机、折方机、合缝机、振动式曲线剪板机、卷圆机、圆弯头咬口机、型钢切割机、角（扁）钢卷圆机、液压钳、电动拉铆枪、台钻、手电钻、冲孔机、插条法兰机、螺旋卷管机、电焊设备、气焊设备、空气压缩机、油漆喷枪等设备，以及不锈钢板尺、钢直尺、量角器、划规、划针、样冲、铁锤等小型工具。

1. 金属风管的成形

风管的成形一般采用咬口连接或焊接连接，其中咬口连接使用最广，其工艺流程如图6-1所示。当板的厚度超过一定值后，应采用焊接连接，其工艺流程如图6-2所示。

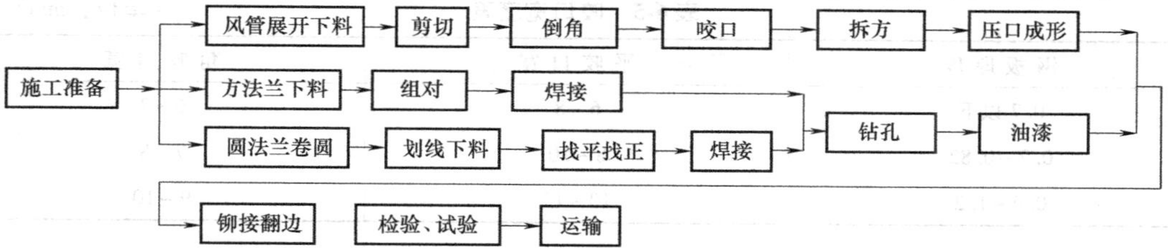

图6-1 咬口连接工艺流程

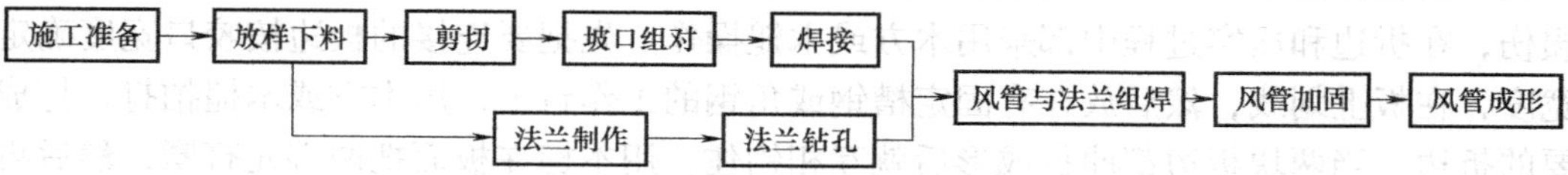

图6-2 焊接连接工艺流程

金属风管的成形采用咬接还是采用焊接，一般视钢板的厚度而定，其咬接或焊接界限见表6-3。

表6-3 金属风管的咬接或焊接界限

板厚/mm	材质		
	钢板（不包括镀锌钢板）	不锈钢板	铝板
$\delta\leq1.0$ $1.0<\delta\leq1.2$	咬接	咬接	咬接
$1.2<\delta\leq1.5$ $\delta>1.5$	焊接（电焊）	焊接（氩弧焊及电焊）	焊接（气焊或氩弧焊）

（1）咬口连接　咬口连接是指将需要相互接合的两个板边折成能互相咬合的各种钩形，钩接后压紧折边。咬口连接的类型及使用范围见表6-4。咬口宽度应根据板材厚度，符合表6-5的要求。

表6-4 咬口连接类型及使用范围

形式	名称	适用范围
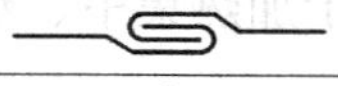	单咬口	用于板材的拼接和圆形风管的闭合咬口
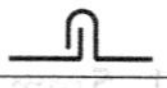	立咬口	用于圆形管或直接的管节咬口
	联合角咬口	用于矩形风管、变管、三通管及四通管的咬接

（续）

形　式	名　称	适用范围
	转角式咬口	较多的用于矩形直管的咬缝和有净化要求的空调系统，有时也用于弯管成三通管的转角咬口缝
	接扣式咬口	用于矩形风管，有时也用于弯管、三通管或四通管

表6-5　咬口宽度表　（单位：mm）

钢板厚度	平咬口宽	角咬口宽
0.7 以下	6～8	6～7
0.7～0.82	8～10	7～8
0.9～1.2	10～12	9～10

咬口连接分为手工咬口和机械咬口两种。手工咬口操作比较简单，为避免连接时使板面受损伤，在折边和压实过程中都采用木方或木槌操作。先把要连接的板边按咬口宽度确定折边宽度，在板上划线，然后放在有固定槽钢或角钢的工作台上，用木方或木槌拍打，打成所需要的折边。当两块板边都曲折成形后就互相钩住，用本槌在板面把两端先打紧，然后再沿全长打平打实，在咬口反面再重打一次。

机械咬口常用的机械有直线多轮咬口机、圆形弯头联合咬口机、矩形弯头咬口机、按扣式咬口机、咬口压实机等。咬口机一般适用于厚度 $\delta \leq 1.2$mm 的钢板压折咬口。

（2）焊接连接　风管的焊接连接可采用电焊、气焊或锡焊。焊缝形式应根据风管的构造和焊接方法而定，可选择如图6-3所示的几种形式。

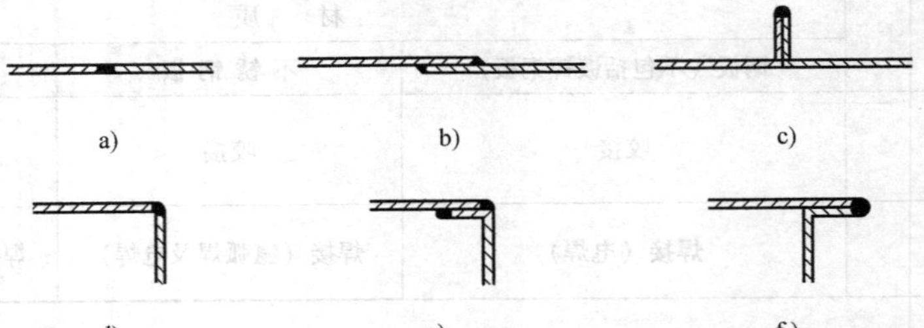

图6-3　风管焊接形式
a）对接缝　b）搭接缝　c）竖接缝　d）角缝　e）搭接角缝　f）搭接边角接缝

1）电焊适用于厚度 $\delta > 1.2$mm 的普通薄钢板的连接、钢板风管与角钢法兰间的连接。

2）不锈钢板厚度 $\delta > 1$mm 和铝板厚度 $\delta > 1.5$mm 时，可采用氩弧焊焊接。采用氩弧焊焊接时，由于有氩气保护金属，使熔焊接头有很高的强度和耐蚀性，且由于加热集中、热影响区域小，材料不易发生挠曲，故其焊接质量优于电焊质量。

3）气焊适用于厚度 δ 为 0.8～3mm 的薄钢板板间连接，也用于厚度 $\delta > 1.5$mm 的铝板板间连接。不锈钢板的连接不能采用气焊，因为气焊时会在金属内部发生增碳作用或氧化作用，使该处的耐蚀性降低，且不锈钢热导率小、膨胀系数大，而气焊时的加热范围大，易使不锈钢板材发生变形。

4）锡焊仅用于厚度$\delta<1.2$mm的薄钢板的连接。其焊接强度低、耐温低，故一般用于镀锌钢板风管咬接的密封。

2. 风管法兰加工

法兰加工分为矩形风管法兰加工和圆形风管法兰加工，可用手工或机械弯制。

（1）矩形风管法兰加工　矩形风管法兰由4根角钢组焊而成，其用料规格应符合表6-6的规定，法兰内径不能小于风管的外径。角钢下料调直后应放在冲床上冲击铆钉孔及螺栓孔，孔距不大于150mm。如采用8501阻燃密封胶条作为垫料时，螺栓孔距可适当增大，但不允许超过300mm。冲孔后的角钢应放在焊接平台上进行焊接，焊接时须按规格将各模具卡紧。

表6-6　矩形风管法兰用料规格

矩形风管大边长/mm	法兰用料规格
≤630	L24×3
800～1250	L30×4
1600～2500	L50×5
3000～4000	

注：矩形风管法兰的四角应设置螺孔。

（2）圆形风管法兰加工　圆形法兰用料规格应符合表6-7的规定。制作时先将整根角钢或扁钢放在冷煨法兰卷圆机上，按所需法兰直径调整机械的可调零件，卷成螺旋形状后取下；再将卷好后的型钢画线割开，逐个放在平台上找平找正；然后将调整好的各法兰进行焊接、冲孔。

表6-7　圆形风管法兰

圆形风管直径/mm	法兰用料规格	
	扁　钢	角　钢
≤140	20×4	L25×3
150～280	25×4	L30×4
300～500		L40×4
530～1250		

风管与角钢法兰之间一般采用铆钉连接进行固定。当管壁厚度$\delta\leqslant1.5$mm时，采用风管翻边与角钢法兰铆接。为避免管外侧受力后容易脱落，铆接部位应在法兰外侧，如图6-4所示。铆钉直径应为板厚的两倍，且不得小于3mm。铆钉之间的中心距一般为40～100mm。

铆钉连接时，必须使铆钉中心线垂直于板面，铆钉头应把板材压紧，使板缝密合，并且铆钉排列应整齐、均匀。板材之间铆接，一般中间可不加垫料，设计有规定时，按设计要求进行。

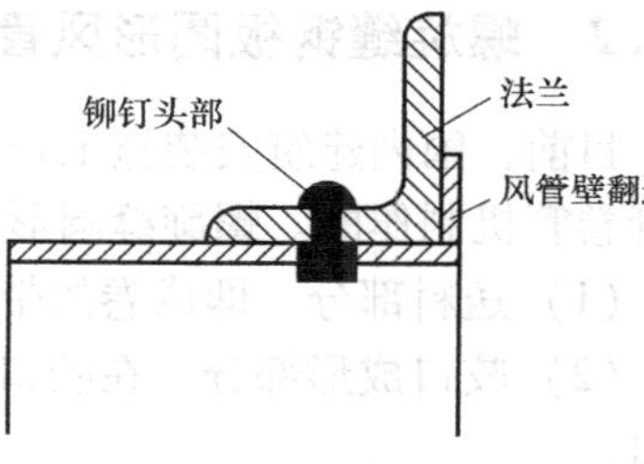

图6-4　风管与法兰的连接

常用铆接工具有手动铆接器、电动拉铆枪和手提式电动液压铆接钳等。手动铆接器用于铆接薄钢板，被铆接钢板的总厚度为5mm，铆接时使用带插杆的专用铆钉。电动拉铆枪主要使用抽芯铆钉进行铆接。抽芯铆钉是由防锈铝合金与钢丝材料制成，铆接时拉铆枪抽出铆钉，铝合金随即自行膨胀，将板材紧密铆牢。手提式电动液压铆接钳是一种效果较好的铆接工具，该铆接钳具有工效高、省力、操作简便、噪声小，穿孔和铆接能够一次完成（既穿孔又铆接）的特点，已被广泛应用。

3. 风管加固

1）圆形风管（不包括螺旋风管）直径大于等于800mm，且其管段长度大于1250mm或总表面积大于$4m^2$时，均应采取加固措施。

2）矩形风管边长大于630mm，保温风管边长大于800mm，管段长度大于1250mm或低压风管单边平面积大于$1.2m^2$，中、高压风管单边平面积大于$1.0m^2$时，均应采取加固措施。

3）矩形风管弯管的制作，一般应采用曲率半径为一个平面边长的内外同心弧形弯管。当采用其他的弯管，且平面边长大于500mm时，必须设置弯管导流片。

高压风管的单咬口缝应有加强措施。

风管的板材厚度大于或等于2mm时，加固措施的范围可适当放宽。

风管的加固形式如图6-5、图6-6所示。

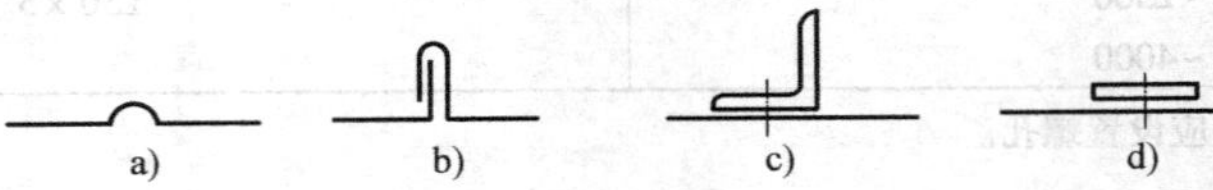

图6-5　圆形风管加固形式

a）楞筋　b）立筋　c）角钢腰箍　d）扁钢腰箍

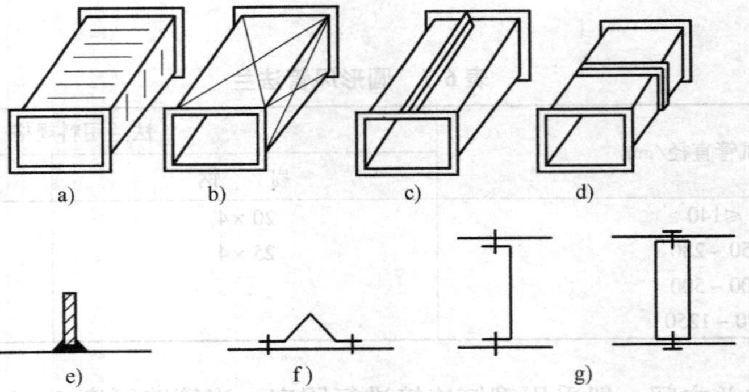

图6-6　矩形风管加固形式

a）楞筋　b）楞线　c）角钢　d）加固框　e）扁钢　f）加固筋　g）管内支撑

6.2.2　螺旋缝钢板圆形风管的制作

目前，国内建筑安装施工企业加工通风、空调工程中的圆形风管，也有采用螺旋缝圆形风管卷管机制作的。螺旋缝圆形风管卷管机如图6-7所示，它主要由三部分组成：

（1）送料部分　即成卷的带钢盘及支架。

（2）咬口成形部分　在咬口成型箱内有数对轧棍，当带钢通过时，其两侧边缘被轧出咬口。

（3）风管成形部分　把成卷带钢送入成形装置（螺旋套或胎芯），带钢被卷绕成圆形并螺旋推进，咬口相咬合后由合口轮压紧，即成螺旋缝钢板圆形风管。最后再经过砂轮割管机把风管按需要长度割断。

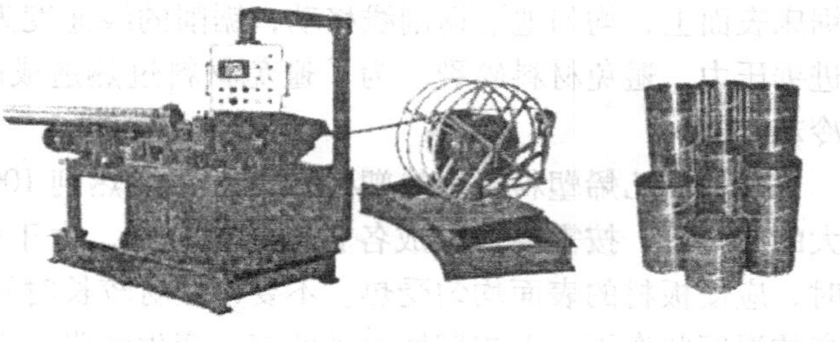

图 6-7　螺旋缝圆形风管卷管机及其成品

螺旋缝钢板圆形风管的优点：

1）咬口严密美观，结构强度高，刚度好；同样规格的风管，板材厚度可以减薄，用材节省。

2）机械化生产，效率与其他风管制作工艺相比可提高十几倍，降低了劳动强度，且大大减少了风管加工过程产生的噪声。

3）风管可连续生产，成品长度长，安装接缝少，可减少漏风量；且材料利用率高，无边角废料。

4）风管相接一般采用无法兰连接，减少扁钢、角钢用量；由于其管壁较薄，质量轻，可适当加大支架间距。

6.2.3　硬聚氯乙烯风管的制作

硬聚氯乙烯是以天然树脂或合成树脂为主要原料，加入填充剂、增塑剂、润滑剂、颜色等制成的一种高分子有机物。它具有可塑性好、密度小、强度大、耐腐蚀、耐磨、隔声、绝热、绝缘、易切削以及易于塑制成型等优点。但它的热稳定性差，温度对其机械强度的影响很大，在较低的温度环境下使用时性脆易裂，在较高的温度环境下使用时强度降低，其合适的使用温度在 -10 ~ 60℃。使用硬聚氯乙烯塑料板制作风管时，要求板材表面光滑平整、无裂纹、无气泡且无塑化的杂质，颜色应为灰色，允许有轻微的色差、斑点和凹凸。硬聚氯乙烯风管的工艺流程如图 6-8 所示。

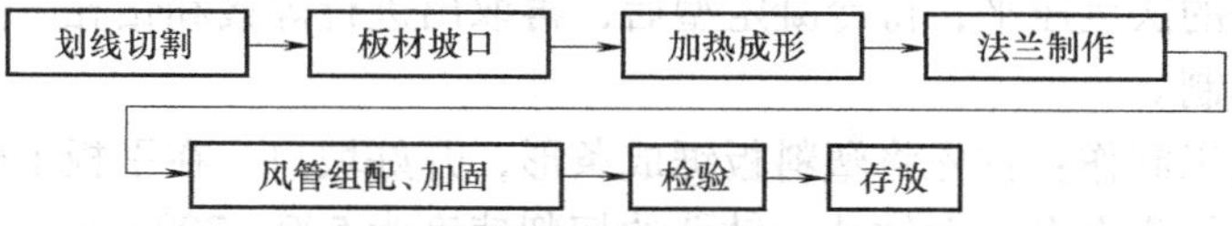

图 6-8　硬聚氯乙烯风管的工艺流程

硬聚氯乙烯展开画线的方法和金属风管相同，但硬聚氯乙烯在加热后再冷却时会出现收缩现象，所以在下料时要适当地放出余量来；在画线放样时不要用金属划针或锯条，以免划伤表面。画线时，应按图样尺寸，根据板材规格和现有加热箱的大小等具体情况，合理安排图形，尽量减少切割和焊缝，要注意尽量节省原材料。圆形风管管段在组对时应注意，将纵缝交错设置。矩形风管在展开画线时，不要将缝设在转角处。另外，应注意相邻两管段的纵缝不要在一条直线上，如图 6-9 所示。

在下料时，对需要加热成型的风管或板材可用剪床、圆盘锯或普通木工锯进行切割。使用剪床进行剪切时，5mm 厚以下的板材可在常温下进行；5mm 厚以上的或冬天气温较低时，应先把板材加热到 30℃左右，再用剪床进行剪切，以免发生碎裂现象。锯削时，应将板材贴在

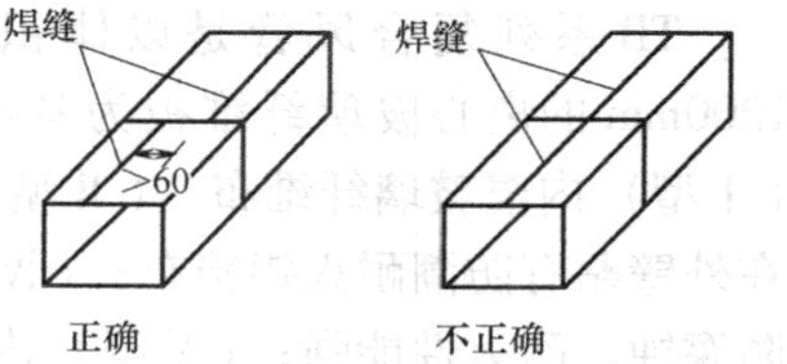

图 6-9　矩形风管的纵缝位置

锯床表面上，均匀地沿锯割线移动，锯削的线速度为3m/min左右。在接近锯完时，应减少进锯压力，避免材料碎裂。为了避免材料过热造成的烧焦和粘住现象，可用压缩空气进行冷却。

硬聚氯乙烯塑料板为热塑性塑料，当加热到100～150℃时，会形成柔软状态，可在不大的压力下，按需要加工成各种形状的管件。由于硬聚氯乙烯的热导率较低，所以在加热时，应使板材的表面均匀受热。不要使板材较长时间处于170℃以上的环境中，防止其在较高的温度状态下，形成韧性流动状态，产生膨胀、起泡、分层现象。

硬聚氯乙烯塑料板制成的风管或部件的缝隙，用塑料焊接来连接。根据塑料的物理性质，塑料加热到190～200℃时，可变成韧性流动状态，使用热空气加热板材和焊条，在风压的作用下，塑料板材与焊条结合，从而使焊条填满焊缝。

矩形风管（板材厚度5mm以上时）折方时可用管式加热器自动控制温度。加工时把管式加热器夹持在板材的折线上，形成窄长的加热区，因而其他部位不会受到影响，变形很小。这样加热后的风管表面色泽光亮，弯角圆滑，管壁平直，制作效率也高。

圆形风管和配件的加热成型，是在胎膜上进行的。当板材加热到柔软状态时，把板取出放在垫有帆布的木模上卷成圆管。图6-10所示为塑料板卷管示意图。

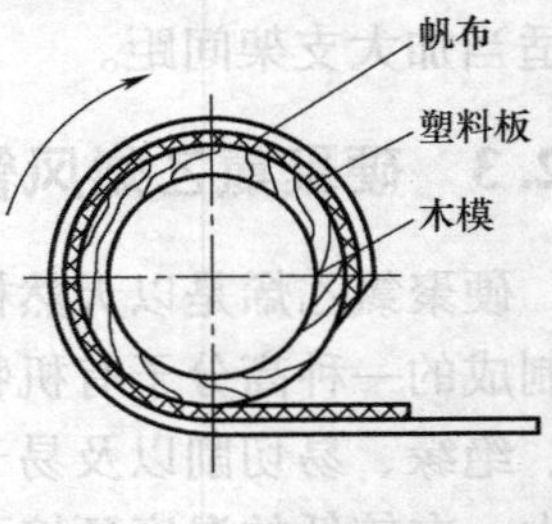

图6-10　塑料板卷管示意图

塑料风管的连接都采用焊接。当矩形风管的大边或圆形风管的直径大于630mm时，管段长度在1.2m以上的均应设加固框。加固框的规格与采用的法兰规格相同。

圆形法兰的加工制作：将塑料板在锯床上锯成条形，在坡口机上开出内圆的坡口，放到电热箱内加热到柔软状态，然后取出加热好的条形塑料板放到胎模上煨成圆形。胎模可根据法兰的厚度和内径做一块圆木板，板的外径等于法兰内径，并把圆木板钉在平板上。塑料条形板煨成圆形后，应用平钢板或其他重物把煨好的法兰压平，待冷凝定型后，再取出进行焊接和钻孔。直径较小的圆形法兰，可在车床上车制。

矩形法兰的加工制作：首先将塑料板锯成条形，开好坡口，在平板上焊接。焊好的法兰可用普通高速麻花钻头在台钻上钻孔，钻孔的切削速度为500～700m/min，钻头的进给量为0.5～0.8mm/r。为了避免塑料板过热，应间歇地提取钻头或用压缩空气进行冷却。

6.2.4　TB系列复合玻璃纤维板风管的制作

TB系列复合玻璃纤维板风管是集风管与保温材料为一体的新型环保风管，与其他保温风管相比，具有热导率低、消声效果好、不燃、无毒、耐腐蚀、不易老化、安装简便、质量轻等优点。

TB系列复合风管是以体积质量76kg/m^3、厚度25mm、长2400mm或4000mm、宽1200mm的离心玻璃纤维板为基本材料，在板的内、外壁敷设辅材制成。共分五种类型：（Ⅰ型）内覆玻璃纤维布；（Ⅱ型）内覆防潮耐火铝箔布；（Ⅲ型）内贴铝箔微穿孔，且都在外壁贴有防潮耐火铝箔布；（Ⅳ型）内覆玻璃布，外表面贴轧花薄铝板增加强度，防潮、防腐蚀、耐火性能强；（Ⅴ型）内外表面覆轧花薄铝板，防潮耐火强，内外专用阻燃粘结胶复合干燥后形成高强度风管。TB—1复合玻璃纤维板风管技术性能见表6-8。

表 6-8　TB—1 复合玻璃纤维板风管技术性能

型　　号	TB—1	型　　号	TB—1
板材密度/(kg/m³)	76	最大静压/Pa	-500 ~ 1500
最大风速/(m/s¹)	25	热导率/[W/m · K]	≤0.042
最高温度/℃	121	吸声系数（0.1 ~ 5kHz）	≥1.08

复合玻璃纤维板风管的应用及限制：

1）在制作安装风管时，应使用专用的工具，确保风管的制作质量、使用寿命。

2）风管的使用范围应按照以下区域进行划分：

① 在风管压力范围内的送风管、回风管。

② 排风管（如卫生间、库房等）。

③ 新风管。

④ 不允许在排烟风管中使用的风管。

6.2.5　铝箔复合酚醛板风管的制作

铝箔复合酚醛泡沫板材具有良好的吸声性能，两侧为不燃压纹镀膜铝箔，中间为难燃酚醛泡沫材料。用其制成的风管，在使用过程中不会产生共振噪声，并能吸收由于风机工作产生的噪声。用铝箔复合酚醛泡沫板材制作的风管光滑、清洁，不会产生致病物质，不会因吸水而滋生细菌、蚊虫，更不会产生粉尘而影响人体健康。它的热导率为 0.022W/(m · K)，保温性能良好，不会使管壁产生结露、冷凝水而破坏室内装修。铝箔复合酚醛泡沫板材具有优良的抗燃烧性能，主要包括两个方面：一是防止火焰扩散，即自熄能力；二是材料本身的绝热性能，即使材料一侧着火，另一侧温度也不会升高而导致火势蔓延。用铝箔复合酚醛泡沫板可以方便地制成各种形状、用途的变截面风管，如图 6-11 所示。

铝箔复合酚醛板风管制作的工具有：45°单刀、45°双刀、直刀等。

铝箔复合酚醛板风管系统需要各种专用配件，如 PVC 接口法兰、PVC 插条、封口胶角、镀锌铁皮补偿角、铝制 U 形法兰、铝制 F 形法兰、铝支撑垫盘、支承杆涨塞、铝箔胶带等，如图 6-12 所示。

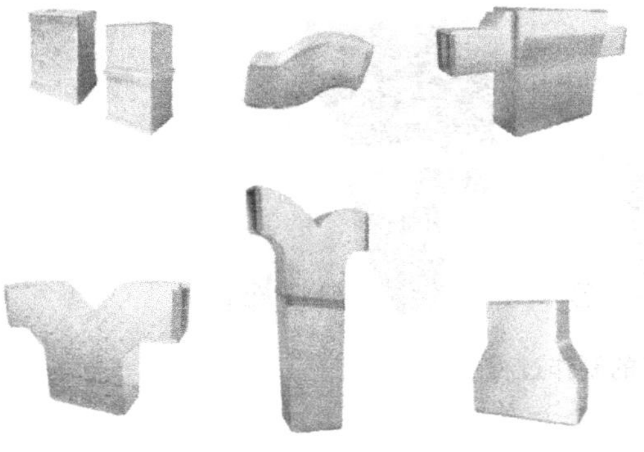

图 6-11　各种变截面风管的形状

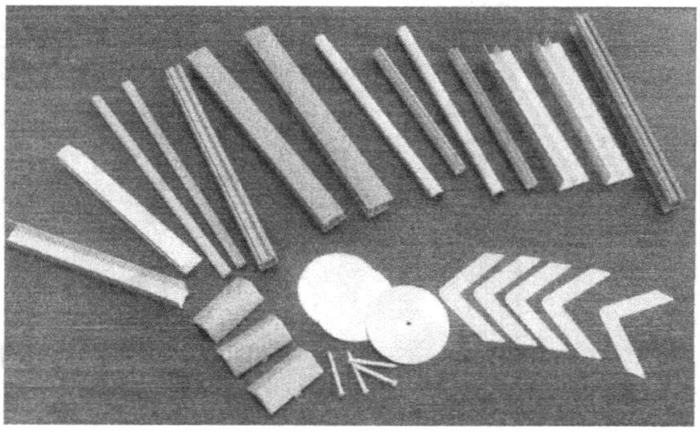

图 6-12　专用配件

铝箔复合酚醛板风管的制作过程为：下料→涂胶→合管→压合→贴胶带→装法兰→密封

→成型→检验→存放。

6.2.6 HY—PIR 空调保温风管的制作

HY—PIR 空调保温风管的材料是由 PIR 难燃硬质聚氨酯泡沫配以双面铝箔，在连续生产线上压制而成的夹芯保温板。它的高密度（40～50kg/m^3）结构可直接用于支撑管道自身重量。其热导率为 0.022W/(m·K)，具有有效的保温隔热功能，可防止风管表面结露，避免冷凝水对室内装饰及相关设施的危害。HY-PIR 空调保温风管板材单位面积质量仅为 1.4kg/m^2，是铁皮风管的 10%，可有效地减轻建筑物的负荷；其管道制作与保温层施工一次完成，且安装速度快，施工效率是传统风管安装的 4～5 倍；采用专用法兰保证了极佳的气密性，减少了漏风。漏风测试结果表明，当风管内静压为 1500Pa 时仅为 0.98m^3/(h·m^2)。

HY—PIR 空调保温风管的主要技术参数见表 6-9。风管的制作过程如图 6-13 所示。

表 6-9 HY—PIR 空调保温风管的主要技术参数

名　称	参　数	名　称	参　数
平均密度/(kg/m^3)	40～50	隔声量/dB	18
单位面积质量/(kg/m^2)	1.34～1.85	黏结抗拉强度/N	438
压缩强度/kPa	150～200	保温层阻燃等级	难燃 BI
热导率/[W/(m·K)]	0.022～0.027	管道连接方式	法兰连接，直接粘合
弯曲强度/MPa	1.05	风管耐温范围/℃	-60～150
弯曲弹性模量/MPa	77.4		

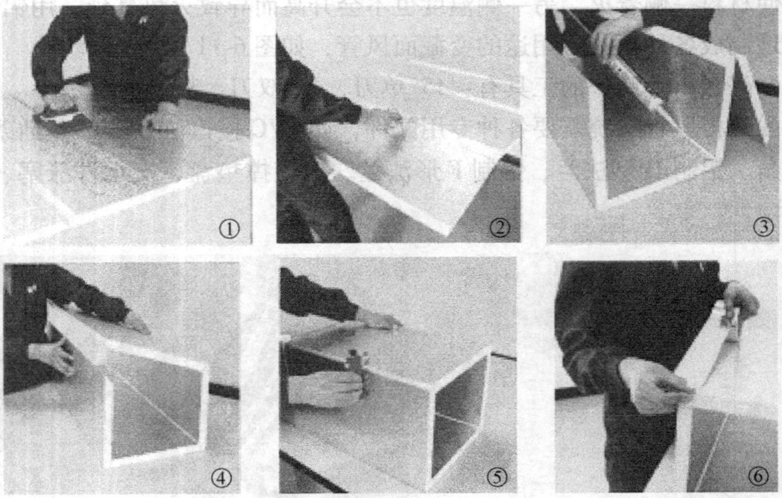

图 6-13 HY—PIR 风管的制作过程

6.2.7 整体风管系统的制作

整体风管系统是指采用专业设备，以工业自动化的方法制作风管。其成品如图 6-14、

图 6-15所示。

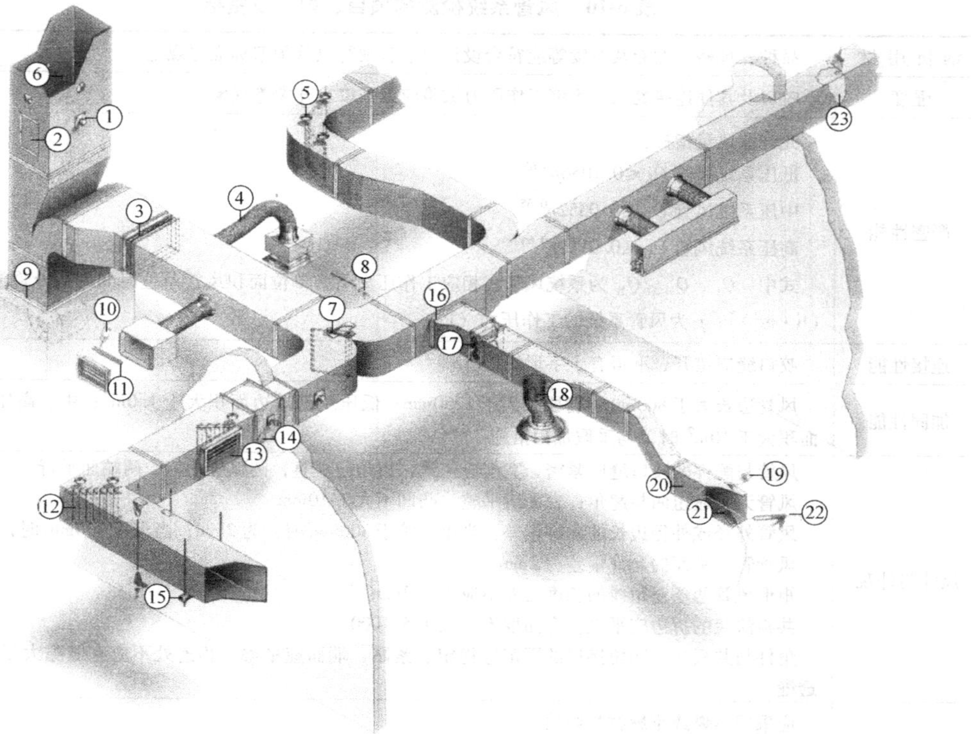

图 6-14 整体风管系统

1—检查点 2—检修孔 3—减振封闭连接 4—可弯曲风管 5—风流器扣钉 6—加强杆 7—风量刻度调节装置 8—法兰 9—设备连接 10—用于固定卡的快干胶 11—用于格栅风口的安装固定卡 12—转向叶片 13—在风管侧壁安装的格栅风口 14—调节阀固定栓 15—悬挂装置 16—支管连接法兰系统 17—组合式风量调节阀 18—紧固环 19—铝箔胶带 20—风管 21—粘结剂 22—密封胶 23—防水处理

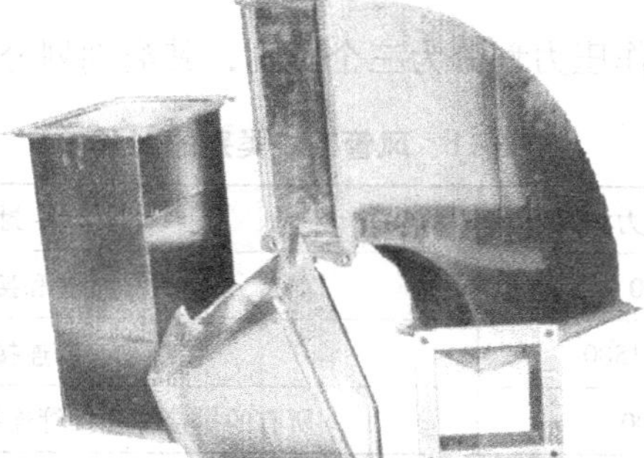

图 6-15 标准化工业化制作的配件

整体风管系统的制作过程为：L 板与 L 板咬边→装角码→贴法兰密封条→上螺栓螺母→上法兰弹簧夹→法兰绝热→风管吊装→风管系统检测。

整体风管系统制作完成后的检查项目、检查内容及指标见表6-10。

表6-10　风管系统检测的项目、内容及指标

钢板用材	品种、规格、性能及厚度等应符合设计要求和现行风管国家标准之规定
强度	咬口及其他连接处以1.5倍工作压力试验应无张口、开裂等现象
严密性能	允许漏风量指标： 低压系统风管 $Q_L \leqslant 0.1056p^{0.65}$ 中压系统风管 $Q_M \leqslant 0.0352p^{0.65}$ 高压系统风管 $Q_H \leqslant 0.0117p^{0.65}$ 式中　Q_L、Q_M、Q_H 为系统风管在相应工作压力下，单位面积风管单位时间内的允许漏风量［$m^3/(h \cdot m^2)$］；p 为风管系统的工作压力（Pa）
连接性能	咬口缝应错开，不得有十字形拼接缝
加固性能	风管边长大于800mm；管段长大于1250mm；低压风管单边面积大于1.0m^2；中、高压风管单边平面积大于10m^2时，均采取加固措施
尺寸与外观	风管与配件的咬口缝应紧密、宽度应一致，折角应平直，圆弧应均匀，两端面平行 风管无明显扭曲与翘角；表面应平整，凸凹不大于10mm 风管外径或外径边长的允许偏差：当小于等于300mm时，为2mm；当大于300mm时，为3mm 风管管口平面的允许偏差为2mm 矩形风管两条对角线的长度之差不应大于3mm 共板法兰的折边应平直，弯曲度不应大于5/1000 角件与共板法兰四角接口的固定应稳定、紧贴，端面应平整，相连处不应有缝隙大于2mm的连续透缝
绝热性能	应采用不燃或难燃材料绝热 电加热器前后800mm的风管绝热层必须使用不燃材料 粘结剂及其他辅材性能应与绝热主材匹配 绝热层纵、横向缝应错开 共板法兰部位的绝热层厚度不应低于风管绝热层的80%

6.2.8　风管制作的规定

1. 风管系统类别的划分

风管系统按其系统的工作压力划分为三个类别，其类别划分见表6-11。

表6-11　风管系统类别的划分

系统类别	系统工作压力 p/Pa	密封要求
低压系统	$p \leqslant 500$	接缝和接管处严密
中压系统	$500 < p \leqslant 1500$	接缝和接管连接处增加密封措施
高压系统	$p > 1500$	所有的拼接缝和接管连接处，均应采取密封措施

2. 金属风管板材的厚度

风管板材的厚度应符合设计和现行国家标准规定。当设计无规定时，钢板或镀锌板的厚度不应小于表6-12的规定；不锈钢板的厚度不应小于表6-13的规定；铝板的厚度不应小于表6-14的规定。

表6-12　钢板或镀锌板风管板材的厚度　　(单位：mm)

风管直径D或长边尺寸b	圆形风管	矩形风管		除尘系统风管
		中、低压系统	高压系统	1.5
$D(b)\leqslant 320$	0.5	0.5	0.75	1.5
$320<D(b)\leqslant 450$	0.6	0.6	0.75	2.0
$450<D(b)\leqslant 630$	0.6	0.6	0.75	2.0
$630<D(b)\leqslant 1000$	0.75	0.75	1.0	2.0
$1000<D(b)\leqslant 1250$	1.0	1.0	1.0	2.0
$1250<D(b)\leqslant 2000$	1.0	1.0	1.2	按设计
$2000<D(b)\leqslant 4000$	按设计	1.2	按设计	按设计

注：1. 螺旋风管的钢板厚度可适当减小10%～15%。
2. 排烟系统风管钢板厚度可按高压系统选取。
3. 特殊除尘系统风管钢板厚度应符合设计要求。
4. 不适合用于地下人防与防火隔墙的预埋管。

表6-13　高、中、低压系统不锈钢板风管板材厚度　　(单位：mm)

风管直径（或长边尺寸b）	不锈钢板厚度	风管直径（或长边尺寸b）	不锈钢板厚度
$D(b)\leqslant 500$	0.5	$1120<D(b)\leqslant 2000$	1.0
$500<D(b)\leqslant 1120$	0.75	$2000<D(b)\leqslant 4000$	1.2

表6-14　中、低压系统铝板风管板材厚度　　(单位：mm)

风管直径D（或长边尺寸b）	铝板厚度	风管直径D（或长边尺寸b）	铝板厚度
$D(b)\leqslant 320$	1.0	$630<D(b)\leqslant 2000$	2.0
$320<D(b)\leqslant 630$	1.5	$2000<D(b)\leqslant 4000$	按设计

3. 硬聚氯乙烯风管板材的厚度

硬聚氯乙烯风管板材的厚度不应小于表6-15或表6-16的规定。

表6-15　中、低压系统硬聚氯乙烯圆形风管板材厚度　　(单位：mm)

风管直径	板材厚度	风管直径	板材厚度
$D\leqslant 320$	3.0	$630<D\leqslant 1000$	5.0
$320<D\leqslant 630$	4.0	$1000<D\leqslant 2000$	6.0

表6-16　中、低压系统硬聚氯乙烯矩形风管板材厚度　　(单位：mm)

风管直径D（或长边尺寸b）	板材厚度	风管直径D（或长边尺寸b）	板材厚度
$b\leqslant 320$	3.0	$630<D(b)\leqslant 1000$	5.0
$320<D(b)\leqslant 630$	4.0	$1000<b\leqslant 2000$	6.0

4. 有机玻璃钢、无机玻璃钢风管板材的厚度

有机玻璃钢风管板材的厚度应符合表6-17的规定；无机玻璃钢风管板材的厚度应符合表6-18的规定，相应的玻璃布层数不应小于表6-19的规定，其表面不允许出现返卤或严重

泛霜现象。

表 6-17　中、低压系统有机玻璃钢风管板材厚度　（单位：mm）

风管直径 D（或风管长边尺寸 b）	板材厚度	风管直径 D（或风管长边尺寸 b）	板材厚度
$D(b)\leqslant 200$	2.5	$630<D(b)\leqslant 1000$	4.8
$200<D(b)\leqslant 400$	3.2	$1000<D(b)\leqslant 2000$	6.2
$400<D(b)\leqslant 630$	4.0		

表 6-18　中、低压系统无机玻璃钢风管板材厚度　（单位：mm）

风管直径 D（或风管长边尺寸 b）	板材厚度	风管直径 D（或风管长边尺寸 b）	板材厚度
$D(b)\leqslant 300$	2.5~3.5	$1000<D(b)\leqslant 1500$	5.5~6.5
$300<D(b)\leqslant 500$	3.5~4.5	$1500<D(b)\leqslant 2000$	6.5~7.5
$500<D(b)\leqslant 1000$	4.5~5.5	$D(b)>2000$	7.5~8.5

表 6-19　中、低压系统无机玻璃钢风管玻璃纤维布厚度与层数

风管直径 D（或风管长边尺寸 b）/mm	风管管体玻璃纤维布厚度/mm		风管法兰玻璃纤维布厚度/mm	
	0.3	0.4	0.3	0.4
	玻璃布层数			
$D(b)\leqslant 300$	5	4	8	7
$300<D(b)\leqslant 500$	7	5	10	8
$500<D(b)\leqslant 1000$	8	6	13	9
$1000<D(b)\leqslant 1500$	9	7	14	10
$1500<D(b)\leqslant 2000$	12	8	16	14
$D(b)>2000$	14	9	20	16

5. 风管工艺性的检测或验证

风管必须通过工艺性的检测或验证。风管强度和严密性要求应符合设计或下列规定。

1）风管的强度应保证其在 1.5 倍工作压力下接缝处无开裂。

2）矩形风管的允许漏风量应符合表 6-10 中的规定：

3）低压、中压圆形金属风管、复合材料风管以及采用非法兰形式的非金属风管的允许漏风量，应为矩形风管规定值的 50%。

4）砖、混凝土风道的允许漏风量不应大于矩形低压系统风管规定值的 1.5 倍。

5）排烟、除尘、低温送风系统的允许漏风量应按中压系统风管的规定。

金属风管连接的规定：风管板材拼接的咬口缝应错开，不得有十字形拼接缝。

金属风管法兰材料规格不应小于表 6-20 或表 6-21 的规定。中、低压系统风管法兰的螺栓及铆钉孔距不应大于 150mm，高压系统风管不应大于 100mm。矩形风管法兰的四角部位应设有螺孔。

表6-20　金属圆形风管法兰及螺栓规格　　（单位：mm）

风管直径 D	法兰材料规格		螺栓规格
	扁钢	角钢	
$D \leqslant 140$	20×4	—	M6
$140 < D \leqslant 280$	25×4	—	
$280 < D \leqslant 630$	—	25×3	
$630 < D \leqslant 1250$	—	30×4	M8
$1250 < D \leqslant 2000$	—	40×4	

表6-21　金属矩形风管法兰及螺栓规格　　（单位：mm）

风管长边尺寸 b	法兰材料规格加工（角钢）	螺栓规格
$b \leqslant 630$	25×3	M6
$630 < D(b) \leqslant 1500$	30×3	M8
$1500 < b \leqslant 2500$	40×4	
$2500 < b \leqslant 4000$	50×5	M10

当采用加固方法提高风管法兰部位的强度时，其法兰材料规格相应的使用条件可适当放宽。

钢板法兰连接风管的薄钢板法兰高度可以参照金属法兰风管的规定执行。

6. 非金属（硬聚氯乙烯、有机玻璃钢）**风管连接的规定**

硬聚氯乙烯、有机玻璃钢风管连接法兰的规格应分别符合表6-22、表6-23中的规定，其螺栓的间距不应大于120mm，矩形风管法兰的四角处应设有螺栓。

表6-22　硬聚氯乙烯圆形风管法兰规格　　（单位：mm）

风管直径 D	材料规格（宽×厚）	连接螺栓	风管直径 D	材料规格（宽×厚）	连接螺栓
$D \leqslant 180$	35×6	M6	$800 < D \leqslant 1400$	45×12	M10
$180 < D \leqslant 400$	35×8	M8	$1400 < D \leqslant 1600$	50×15	
$400 < D \leqslant 500$	35×10		$1600 < D \leqslant 2000$	60×15	
$500 < D \leqslant 800$	40×10		$D > 2000$	按设计	

表6-23　有机玻璃钢风管法兰规格　　（单位：mm）

风管直径 D 或风管长边尺寸 b	材料规格（宽×厚）	连接螺栓
$D(b) \leqslant 400$	30×4	M8
$400 < D(b) \leqslant 1000$	40×6	
$1000 < D(b) \leqslant 2000$	50×8	M10

复合材料风管采用法兰连接时，法兰与风管板材要连接可靠，其绝热层不得外露，不得采用降低板材强度和绝热性能的连接方法。

7. 净化空调系统风管

1）矩形风管边长小于或等于900mm时，底面板不应有拼接缝；大于900mm时，不应有横向拼接缝。

2）风管所用的螺栓、螺母、垫圈和铆钉均采用与管材性能相匹配、不会产生电化学腐蚀的材料，也可采取镀锌或其他防腐措施，但不得采用抽芯铆钉。

3）不应在风管内设置加固筋，风管无法兰连接时不得使用S形插条、直角形插条及立联合角形插条等。

4）空气洁净度等级为1～5级的净化空调系统风管不得采用按扣式咬口。

5）清洗风管不得使用对人体和材料有危害的清洁剂。

6）镀锌钢板风管不得有镀锌层严重损坏的现象，如表面大面积白花、锌层粉化等。

6.2.9 风管部件的制作

1. 风口制作的工艺流程

风口一般都在工厂加工制作，其制作的工艺流程如图6-16所示。

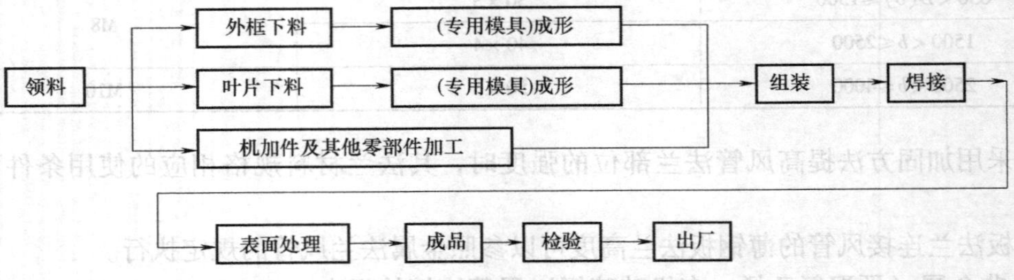

图6-16 风口制作工艺流程

（1）领料 风口的制作应按其类型、规格和使用要求选用不同的材料。

（2）下料、成型

1）风口的部件下料及成型应使用专用模具完成。

2）铝制风口所需材料为型材，其下料、成型处应使用专用模具，还应配备专用的铝材切割机具。

（3）组装

1）风口的部件成型后组装，应有专用的工具，以保证产品质量。产品组装后，应进行检验。

2）风口表面应平整，与设计尺寸的偏差不应大于2mm。矩形风口两对角线之差不应大于3mm，圆形风口任意两正交直径的允许偏差不应大于2mm。

3）风口的转动调节部分应灵活，叶片应平直，不得与边框碰撞，喷漆或烤漆应在组装前进行，防止漆膜粘结影响转动。

4）插板式及活动箅板式风口，其插板、箅板应平整，边缘光滑，拉动灵活。活动箅板式风口组装后应能达到全开和闭合的要求。

5）百叶风口的叶片间距应均匀，两端轴的中心应在同一直线上。手动式风口叶片与边框铆接应松紧适当。

6）散流器的扩散环和调节环应同轴，径向间距应分布均匀。叶片与骨架铆接后，叶片之间再互铆。

7）孔板式风口，孔口不得有毛刺，孔径和孔距应符合设计要求。

8）旋转式风口活动件应轻便灵活。

9）球形风口内外球面间的配合应松紧适度，转动自如，风量调节片应能有效地调节风量。

10）风口活动部分，如轴、轴套的配合等，应松紧适宜，并应在装配完成后加注润滑油。

（4）焊接

1）钢制风口组装后的焊接可根据不同材料，选择气焊或电焊的焊接方式。铝制风口应采用氩弧焊焊接。

2）焊接均应在非装饰面进行，不得对装饰面外观产生不良影响。

3）焊接完成后，应对风口进行一次调整。

（5）表面处理

1）风口的表面处理，应满足设计及使用要求，可根据不同材料选择如喷漆、喷塑、氧化等方式。

2）如风口规格较大，应在适当部位对叶片及外框采取加固补强措施。

2. 风阀制作的工艺流程

风阀制作的工艺流程如图6-17所示。

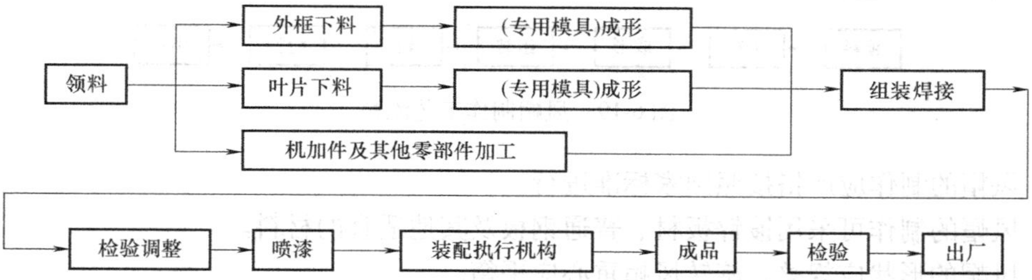

图6-17 风阀制作工艺流程

1）领料。风阀制作所需材料应根据不同类型严格选用。

2）下料、成形。外框及叶片下料应使用机械完成，成形应尽量采用专用模具。

3）零部件加工。风阀内的转动部件应采用有色金属制作，以防止锈蚀。

4）组装焊接

① 外框焊接可采用气焊或电焊方式，且应保证其焊接变形控制在最小限度。

② 风阀组装应按照规定的程序进行，阀门的制作应牢固，调节和制作装置应准确、灵活、可靠，并标明阀门的启闭方向。

③ 多叶片风阀叶片关闭时应相互贴合，间距均匀，搭接一致。

④ 止回阀阀轴必须灵活，阀板关闭严密，转动轴应采用不易锈蚀的材料制作。

⑤ 防火阀制作时所用钢材厚度不能小于2mm，转动部件在任何时候都应转动灵活。易熔片应为经批准且检验合格的正规产品，其熔点温度的允许偏差为 -2℃。

5）风阀组装完成后应进行调整和检验，并根据要求进行防腐处理。

6）若风阀规格过大，可将其割成若干个小规格的阀门再制作。

7）防火阀在阀体制作完成后要加装执行机构并逐台进行检验。

3. 罩类制作的工艺流程

罩类制作的工艺流程如图6-18所示。

图6-18　罩类制作工艺流程

（1）领料　罩类部件根据不同要求可选用普通钢板、镀锌钢板、不锈钢板及聚氯乙烯板等材料制作。

（2）下料　根据不同的罩类形式放样后下料，并尽量采用机械加工方式。

（3）成形、组装

1）罩类部件的组装根据所用材料及使用要求，可采用咬接、焊接等方式。

2）用于排出蒸汽或其他潮湿气体的伞形罩，应在罩口内边采取排除凝结液体的措施。

3）排气罩的扩散角不应大于60°。

4）如有要求，在罩类中还应加装调节阀、自动报警、自动灭火、过滤、集油装置及设备。

4. 风帽制作的工艺流程

风帽制作的工艺流程如图6-19所示。

图6-19　风帽制作工艺流程

1）风帽的制作应严格按照国家标准进行。

2）风帽的制作可采用镀锌板材、普通钢板及其他适宜的材料。

3）风帽的形状应规整，旋转风帽重心应平衡。

5. 柔性管制作的工艺过程

1）柔性管制作可选用人造革、帆布、树脂玻璃布、软橡胶板、增强石棉布等材料。

2）柔性管的长度一般为150～250mm，不允许将其作为变径管。

3）下料后的制缝可采用机械或手工方式，但必须保证严密牢固。

4）如需防潮，帆布柔性管可刷帆布漆，防止其失去弹性和收缩性。

5）柔性管与法兰组装可采用钢板压条的方式，通过铆接使两者联合起来，铆接间距为60～80mm。

6）柔性管不得出现扭曲现象，两侧法兰应平行。

6. 三通管及变径管制作的工艺过程

在管道工程中，管径100mm以下的管道采用螺纹连接时，可以选用带有螺纹的各种管配件。管径100mm以上的管子均采用焊接，而相应需要的管件，例如三通管和变径管等，以前都要在现场制作，现在这些连接件采用全自动设备（图6-20），提高了安装速度。三通管及变径管的生产全过程完全由电脑控制，能够生产出各种形状的三通管及变径管（图6-21）。打开制作三通管及变径管的专用软件后，只需把要生产的管配件代号、尺寸输入电脑就可以生产出所需要的管配件。

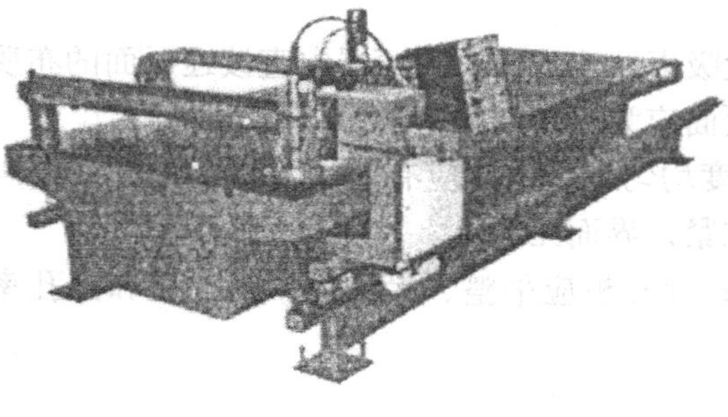

图 6-20 等离子全自动生产设备

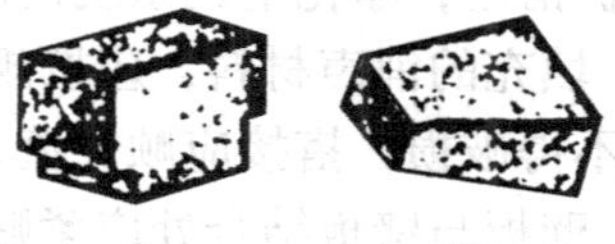

图 6-21 三通管及变径管
a）丁字三通管 b）变径管

6.2.10 风管部件安装的规定

1. 手动单叶片调节风阀或多叶片调节风阀的安装规定

1）结构应牢固，启闭应灵活，法兰应与相应风管材质一致。

2）叶片的搭接应贴合一致，与阀体的缝隙应小于 2mm。

① 启闭灵活，关闭时应密封。

② 阀叶的转轴、铰链应采用不易锈蚀的材料制成，保证转动灵活、耐用。

③ 阀片的强度应保证其在最大负荷压力下不弯曲变形。

④ 水平安装的止回阀应有可靠的平衡调节机构。

2. 插板风阀的安装规定

1）壳体应严密，内壁应作防腐处理。

2）插板应平整，启闭灵活，并有可靠的定位固定装置。

3）斜插板风阀的上、下接管应成一直线。

3. 三通调节风阀的安装规定

1）拉杆或手柄的转轴与风管的结合处应严密。

2）拉杆可在任意位置上固定，手柄开关应标明调节的角度。

3）阀板调节方便，且不与风管相碰擦。

4. 矩形弯管导流叶片的安装规定

矩形弯管导流叶片的迎风侧边缘应圆滑，固定应牢固。导流叶片的弧度应与弯管的弧度一致。导流叶片的分布应符合设计规定。当导流叶片的长度超过 1250mm 时，应有加固措施。

5. 柔性接管的安装规定

1）选用防腐、防潮、不透气、不易霉变的柔性材料。用于空调系统的柔性接管应采取防止结露的措施，用于洁净空调系统的应选用内壁光滑、不易产生尘埃的材料，防排烟系统柔性短管的制作材料必须为不燃材料。

2）柔性短管的长度，一般应为 150 ~ 300mm，其连接处应严密、牢固可靠。

3）柔性短管不应作为找正找平的异径连接管。

4）设置在结构变形缝的柔性短管，其长度应为变形缝的宽度加 100mm 及以上。

6. 消声器的安装规定

1）风管边长大于800mm时，应加设吸声导流叶片；消声器内直接迎风面的布质覆面层应有保护措施；净化空调系统消声器的覆面应为不易产生尘埃的材料。

2）填充的消声材料，应按规定的密度均匀铺设，并应有防止下沉的措施。消声材料的覆盖面不得破损，搭接应顺气流，且应拉紧，界面无毛边。

3）壁板与壁板结合处应紧贴、严密；穿孔板应平整、无毛刺，其孔径和穿孔率应符合设计要求。

6.3 风管系统安装

通风空调系统的安装与建筑物的施工进度以及有关工艺设备的安装情况有密切的关系，必须考虑它们之间的施工配合。在安装前应对到货的设备和加工成品进行检验并对现场进行检查，要进行现场测绘及绘制安装简图。

6.3.1 风管的安装、固定

风管的安装、固定，应根据建筑物内通风空调系统的布置情况，可分别采用整体吊装和分段吊装的方法。一般可先在地面上将风管连接成长度为10～12m为一段的管段进行吊装，然后按干管、支管、立管的顺序进行组装。

在现场安装的风管主要采用法兰连接，其接口处应加垫片。螺母应放在法兰同一侧，要十字交叉对称地均匀拧紧螺母。螺旋风管安装应采用无法兰连接，其支架间距可适当放大。一般通风系统也可采用无法兰连接或其他几种连接方法。

风管一般都是沿室内楼板、靠墙或柱子敷设，有的是主管设在技术夹层内。它需要各种形式的支架将风管固定、支承在一定的空间位置，风管支架的形式有吊架、托架和立管架等。

圆形风管的无法兰连接在国外是近几十年发展起来的，在国内已得到应用。主要应用于一般排风系统的钢板圆形风管和螺旋缝风管的连接，其连接形式有两种：

（1）抱箍式无法兰连接（图6-22）　先把每一管段的两端轧制出鼓筋，并把其一端缩为小口，使其一端大一端小。安装时按气流方向把小口插入大口，外面用钢制抱箍将两个管端的鼓筋抱紧，抱箍均用特制压型机轧制而成。钢板抱箍应先根据连接管的直径加工成一个整体圆环，轧制好鼓筋后再割成两半，最后焊上耳环。抱箍式无法兰连接工艺采用集中加工组排，现场对号安装的方法。

由于抱箍和管端的鼓筋有制作误差，使夹紧的连接螺栓不易拧上螺母，尤其以$D<300$mm的风管较为严重，所以应采用专用夹具夹紧抱箍，另外将一个耳环改焊为一个螺母，这样可使安装方便、简单。

（2）插接式无法兰连接（图6-23）　主要加工中间连接短管，短管两端分别插入风管，再用自攻螺钉或拉铆钉将其紧密固定。还有一种是内接管加工有凹槽，内嵌胶垫圈，风管插入时与内壁挤紧。

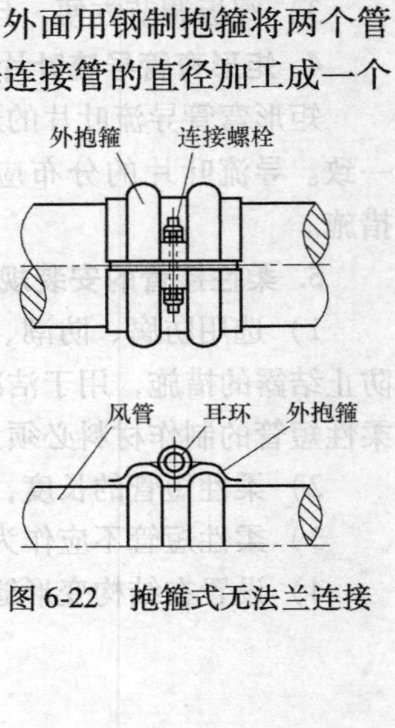

图6-22　抱箍式无法兰连接

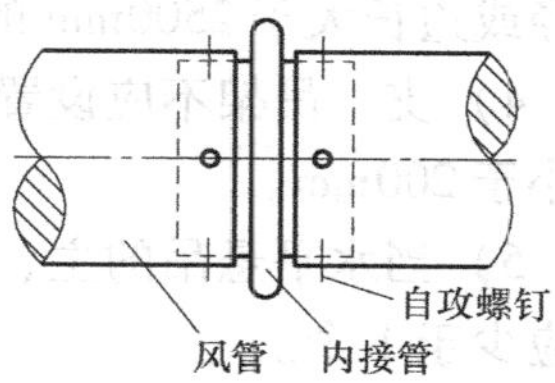

图6-23　插接式无法兰连接

圆形风管无法兰连接和法兰连接相比有下列优点：

1）节省角钢、法兰螺栓、铆钉等材料。

2）减少安装工作量，减轻劳动强度，提高工作效率，连接质量好。

3）便于集中预制，成批生产，工艺简单、易于掌握，加快了施工进度。

4）由于风管壁较薄，又采用无法兰连接，所以质量轻，可适当减少支架、加大支架间距。

若由于加工原因，管件连接不够严密，则可在接口处用密封胶带封上，或涂以密封胶。

6.3.2　风管系统安装的规定

1. 风管穿过需要密封的防火、防爆墙体或楼板的施工要求

风管穿过需要密封的防火、防爆墙体或楼板时，应设预埋套管或防护套管，其钢板厚度不应小于1.6mm。风管与预埋套管或防护套管之间，应使用不燃且对人体无害的柔性材料封堵。

2. 风管安装的规定

1）风管安装前，应清除风管的内、外杂物，并做好清洁和保护工作。

2）风管安装的位置、标高、走向应符合设计要求。现场配置风管接口时，不得缩小其有效截面。

3）连接法兰的螺栓应均匀拧紧，其螺母应在同一侧。

4）风管接口的连接应严密、牢固。风管法兰的垫片材质应符合系统功能的要求，厚度不应小于3mm。垫片不应凸入管内，也不应突出法兰外。

5）柔性短管的安装，应松紧适度，无明显扭曲。

6）可伸缩性金属或非金属软风管的长度不应超过2m，并且不应有死弯或塌凹。

7）风管与砖、混凝土风道的连接接口，应顺着气流方向插入，并应采取密封措施。风管穿出屋面处应设有防雨装置。

8）不锈钢板、铝板风管与碳素钢支架的接触处，应有隔绝或防腐绝缘措施。

3. 净化空调系统风管的安装规定

1）风管、静压箱及其他部件，必须擦拭干净，无油污和浮尘。当施工停顿或完毕时，端口应密封好。

2）法兰垫料应为不产尘、不易老化且具有一定强度和弹性的材料，厚度为5～8mm。不允许采用乳胶海绵，法兰垫片应尽量减少拼接，并且不允许直缝对接连接，严禁在垫料表面涂涂料。

3）风管与洁净室吊顶、隔墙等围护结构的接缝处应严密。

4. 风管支、吊架的安装规定

1）风管水平安装，直径或边长尺寸小于等于400mm时，间距不应大于4m；大于400mm时，间距不应大于3m。螺旋风管的支、吊架间距不应大于3m。

2）风管垂直安装，间距不应大于4m，单根直管至少应有2个固定点。

3）风管支、吊架应按国家标准图集与规范选用强度和刚度相适应的形式和规格。对于直径或边长大于2500mm的超宽、超重等特殊风管的支、吊架应按设计规定选取。

4）支、吊架不应设置在风口、阀门、检查门及自控机构处，离风口或插接管的距离不应小于200mm。

5）当水平悬吊的主、干风管的长度超过20m时，应设置防止摆动的固定点，每个系统不应少于1个。

6）吊架的螺栓应采用机械加工。吊杆应平直，螺纹应完整、光洁。安装后各支、吊架的受力应均匀，无明显变形。

7）抱箍支架、折角应平直，抱箍应紧贴并箍紧风管。安装在支架上的圆形风管应设托座和抱箍，其圆弧应均匀，且与风管外径相一致。

5. 非金属风管的安装规定

1）风管连接的两法兰端面应平行、严密，法兰螺栓两侧应加镀锌垫圈。

2）应适当增加支、吊架与水平风管的接触面积。

3）硬聚氯乙烯风管的直段连续长度大于20m时，应按设计要求设置伸缩节，支管必须单独设置支、吊架，支管的重量不允许由干管承受。

4）风管垂直安装时，支架间距不应大于3m。

6. 复合材料风管的安装规定

1）复合材料风管的连接处，接缝应牢固，无空洞和开裂。当采用插接连接时，接口应匹配、无松动，端口缝隙不应大于5mm。

2）采用法兰连接时，应有防冷桥的措施。

3）支、吊架的安装应按产品标准的规定执行。

7. 风管系统安装完毕后的严密性检验

风管系统安装完毕后应按系统类别进行严密性检验，漏风量应符合设计与规范的规定。风管的严密性检验应符合下列规定：

1）低压系统风管的严密性检验应采用抽检方式，抽检率为5%，且不得少于1个系统。

2）中压系统风管的严密性检验，应在漏光法检测合格后，对系统漏风量测试并进行抽检，抽检率为20%，且不得少于一个系统。

3）高压系统风管的严密性检验，为全数进行漏风量测试。

4）净化空调系统风管的严密性检验，1～5级的系统按高压系统风管的规定执行。系统风管的严密性检验的被抽查系统，若全数合格，则视为通过；如有不合格时，则应再加倍抽检，直至全数合格。

6.4 通风空调设备安装

6.4.1 风机盘管的安装

风机盘管机组是空调系统的末端机组之一，是将通风机、换热器及过滤器等组成一体的空气调节设备。风机盘管机组中，风机不断地循环所在房间内的空气，使空气通过供冷水或供热水的换热器，被冷却或加热，以保证室内温度。在风机吸风口外设有空气过滤器，用以过滤被吸入空气中的尘埃，一方面改善了房间的卫生条件，提高空气清洁度；另一方面也保护了换热器不被尘埃所堵塞。换热器在夏季可以除去室内的湿气，维持房间一定的相对湿度；其表面的凝结水滴入接水盘内，然后不断地被排入地下水管道中。

1. 风机盘管机组的形式分类

（1）按结构形式分类　分为立式、卧式、壁挂式和卡式。

（2）按安装方式分类　分为明装、暗装。

（3）按进水方位分类　分为左进水和右进水。

风机盘管机组的类型和使用范围见表 6-24，风机盘管机组型号的表示方法见表 6-25。

表 6-24　风机盘管机组的类型和使用范围

分　类	型　式	特　点	使用范围
风机类型	离心式	前向多翼型，效率较高。每台机组的风机单独控制，采用单相电容调速低噪声电动机，转速、风量有高、中、低三档	宾馆客房、办公室、写字楼等
	贯流式	前向多翼型，端面封闭，全压系数较大，效率较低，进、出风口易于建筑物相配合，调节方法同上	为配合建筑布置时用
结构形式	立式	暗装可安在窗台下方，出风口向上、向前或向斜上，可省去吊顶	要求地面安装。适用于全玻璃结构的建筑物和一些公共场所以及工业建筑。北方冬季停开风机作散热器用
	卧式	节省建筑面积，可与室内建筑装饰布置相协调，须用吊顶和通道间	宾馆客房、医院等。北方冬季停开风机作散热器用
	立柱式	占地面积小，安装、维修、管理方便，冬季可靠机组自然对流散热，可节省管道与吊顶，造价较贵	宾馆客房、医院等。北方冬季停开风机作散热器用
	顶棚式	节省建筑面积，可与室内建筑装饰相协调，维护方便	办公楼、商业建筑等

表 6-25　风机盘管机组型号表示方法

型号表示方法 / 产品型号	风机盘管空调机组	额定风量	结构形式		安装形式		进水方位		出口静压		特　征	
	FP	10(m^3/h)	立式	卧式	明装	暗装	左进水	右进水	低静压	高静压	单盘管	双盘管
			L	W	M	A	Z	Y		G		ZH
FP—63LM—Y—G30 表示额定风量为 630m^3/h、立式、明装、右进水、高静压为 30Pa、单盘管的风机盘管	FP	63	L		M			Y		G30		
FP—5LA—Z—ZH 表示额定风量为 500m^3/h、立式、暗装、左进水、低静压、双盘管的风机盘管	FP	5	L			A	Z					ZH

2. 工艺流程

风机盘管机组安装流程如图 6-24 所示。

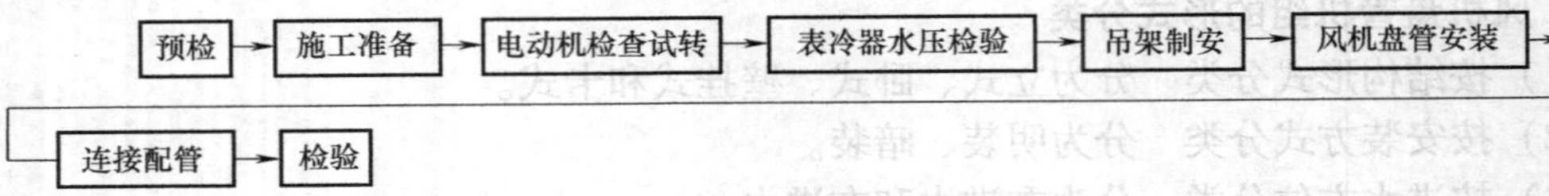

图 6-24 风机盘管机组安装流程

3. 风机盘管机组的检验

1）风机盘管在安装前应检查每台电动机壳体及换热器表面有无损伤、锈蚀等缺陷。

2）风机盘管应逐台进行通电试验检查，机械部分不得摩擦，电气部分不得漏电。机组安装前应进行单机三速试运转。

3）风机盘管应逐台进行水压试验，试验压力应为工作压力的 1.5 倍，定压后观察 2～3min，不渗不漏为合格。

4）卧式吊装风机盘管应符合建筑物承重要求，吊架安装应平整牢固，位置正确。吊杆不应自由摆动，吊杆与托盘的连接应用双螺母紧固，并找平找正。

5）悬吊安装的大型风机盘管，其吊杆或支架的固定螺栓应有放松装置。

6）立式风机盘管安装应坚固，位置及高度应正确。

6.4.2 通风机的安装

1. 通风机

通风机是机械通风和空调机组送风的主要设备。通风机的类型有多种。

（1）轴流式通风机　轴流式通风机安装简单，直接与风管相连，占用空间较小，因此其用途极为广泛。在侧墙上安装的排风扇也属于轴流风机的一种类型。

（2）离心式通风机　离心式通风机的一个显著特点是风量、风压的范围都较大，因此对各类通风系统所要求的参数都有较大的适应性。

（3）斜流式及混流式通风机　这两种通风机在外形上与轴流式通风机类似，都属于管道式通风机的范围，但它们工作原理却与轴流式通风机不同。斜流式及混流式通风机通过对叶片形状的改变，使其气流在进入通风机后，既有部分轴流作用，又产生部分离心作用。在安装方面，其特点与轴流式通风机相似，具有接管方便，占用空间面积较小等优点。

2. 通风机安装工艺流程

（1）基础验收

1）通风机安装前应根据设计图样对设备基础进行全面检查，检查其是否符合尺寸要求。

2）通风机安装前，应在基础表面铲出麻面，以使二次浇灌的混凝土或水泥砂浆能与基础紧密结合。

（2）通风机的开箱检查

1）设备安装前，应进行开箱检查。参加人员按质量标准中的规定组成。

2）按设备装箱清单，核对叶轮、机壳和其他部位的主要尺寸，以及进、出风口的位置方向是否符合设计要求，作好检查记录。

3）叶轮旋转方向应符合设备技术文件的规定。

4）进、出风口应有盖板严密遮盖。检查各切削加工面和机壳的防锈情况以及转子是否发生变形或锈蚀、碰损等。

（3）通风机的搬运和吊装规定

1）整体安装的风机，搬运和吊装的绳索不得捆缚在转子和机壳或轴承盖的吊环上。

2）现场组装的风机，绳索的捆缚不得损伤风机表面，转子、轴颈和轴封等处均不应作为捆缚部位。

3）输送特殊介质的通风转子和机壳内如涂有保护层，应严加保护，不得损伤。

4）通风机设备搬运人员中应有起重工，并由专人指挥，使用的工具和绳索必须符合安全要求。

（4）设备的清洗

1）通风机设备安装前，应将轴承、传动部位及调节机构进行拆卸、清洗，装配后使其转动，调节灵活。

2）用煤油或汽油清洗轴承时，严禁吸烟或用火，以防发生火灾。

（5）通风机安装

1）小型通风机的安装程序。

① 先将通风机的电动机放在基础上，使电动机底座的螺栓孔对正基础上预留的螺栓孔，把地脚螺栓一端插入基础的螺栓孔内，将带螺扣的一端穿过底座的螺栓孔，并挂上螺母，螺扣应高出螺母1～1.5扣的高度。

② 用撬杠把风机撬起，用垫铁把风机垫平。

③ 然后用1：2的水泥砂浆浇注地脚螺栓孔。

④ 待水泥砂浆凝固后，再上紧螺母。小型的直联式风机，应保持机壳垂直、底座水平，叶轮与机壳以及进气短管不得相碰。

⑤ 通风机的机壳，如做成一个整体，则不要拆开，机壳的两侧板上开有对称的大圆孔，风机叶轮可以从两个圆孔进出。转动机壳改变圆孔边上固定螺栓孔间的位置，可以改变风口的方向。

2）大中型通风机的安装程序。

① 先把机壳吊放在基础上，穿上地脚螺栓，把机壳摆正，暂不固定。

② 把叶轮、轴承箱和带轮的组合体也吊放在基础上，并把叶轮穿入机壳内，穿上轴承箱的地脚螺栓。装好机壳侧面圆孔的盖板，再把电动机吊装在基础上。

③ 对轴承箱组合件进行找正找平。

④ 叶轮按联轴器组合件找正中心后机壳即以叶轮为标准进行找正找平。要求机壳的壁面和叶轮面平行，机壳轴孔中心和叶轮中心重合，机壳支座的法兰面保持水平。

⑤ 对电动机进行找平。

3）输送特殊介质的通风机的安装。

对于输送特殊介质的通风机，转子和机壳内如涂有保护层，应严加保护，不得损坏。

通风机的进风管、出风管等应有单独的支撑装置，并与基础或其他建筑物连接牢固；风管与风机连接时，不得强迫对口，机壳不应承受其他机件的重量。

3. 通风机安装结束后的工作

应安装传动带安装罩或联轴器保护罩。进气口如不与风管或其他设备连接时，应安装网孔 20～25mm 的入口保安网。如进风口和出风口与风管连接时，风管的重量不应加在机壳上，防止机壳受力变形，造成叶轮和机壳以及进气短管相碰；进风口和出风口与风管之间应安装柔性短管。

4. 通风机出口的接出风管

通风机出口的接出风管应顺叶轮旋转方向接出弯管。在现场条件允许的情况下，应保持出口至弯管的距离应大于或等于风口出口长边尺寸 1.5～2.5 倍。如果受现场条件的限制达不到要求，应在弯管内设倒流叶片。

6.4.3 组合式空调机组的安装

组合式空调机组是指不带冷、热源，用水、蒸汽为媒介，以功能段为组合单元，能够完成空气冷却（加热）、去湿、过滤、消声与输送等功能的空气处理机组，如图 6-25所示。组合式空调机组与管道系统、冷源、热源、控制部分组成集中式空调系统。

图 6-25　组合式空调机组

组合式空调机组的型号由大写汉语拼音字母和阿拉伯数字组成，其表示方法见表 6-26，组合式空调机组安装工艺流程如图 6-26 所示。

表 6-26　组合式空调机组的型号表示方法

标记符号 / 含义	组合式空调机组代号	组构形式				额定风量	用途特征			
		吊顶式	立式	卧式	其他		通用机组	净化机组	新风机组	专用机组
型号示例	ZK	D	L	W	Q	10^3 (m^3/h)	T	J	X	Z
ZKL 5-X	ZK		L			5			X	
ZKW 10-T	ZK			W		10	T			

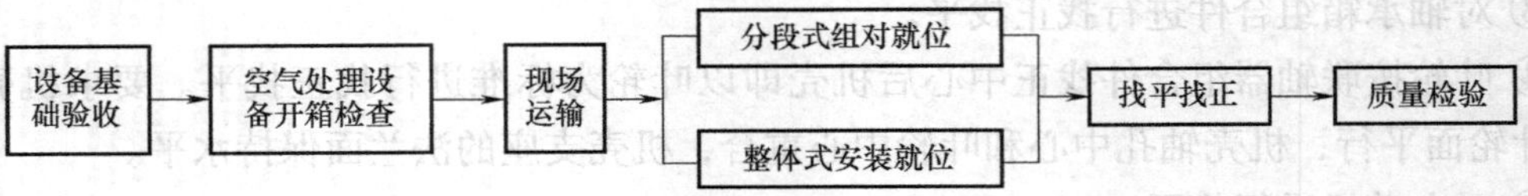

图 6-26　组合式空调机组安装工艺流程

1. 设备开箱检查

1）设备安装前，应进行开箱检查，开箱检查人员可由建设单位、监理单位、施工单位的代表组成。

2）开箱前应先核对箱号、箱数量是否与单据提供的相符，然后对包装情况进行检查，检查其有无损坏与受潮等。

3）空气处理设备必须随机带有装箱清单、图样说明书、合格证等，进口设备还必须具有商检部门的检验合格文件。

4）空调设备的开箱检查应符合下列规定：

① 应按装箱清单核对设备的型号、规格及附件数量。

② 设备的外形应规则、平直，圆弧形表面应平整无明显偏差，结构应完整，焊缝应饱满，无缺损和空洞。

③ 金属设备的构件表面应作除锈和防腐处理，外表面的色调应一致，且无明显的划伤、锈斑、伤痕、气泡和剥落现象。

④ 非金属设备的构件材质应符合使用场所的环境要求，表面保护涂层应完整。

⑤ 设备的进、出口应封闭良好，随机的零部件，应齐全无缺损。

⑥ 将检查结果作好记录，由参与开箱检查负责人员签字盖章，作为交接材料和设备技术档案依据。

2. 设备现场运输

1）设备水平搬运时应尽量采用小拖车运输。

2）设备起吊时，应在设备的起吊点着力，设备未标起吊点时，起吊点应设在金属空调机组的基座主梁上。

3）设备就位前应对设备基础进行验收，合格后方可安装。

3. 组合式空调机组的分段结构和工作特点

每个机组的功能段都具有对空气进行一种或几种处理功能的单元体。

（1）箱体　箱体的作用是支承、固定和维护各种功能器件（如表冷器、加热器、过滤器、喷水室、风机等），并使之相互连接，形成系统，以承担空气处理的功能。

箱体按其制造材料分为金属箱和非金属箱两类。对箱体的要求，除满足通常强度等力学性能之外，还应满足以下要求。

1）气密性。为避免箱体密封不严，使空气渗入或泄漏，造成冷（热）能的损耗，应按规定进行漏风量检测。

2）隔热性。其一为了减少冷（热）能损耗，其二为了防止夏季供冷时箱体外表面结露。

3）防漏水。喷水室或表冷器在工作过程中，箱体内表面会产生附壁水、凝结水，这些水只允许从箱体内通过管道引向指定地点。

4）环保及防火要求。

5）机组箱体的保温、隔声材料应无毒、无腐蚀、无异味，并且有难燃（或自熄）和不易吸水特性。对于玻璃钢箱体应采用氧指数不小于30的阻燃树脂制作。

6）美观性。外观整体要美观。

（2）表面冷却器（加热器）段　空气换热器分为两排、四排、六排等几种形式，每种形式的规格按管长和管数而分。翅片管是换热器的重要组成部分，它是将无缝钢管与钢带在专用机床上进行机械卷绕而成；然后将翅片管热镀锌，使之接触紧密并且能够防腐蚀和提高传热性能。也有用纯铜管绕纯铜片，再将翅片管镀锡而成的铜制换热器。

换热器管中通入高温水或蒸汽加热空气，称为加热器；如果通入低温水或低温盐水冷却空气，则为表面冷却器。安装前应检查其是否完好以及类型是否与图样相符。如在技术文件规定的期限内，外表面无损伤，则安装前可不作水压试验，否则应再作水压试验。试验压力为水系统最高工作压力的 1.5 倍，并不得小于 0.4MPa。

换热器的底座为混凝土或砖砌时，由土建单位施工，安装前应检查其尺寸及预埋件位置是否正确。若底座为角钢时，则应在现场焊制。换热器按排列要求在底座上用螺栓连接固定，与周围结构的缝隙以及换热器之间的缝隙，都应用耐热材料堵严。连接管路时，要弄清进、出水管的位置。在热水或蒸汽管路以及回水管路上均应安装截止阀，蒸汽系统的凝结水出口处还应装疏水器。当数台换热器合用时，最好每台都能单独控制其进气及回水装置。在连接管路上都应有便于检修拆卸的接口。但作为表面冷却器使用时，其下部应设排水装置。

（3）喷水室　喷水室是一种和空气直接接触的湿热处理设备，它不仅能实现对空气的加热、冷却、加湿和减湿等多种处理，而且还具有净化空气的能力。但因其存在构造复杂、体积庞大、效率低以及运行维修费用高等缺点，一般仅用于棉毛加工车间、卷烟车间中，民用建筑中用表冷器段而不用喷水室段。

喷水室段分单级二排、单级三排、双级四排等形式，它们和冷冻（热）水管、冷冻（热）水回水管并联，并装有挡水板，其底部装有冷凝水排除口。段中喷嘴孔径及喷嘴密度可按设计要求确定。

喷水室由进水管、立管、支管和喷嘴以及回水管（包括滤水器）、溢水管组成。进风侧设有导风板，出风侧设挡水板。喷水室的安装主要是管路安装和挡水板安装。

在加工管路时，要对喷水室的内部尺寸进行实测。按图样要求，结合现场实际进行加工制作和装配。主管和立管采用螺纹连接，支管的一端与立管采用焊接连接，另一端安装喷嘴，支管间距要均匀。每根立管上至少要有两个立管卡固定。喷水系统安装完毕，应在安设喷嘴前，先把水池清扫干净，再开动水泵冲洗管路，清除管内杂质，然后拧上喷嘴。要注意喷口方向应与设计要求的顺喷或逆喷方向一致。喷嘴在同一面上呈梅花形排列。

常用喷嘴为 Y—1 型，喷嘴孔径为 2～3mm，材质为硬质塑料、不锈钢或铜质。

1）大型 Y—1 型喷嘴，孔径为 5～8mm，用于纺织厂、化纤厂的喷水室中。

2）FL 型喷嘴，采用聚碳酸酯注塑及铜镍合金压延复合制成，耐腐蚀，密闭性好。

3）双螺旋喷嘴，喷嘴内有两个出水口，两股水流在阀中旋转，至阀盖内汇在一起喷射出来，这种喷嘴的喷射方向与进水方向一致，所以安装支管时要与喷嘴的喷射方向相适应。

（4）加湿段（图 6-27）　加湿段内装有加湿装置，其功能是确保空气的相对湿度指标，一般采用带有保护套管的干蒸汽加湿器、电加湿器等。

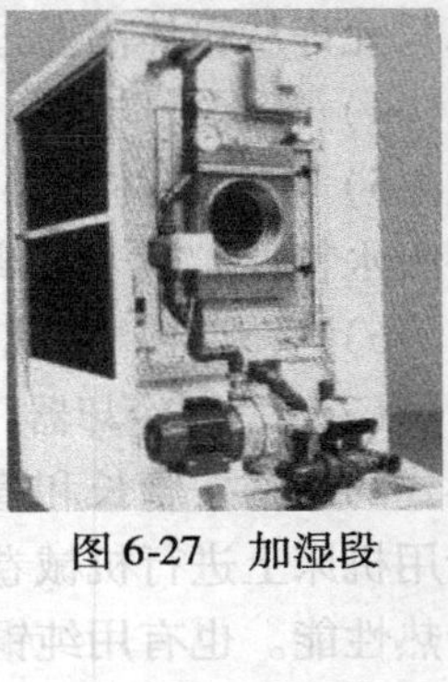
图 6-27　加湿段

干蒸汽加湿器的安装应注意以下几点：

1）喷汽管长度应近似于安装的宽度。

2）喷汽管应处于空气流动的有效气流中间。

3）如将加湿器安装在盘管（或冷却器）的后面、风机的吸入口时，喷汽管与它们的距离应大于 1m。

4）喷汽管距送风口、弯管、变径管的距离应不小于1.2m。

5）蒸汽喷管不应朝下。

（5）过滤段（图6-28） 过滤段分粗效过滤段和中效过滤段，粗效过滤段过滤空气中的10～100μm大颗粒的灰尘。粗效过滤器的安装应该便于拆卸和更换滤料，过滤器与框架之间、框架与空气处理室的围护结构之间应紧密，否则会影响空气过滤效果。中效过滤器的安装方法与粗效过滤器相同，它一般安装在空调器内或特制的过滤器箱内；安装时应严密，并便于拆卸和更换。

图6-28 过滤段

亚高效过滤器和高效过滤器在安装前，为防止高效过滤器受到污染，开箱检查和安装时，必须在空气净化系统安装完毕，空调器、高效过滤器箱、风管内及洁净房间经过清扫，空调系统各单位设备运转后，即风管内吹出的灰尘量稳定后才能进行。系统连续试车12h后，方能开箱检查，不得有变形、破损和漏胶等现象，检查合格后立即安装。安装前，还应保证气流方向与外框上箭头标注方向一致。

空气净化设备包括空气吹淋室、气闸室、传递窗、余压阀、层流罩、洁净隧道、洁净工作台、洁净烘箱、空气自净器、新风净化机组、净化空调器、生物安全柜等。

设备安装的地面应平整，设备安装就位后应保持纵轴垂直，横轴水平。带转动和振动的设备与地面间应加隔振垫层。有机械连锁或电器连锁的设备在安装调试后，应保证连锁处于正常状态。有风机的设备安装后风机应进行试运转，并检查其旋转方向是否正确，试运转时间不得小于设备技术条件要求的时间或不小于2h。并应全面检查其性能是否全部符合该设备的技术文件要求。

（6）新风、回风的混合段（见图6-29） 新风、回风的混合段的作用是连接回风管和新风管，新风管顶部装有手动或电动对开式多叶调节阀。

图6-29 新风、回风混合段

（7）中间段 中间段作为段体连接及供内部检修用。中间段处于正压时用于内开检修门，处于负压时用于外开检修门。

（8）风机段 风机段用于单风机系统的只有送风段；用于双风机系统的既有送风段又有回风段，段内一般装有双进风离心式通风机。

（9）消声段（图6-30） 消声段用以消除通风机组运行中的噪声。消声器安装前应保持干净，做到无油污和浮尘；安装的位置、方向应正确，与风管的连接应严密，不得有损坏与受潮。安装使用时，为防止纤维飞散，消声层表面均用织布（玻璃纤维、细布、塑料或金属纱网等）覆盖包裹。为了提高强度，有的还用金属穿孔板加以保护。两组同类型消声器不应直接串联；现场安装的组合式消声器，消声器组件的排列、方向和位置应符合设计要求。单个消声器组件的固定应牢固。消声器、消声弯管均应设独立的支、吊架，其重量不得由风管来承担，这样也有利于其单独拆卸检查和更换。

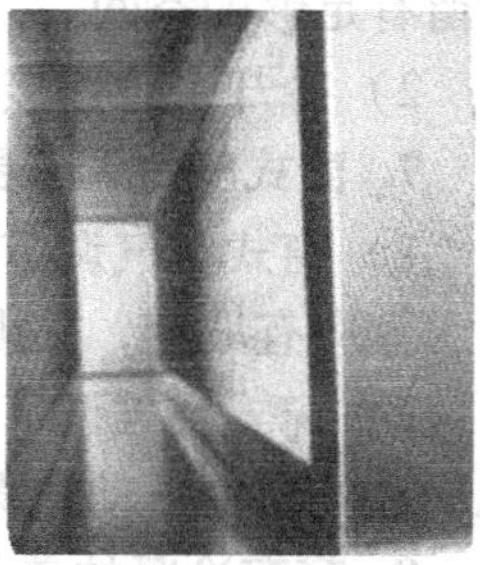

图6-30 消声段

4. 空调机组分段组对安装

组合式空调机组是指不带冷、热源，用水、蒸汽为热媒，以功能段为组合单元的定型产品，其安装应按下列步骤进行。

1）安装时首先检查金属空调箱各段体与设计图样是否相符，各段体内所安装的设备、部件是否完备无损，配件是否齐全。

2）准备好安装所用的螺栓、衬垫等材料和必需的工具。

3）设备基础应采用混凝土平台基础，坐标位置应正确并找正找平。

4）当现场有几台空调箱安装时，注意不要将段位摆错，应分清楚左式、右式（视线顺气流方向观察，或按厂家说明书）。段体的排列顺序必须与图样相符，安装前应对各段体进行编号。

5）从空调设备的一端开始，逐一将段体抬上底座，校正位置后，加上衬垫，将相邻的两个段体用螺栓连接严密、牢固。每连接一个段体前，将内部清除干净。

6）与加热段相连接的段体，应采用耐热片作衬垫，表面式换热器之间的缝隙应用耐热材料堵严。

7）用于冷却空气的表面式换热器，在下部应设排水装置。

8）安装完的组合式空调机组，其各功能段之间的连接应严密，整体应平直。检查门应开启灵活，水路畅通。

9）现场组装的空气调节机组，应作漏风检测。漏风率要求见表6-27。

表6-27　空气调节机组漏风率要求

机组性质	静压/Pa	漏风量（%）
一般空调机组	保持700	≤3
低于1000级洁净用	保持1000	≤2
高于、等于1000级洁净用	保持1000	≤1

5. 风冷分体式空调机组的安装

1）风冷分体式室外机组安装时，周边空间除应满足冷却风循环要求外，还应符合环境保护有关规定的要求。

2）室内机组安装应位置正确，目测应呈水平，冷凝水排放应畅通。

3）制冷剂管道连接必须严密，无渗漏。

4）管道穿过的墙孔必须密封，雨水不得进入。

6. 水冷式空调机组的安装

1）水冷式空调机组安装应平稳，并应按照冷却水管道连接以及维修保养的要求，四周应留有足够的空间。

2）冷却水管连接应严密，不得有渗漏现象，并应有排水坡度。

7. 窗式空气调节器的安装

1）窗式空气调节器应固定牢靠，并应有挡阳、防雨措施，但不应遮挡冷凝器排风。凝结水盘应有坡度，其出水口应设在水盘最低处。

2）窗式空气调节器安装后，四周应用密封条密封，面板应平整，不得倾斜。运转时应无明显的窗框振动和噪声。

8. 带有冷凝的单元式空调机组

对于带有冷凝的单元式空调机组，如果没有充注制冷剂，应在受过培训的熟练工或厂家指导下，按产品使用说明的要求进行充注。充注制冷剂前，应当对系统进行试压、检漏、抽真空等一系列工作。

6.4.4　减振器的安装

通常在机械设备的底座、支架与楼板或基础之间设置减振器，用以减少振动的传播。减振器的选用要根据减振动力计算确定，其支承点不应小于四个。以下介绍几种常用的减振器。

1. 橡胶减振垫

JD 型橡胶减振垫是用两种不同硬度的耐油橡胶，经硫化成型而成。橡胶垫上有两面双向交叉排列的凹陷镂孔，结构受力性能较好，安装方便。

2. 剪切减振器

JG 型系列橡胶剪切减振器，是用丁腈橡胶和金属部件组成的剪切受力的减振器，它具有阻尼大的优点，使用也比较方便。

3. 弹簧减振器

ZT 型系列阻尼弹簧减振器，具有频率低、阻尼较大的优点，对消除外来冲击振动的效果较为显著。其结构简单，安装方便，一般情况下减振器与支承结构不予固定，当扰力较大或需要固定时，可在支承板上预埋螺栓，再用压板把减振器固定。

还有 Z 型圆锥形橡胶减振器、TJ 型和 JD 型弹簧减振器等其他类型的减振器，可根据情况选用。

减振器安装前，应检查其规格型号与数量是否符合设计要求。如有预埋螺栓，应核对其位置尺寸。安装时要使各组减振器承受的荷载均匀，不得偏倚或相差悬殊，使减振器受压不均。安装减振器的地面应平整，不能使减振器发生位移。减振器在使用前应采取保护措施，如在减振器旁边加垫木块，使其暂时不受外力的影响。

6.4.5　空气洁净系统的制作与安装

空气洁净系统施工现场环境应保持洁净无灰尘，其周围不应有尘源。风管、部件、配件及设备加工制作和安装过程中既要保持清洁，也要保持严密，凡接缝处应涂以密封胶或采取其他密封措施。在存放或搬运过程中为了防尘，一般用塑料薄膜将接口包裹密封。

风管和部件、配件的制作中，钢板的连接应采用单咬口。钢板应尽量减少拼接缝，矩形风管的底宽在 800mm 以内不应有拼接缝，因为风管运行中的积尘多在底部的缝隙处。

静压箱制作应采用咬接或焊接，接缝要少。静压箱与风管相连接处采用联合角式咬口或转角式咬口，不应采用插接式连接。

风管加固不得用起凸棱法，也不得把加固件设在风管内部，应在风管外壁用角钢加固，采用镀锌铆钉。凡是用碳素钢加工制作的零件都应镀锌或作其他防锈处理。法兰铆钉间距不应大于 100mm，螺栓间距不应大于 200mm。

洁净系统的风管、静压箱及部件等在安装前必须擦拭干净，尤其是内壁，要做到无油垢和浮尘。管内缝隙处可用吸尘器沿缝抽吸。

系统中安装的柔性接管，不应用帆布制作，应选用内表面光滑、不积尘、不透气的材料，如软橡胶板、人造革等。连接处也应严密不漏风。

高效过滤器是空气洁净系统中的关键设备，它与初效、中效过滤器串联使用时称为三级过滤，一般设置在系统的末端——送风口前。高效过滤器的滤料为超细纤维，如玻璃、化纤等细纤维。高效过滤器的安装必须在洁净室的全部土建和安装工程完毕后进行，在洁净空调系统进行了全面的清洗和调试合格，并且试运转时间至少24h，才能开箱检查高效过滤器，再进行安装。

6.5 通风空调系统调试及试运转

通风空调工程竣工后，在交付使用前，应由施工单位负责，建设单位参与，对通风空调设备安装工程进行调试和试运转。系统运行后应根据竣工季节的具体情况，保证有冷风或热风送出，并进行系统及风口的风量平衡，在系统连续正常运转不少于8h后，即可认为已达到设计要求，并可向建设单位办理验收、移交手续。

6.5.1 系统调试及试运转的规定

1. 通风空调工程安装完成后的工作

为了使工程达到预期的目标，通风空调工程安装完成后，必须进行系统的测定和调整。包括设备的单机试运转和调试，即无生产负荷下的联合试运转及调试两大内容。其中系统无生产负荷下的联合试运转及调试，可以分为子分部工程系统的联合试运转与调试及整个分部工程系统的平衡与调整。

2. 空调设备的单机试运转

1）通风机、空调机组中的风机，叶轮旋转应方向正确、运转平稳、无异常振动与声响，其电动机运行功率应符合设备技术文件的规定。在额定转速下连续运转2h后，滑动轴承外壳最高温度不得超过70℃；滚动轴承不得超过80℃。

2）水泵叶轮旋转应方向正确，无异常振动和声响，紧固连接部位无松动，其电机运行功率应符合设备技术文件的规定。水泵连续运转2h后，滑动轴承外壳最高温度不得超过70℃；滚动轴承不得超过75℃。

3）冷却塔本体应稳固、无异常振动，其噪声应符合设备技术文件的规定。

① 冷却塔风机与冷却水系统循环泵试运行时间不少于2h，运行应无异常情况。

② 制冷机组、单元式空调机组的试运转，应符合设备技术文件和现行国家标准GB 50274—2010《制冷设备、空气分离设备安装工程施工及验收规范》的有关规定，正常运转不应少于8h。

3. 无生产负荷的联合试运转

1）通风机风量、风压及转数的测定。

2）系统与风口的风量平衡，实测风量与设计的偏差不应大于10%。

3）制冷系统的压力、温度、流量等各项技术数据应符合有关技术文件的规定。

4）空调系统带冷、热源的正常联合试运转不少于8h。当竣工季节的条件与设计条件相差较大时，仅作不带冷、热源的试运转。通风、除尘系统的连续运转不应小于2h。

6.5.2 通风空调调试中常用的仪表和仪器

1. 测量温度的仪器

在空调机组的测量工作中，常用的测量温度的仪器有棒式温度计、双金属温度计、热电偶温度计、半导体点温度计、电接点玻璃水银温度计等。棒式温度计其分度值有 $2\frac{3}{4}$ 等；双金属温度计能自动记录一天或一周的空气温度；热电偶温度计的特点是热惰性小，测量范围大，反应灵敏，可以同时多点检测记录；半导体点温度计具有热惰性小、反应快、携带方便，可测物体表面温度的特点；电接点玻璃水银温度计不宜用在有强烈振动的设备上，以免水银柱中断而不能使用。

2. 测量相对湿度的仪器

测量相对湿度的仪器通常有干湿球温度计、电阻湿度计、毛发湿度计等。干湿球温度计是较常用的一种仪器。从结构上分，有普通干湿球温度计、手摇干湿球温度计、通风干湿球温度计等类型。电阻湿度计由若干个测头、表头和半导体振荡器等组成。它反应快，灵敏度和精确度较高，但价格较贵，使用不便，测头容易损坏。毛发湿度计主要由单根或一束人发、平衡锤、记录笔、自记钟、调节螺钉等组成。它是利用脱脂毛发在相对湿度变大时伸长、变小时缩短的特点来测量相对湿度的，但容易使毛发折断。

3. 测量风压的仪器

在空气调节系统中，测量压力所用的仪器有倾斜式微压计、补偿式微压计、皮托管、U形压力计等。倾斜式微压计主要用来测量空调系统内空气的压力。使用时，需要与测压管、橡皮管等配合使用，容器中一般注入酒精。补偿式微压计测量范围为 0 ~ 1500Pa，此种仪器的惰性很大，反应慢，使用不方便，但其精确度高，可用来校正其他类型的压力计。

4. 测量风速的仪器

测量风速的仪器有倾斜式微压风速计、叶轮风速计、转杯风速计、热电风速计等。倾斜式微压风速计主要用于测量风口和空调系统的加热器、淋水室、表面冷却器等的风速，其测量范围为 0.5 ~ 10m/s。转杯风速计以转杯代替叶轮，其测量范围为 1 ~ 20m/s。热电风速计灵敏度高，反应速度快，使用方便，主要用来测量空调房间内的气流速度。

5. 测试声级、测试转速、测试功率的仪器

声级计是测量噪声中最基本的仪器，它属于一种电子仪器。声级计一般由电容式传声器、前置放大器、衰减器、放大器、频率计权网络以及有效值指示表头等组成。转速表在风机性能鉴定及通风工程的运行调整时使用。功率表用于鉴定风机性能，确定通风工程中机电装置的合理使用。

6. 尘埃粒子计数器和浮游微生物采样器

尘埃粒子计数器是用于测量洁净环境中单位体积内尘埃粒子数和粒径分布的仪器。采样空气经尘埃粒子计数器的采样口以稳定的气流流速通过光学系统的光敏感区，单个悬浮微粒产生散射光，由光电转换器件将光信号转变为脉冲信号，脉冲信号的峰值与散射光量成一定的比例，即在散射光强度稳定的情况下，悬浮微粒的粒径不同，其散射光的强度也随之不同。通过光电转换器件将光信号转变为电信号。由电路部分将该脉冲信号进行分析、计算、比较后，显示不同粒径粒子的浓度。

浮游微生物采样器是一种高效的多孔吸入式尘菌采样器。它根据颗粒撞击原理和等速采样理论设计，采样直接，采样口风速与空调房间内风速基本一致，能更准确地反映空调房间内的微生物浓度。采样时，带尘菌空气高速通过微孔，被撞击在培养皿内的琼脂表面；这些活体微生物在培养过程中，发生动态再水化过程，高速生长，从而更快得出结果。

6.5.3 风压、风速、风量的测定

1. 通风管道内风压、风速、风量的测定

测量断面应选择在气流平稳的直管段上。测量断面设在弯头、三通等异形部件前面（相对于气流流动的方向）时，距这些部件的距离应大于2倍管道直径；当测量断面设在上述部件后面时，距这些部件的距离应为4~5倍管道直径；现场条件允许时，离这些部件的距离越远，气流越平稳，对测量越有利。测量断面位置距异形部件的最小距离应为管道直径的1.5倍。

由于速度分布的不均匀性，压力分布也是不均匀的。因此，必须在同一断面上进行多点测量，然后求出该段面的平均值。圆形风道应在同一断面设置两个彼此垂直的测孔，并将管道断面分成一定数量的等面积同心环。

风道内压力的测定：用U形压力计测全压和静压时，一端应与大气相通，因此压力计上读出的压力值，实际上是风道内气体压力与大气压力之间的压差。大气压力一般用大气压力表测定。由于全压等于动压和静压的代数和，故可只测其中两个值，另一值通过计算即可求得。

2. 送（回）风口风速、风量的测定

风口风速测定一般用匀速移动法、定点测定法。

（1）匀速移动法　对于面积小于0.3m^2的风口，可将风速仪沿整个风口断面所示的路线缓慢均匀地移动，移动时风速仪不得离开测定平面，此时测定的结果是风口的平均风速。此法须进行三次，取平均值。

（2）定点测定法　对矩形风口，按风口断面的大小，把它分成若干个面积相等的小块，在每个小块的中心处测量其气流速度。断面积大于0.3m^2的风口，可分成9~12个小块进行测量，每个小块的面积小于0.06m^2；断面积小于和等于0.3m^2的风口，可取6个测点测量。

当空气通过带有格栅或网格的送风口送出，特别是当这种格栅的有效面积与外框面积相差很大时，气流会出现紧缩的现象，送风口的风量计算式为

$$L=3600F_w vK$$

式中　F_w——送风口的外框面积（m^2）；

K——考虑格栅的结构和装饰形式的修正系数，该值通过实验方法确定，一般取0.7~1.0；

v——风口处测的平均风速（m/s）。

3. 风量的调试

对送（回）风系统的调整采用流量等比分配法或基准风口调整法，从系统的最远最不利的环路开始，逐步调向通风机。

（1）流量等比分配法　在系统风量调整时，一般应从系统最适管段即最不利的风口开始，逐步地调向总风管。虽然各支管的实际风量不能够马上调整到设计风量值，但只需要调整到使各支管的实测风量的比值与设计风量的比值相等即可。

（2）基准风口调整法　调整前，先用风速仪将全部风口的送风量初测一遍，并将计算出来的各个风口的实际风量与设计风量比值的百分数列入表中，从表中找到各支管最小比值风口。然后选用各支管最小比值的风口为各自的基准风口，以此来对各支管的风口进行调

整，使各比值基本相等。各支管风量与设计风量的比值近似相等时，如相邻两支管的基准风口调整后达到平衡，则说明两支管也已达到平衡。最后调整总风管的总风量，使其达到设计给定值，再实测一遍风口风量，即为风口实际风量。此方法适用于大型系统的风量平衡调整。

在调试过程中，经常会碰到风口的形状、规格、风量相同的侧送风口，此时可以把尼龙丝或薄纸条分别贴在送风口的同一位置上，观察送风时尼龙丝或薄纸条被吹起的倾斜角度是否相同，以判断各送风口风量是否均匀。如果有明显的不均匀，再用仪器进行调整，可减少测定的工作量，从而加快调试速度。

6.5.4 风管系统漏风量测试

风管的严密性试验分为漏光法测试和漏风量测试两种。风管的漏光法测试与漏风量是相关的，但不是强相关。GB 50243—2002《通风与空调工程施工质量验收规范》推荐低压系统风管用漏光法检验其漏风量，如果检验合格可说明系统风管漏风量符合规定，但不能作定量说明。因此，低压系统如不作具体漏风量测试，仅用漏光法检验是否合格，只能按最大允许漏风量作为其漏风量测试值。

（1）漏光法测试　漏光法测试是利用光线对小孔的强穿透力，对风管的连接缝处质量进行检测。用漏光法测试可以直接查明风管的泄漏点与泄漏部位。

质量标准：低压风管为10m接缝不多于2处，且100m不多于16处为合格；中压风管为100m接缝不多于1处，且100m不多于8处为合格。

（2）漏风量测试法　通风管段或箱体上接有送风风机及压力计，将其所有出口密封，然后起动风机对其送风加压，通常会出现以下现象：要使通风管段或箱体内维持一定的压力，风机必须处于某一运行状态。从而说明了风量从管段和箱体的缝隙不断地向外渗漏，并且送风量和漏风量相等。再设法测出送风量即可得到漏风量。

风管系统漏风量的测试以系统的总管、干管为对象，不包括支管；系统漏风量测试以整体或分段进行均可；正压或负压系统风管与设备的漏风量测试，分为正压试验和负压试验两类，一般采用正压条件下的测试进行检验；测试时，被测系统的所有开口均应封闭，不漏风。

风管系统漏风量测试值的读数，应在稳压条件下进行，一般应不断调整测试仪器或装置的调节器，使被测风管段内的静压稳定在所需的压力值上，如果调节器控制精度不够，不能稳定在所需的值，则可取其相近的稳定值，读取漏风量值。

6.6 通风空调系统竣工验收

施工单位完成通风空调全系统的无生产负荷联合试运转，且合格后，应向建设单位提交下列文件及记录，然后办理竣工验收手续。

1. 通风空调工程竣工验收时应检查的竣工验收资料

1）图样会审记录、设计变更通知书和竣工图。

2）主要材料、设备、成品、半成品和仪表的出厂合格证明及进场检验报告。

3）隐蔽工程检验验收记录。

4）工程设备、风管系统、管道系统安装及检验记录。

5）管道试验记录。

6）设备单机试运转记录。

7）系统无生产负荷联合试运转与调试记录。

8）分部工程质量验收记录。

9）观感质量综合检查记录。

10）安全和功能检验资料的核查记录。

2. 观感质量检查项目

1）风管表面应平整、无损坏，接管合理，风管的连接以及风管与设备或调节装置的连接无明显缺陷。

2）风口表面应平整、颜色一致，安装位置正确，风口可调节部件应能正常工作。

3）各类调节装置的制作和安装应正确牢固、调节灵活、操作方便，防火及排烟阀等应关闭严密、动作可靠。

4）制冷系统及水系统的管道、阀门及仪表安装位置正确，系统无渗漏。

5）风管、部件及管道的支、吊架形式、位置及间距应符合规范要求。

6）风管、管道的软性接管位置应符合设计要求，接管正确、牢固，且自然无强扭。

7）通风机、制冷机、水泵和风机盘管机组的安装应正确牢固。

8）组合式空气调节机组应外表平整光滑、接缝严密、组装顺序正确，喷水室外表面无渗漏。

9）除尘器和积尘室安装应牢固、接口严密。

10）消声器安装方向正确，外表面应平整无损坏。

11）风管、部件、管道及支架的油漆应附着牢固，漆膜厚度均匀，油漆颜色与标志符合设计要求。

12）绝热层的材质、厚度应符合设计要求，且表面平整、无断裂和脱落；室外防潮层与保护壳应顺水搭接、无渗漏。

3. 洁净空调系统的观感质量检查项目

1）空调机组、风机、净化空调机组、风机过滤器单元和空气吹淋室等的安装应正确，固定牢固，连接严密，其偏差应符合规范的规定。

2）高效过滤器与风管、风管与设备的连接处应有可靠密封。

3）净化空调机组、静压箱、风管及送回风口应清洁无积尘。

4）装配式洁净室的内墙面、吊顶和地面应光滑、平整、色泽均匀、不起灰尘，地板静电值应低于设计规定。

5）送回风口、各类末端装置以及各类管道等与洁净室内表面连接处的密封处理应可靠、严密。

第 7 章　太阳能及热泵系统的安装

7.1　太阳能热水系统的安装

太阳能热水系统主要由太阳能集热系统和热水供应系统构成，包括太阳能集热器、贮水箱、循环管道、支架、控制系统、换热器和水泵等设备和附件。太阳能集热系统是太阳能热水系统特有的组成部分，是太阳能得到合理利用与否的关键。热水供应系统负责将集热系统的热水供给用户使用。

7.1.1　太阳能热水系统的分类

根据不同的分类方式，太阳能热水系统可以分成不同的形式。

1）按太阳能集热系统与太阳能热水供应系统的关系分为直接式系统（也称一次循环系统）和间接式系统（也称二次循环系统）。

直接式系统是指在太阳能集热器中直接加热水供给用户的系统。直接式系统又称单回路系统，或单循环系统。

间接式系统是指太阳能集热器中加热某种传热介质，再利用该传热介质通过换热器加热水供给用户的系统。由于换热器的阻力较大，间接式系统一般采用强制循环系统。间接式系统又称为双回路系统，或双循环系统。

考虑到用水卫生、缓解集热器结垢以及防冻因素，在投资允许的条件下，一般优先采用间接式系统；直接式系统最好根据当地水质要求探讨是否需要对自来水上水进行软化处理。

2）按有无辅助热源分为有辅助热源系统和无辅助热源系统。

有辅助热源系统是指太阳能和其他水加热设备联合使用来提供热水，在没有太阳能时，仅依靠系统配备的其他能源的水加热设备也能提供建筑物所需热水的系统。这里必须强调的是，在需要保证生活热水供应质量的场合，辅助热源是必不可少的。无辅助热源系统是指仅靠太阳能来提供热水的系统。该系统中没有其他水加热设备，在太阳辐射量不足的情况下，系统无法产生足够的热水，热水供应的可靠性较差。

3）按辅助能源的起动方式分为按需手动起动系统、全自动起动系统和定时自动起动系统。

按需手动起动系统是指根据用户需要，随时手动起动辅助能源水加热设备。

全自动起动系统是指始终自动起动辅助能源水加热设备，确保可以全天 24h 供应热水。

定时自动起动系统是指定时自动起动辅助能源水加热设备，从而可以定时供应热水。

随着控制技术的迅猛发展，全自动起动系统已逐渐占据市场的主流位置。

4）按水箱与集热器的关系分为紧凑式、分离式和闷晒式系统。

紧凑式系统是指集热器和贮水箱相互独立，但贮水箱直接安装在太阳能集热器上或相邻位置上的系统；分离式系统是指贮水箱和太阳能集热器之间分开一定距离安装的系统；闷晒式系统是指集热器和贮水箱结合为一体的系统。在与建筑工程结合同步设计的太阳能热水系统中，使用的系统主要为分离式系统。

5）按供热水范围分为集中供热水系统和分散供热水系统。

集中供热水系统是指为几幢建筑、单幢建筑或多个用户供热水的系统；分散供热水系统是指为建筑内某一局部单元或单个用户供热水的系统，也就是通常所说的家用太阳能热水器。

6）按太阳能集热系统运行方式分为自然循环系统、直流式系统和强制循环系统。

自然循环系统是指太阳能集热器系统仅利用传热工质内部的温度梯度产生的密度差进行循环的太阳能热水系统，也称为热虹吸系统。在自然循环中，为了保证必要的热虹吸压头，贮水箱的下循环管应高于集热器的上循环管。这种系统结构简单，不需要附加动力。

直流式系统是指传热工质一次流过集热器系统加热后，进入贮水箱或用热水处的非循环式太阳能热水系统。该系统一般可采用非电控温控阀控制方式。直流式系统通常也称为定温放水系统。

强制循环系统是指利用机械设备等外部动力迫使传热工质通过集热器（或换热器）进行循环的太阳能热水系统。该系统通常采用温差控制、光电控制及定时器控制等控制方式。

7.1.2 太阳能热水系统的安装与施工

在安装太阳能热水系统时，不应破坏建筑物的结构，削弱建筑物在寿命期内承受任何荷载的能力，不应破坏屋面防水层和建筑物的附属设施。

系统安装前应具备下列条件：

1）设计文件齐备，且已审查通过。

2）施工组织设计及施工方案已被批准。

3）施工现场符合施工组织设计要求。

4）施工现场水、电、场地、道路等条件能满足正常施工需要。

5）预留基础、孔洞、设施与设计图样相符，并已验收合格。

1. 集热器基座

（1）一般要求 集热器基座应具备的条件

1）太阳能热水系统基座应与建筑主体结构连接牢固。

2）预埋件与基座之间的空隙，应采用细石混凝土填捣密实。

3）在屋面结构层上现场施工的基座完工后应作防水处理，并且应符合国家标准 GB 50207—2012《屋面工程质量验收规范》的要求。

4）采用预制的集热器基座应摆放平稳、整齐，应与建筑连接牢固，且不得破坏屋面防水层。

5）钢基座及混凝土基座顶面的预埋件，在太阳能热水系统安装前应涂防腐涂料，并妥善保护。

（2）集热器基础施工与安装 对于安装在平屋面上的太阳能热水系统，通常是将集热器安装在集热器基础上。在我国，大量的城镇住宅均为多层平屋顶建筑。集热器基础的施工方法简单成熟，与屋顶风机、空调室外机基础的施工方法类似。集热器基础施工时，除了按照设计要求保证基础的强度外，突出屋面的基础收头、防水处理尤为重要。在集热器施工安装时，一般设计基础墩来实现与建筑物的结合。从建筑专业角度来看，基础墩的设计并不复杂，但为了能够尽可能地使集热器安装与建筑结合更为规范，图 7-1 给出的集热器建筑结构和防水做法是较为常规的集热器基础做法。

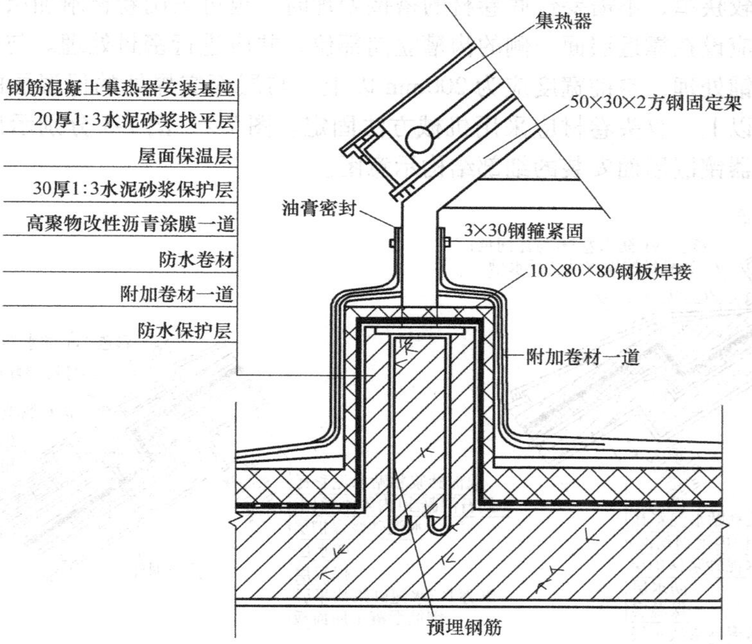

a)

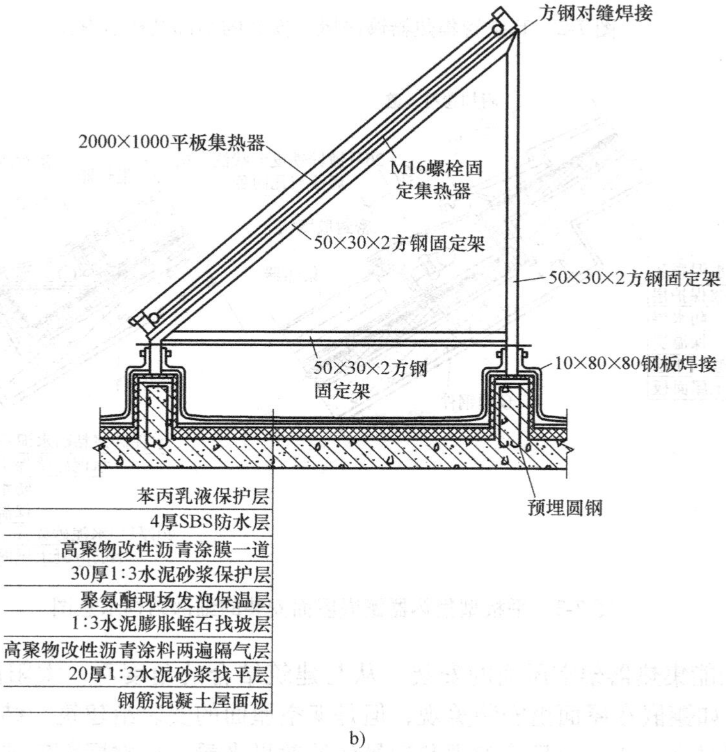

b)

图 7-1 集热器基础做法

a）集热器基础墩细部构造示意 b）集热器与建筑结合整体示意

（3）太阳能集热器镶嵌屋面的安装　在安装集热器的局部屋面下沉的地方，沥青防水卷材应在原有三毡四油的基础上增铺一层附加层或采用高聚物改性沥青防水卷材。如局部屋面下沉的地方比较狭窄，不需要作底卷材的搭接处理时，也可采用卷材附加层；如需作搭接处理时，搭接缝应设在靠近层面一侧的沟槽立向部位，并应进行密封处理。与层面交界处的附加卷材应作空铺处理，空铺宽度应为200mm以上。与层面交界处的保温层的铺设宽度应伸入墙厚的1/2以上，收头卷材应采用机械方法固定。图7-2、图7-3分别示出真空管集热器和平板型集热器镶嵌屋面安装的细部结构示意图。

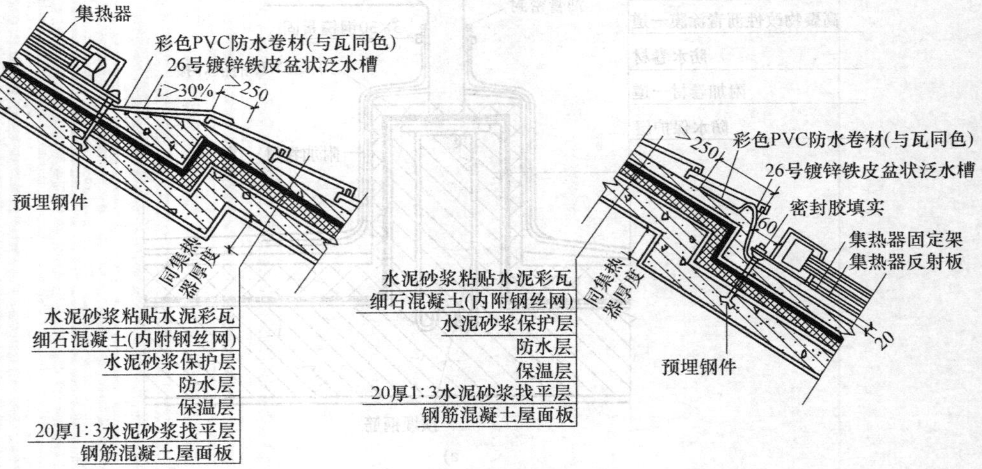

图7-2　真空管集热器镶嵌屋面安装的细部结构示意图

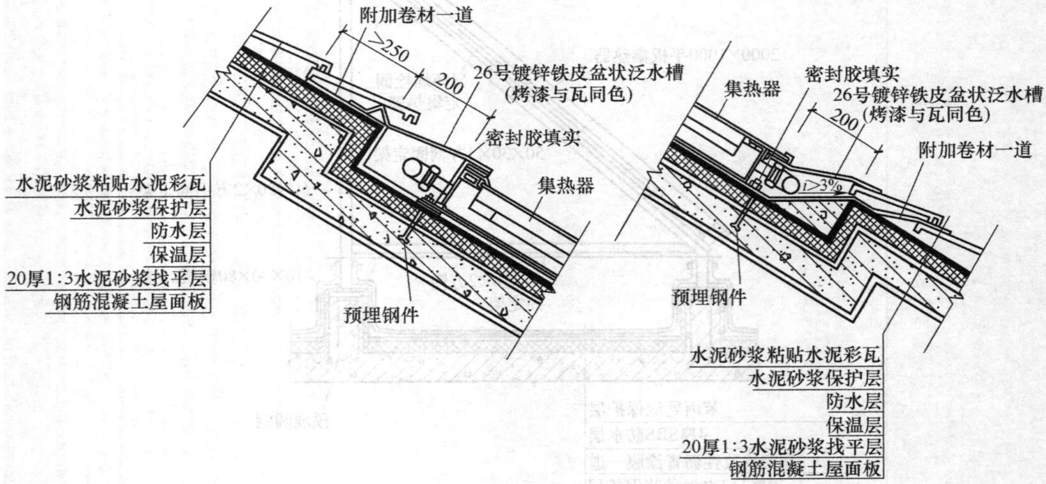

图7-3　平板型集热器镶嵌屋面安装的细部结构示意图

（4）太阳能集热器架空屋面的安装　从与建筑结合的角度看，太阳能集热器架空屋面的安装似乎不如镶嵌在屋面里安装美观，但是架空屋面的安装给建筑、结构等工程带来的设计安装难度相对小一些，而且从宏观和远景建筑效果来看，架空屋面安装与镶嵌屋面相差无几。因此，集热器架空屋面安装的形式不失为一种集热器与建筑结合的理想方式。集热器架空屋面安装一般是将集热器固定在预埋或预留在屋面的建筑构件上实现的，其中预埋件的结构特性及防水处理应给予高度重视。图7-4、图7-5所示分别为真空管集热器和平板型集热器架空屋面安装时的细部结构示意图。

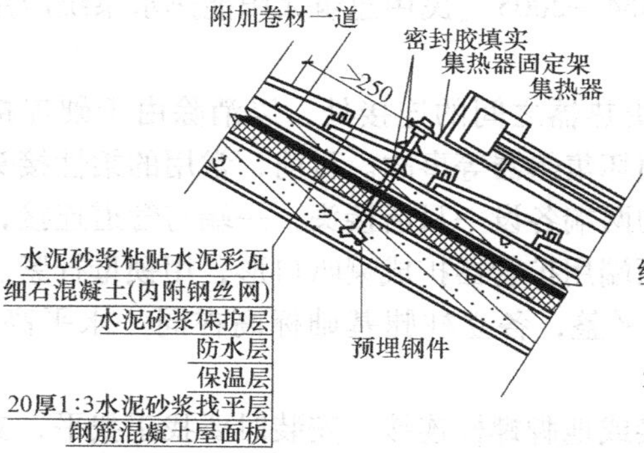

a)

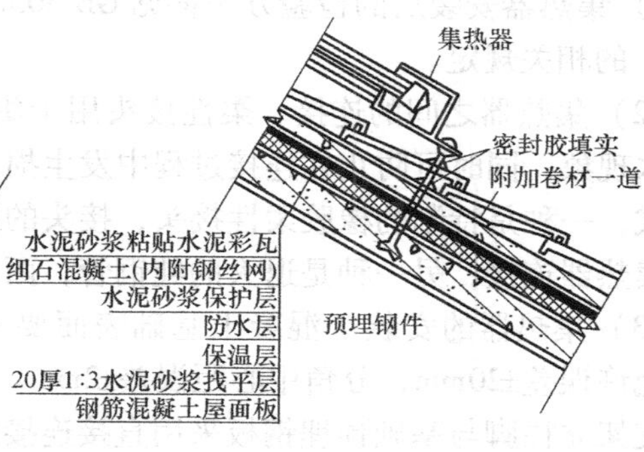

b)

图7-4　真空管集热器架空屋面安装的细部结构示意图

a）集热器底部　b）集热器上部

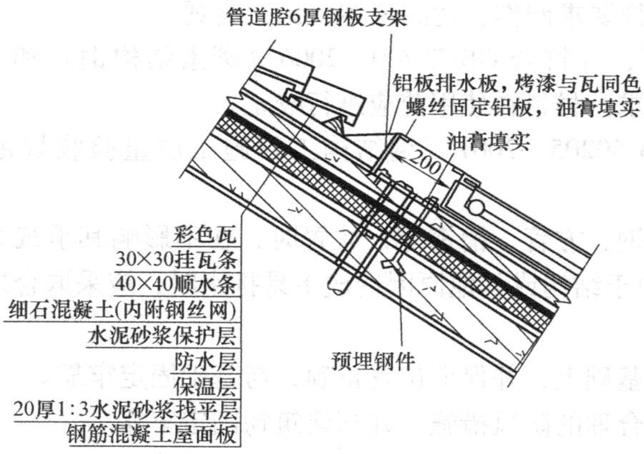

a)

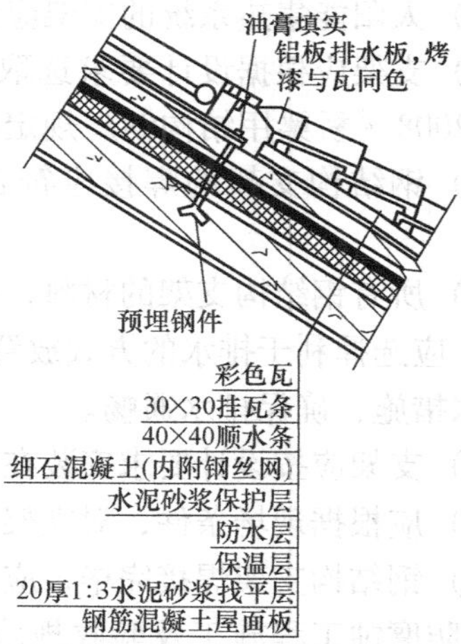

b)

图7-5　平板型集热器架空屋面安装的细部结构示意图

a）集热器底部　b）集热器上部

2. 太阳能集热器的安装

（1）一般要求　太阳能集热器的安装要求如下：

1）集热器摆放位置应符合设计要求，并与集热器支架牢靠固定，防止滑脱。

2）集热器与集热器之间的连接应按照厂家规定的方式进行，要求密封可靠、无泄露、无扭曲变形。

3）集热器之间的连接件，应便于拆卸和更换。

4）集热器连接完毕应进行检漏试验，检漏试验应符合设计与GB 50364—2005《民用建筑太阳能热水系统应用技术规范》的相关规定。

5）集热器之间连接管的保温应在检漏合格后进行。保温应符合 GB 50185—2010《工业设备及管道绝热工程施工质量验收规范》的相关规定。

6）集热器安装后的检验方法参见 GB 50364—2005《民用建筑太阳能热水系统应用技术规范》的相关规定。

（2）集热器之间的连接　柔性接头用于集热器之间的连接处，以消除由于硬连接导致的漏水现象，同时可防止在连接过程中发生损坏集热器等事故。目前，常用的柔性接头有两种形式，一种是特制的橡胶柔性接头，接头的两端各设一只活接头，一端与管道连接，另一端与集热器连接；另一种是退火的纯铜管，两端用扩管器扩成喇叭口形，用锁母拧紧。

（3）集热器的安装　混凝土基础表面要平整，各立柱腿基础标高在同一水平高度上，高度允许误差±20mm，分角中心距误差±2mm。

支架立柱脚与基础预埋钢板采用直接连接或地脚螺栓连接。安装时要找正找平，支架要稳定牢固。支架的各连接部位的连接件均应采用热镀锌或者不锈钢螺栓。相同部位连接件的坚固程度要一致。

3. 太阳能集热器支架

（1）一般要求　对太阳能集热器支架的要求如下：

1）太阳能集热系统的支架应按图样要求制作，达到整体协调、美观。

2）支架应根据设计要求选取材料，并符合 GB/T-700—2006《碳素结构钢》和 GB/T-714—2008《桥梁用结构钢》规定的要求。材料在使用前应进行校正。

3）钢结构支架的焊接应符合 GB 50205—2001《钢结构工程施工质量验收规范》的要求。

4）所有钢结构支架的材料，如角钢、方管、槽钢等，放置时，在不影响其承载力的情况下，应选择利于排水的方式放置。由于结构或其他原因造成不易排水时，应采取合理的排水防水措施，确保排水通畅。

5）支架应按设计要求安装在承重基础上，并保证位置正确，与基础固定牢靠。

6）应根据现场条件，对支架采取合理的防风措施，并与建筑物固定牢靠。

7）钢结构支架焊接完毕，应按设计要求作防腐处理。防腐施工应符合 GB 50212—2002《建筑防腐蚀工程施工及验收规范》和 GB 50224—2010《建筑防腐蚀工程施工质量验收规范》的要求。

（2）支架的安装方法　安装集热器支架时，先将支架放在基础上，使支架的螺栓孔对正基础上预留的螺栓孔，把地脚螺栓一端插入基础的螺栓孔内，将带螺扣的一端穿过底座的螺栓孔，并挂上螺母，螺扣应高出螺母 1～1.5 扣的高度。用支架拨正，用垫铁把支架垫平，然后用 1∶2 的水泥砂浆浇注地脚螺栓孔，待水泥砂浆凝固后，再上紧螺母。

4. 贮水箱的安装

（1）一般要求　贮水箱的安装要求如下：

1）贮水箱应与底座固定牢靠。

2）用于制作贮水箱的材料其材质、规格应符合设计要求。

3）钢板焊接的贮水箱，水箱内、外壁均应按设计要求作防腐处理。内壁防腐材料应卫生、无毒，且应能承受所贮存热水的最高温度。

4）贮水箱的内箱应作接地处理，接地应符合国家标准 GB 50169—2006《电气装置安装工程接地装置施工及验收规范》的要求。

5）贮水箱应进行检漏试验，试验方法应符合设计要求和《民用建筑太阳能热水系统应用技术规范》的相关规定。

6）贮水箱保温层施工应在检漏试验合格后进行，且应符合国家标准 GB 50185—2010《工业设备及管道绝热工程施工质量验收规范》的要求。

（2）开式（非承压）水箱　室内开式（非承压）水箱按其外形可分为方形、矩形和圆形。按水箱的常用材料不同分为玻璃钢水箱、搪瓷钢板水箱、镀锌钢板水箱、复合钢板水箱及不锈钢板水箱等。给水水箱一般设有进水管、出水管、溢流管、泄水管、通气管、液位计、人孔等附件。

1）水箱的安装条件。安装水箱的支座已按设计图样要求制作完成，支座的尺寸、位置和标高经检查符合要求。当采用混凝土支座时，应检查其强度是否达到安装要求的60%以上，支座表面应平整、清洁；当采用型钢支座和方垫木时，应按要求作好刷漆和防腐处理。

水箱材料进场时已进行检查验收，符合设计要求。对于非金属材料，如玻璃钢板和衬塑复合钢板及组装用橡胶密封材料等，应具有卫生部门的检验证明文件。水质必须符合《生活饮用水卫生标准》的要求。

水箱安装所在房间的土建施工已完成，能满足水箱安装条件。

2）水箱的安装。水箱一般由生产单位在施工现场进行组装，生产厂根据水箱容积和规格尺寸，出厂前已将箱体的板块下料完毕，随同其他附件和零件等运到工地。水箱组装前，应在其支座上按水箱的尺寸画上定位线。

水箱安装时，应用水平尺和垂线随时检查水箱的水平和垂直程度。水箱组装完毕，其允许误差为：坐标 15mm；标高 5mm，垂直度 5mm/m。

水箱安装完毕后，须按设计要求的接管位置在水箱上进行管道接口，并装上带法兰的短节接头或管箍，然后按设计要求安装水箱内、外人梯等附件。

3）水箱附件安装应注意的问题。溢流管不得与排水系统的管道直接连接，必须采用间接排水；其出口应装设网罩，防止小动物爬进箱内。溢流管上不得装设阀门。

泄水管上应装设阀门，阀后可与溢流管相连接，但不得与排水系统管道直接连接。

通气管的末端可伸至室内或室外，但不允许伸至存在有害气体的地方；管口应朝下设置，并在管口末端设防昆虫、蚊蝇及其他杂物进入的过滤网；通气管上不得装设阀门；通气管不允许与排水系统的通气管和通风管道连接。

水箱人孔盖应为加锁密封型，且应高出顶板面不小于 100mm。

4）水箱满水试验。水箱安装完毕应进行满水试验。试验方法为：关闭出水管和泄水管阀门，打开进水管阀门放水，边放水边检查，直到水放满为止，静置 24h 观察，不渗漏为合格。

5）水箱保温。水箱间的保温设计应按设计要求的保温材料及厚度进行。当设计无具体材质要求时，可用聚氨酯泡沫塑料、橡胶闭孔海绵、聚苯乙烯、超细玻璃棉、岩棉等。保温层表面应平整，封口应严密，无空鼓及松动现象。

（3）闭式（承压）水箱　其安装参照容积式换热器安装的相关内容。

5. 管路、附件的安装

管路、附件的安装应注意：

1）太阳能热水系统的管路安装应符合国家标准 GB 50242—2002《建筑给水排水及采暖工程施工质量验收规范》的相关要求。

2）水泵应按厂家规定的方式安装，并应符合国家标准 GB 50275—2010《风机、压缩机、泵安装工程施工及验收规范》的要求。水泵周围应留有检修空间，并应作好接地保护。

3）安装在室外的水泵，应采取妥当的防雨保护措施。严寒地区和寒冷地区必须采取防冻措施。

4）电磁阀应水平安装，阀前应加装细网过滤器，阀后应加装调压作用明显的截止阀。

5）水泵、电磁阀、阀门的安装方向应正确，不得装反，且应便于更换。

6）承压管路和设备应作水压试验；非承压管路和设备应作灌水试验。试验方法应符合设计要求和《民用建筑太阳能热水系统应用技术规范》的相关规定。

7）管路保温应在水压试验合格后进行，保温应符合国家标准 GB 50185—2010《工业设备及管道绝热工程施工质量验收规范》的要求。

6. 其他能源水加热设备（辅助热源设备）的安装

（1）一般要求　其他能源水加热设备的安装要求如下：

1）电热管直接辅助加热系统的安装应符合 GB 50303—2002《建筑电气工程施工质量验收规范》的相关要求。

2）电锅炉的安装应符合相关标准的要求。

3）额定工作压力不大于 2.5MPa 的固定式蒸汽锅炉和固定式承压热水锅炉的安装，应符合 GB 50273—2009《锅炉安装工程施工及验收规范》的相关规定。

4）燃油、燃气、常压热水机组的安装应符合 CECS 134—2002《燃油、燃气热水机组生活热水供应设计规程》的相关要求。

5）下列水加热设备的安装应符合《建筑给水排水及采暖工程施工质量验收规范》的相关要求：

① 额定工作压力不大于 1.25MPa、热水温度不超过 130℃的整装蒸汽和热水锅炉及辅助设备的安装。

② 直接加热和换热器及辅助设备的安装。

（2）容积式换热器的安装　太阳能热水供应系统使用的换热器一般均为整体式安装，即换热器由生产厂家整体运输进场，施工安装单位组织检查验收后临时存放在现场。当需要安装时，还应进行复查，检查无损伤后方可组织安装。换热器整体式安装就位的一般做法如下：

1）用滚干法将换热器运到安装部位。

2）将随设备进场的钢支座按定位要求固定在混凝土底座或地面上。

3）根据现场条件采用拨杆（人字架）、悬吊式滑轮组等设备和工具，将换热器吊到预先准备好的支座上，同时进行设备定位复核，直至合格。

（3）容积式换热器的附件安装　安装要求如下：

1）安全阀的安装。

① 安装前，必须核对安全阀上的铭牌参数和标记是否符合设计文件的规定。安全阀安

装前须按规定由检测部门进行测试定压。

② 安全阀必须垂直安装，其排出口应设排泄管，将排泄的热水引至安全地点。

③ 安全阀的压力必须与换热器的最高压力相适应，其开启压力一般为热水系统工作压力的1.1倍。

④ 安全阀的安装应符合《压力容器安全技术监察规程》的规定，并经劳动部门试验调试后才能使用。

⑤ 安全阀开启压力、排放压力和回座压力调整好后，应进行铅封，以防止调整好的状态被随意改动，并作好调试记录。

2）温度控制器（阀）的安装。

① 温度控制器（阀）的进、出口方向应与被调热源流向一致。

② 温包应全部浸没在被调介质中，并水平或倾斜向下安装。

③ 导压管的最小弯曲半径不小于75mm，最大长度为3000mm，并应确保导压管在自然状态下，以防折断。

④ 在不用热水时，应关闭温度控制器（阀）前的阀门。

（4）燃气/燃油锅炉的安装　燃气/燃油锅炉的安装应符合国家有关规范标准的要求。

（5）电锅炉、电加热器的安装　电锅炉、电加热器安装时应注意以下问题：

1）必须按照设计或产品要求有安全可靠的接地措施。

2）应有符合设计或产品要求的过热安全保护措施，以防止热水温度过高或出现无水烘干现象。

3）无压力安全措施装置时，电锅炉、电加热器的热水出口不得装设阀门，以防压力过高发生事故。

4）应有必要的电源开关指示灯、水温指示等装置。

5）必须符合产品安装说明书的有关规定和要求。

7.1.3 太阳能热水系统的调试和运行

1. 太阳能热水系统的调试

太阳能热水系统安装完毕投入使用前，必须进行系统调试。具备使用条件时，系统调试应在竣工验收阶段进行；不具备使用条件时，经建设单位同意，可延期进行。

系统调试应包括设备单机调试或部件调试和系统联动调试。

设备单机调试或部件调试应包括对水泵、阀门、电磁阀、电气及自动控制设备、监控显示设备、辅助能源加热设备等的调试。调试应包括下列内容：

1）检查水泵安装方向。在设计负荷下连续运转24h，水泵应工作正常，无渗漏，无异常振动和声响，电动机电流和功率不超过额定值，温度应在正常使用范围内。

2）检查电磁阀安装方向。手动通、断电试验时，电磁阀应开启正常、动作灵活、密封严密。

3）温度、温差、水位、光照控制、时钟控制等仪表应显示正常，动作准确。

4）电气控制系统应达到设计要求的功能，控制动作准确可靠。

5）剩余电流保护装置动作应准确可靠。

6）防冻系统装置、超压保护装置、过热保护装置等应工作正常。

7）各种阀门应开启灵活，密封严密。

8）辅助能源加热设备应达到设计要求，工作正常。

设备单机调试或部件调试完成后，应进行系统联动调试。系统联动调试主要包括以下内容：

1）调整水泵控制阀门。

2）调整电磁阀控制阀门，电磁阀的阀前、后压力应处在设计要求的压力范围内。

3）温度、温差、水位、光照、时间等控制仪的控制区间或控制点应符合设计要求。

4）调整各个分支回路的调节阀门，保证各回路流量平衡。

5）调试辅助能源加热系统，应使其与太阳能加热系统相匹配。

系统联动调试完成后，应连续运行72h，设备及主要部件的联动必须协调，动作准确，无异常现象。

2. 太阳能热水系统的运行

太阳能热水系统投入使用后，应根据系统的特性和工作状况进行运行管理和定期的维护，保证太阳能热水系统的持续正常工作。在工程验收通过并交付使用后，首先应根据验收材料准备初次运行工作，根据组成太阳能热水系统各个部件的不同功能制订维护计划，然后按照该计划进行日常的运行管理。

（1）初次运行的检查和准备工作　检查系统安装是否符合设计图样和相关验收标准、规范的要求。运行前先冲洗贮水箱、集热器及系统管路内部，然后向系统内充填传热工质；使用真空管太阳能集热器的热水系统应在无太阳光照射的条件下充填传热工质。应在系统处于正常运行的条件下，对控制部件和计量装置等进行调试，从而保证各部件在设计要求的状态下工作。

（2）太阳能集热系统的运行管理　太阳能集热器是太阳能集热系统最主要的部件。太阳能集热系统运行管理的一个问题是避免集热器的空晒运行，尤其对于真空管型集热器。同时，也要避免因集热工质不流动而引起的闷晒。处于闷晒条件下的集热器，由于吸热板温度过高会损坏吸热涂层，并且由于箱体温度过高而发生变形会造成玻璃破裂，以及损坏密封材料和保温层等。造成闷晒的原因，对于自然循环的箱体来说，是由于热水用得过多而使循环水箱中的水位低于上循环管所致；对于强制循环系统而言，则是由于循环泵不能工作造成的。因此，系统运行维护人员应在日常工作中注意监视太阳能集热系统的温度变化，采取相应的措施，如在集热器上加盖遮挡物，排除故障后再移去等，尽量避免太阳能集热系统在运行中发生空晒和闷晒现象。

太阳能集热系统运行管理的另一个问题是系统的防冻问题。集热系统的传热工质通常是水或防冻液等，如果吸热板内结冰，会造成吸热板胀裂。所以，对于采用防冻液为传热工质的系统，要在每年冬季来临之前检查防冻液的成分是否发生变化，是否会影响防冻功能，从而决定是否需要更换防冻液。对采用水作为传热工质的系统，可用以下办法防冻：

1）在结冰季节到来之前，将太阳能集热器排空，系统不运行。这是消极的防冻方法，一则系统的年利用率较低；二则对于太阳能集热器而言，其中的水时有时无，反而会加速其腐蚀速率。

2）在太阳能集热器下集管进口处设置自动控制线路的温度触点，在水温降低至4℃时打开集热器排水阀，排空集热器中的水。

3）采用落水式防冻，即将水箱置于集热器的下方，使之成为开式系统。根据水箱底部和集热器顶部的水温差控制水泵的运转或停止。当水泵停止运转时，集热器中的水全部流回水箱，集热器排空。一般情况下，面积较大的太阳能热水系统常用这种方式防冻。

4）保持太阳能集热器中的水不断流动。在这种方式的防冻系统中，不能有循环死角，否则死角处的管道或部件仍会冻裂。这种做法的缺点是：为了维持水的流动，需起动水泵，耗费常规能源；水在流动过程中会损失水箱中的部分热量。

5）采用防冻介质的复合回路。该复合回路中，太阳能集热器与换热器构成一次水回路，回路中为防冻液介质；贮水箱与用户构成二次供热水回路，防冻介质通过换热器将热量传递给贮水箱中的水。复合回路的热效率比单回路有所降低（约5%～10%），成本也有所增加。

（3）水泵的运行管理　在太阳能热水系统中，水泵是输送系统的核心设备。水泵起动时要求必须充满水，而运行时又与水长期接触，由于水质的影响，水泵的工作条件比较差，故其运行管理涉及的内容较多。对于水泵的检查工作，根据检查的内容、所需条件以及侧重点的不同，可分为起动前的检查与准备工作、起动检查工作和运行检查工作三部分。

1）起动前的检查与准备工作。水泵在开机前应做好以下检查与准备工作：

① 水泵及电动机的地脚螺栓与联轴器螺栓应无脱落或松动。

② 水泵及进水管部分应全部充满水，当从手动放气阀放出的水没有气时即可认为水泵已充满水。在充水过程中，要注意排放空气。

③ 轴封应不漏水或滴水（单位时间的滴水数符合要求，如果漏水或滴水数过多，要查明原因改进直到符合要求）。

2）起动检查工作。起动检查工作是起动前停机状态检查工作的延续，因为有些问题只有在水泵工作后才能发现。例如泵轴（叶轮）的旋转方向就要通过起动电动机来查看，应检查泵轴的旋转方向是否正确，泵轴的转动是否灵活。

3）运行检查工作。运行检查工作是检查工作中不可缺少的一个重要环节。运行检查的内容是水泵日常运行时需要运行值班人员实行的常规检查项目，项目如下：

① 电动机不能有过高的温升，无异味产生。

② 轴承温度不得超过周围环境温度35～40℃。

③ 轴封处、管接头均无漏水现象。

④ 无异常噪声和振动。

⑤ 地脚螺栓和其他各连接螺栓的螺母无松动。

⑥ 基础台下的减振装置受力均匀，进、出水管处的软接头无明显变形。

⑦ 电流在正常范围内。

⑧ 压力表指示正常且稳定，无剧烈抖动。

（4）自动控制系统的运行　在太阳能热水系统正常运行期间，应对自动控制系统测控的参数进行必要的检查，并进行检查记录。功能齐全的自动控制系统具有运行参数显示设备。但自动显示和自动记录不能代替操作人员的巡回检查和记录。因为，如果现场信号与显示仪表之间的连接出现问题或者现场传感器损坏、出现零点漂移，均会造成显示误差或显示错误。因此，维护人员和操作人员应定时定期进行巡回检查，发现问题及时处理，以保证太阳能热水系统的安全和正常运行。巡回检查的运行参数和状态为：集热器进、出口温度，贮热水箱出口温度，贮热水箱出口流量，水泵和电磁阀的开关状态，贮热水箱水位，辅助加热装置的开关状态。

通过对这些参数和状态的监测，能够判断系统是否正常工作，从而可以及时发现问题并予以解决。

(5) 辅助加热系统的运行管理　太阳能热水系统常用的辅助加热系统有辅助电加热器和燃气锅炉。此处介绍辅助电加热器的运行管理，燃气锅炉的运行管理参照第5章。

1) 初次起动电加热器时，必须保证电加热器装置内灌满水，排空电加热装置内的空气，确保灌满水和排空空气之后才能合闸送电。

2) 检查电加热器是否有水垢。检查所有阀门的开闭状态是否正确，以及检查电加热装置的安全阀和低水位保护是否能正常工作。

7.2 空气源热泵系统的安装

7.2.1 空气源热泵系统介绍

热泵是通过做功使热量从低温介质流向高温介质的装置。建筑空调系统一般应满足冬季供热和夏季制冷两种相反的要求，传统空调系统通常需分别设置冷源（制冷机）和热源（锅炉）。建筑空调系统由于必须有冷源（制冷机），如果让它在冬季以热泵的模式运行，则可以省去锅炉和锅炉房，不但节省了初投资，而且全年仅采用电力这种清洁能源，大大减轻了供暖造成的大气污染。热泵利用的低温热源通常是环境（大气、地表水和大地）或各种废热，热泵从这些热源吸收的热量属于可再生能源。

空气源热泵是将空气中的能量吸收，转化成热量传递到水箱中，将水加热，同时将失去大量能量的低温空气释放出来，用于制冷。空气在失去能量降低温度的同时，大量的水蒸气被冷凝，使释放的冷气湿度大大降低，相当于具有除湿的效果。因此空气源热泵系统集节能、供热水、制冷、局部除湿功能于一体，大大提高了产品的性价比和使用性能，为更多家庭享受高品质生活提供了条件。

1. 空气源热泵原理

空气源热泵由压缩机、冷凝器、贮液罐、过滤器、膨胀阀、蒸发器、气液分离器等主要部件组成。该热泵利用逆卡诺原理，压缩机从蒸发器中吸入低温低压气体制冷剂，通过做功将制冷剂压缩成高温高压气体，高温高压气体进入冷凝器与水交换热量，在冷凝器中被冷凝成低温液体而释放出大量的热量，水吸收其释放出的热量而温度不断上升。被冷凝的高压低温液体经膨胀阀节流降压后，在蒸发器中通过风扇的作用，吸收周围空气热量从而挥发成低压气体，又被吸入压缩机中压缩，如此反复循环，从而制取热水。其系统图如图7-6所示。

2. 热泵机组类型及其特点

(1) 涡旋式压缩机热泵机组　涡旋式压缩机为容积式压缩机，具有运转平稳、振动小、噪声低等优点。常用的空气-空气热泵机组，适用于中、小型工程。

(2) 活塞式压缩机热泵机组　活塞式压缩机为容积式压缩机，其结构复杂、转速低、振动大、噪声大、单机容量较小，多机头组合可拼装成1163kW左右的热泵机组，COP = 3.0 ~3.5。

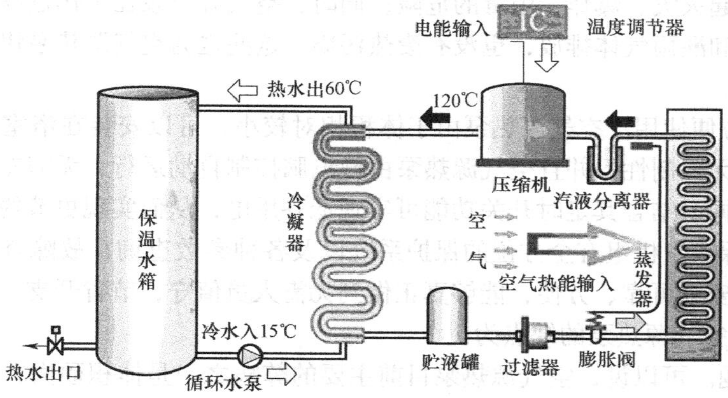

图7-6　空气源热泵系统图

(3) 螺杆式压缩机热泵机组。螺杆式压缩机也是容积式压缩机，其结构简单、运转平稳、振动小、噪声低、寿命长，COP=3.5~4.5。适用于中、小型工程，多机头热泵机组可用于较大工程。单螺杆为平衡式单向运转，磨损小，无轴向推力，其排气效率比双螺杆略低。

3. 空气源热泵的优缺点

空气源热泵是新型的绿色能源产业，与传统的燃气、电热水器产品相比，它不仅安全而且节能环保，即使与太阳能相比，也有明显的优势。它一改传统太阳能产品只依赖太阳光直射或辐射来吸收能源的方式，利用设备内的冷媒从自然环境空气中采集热能并通过换热器使冷水升温。

(1) 优点　空气源热泵的优点为：

1) 设计先进。通过计算机仿真测试实验室，能够模拟各种恶劣环境的运行情况，调试评估出机组系统的最优化配置方案及机组最合理的 COP 值。运用现代计算机仿真技术结合设计风道系统，能够有效减少高频噪声。

2) 智能控制。强大的微电脑控制功能，能够彻底解决系统运行的安全问题，且能够智能化的向终端用户提供连续、稳定、卫生的热水。

3) 高端配置。电子膨胀阀本身具有很大的调节能力，从而保证了更强的节流能力；管翅片换热器采用内螺纹铜管，翅片采用亲水铝箔，具有高效的热交换性能，从而增大其换热量；机组冷凝器采用进口高效优质的螺旋铜管制作，换热能力强，能效比更高；拥有专利的融霜控制技术，能够保证机组良好的制热性能，且除霜更快更彻底，确保机组能够稳定运行。

4) 高效节能。空气源热泵获取的是空气中的大量免费热能，消耗的电能也仅仅是压缩机用来搬运空气能源所用的能量，因此热效率高达380%~600%。制造相同的热水量，空气源热泵的使用成本只有电热水器的1/4，燃气热水器的1/3，太阳能热水器的1/2。高热效率是空气源热泵最大的特点和优势，在能源问题成为世界问题时，这是空气源热泵成为“第四代热水器”的最重要的法宝之一。

5) 绿色环保、安全可靠。空气源热泵独特的使用原理，使其实现了在工作过程中彻底的水电分离，从根本上杜绝漏电事故；并且由于其在使用过程中无需任何燃料输送管道，没有燃料泄露等引起火灾、爆炸、中毒的危险；同时，空气源热泵在工作过程中没有任何有毒气体、温室气体和酸雨气体排放，也没有废热污染。这些也为空气源热泵快速发展铺垫了宽阔的道路。

6）全天候方便使用。空气源热泵由于体积相对较小，可以安装在浴室、阳台和外墙等处，实现使用的无限制性；并且空气源热泵由微电脑控制自动运行，无需专人职守，保证全天候热水供应，同时结合其定时开关功能可实现低谷用电，从而实现更节约的使用效果。

7）全方位保护。机组有全方位的保护系统以及各种参数查询、故障查询、系统参数查询等功能，运行安全可靠、方便，能够真正做到无需人员值守，节省开支。

（2）缺点　空气源热泵的缺点为：

1）外观问题。可以说，空气源热泵目前主要的弊病之一是体积硕大，对安装场所的选择有一定要求。空气源热泵一般可分为一体式和分体式两种，由于城市家庭卫生间普遍较小，因此不管是哪种类型，其庞大的体积都可能会让人望而却步。

2）结霜问题。区域性特征明显，因其对外界环境温度依赖过大，其正常工作环境温度在 -5~40℃，故基本适用于华东、华南等长江以南地区。其中广东、福建、浙江、湖南、江西、云南等省份空气源热泵发展比较好。

3）压缩机易烧坏。目前市面上的空气源热泵普遍采用循环式加热系统，该系统日益暴露出技术缺陷，即在高温高压工况下运行，容易使压缩机老化、碳化，加之系统润滑效果不好，易导致压缩机被烧坏。

4）换热器和套管换热器易结垢断裂。空气源热泵的出水温度通常可达到 50~60℃，水在这个温度范围内最易结垢。如果不能定期清洗换热器，对于板式换热器而言，就会胀破；对于套管式换热器而言，其内管会破裂，从而导致整个热泵热水机组失去功能。

7.2.2　空气源热泵的安装

1. 安装前的准备工作

（1）查看安装现场

1）确认场地的面积足够容纳所有的设备（包括水箱、水泵、主机、控制器、管材、管件等），并且有足够的可操作空间。

2）测量吊装路径、楼梯、门的宽度等，确保设备到达安装现场的路径通畅，避免设备安装时无法到达现场，特别是水箱体积较大时。

（2）客户确保

1）确保热水供、回水管路安装到位，距安装水箱的位置不超过 4m，并且便于与水箱连接。

2）自来水供水管路的取水点不超过 4m。

3）场地取电的位置不超过 5m，并且电表容量、电线容量足够，相位（三相、两相）符合要求。

（3）按场地的条件绘制标准施工图样

1）根据客户的场地具体规划设备的布局，力求水路的最短、最直，设备之间预留合理的操作维护空间。

2）精确测算需要的管材、管件数量和电线数量。

3）侧出风的主机考虑当地的风向选择合理的安装方向，避免出风方向在风向上。

2. 主机与水箱安装注意事项

主机与水箱的安装注意事项见表7-1。

表7-1　主机与水箱的安装注意事项

项　目	主机安装	水箱安装
前期安装	安装前仔细阅读随机产品说明	
安装位置	机组只能安装在室内环境里，如果机组要安装在室外，就必须要对其安装遮蔽物	可以安装于室外的阳台、室内的厨房、卫生间等位置
位置要求	应远离人工强电、磁场直接作用的地方	应方便排污口排水，尽量靠近用水点及主机安装的位置，以减少管路热损失；水箱重量应考虑满载水后建筑的承重
维修空间	安装位置应便于调试和维修，预留检修间隙	水箱放置的周围应预留大于600mm的安装及维保空间
柔性连接	机组进、出水口与水系统供、回水管道必须采用柔性连接以防止振动从机组传递至建筑物	为了防止管子的膨胀、收缩、偏负载、和为了耐振，水箱的进水、出水必须采用柔性接头
减振基础	机组底部必须要安装减振装置，以防止振动传递至建筑物	须做高度在150mm以上的安装水平地基，地基需要水平面，且基础平面不能出现积水现象
维修保养	主机进水口安装水压表与温度计；使用侧进水端必须加一个Y型过滤器，以防止焊渣或杂质损坏设备，做成可拆卸式，方便系统冲洗和维修	水箱应定期清洗、试水，防止杂物冲入箱内
保温要求	主机进、出水管道必须采用严密的保温措施，以防止能量损失和冷凝水的形成	保温水箱应有致密良好的保温材料，确保水箱保温良好，做到24h温降只有1.5℃
专业要求	实际工程必须由专业人员按标准和设计要求进行施工	

3. 管道安装与水系统注意事项

1）连接主机的刚性管道应采用弹簧减振支架，避免管路将振动传递至建筑结构。

2）水流量不能低于机组标称值。

3）管道保温须做好，以防止能量损失和冷凝水的形成。

4）必须在水系统最高点设排气阀，机组水管最低点应安装排水阀。

5）水系统中必须配备膨胀罐或膨胀水箱，以适应水系统因水温变化而造成的水体积的变化。

6）机组供、回水管间应预留旁通管道，方便系统冲洗时使用，避免系统管路焊渣或杂质进入机组换热器。

7）水系统的水流方向必须与机组所标志的方向一致，绝对禁止调换方向，否则机组将不能运行，甚至会损坏。

8）对于水系统，建议用户每一个月检查一次。

4. 水系统管径选择

根据工程要求可以选用铜管、PPR管、镀锌管、不锈钢管。应根据水管中的水流量按照

表 7-2 选择管径。

表 7-2　水管管径的选择

钢管管径/mm	闭式水系统流量/(m^3/h)	开式水系统流量/(m^3/h)
15	0 ~ 0.5	—
20	0.5 ~ 1	—
25	1 ~ 2	0 ~ 1.3
32	2 ~ 4	1.3 ~ 2
40	4 ~ 6	2 ~ 4
50	6 ~ 11	4 ~ 8
65	11 ~ 18	8 ~ 14
80	18 ~ 32	14 ~ 32

7.2.3　空气源热泵的调试

1）首先应由主机进水口开始注水，直至水从出水口流出进入水箱，以确保主机换热器内空气排尽。

2）主机接电源必须分清 N、L 极，严禁接反。

7.3　地源热泵系统的安装

7.3.1　地源热泵原理

地源热泵系统图如图 7-7 所示。夏季制冷时，大地作为排热场所，将室内热量以及压缩机耗能通过埋地盘管排入大地中，再通过土壤的导热和土壤中水分的迁移将热量扩散出去（图 7-7a）。冬季供热时，大地作为热泵机组的低温热源，通过埋地盘管获取土壤中的热量为室内供热（图 7-7b）。两个换热器既可作为冷凝器又可作为蒸发器，只是因季节不同而功能不同。它们之间功能的转换由四通阀门（换向阀）控制。由图 7-7 可以看到，在地源热泵系统中，由于冬季从大地中取出的热量可在夏季得到补偿，因而可使大地热量基本平衡。

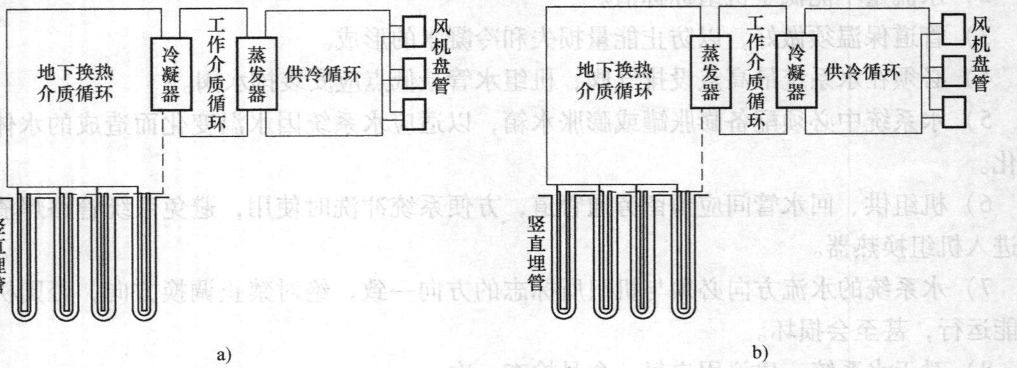

图 7-7　地源热泵系统图

a）夏季制冷　b）冬季供热

7.3.2　地源热泵系统分类

根据地热能交换系统形式的不同，地源热泵系统分为地埋管换热系统、地下水换热系统和地表水换热系统。

1. 地埋管换热系统

地埋管换热系统为传热介质通过竖直或水平地埋管换热器与岩石土体进行热交换的地热能交换系统，又称为土壤热交换系统。埋管方式可分为：水平式土壤换热器，垂直 U 形式土壤换热器，垂直套管式土壤换热器，热井式土壤换热器，直接膨胀式土壤换热器。

（1）水平式土壤换热器　其埋管方式如图 7-8 所示。水平地埋管普遍使用在单相运行状态的空调系统中，一般的设计埋管深度在 2 ~ 4m 之间。只用于采暖时，土壤在整个冬天处于放热状态，沟的深度一定要深，管间距要大。

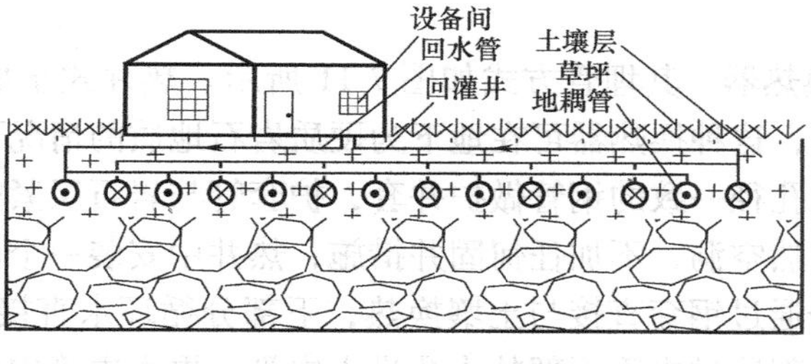

图 7-8　水平式土壤换热器埋管方式

（2）垂直 U 形式土壤换热器　其埋管方式如图 7-9 所示。垂直埋管技术是国际土壤源热泵组织所推荐的，特别适合场地比较紧张的城市地区。工程上应用最多的是双 U 形管换热器。

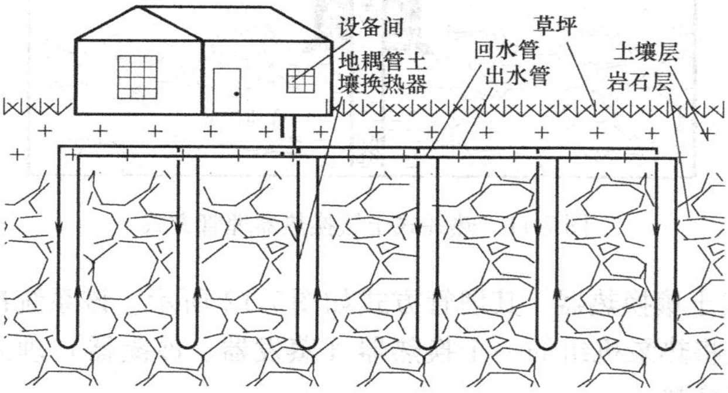

图 7-9　垂直 U 形式土壤换热器埋管方式

垂直 U 形式土壤换热器是通过钻孔将 U 形管深埋在地下，因此与水平式土壤换热器比较具有占地面积小、运行稳定、效率高等优点。

（3）垂直套管式土壤换热器　其埋管方式如图 7-10 所示。垂直套管式土壤换热器是有内套管和外套管的闭路循环系统。水从外套管的上部流入管内，循环时，水沿外套管自上至下的流动，从外套管的底部经内套管上流到顶部流出套管。

垂直套管式土壤换热器适合在地下岩石深度较浅、钻深孔困难的地表层使用。通过竖埋

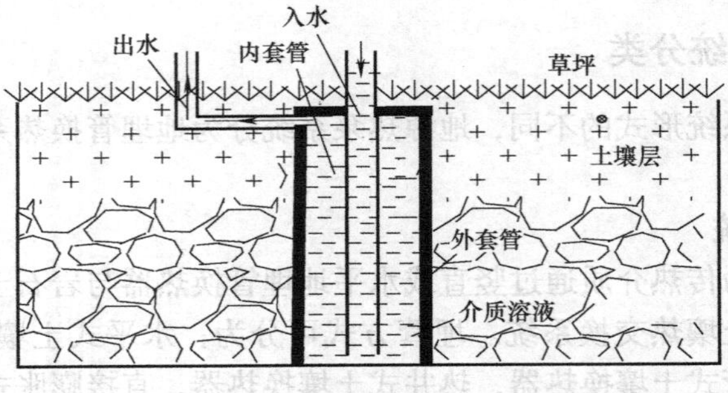

图 7-10　垂直套管式土壤换热器埋管方式

单管试验，垂直套管式土壤换热器较垂直 U 形式土壤换热器效率高 20% ~25%。竖埋套管的孔距在 3 ~ 5m，孔径在 150 ~ 200mm，外套管直径为 ϕ63 ~ ϕ120mm，内套管直径为 ϕ25 ~ ϕ32mm。

（4）热井式土壤换热器　其埋管方式如图 7-11 所示。热井式土壤换热器是垂直套管式土壤换热器的改进形式，这种换热器可在地下为硬质岩石地质的情况下使用。在安装时，地表渗水层以上用直径和孔径一致的钢管做护井套，护套管与岩石层紧密连接，防止地下水的渗入；渗水层以下为自然空洞，不加任何固井措施，热井中安装一个内管到井底。内管的下部四周钻孔，其上部分通过钢套直接与土壤换热，下部分循环水直接接触岩石进行热交换。换热后的流体在井的下部通过内管下部的小孔进入内管，再由内管中的抽水泵抽取水作为热泵机组的冷、热源，此系统为全封闭系统。

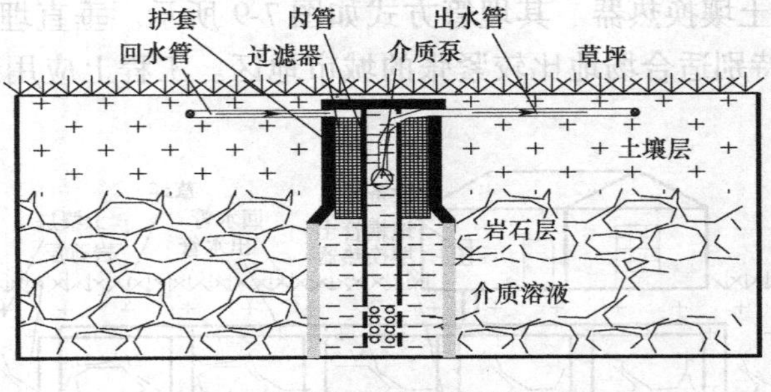

图 7-11　热井式土壤换热器埋管方式

（5）直接膨胀式土壤换热器　其埋管方式如图 7-12 所示。该系统冷、热源不采用载冷剂来传递热量，而是将热泵机组的一个换热器（蒸发器、冷凝器）埋入地下土壤中，制冷剂通过此换热器直接换热。

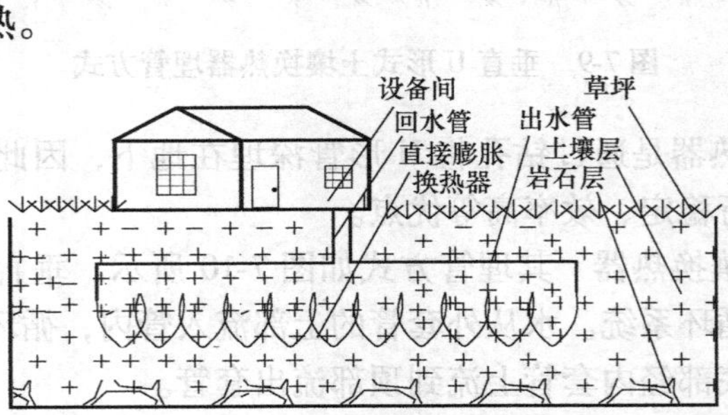

图 7-12　直接膨胀式土壤换热器埋管方式

2. 地下水换热系统

地下水换热系统为与地下水进行热交换的地热能交换系统，分为直接地下水换热系统和间接地下水换热系统。

直接地下水换热系统是由抽水井取出的地下水，经处理后直接流经水源热泵机组换热器后返回地下同一含水层的地下水换热系统。

间接地下水换热系统则是由抽水井取出的地下水经中间换热器热交换后返回地下同一含水层的地下水换热系统。

3. 地表水换热系统的分类

地表水换热系统是与地下水进行热交换的地热能交换系统，分为开式地表水换热系统和闭式地表水换热系统。

开式地表水换热系统中地表水在循环水泵的驱动下，经处理直接流经水源热泵机组或通过中间换热器进行热交换。

闭式地表水换热系统是将封闭的换热盘管按照特定的排列方法放入具有一定深度的地表水体中，传热介质通过换热管管壁与地表水进行热交换的系统。

7.3.3 地埋管换热器系统的施工与安装

地埋管换热器的安装应远离水井及室外排水设施，并应靠近机房或以机房为中心设置。地埋管环路两端应分别与供、回水环路集管相连接，且应同程布置。每对供、回水环路集管连接的地埋管环路数应相等。供、回水环路集管的间距不应小于0.6m。

地埋管的质量对地埋管换热系统至关重要。进入现场的地埋管及管件应逐件进行外观检查，破损和不合格的产品严禁使用。不得采用出厂已久的管材，应采用刚制造出的管材。聚乙烯管应符合 GB/T 13663—2000《给水用聚乙烯（PE）管材》的要求；聚丁烯管应符合 GB/T 19473.2—2004《冷热水用聚丁烯（PB）管道系统》（第2部分：管材）的要求。

地埋管运抵工地后，应用空气试压进行检漏试验。地埋管及管件存放时，不得在阳光下曝晒。搬运和运输时，应小心轻放，采用柔韧性好的皮带、吊带或吊绳进行装卸，不应抛摔和沿地拖曳。

室外环境温度低于0℃时，塑料地埋管的力学性能将有所降低，容易造成地埋管的损坏。故当室外环境温度低于0℃时，应尽量避免地埋管换热器的施工。

系统冲洗是保证地埋管换热系统可靠运行的必须步骤，在地埋管换热器安装前、地埋管换热器与环路集管装配完成后及地埋管换热系统全部安装完成后均应对管道系统进行冲洗。

1. 施工安装前的准备

应具备埋管区域的工程勘察资料、设计文件和施工图样，并完成施工组织设计。

工程施工人员应在地埋管换热系统施工前了解埋管场地内已有地下管线、其他地下构筑物的功能及其准确位置，并应进行地面清理，铲除地面杂草、杂物，平整地面。

地埋管换热系统施工过程中，应严格检查并做好管材保护工作。

水平地埋管换热器敷设前，沟槽底部应先铺设相当于管径厚度的细砂。

2. 管道连接应符合下列规定

1）埋地管道应采用热熔或电熔连接。聚乙烯管道连接应符合标准 CJJ 101—2004《埋地聚乙烯给水管道工程技术规程》的有关规定。

2）竖直地埋管换热器的U形弯管接头，应选用定型的U形弯头成品件，不应采用直管道煨制弯头。

3）竖直地埋管换热器U形管的组对长度应能满足插入钻孔后与环路集管连接的要求，组对好的U形管的两开口端部，应及时密封。

3. 水平地埋管换热器的安装与回填

水平地埋管换热器安装时，应防止石块等重物撞击管身。管道不应有折断、扭结等问题，转弯处应光滑，且应采取固定措施。

水平地埋管换热器可不设坡度。最上层埋管顶部应在冻土层以下0.4m，且距地面不应小于0.8m。地埋管换热器管内流体应保持湍流流态，水平环路集管坡度应为0.002。

回填料应采用网孔不大于15mm×15mm的筛进行过筛，保证回填料不含有尖利的岩石块和其他碎石。为保证回填均匀且回填料与管道紧密接触，回填应在管道两侧同步进行。同一沟槽中有双排或多排管道时，管道之间的回填压实应与管道和槽壁之间的回填压实对称进行。各压实面的高差不应超过30cm。管腋部采用人工回填，确保塞严、捣实。分层管道回填时，应重点做好每一管道层上方15cm范围内的回填。管道两侧和管顶以上50cm范围内应轻夯实，严禁将压实机具直接作用在管道上，使管道受损。

护壁套管为下入钻孔中用以保护钻孔孔壁的套管。钻孔前，护壁套管应预先组装好，施钻完毕应尽快将套管放入钻孔中，并立即将水充满套管，以防孔内积水使套管脱离孔底上浮，达不到预定埋设深度。

下管时，可采用每隔2~4m设一弹簧卡（或固定支卡）的方式将U形管两支管分开，以提高换热效果。

4. 竖直地埋管换热器的安装与灌浆回填

竖直地埋管换热器U形管的安装应在钻孔钻好且孔壁固化后立即进行。当钻孔孔壁不牢固或者存在孔洞、洞穴等导致成孔困难时，应设护壁套管。下管过程中，U形管内应充满水，并应采取措施使U形管两支管处于分开状态。

竖直地埋管换热器埋管深度应大于20m，钻孔孔径不应小于0.11m，钻孔间距应满足换热需要，间距应为3~6m。水平连接管的深度应在冻土层以下0.6m，且距地面不应小于1.5m。

U形管安装完毕后，应立即灌浆回填封孔，隔离含水层。灌浆即使用泥浆泵通过灌浆管将混合浆灌入钻孔中的过程。泥浆泵的泵压足以使孔底的泥浆上返至地表，当上返泥浆密度与灌注材料的密度相等时，认为灌浆过程结束。灌浆时，应保证灌浆的连续性，根据机械灌浆的速度将灌浆管逐渐抽出，使灌浆液自下而上灌注封孔，且应确保钻孔灌浆密实、无空腔，否则会降低传热效果，影响工程质量。

当埋管深度超过40m时，灌浆回填应在周围邻近钻孔均钻凿完毕后进行，其目的在于一旦孔斜将相邻的U形管钻伤，便于更换。

灌浆回填料一般为膨润土和细砂（或水泥）的混合浆或其他专用灌浆材料。采用膨润土和细砂的混合浆时，膨润土的比例应占4%~6%。钻孔时取出的泥砂浆凝固后如收缩很小，也可用作灌浆材料。如果地埋管换热器设在非常密实或坚硬的岩土体或岩石的情况下，应采用水泥基料灌浆，以防止孔隙水因冻结膨胀损坏膨润土灌浆材料而导致管道被挤压节流。

7.3.4 地下水换热器系统的施工与安装

地下水换热器的典型布置如图7-13所示。

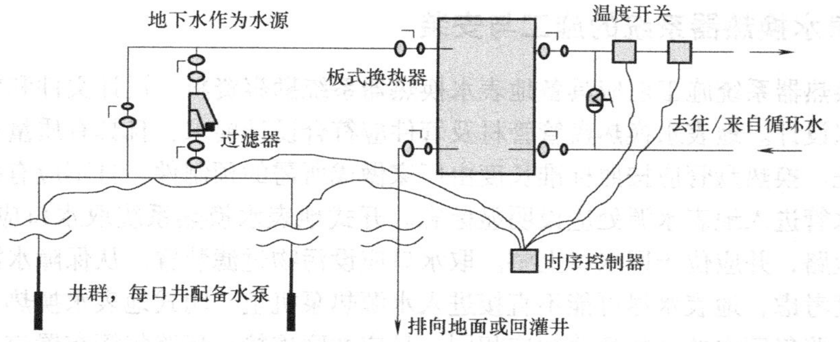

图7-13 地下水换热器的典型布置

地下水换热系统施工前应具备热源井及周围区域的工程勘察资料、设计文件和施工图样，并完成施工组织设计。

热源井只能用于置换地下冷量或热量，不得用于取水等其他用途。热源井施工应符合国家标准GB 50296—1999《供水管井技术规范》的规定，施工过程中应同时绘制地层钻孔柱状剖视图。

热源井位的设置应避开有污染的地面或地层。热源井数目应满足持续出水量和完全回灌的需求，并应采取减少空气侵入的措施。热源井井口应严格封闭，井内装置应使用对地下水无污染的材料。热源井井口处应设检查井。井口之上若有构筑物，应留有检修用的足够高度或在构筑物上留有检修口。

热源井在成井后应及时洗井。洗井结束后应进行抽水试验和回灌试验。抽水试验应稳定延续12h，出水量不应小于设计出水量，降深不应大于5m；回灌试验应稳定延续36h以上，回灌量应大于设计回灌量。

抽水井与回灌井应能够相互转换，以利于开采、洗井以及岩土体和含水层的热平衡。抽水井应具有长时间抽水和回灌的双重功能，要求不出砂且保持通畅。抽水井与回灌井间应设排气装置，以避免将空气带入含水层。为了保证回灌效果，抽水井与回灌井比例应不小于1∶2。抽水管和回灌管上均应设置水样采集口及监测口。

地下水供水管不得与市政管道连接，是为了避免污染市政供水和使用自来水取热；地下水回灌管不得与市政管道连接，是为了避免回灌水排入下水，从而保护水资源不被浪费。

从保障地下水安全回灌及水源热泵机组正常运行的角度考虑，地下水应尽可能不直接进入水源热泵机组。

直接进入水源热泵机组的地下水水质应满足以下要求：含砂量小于1/200000，pH值为6.5~8.5，CaO体积质量小于200mg/L，矿化度小于3g/L，Cl^-体积质量小于100mg/L，SO_4^{2-}体积质量小于200mg/L，Fe^{2+}体积质量小于1mg/L，H_2S体积质量小于0.5mg/L。

当水质达不到要求时，应进行水处理。经水处理后仍达不到要求时，应在地下水与水源热泵机组之间加设中间换热器。对于腐蚀性及硬度高的水源，应设置耐腐蚀的不锈钢换热器或钛板换热器。当使用海水时，建议在进入换热器前增加氯气处理装置以防止藻类在换热器内部滋生。当水温不能满足水源热泵机组使用要求时，可通过混水或设置中间换热器进行调节，以满足机组对温度的要求。

7.3.5 地表水换热器系统的施工与安装

地表水换热器系统施工前应具备地表水换热器系统勘察资料、设计文件和施工图样，并完成施工组织设计。地表水换热盘管管材及管件应符合设计要求，且具有质量检验报告和生产厂的合格证。换热盘管应按照标准长度由厂家做成所需的预制件，且不应有扭曲。

供、回水管进入地表水源处应设明显标志。开式地表水换热系统取水口应远离回水口，避免热交换短路，并应位于回水口上游。取水口应设污物过滤装置。从保障水源热泵机组正常运行的角度考虑，地表水尽可能不直接进入水源热泵机组。闭式地表水换热系统应为同程系统。每个环路集管内的换热环路数应相同，且应并联连接；环路集管布置应与水体形状相适应，供、回水管应分开布置。

地表水换热盘管应牢固安装在水体底部，换热盘管下应安装衬垫物。为了避免风浪、结冰及船舶可能对其造成的损坏，要求地表水的最低水位与换热盘管距离不应小于1.5m。最低水位指近20年每年最低水位的平均值。地表水的最低水位与换热盘管距离不应小于换热盘管设置处。水体的静压应在换热盘管的承压范围内。

当地表水体为海水时，与海水接触的所有设备、部件及管道均应具有防腐、防生物附着的能力；与海水连通的所有设备、部件及管道均应具有过滤、清理的功能。

第8章 管道及设备的防腐与保温

防腐和保温是管道和设备安装的最后两道工序。这两项工作关系到管道和设备的使用寿命、系统运行的经济性和工作效果，必须引起充分重视。

8.1 管道及设备的防腐

8.1.1 腐蚀与防腐

腐蚀主要是指材料在外部介质影响下所产生的化学作用或电化学作用，引起的材料破坏和质变。由化学作用引起的腐蚀称为化学腐蚀，由电化学作用引起的腐蚀称为电化学腐蚀。在金属材料（或合金）的腐蚀中，上述两种腐蚀均有。一般情况下，金属与氧气、氯气、二氧化硫、硫化氢等干燥气体或汽油、乙醇、苯等非电解质接触所引起的腐蚀都是电化学腐蚀。

腐蚀的危害性很大，它会使大量的钢材和其他宝贵的金属变为废品，使生产和生活使用的设施较快地报废。据国外统计，每年由于腐蚀所造成的经济损失约占国民生产总值的4%。在我国，每年由于腐蚀引起的经济损失也是十分严重的。

在供热、通风、空调等系统中，常常因为管道被腐蚀而引起系统漏水、漏气，这样既浪费能源，又影响生产。输送有毒、易燃、易爆炸的介质时，还会污染环境，甚至造成重大事故。因此，为保证正常的生产和生活秩序，延长系统的使用寿命，除了正确选材外，采取有效的防腐措施也是十分必要的。

防腐的方法很多，如金属镀层、金属钝化、阴极保护及涂料工艺等。在管道及设备的防腐方法中，应用最多的是涂料工艺。对于放置在地面上的管道和设备，一般采用油漆涂料；对于埋在地下的管道，则多采用沥青涂料。

8.1.2 管道及设备表面的除污

为了防止腐蚀，一般金属管道和设备表面都涂有防腐涂料。但是金属管道和设备表面往往存在各种污物，如灰尘、污垢、油渍、锈斑等，这些会影响防腐涂料对金属表面的附着力。例如铁锈，如果没有除尽，油漆涂刷到金属表面后，漆膜下被封闭的空气会继续氧化金属，即继续生锈，致使漆膜破坏，使锈蚀加剧。因此，为了增加油漆的附着力和防腐效果，在涂刷底漆前必须将管道或设备表面的污物清除干净，并保持干燥。

除锈是对金属管道或构件表面涂刷防腐涂料前进行处理的一道重要工序，目的是清理掉金属表面的锈层、油类、旧漆膜及灰尘等，以便使涂刷的涂料能牢固地粘附在管道、设备及构件等的表面上，达到防腐的目的。施工验收规范中也明确规定：在涂刷底漆前，必须清除表面的灰尘、污垢、锈斑、焊渣等物。

对钢材而言，其表面的除锈质量分为四个等级。一级除锈标准要求彻底除净金属表面上的油脂、氧化皮、锈蚀等一切杂物，并用吸尘器、干燥洁净的压缩空气或刷子清除粉尘；表面应无任何可见残留物，呈现均一的金属本色，并有一定的表面粗糙度。二级除锈标准要求完全除去金属表面的油脂、氧化皮、锈蚀产物等一切杂物，并用工具清除粉尘；残留的锈斑、氧化皮等引起的轻微变色的面积在任何部位 100mm × 100mm 的面积上不得超过 5%。一、二级除锈标准，一般必须采用喷砂除锈和化学除锈的方法才能达到。三级除锈标准要求完全除去金属表面上的油脂、疏松氧化皮、浮锈等杂物，并用工具清除粉尘；紧附的氧化皮、点锈蚀或旧漆等斑点状残留物面积在任何部位 100mm × 100mm 的面积上不得超过 1/3。三级除锈标准可用人工除锈、机械除锈和喷砂除锈方法达到。四级除锈标准要求除去金属表面上油脂、铁锈、氧化皮等杂物、允许有紧附的氧化皮、锈蚀产物或旧漆存在，用人工除锈即可达到。建筑设备安装中的管道和设备一般要求表面除锈质量达到三级。常见的除锈方法，如人工除锈、喷砂除锈、机械除锈和化学除锈等，具体介绍如下。

1. 人工除锈

人工除锈一般使用刮刀、锤子、钢丝刷以及砂布、砂纸等手工工具磨刷管道表面的铁锈、油垢等。当管道表面的锈层较厚时，可用锤子轻轻敲掉锈层，对锈层不厚的浮锈可直接用钢丝刷等工具拭掉，直到露出金属的本色，再用棉纱擦拭，管内壁浮锈可用圆钢丝刷来回拖动磨刷。该方法劳动强度大、效率低、质量差，但所需的工具简单，操作容易，适用各种形状表面的处理。由于安装施工现场多数不便使用除锈机械设备，所以在建筑设备安装过程中人工除锈仍是一种主要的除锈方法。

2. 喷砂除锈

喷砂除锈采用压缩空气把粒度为 1 ~ 2mm 的砂子喷射到有锈污的金属表面上，靠砂粒的打击去除金属表面的锈蚀、氧化皮等，喷砂装置如图 8-1 所示。喷砂时工件表面和砂子都要经过烘干，喷嘴应距离工件表面 100 ~ 150mm，并与之成 70°夹角，喷砂方向尽量顺风操作。用这种方法能将金属表面凹处的锈污除尽，处理后的金属表面粗糙而均匀，使油漆能与金属表面很好的结合。喷砂除锈是加工厂或预制厂常用的除锈方法。

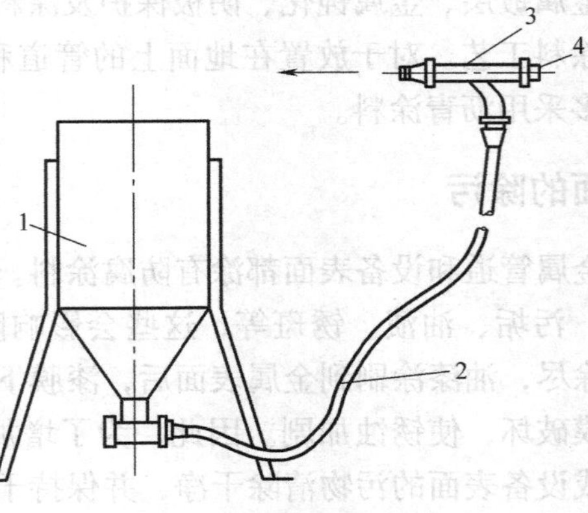

图 8-1 喷砂装置

1—储砂罐 2—橡胶管 3—喷枪 4—空气接管

喷砂除锈操作简单、效率高、质量好，但喷砂过程中会产生大量的灰尘，污染环境，影响人们的身体健康。为减少灰尘的飞扬，可用喷湿砂的方法来除锈。喷湿砂除锈是将砂子、水和缓蚀剂在储砂罐内混合，然后沿管道送至喷嘴高速喷出。缓蚀剂（如磷酸二钠、亚硝酸钠）能在金属表面形成一层牢固而密实的膜（即钝化），可以防止喷砂后的金属表面生锈。

3. 机械除锈

机械除锈是用电动机驱动的旋转式或冲击式除锈设备进行除锈，除锈效率高，但不适用于形状复杂的工件。常用除锈机械有旋转钢丝刷、风动刷、电动砂轮等。

4. 化学除锈

化学除锈中常用酸洗的方法将锈及氧化物等除掉，钢铁的酸洗可用硫酸或盐酸，铜和铜合金及其他有色金属的酸洗常用硝酸。

酸洗是当氧化铁与酸接触时，氧化铁被溶解，与此同时金属铁也部分溶解并析出氢气。由于氢气泡的冲击，尚未溶解但已疏松的氧化物可加速溶解。酸洗的速度取决于氧化层的组成、酸的种类、酸的浓度和温度。提高酸的浓度可以加速酸洗，但是酸的浓度过高易导致过多的金属溶解，而伤及锈层以外的金属。另外，酸液的质量分数超过 25% 时，酸洗速度反而会下降，所以实际应使用质量分数不超过 20% 的酸溶液。

由于硫酸比盐酸便宜，所以现场施工常用硫酸，其质量分数一般为 12%。酸洗前先将水注入酸槽内，再将酸以细流缓缓注入水中，切不可先加酸后加水，以免引起爆炸伤人。在注酸的同时不断地搅拌，当加热到适当温度后，将管材放入酸洗槽内浸泡，适当掌握酸洗时间，避免出现清理不净或侵蚀过度现象。酸洗后立即将管子转放入中和槽内，用稀碱液（氢氧化钠或碳酸钠）中和，然后再将管材放入热水槽中洗涤，使其完全保持中性，清洗后要及时干燥，并立即涂刷防锈漆。酸洗、碱洗、热水洗、干燥、刷油漆等操作应该连续进行，以免管材再次生锈。如只要求管材内壁清洗，可将调好的酸溶液灌入管内，达到酸洗时间后倒出，立即灌入中和液，中和后再倒出，用清水冲洗，最后吹干即可。酸洗场地要求通风良好。酸液对人体和衣服有强烈的腐蚀作用，所以在酸洗过程中，必须戴耐酸手套、穿围裙和脚盖，严防酸液飞溅伤害人体，造成事故。

8.1.3　管道及设备刷油

为了保护管道及设备的金属表面不受腐蚀，还需要对管道及设备进行刷油防腐。其原理为用漆膜将空气、水分、腐蚀介质等与金属表面隔离开来。

油漆的漆膜一般由底层和面层构成。底漆打底，面漆罩面。底漆是直接喷刷在金属表面的涂料层。要求涂料具有附着力强、防腐、防水的特点。对黑色金属表面，可采用红丹防锈漆、铁红防锈漆、铁红醇酸防锈漆等；对有色金属表面，应采用锌黄防锈漆、磷化底漆等作为底漆涂料。底漆一般喷刷 1～2 遍。面漆是涂在底漆上的涂层。其主要作用是保护底漆不受损害。要求面漆涂料具有附光性、耐气候变化和覆盖能力强等特点，如灰色防锈漆、各色调合漆、各色瓷漆等。面漆除了能够满足以上要求外，其不同颜色也起着不同性质及用途的辨别作用。底漆和面漆一般喷刷各不少于两遍。

在涂装涂料前应清理被涂表面上的锈蚀、焊渣、毛刺、油污、灰尘等，保持被涂表面清洁干燥。涂装施工应在 15～30℃，相对湿度不大于 70%，无灰尘、烟雾污染的环境和温度下进行，并有一定的防冻防雨措施。漆膜应附着牢固、完整，没有损坏、剥落、皱纹、气泡、针孔、流淌等缺陷。涂层的厚度应符合设计文件要求。对安装后不宜涂刷的部位，在安装前要预先涂装，焊缝及其标记在压力实验前不应涂涂料。有色金属、不锈钢、镀锌钢管、镀锌钢板和铝板等表面不宜涂装，一般可进行钝化处理。

为使漆膜色彩鲜艳、光亮、经久耐用，除了涂料本身应质量优良外，还与涂漆方式的选择有很大关系。涂漆的方法很多，其主要施工方法有手工涂刷和喷涂两种，喷涂又可细分为空气喷涂、高压喷涂与静电喷涂等方式。

1. 手工涂刷

工程上最常见的涂漆方法是手工涂刷。这种方法操作简单，适应性强，可用于各种漆料的施工。但人工涂刷方法效率低，并且涂刷的质量受操作者技术水平的影响较大，只适用于工程量不大的管道或零星加工件表面的涂刷。但由于其工具简单，操作简便灵活，至今仍被广泛应用。手工涂刷应自上而下，从左至右，先里后外，先斜后直，先难后易，纵横交错地进行。漆层应厚薄均匀，无漏刷处。

2. 喷涂

（1）空气喷涂　空气喷涂常用的工具为喷枪。其原理是压缩空气通过喷嘴时产生高速气流，将贮漆罐内漆液引射混合成雾状，喷涂于物体的表面。这种方法的特点是漆膜厚薄均匀、表面平整、效率高。只要调整好油漆的粘度和压缩空气的工作压力，并保持喷嘴距被涂物表面一定的距离和一定的移动速度，均能达到满意的效果。喷枪所用的空气压力一般为2~4atm（1atm=101.325kPa）。喷嘴距被涂物件的距离，视被涂物件的形状而定。如被涂物件表面为平面，一般在250~300mm为宜；如被涂物件表面为圆弧面，一般在400mm左右为宜。空气喷涂的漆膜较薄，往往需要喷涂数次才能达到需要的厚度。为提高一次喷膜厚度，可采用热喷涂。热喷涂就是将油漆加热到70℃左右，使油漆的粘度降低，增加被引射的漆量。采用热喷涂法比一般空气喷涂法节约2/3左右的稀释剂，并提高近一倍的工作效率，同时还能改变漆膜的流平性。

（2）高压喷涂　高压喷涂是将加压后的涂料经高压喷枪剧烈膨胀并雾化成极细漆粒喷涂到物件上。由于漆膜内没有压缩空气混入而带进的水分和杂质等，漆膜质量较空气喷涂高。同时，由于涂料是扩容喷涂，提高了涂料粘度，雾粒散失少，也减少了溶剂用量。

（3）静电喷涂　静电喷涂的原理是让喷枪喷出油漆微粒，微粒在静电发生器产生的高压电场中带上电荷，带电的涂料微粒在静电力的作用下被吸引贴覆在带异性电荷的物件上。由于其飞散量较少，该喷涂方法较空气喷涂可节约涂料40%~60%。

8.1.4　埋地管道的防腐层结构及施工

埋地管道的腐蚀是由于土壤的酸性、碱性、潮湿、空气渗透以及地下杂散电流的作用等因素所引起的，其中以电化学作用为主。其防止腐蚀的方法主要是采用沥青涂料。

埋地管道腐蚀的强弱主要取决于土壤的性质。根据土壤腐蚀性质的不同，可将防腐层结构分为三种类型：普通防腐层、加强防腐层和特加强防腐层。其中普通防腐层适用于腐蚀性轻微的土壤；加强防腐层适用于腐蚀性较剧烈的土壤，例如埋地管道在穿越铁路、公路、河流、盐碱沼泽地、山洞等地段时，就需要用加强防腐层；特加强防腐层适用于腐蚀性极为剧烈的土壤，当埋地管道穿越电车轨道和电气铁路下的土壤时要用特加强防腐层。

土壤腐蚀性等级的具体指标为：腐蚀性轻微的土壤，土壤电阻率大于20Ω/m，土壤中盐的质量分数小于0.05%，土壤中水的质量分数小于5%；腐蚀性剧烈的土壤，土壤电阻率在5~20Ω/m，土壤中盐的质量分数在0.05%~0.75%，土壤中水的质量分数在5%~12%；

腐蚀性特别剧烈的土壤，土壤电阻率小于5Ω/m，土壤中盐的质量分数大于0.75%，土壤中水的质量分数在12%～25%。

对于不同等级的防腐层而言，其结构分别为以下几种。

普通防腐层，从内到外依次为：

沥青底漆—沥青—玻璃布—沥青—玻璃布—沥青—外保护层；

加强防腐层，从内到外依次为：

沥青底漆—沥青—玻璃布—沥青—玻璃布—沥青—玻璃布—沥青—外保护层；

特加强防腐层，从内到外依次为：

沥青底漆—沥青—玻璃布—沥青—玻璃布—沥青—玻璃布—沥青—玻璃布—沥青—外保护层。

对于管道防腐层而言，其关键往往在于沥青防腐层。而沥青防腐层的质量好坏，不但取决于材料的选用和结构设计是否正确，而且在很大程度上取决于施工质量，故对施工质量提出如下要求。

1）冷底子油应涂刷在洁净干燥的管子表面上，涂刷应均匀一致，涂刷厚度一般为0.1～0.15mm。

2）沥青胶结材料应涂抹在已干燥的冷底子油层上，涂抹温度应保持在160～180℃。如施工时环境温度高于30℃，可允许石油沥青的温度降至150℃。涂抹厚度应均匀，表面连续、无气泡，断缝胶结良好。如一次涂抹不能达到设计要求的厚度，可在第一遍凝固后再涂抹第二遍。

3）玻璃丝布应与沥青胶结层结合紧密、包扎紧密、无褶皱、压边均匀，压边宽度一般为10～20mm，接头搭接长度为30～50mm，并用热沥青粘牢。现场施工时，有时采用随浇随包扎的方法，先把玻璃丝布裁成条状，前面用壶浇热沥青，后面缠绕包扎紧密，且应保证搭接缝均匀。

4）做外保护层是将保护层包扎材料紧紧包扎在最后一遍石油沥青胶结层上。当采用牛皮纸、玻璃丝布包扎时，必须趁热包扎，即随浇沥青随包扎，以保证包扎紧密。当采用塑料布包扎时，应在沥青胶结层冷却至40～60℃后再进行包扎。包扎外保护层应拉平拉紧包扎材料，使搭接缝为螺旋形，搭接长度为10～20mm，并使之均匀平整。

5）当管道的特殊防腐层为集中预制时，在单根管子两端应留出逐层收缩成80～100mm的阶梯形接茬，并用牛皮纸将接茬处封好以防污染，待管道连接并试压合格后，补做防腐层接头。补做的防腐层其材料、结构、厚度应与原防腐层一样，并应注意使接头处无粗细不均的缺陷。

6）在环境气温、相对湿度的影响下，当管子表面结有冰霜时，应先将管子加热干燥后，再进行防腐层施工；当气温降至5℃时，应采取冬季施工措施。严禁在雨、雾、风、雪中进行防腐层施工。

在对防腐层结构进行质量检查时，需要注意以下要点：

1）按工序进行外观检查。沥青底漆应涂抹均匀，不得有空白、凝块和滴落等缺陷；各防腐层间不得有气孔、裂纹、凸瘤和杂物等缺陷；各包扎层应全部和沥青胶结材料粘合，不得形成气泡和褶皱。

2）防腐层的厚度至少应沿管道每100m检查一处，在每处沿圆周至少检查四点，用钢针刺入进行检查。其允许偏差为：普通防腐层厚度不得超过 -3mm，加强和特加强防腐层厚度不得超过 -0.5mm。

3）用钢针在保护层上画夹角为45°~50°的交叉线，看交叉处保护层是否剥落，判断其粘结力是否合格；或把制品弯折 90°或者 180°（依材料和厚度而定），看弯折处是否开裂、开裂大小，判断其粘结力是否合格。

4）用火花检漏仪检查防腐层的绝缘性能。在下列电压下，管道防腐层不发生剧烈火花，则说明质量良好，检查电压为：普通防腐层 1.2kV，加强防腐层 2.4kV，特加强防腐层 3.6kV。

5）防腐施工各工序间，应严格进行检查并作详细记录，由检查单位签字作为隐蔽工程验收资料。其一般应包括管径、长度、位置、坐标，防腐层的结构形式，每层厚度及施工质量，施工时的气候条件等。

8.1.5 管道防腐措施

不保温管道（含煤气等其他工业管道）的防腐措施参见表 8-1。

表 8-1　不保温管道防腐措施

管道种类	环境	底漆		面漆	
		名称	层数	名称	层数
煤气管道（煤气、天然气、液化气），各种气体管道(氧气、乙炔、氢气、二氧化碳、压缩空气)	室内架空	铁红酚醛底漆，铁红酚醛防锈漆，灰酚醛防锈漆，铁红醇酸底漆	2	各色油性或脂胶调和漆	2
	室外架空			各色醇酸磁漆	2
低温热力管道（地沟中包括同沟敷设的其他管道）	室内架空	铁红环氧酯底漆	2	铝粉调和漆	1
	室外架空			各色醇酸磁漆	2
	地沟敷设		2	煤焦沥青清漆	2
支、吊架	—	铁红酚醛防锈漆	2	调和漆	1

保温管道在保温前需要进行防锈处理，并涂刷一层防锈漆（铁红酚醛防锈漆或铁红环氧酯底漆），保温热力管外护层防腐措施见表 8-2。

表 8-2　保温热力管外护层防腐措施

保护层结构	保护层表面防腐涂料		
	使用环境	涂料名称	层数
油毡、玻璃布等复合保护层	室内架空	醇酸磁漆或者调和漆	2
	室外架空		2
	地沟	沥青冷底子油或乳化沥青	2
石棉水泥保护层	室内架空	调和漆	2
	地沟	可不刷漆	
金属薄板	室内外架空管道	铁皮内外表面刷铁红醇酸底漆	2
		铁皮外表面刷醇酸磁漆	2

8.1.6　管道涂色

当管道较多时，为了便于区分和管理，常将明装管道的外表面或保温层的外表面涂以不同颜色的涂料、色环和箭头，以区别管道内流动介质的种类和流动方向，不同类型管道的涂色可参考表 8-3。涂色外加色环是为了进一步区分同类介质之间的差别，例如对于水蒸气管，为了区分管内流动的是饱和蒸汽还是过热蒸汽，可以在涂色管道上面加涂色环，加涂黄色色环即为过热蒸汽，绿色色环为废气，而饱和蒸汽只涂红色不加色环。所涂色环的间距以分布均匀和便于观察为原则，在弯头和管道穿墙处必须加色环，在直线管段上一般以 5m 左右为宜。色环宽度按管外径（包括保温层外径）大小来确定。外径小于 150mm 的管道，色环宽度采用 30mm；外径 150 ~ 300mm 的管道，色环宽度为 50mm；外径大于 300mm 的管道，色环宽度可适当加大。

表 8-3　管道涂色表

管道名称	颜色		管道名称	颜色	
	底色	色环		底色	色环
饱和蒸汽管	红		低热值煤气管	黄	褐
过热蒸汽管	红	黄	液化石油气管	黄	绿
废气管	红	绿	压缩空气管	浅蓝	
凝结水管	绿	红	净化压缩空气管	浅蓝	黄
热力网供水管	绿	黄	乙炔气管	白	
热力网回水管	绿	褐	氧气管	深蓝	
排水管	绿	蓝	氢气管	白	红
工业用水管	黑或灰		氮气管	棕	
生活饮用水管	蓝		盐水管	浅黄	
高热值煤气管	黄		油管	橙黄	

用箭头表明管内的介质流动方向时，如果介质可两个方向流动，应标出两个相反方向的箭头，箭头一般为白色或黄色，底色浅者可将箭头涂成红色或其他颜色。

8.2　管道及设备的保温

保温是指在生产过程中，为了保持正常生产的最佳温度范围，减少热载体（如过热蒸汽、饱和水蒸气、热水和烟气等）和冷载体（如液氨、液氮、冷冻盐水和低温水等）在输送、贮存和使用过程中热量和冷量的散失浪费，提高热、冷效率，降低能源消耗和产品成本，而对设备和管道所采取的措施。

8.2.1　对保温材料的要求及保温材料的选用

对于理想的保温材料，要求其应具有热导率小、密度小、有一定机械强度、吸湿率低、抗水蒸气渗透性强、耐热、不燃、无毒、无臭味、不腐蚀金属、能避免鼠咬虫蛀、不易霉烂、经久耐用、施工方便、价格便宜等特点。

实际的保温材料不可能全部满足上述要求。按成分不同，保温材料可分为有机材料和无机材料两大类。热力设备及管道保温用的材料多为无机绝热材料，此类材料具有不腐烂、不燃烧、耐高温等优点，例如石棉、硅藻土、珍珠岩、玻璃纤维、泡沫混凝土和硅酸钙等，缺点是密度与热导率相对较高。低温保冷工程多用有机绝热材料，此类材料具有视密度轻、热导率小、原料来源广等优点，但不耐高温，且吸湿时易腐烂。例如，软木、聚苯乙烯泡沫塑料、聚氨基甲酸酯、聚氨酯泡沫塑料、毛毡、羊毛毡等。

由于不存在完美的保温材料，因此需要根据具体保温工程情况，首先考虑材料的性能、工作条件和施工方案等因素。例如，低温系统应首先考虑保温材料的密度小、热导率小、吸湿率低等因素；高温系统应首先考虑保温材料在高温下的热稳定性。对运行中有振动的管道和设备应选用强度较好的保温材料，以免因振动导致保温材料破碎；对间歇运行的系统，应采用热容量小的保温材料。

8.2.2 保温结构施工

保温结构一般由防锈层、保温层、防潮层（对保冷结构而言）、保护层、防腐蚀及识别标志层等构成。

防锈层所用的材料为防锈漆等涂料，它直接涂刷于清洁干燥的管道或设备的外表面。无论是保温结构或是保冷结构，其内部总有一定的水分存在，因为保温材料在施工前不可能绝对干燥，而且在使用（包括运行或停止运行）过程中，空气中的水蒸气也会进入到保温材料中。保冷结构可选择沥青冷底子油或其他防锈能力强的材料作为防锈层。

保温层在防锈层的外面，是保温结构的主要部分。其作用是减少管道或设备与外部的热量传递，起到保温作用。

对于保冷结构，在保温层外面要做防潮层，目前防潮层所用的材料有沥青及沥青油毡、玻璃丝布、聚乙烯薄膜、铝箔等。防潮层的作用是防止水蒸气或雨水渗入保温材料，以保证材料良好的保温效果和使用寿命。

保护层设在保温层或防潮层外面，主要是保护保温层或防潮层不受机械损伤。保护层常用的材料有石棉石青、石棉水泥、金属薄板及玻璃丝布等。

保温结构的最外面为防腐蚀及识别标志层，其作用是防止保护层被腐蚀，一般采用耐气候性较强的油漆直接涂刷于保护层上。因这一层处于保温结构的最外层，为区分管道内的不同介质，常采用不同颜色的油漆涂刷，所以防腐层同时也起识别管内流动介质的作用。

由上述可知，在保温结构的各层中，防锈层和防腐蚀及识别标志层所用材料均为油漆等涂料，其施工方法已在8.1节叙述，这里不再重复。本节将详细阐述保温层的施工方法，而防潮层、保护层的施工方法将在8.2.3节与8.2.4节中加以说明。

保温层的施工方法主要有以下几种：

1. 涂抹法保温

该方法适用于膨胀珍珠岩、膨胀蛭石、石棉、白云石粉、石棉纤维等不定型的散状材料。施工时，将所用材料按一定比例用水调成胶泥状，加入粘结剂（如水泥、水玻璃、耐火粘土等），或再加入促凝剂，加水混拌均匀，成为塑性泥团，用手或用工具分层涂抹。第一层用较稀的胶泥涂抹，其厚度为5mm，以增加胶泥与管壁的附着力。第二层用干一些的胶泥涂抹，厚度为10～15mm。以后每层涂抹厚度为15～25mm，每层涂抹均应在前一层干燥后进行，直到要求的厚度为止。其结构如图8-2所示。涂抹法保温整体性好，保温层和保温面结合紧密，且不受保温物体形状的限制，多用于热力管道和设备的保温。

2. 绑扎法保温

该方法适用于预制保温瓦或板块料，用镀锌钢丝将保温材料绑扎在管道的防锈层表面上，其结构如图8-3所示。保温施工时，先在保温材料的内侧抹5mm的石棉粉或石棉硅藻土胶泥，以使保温材料与管壁能紧密结合（对于矿渣棉、玻璃棉、岩棉等矿纤材料预制品，因为它们的抗湿性能差，可不涂抹胶泥）然后将保温材料绑扎在管壁上。绑扎保温材料时，应将纵向接缝错开，横向接缝应朝上下。如一层预制品不能满足要求而采用双层结构时，双层绑扎的保温材料应内外盖缝。第一层必须平整，不平整时，矿纤材料用同类纤维状材料填平，其他保温材料用胶泥抹平，第一层表面平整后才可以进行第二层保温预制品的绑扎。如保温材料为管壳，应将纵向接缝设置在管道的两侧。非矿纤材料制品的所有接缝均应用石棉粉、石棉硅藻土粉等配成胶泥填塞，而矿纤材料制品应采用干接缝。制冷管道及设备保温采用硬质或半硬质隔热层管壳时，管壳之间的接缝不应大于2mm，并用胶接材料将缝填满。

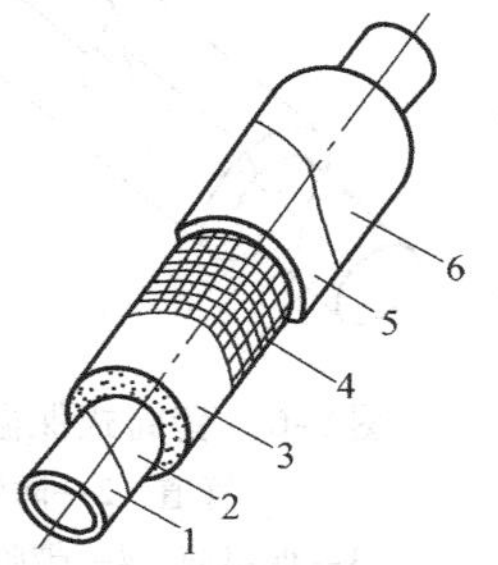

图8-2 涂抹法保温示意图

1—管道 2—防锈层 3—绝热胶泥 4—钢丝网 5—保护层 6—防腐层

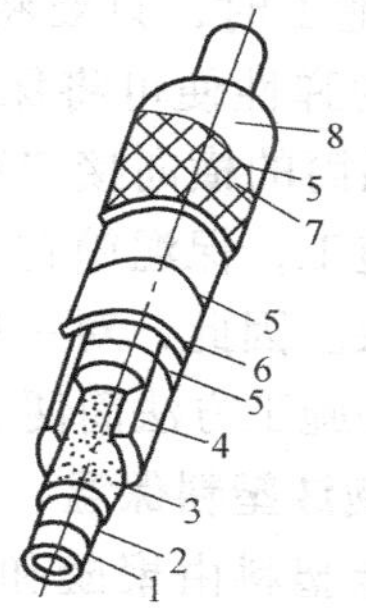

图8-3 绑扎法保温示意图

1—管道 2—防锈层 3—胶泥 4—绝热层 5—镀锌钢丝 6—沥青油毡 7—玻璃丝布 8—防腐层

3. 粘贴法保温

该方法适用于各种加工成形的保温预制品，它用粘结剂与保温物体表面固定，多用于空调和制冷系统的保温，其结构如图8-4所示。选用粘结剂时，对一般保温材料可用石油沥青玛蹄脂做粘结剂；对聚苯乙烯泡沫塑料保温材料制品，用聚氨酸预聚体（即101胶）或醋酸乙烯乳胶、酚醛树脂、环氧树脂等材料做粘结剂。涂刷粘结剂时，要求粘贴面及四周接缝上各处的粘结剂均匀饱满。粘贴保温材料时，应将接缝相互错开，错缝的做法同绑扎法保温。

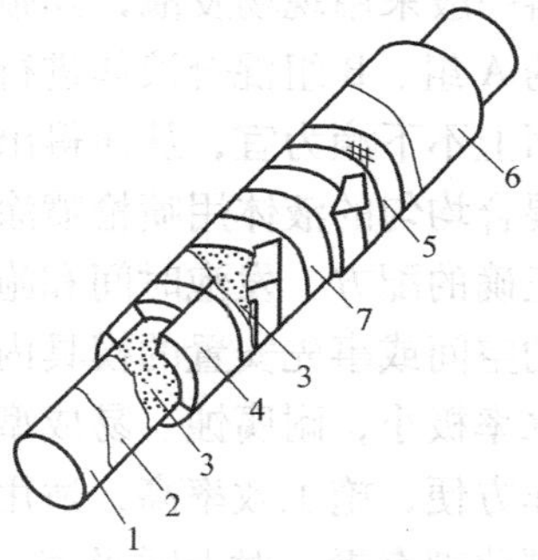

图8-4 粘贴法保温示意图

1—管道 2—防锈层 3—粘结剂 4—保温材料 5—玻璃丝布 6—防腐层 7—聚乙烯薄膜

4. 缠包法保温

该方法适用于采用玻璃棉毡、矿渣棉毡、岩棉毡及其棉被类制品做绝热材料的情况。施工时，先按管子的外圆周长加上搭接宽度把保温棉毡剪成适当的纵向长度的条块，再将其缠包在管子防锈层的外面，其结构如图 8-5 所示。如果一层棉毡达不到要求厚度，可增加缠包层数，直至达到要求的厚度为止，棉毡的横向接缝必须紧密结合，如有缝隙，应用同质的棉毡材料填缝。棉毡的纵向接缝应放在管子的顶部，搭接宽度可按保温层外径大小选择为 50～300mm。棉毡外面用直径1.0～1.4mm 的镀锌钢丝捆扎，间距为 150～200mm，当绝热层外径大于 500mm 时，还应用网孔 30mm×30mm 的镀锌钢丝网缠包，再用镀锌钢丝扎牢。缠包法的施工必须边缠、边压、边抽紧，且应使保温后的密度符合设计要求。一般矿渣棉毡缠包后的密度不应小于 150～200kg/m³，玻璃棉毡缠包后的密度不应小于 100～130kg/m³，超细玻璃棉毡缠包后的密度不应小于 40～60kg/m³。

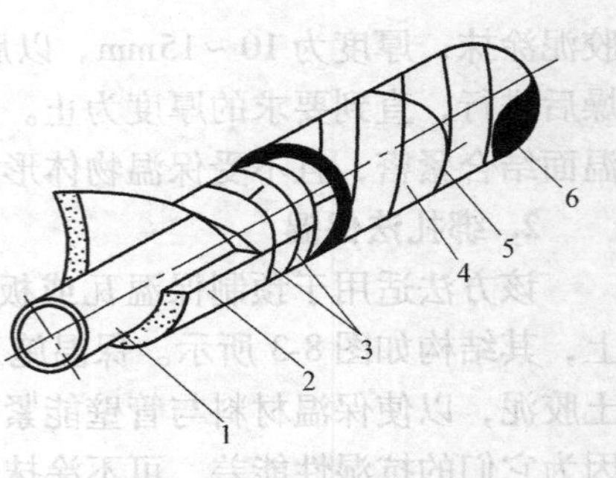

图 8-5　缠包法保温示意图

1—管道　2—保温毡　3—镀锌钢丝

4—玻璃丝布　5—镀锌钢丝钢带　6—调和漆

5. 套筒式保温

该方法是将矿纤材料加工成型的保温筒直接套在管道上的一种保温方法。施工时，只要将保温筒上的轴向切口扒开，借助矿纤材料的弹性便可将保温筒紧紧地套在管道上，如图 8-6 所示。保温筒的横向接口和切口，可用带胶铝箔带粘合。为便于现场施工，保温筒在工厂生产时，大多在表面涂有一层胶状保护层。因此，对一般室内管道保温时，可不再设外保护层。这种施工方法简便、工效高。

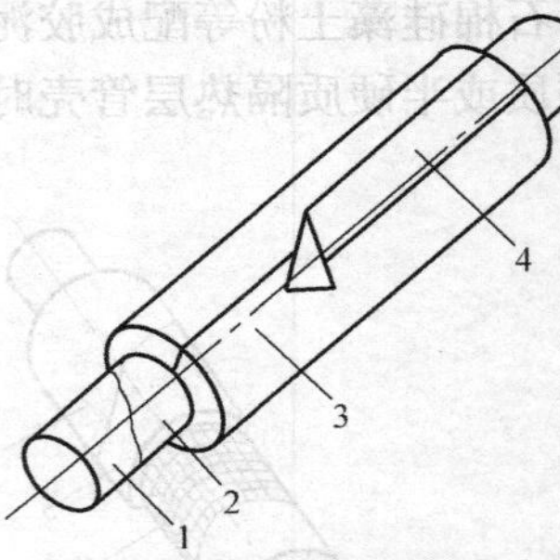

图 8-6　套筒式保温示意图

1—管道　2—防锈层

3—保温筒　4—带胶铝箔带

6. 聚氨酯硬质泡沫塑料保温

聚氨酯硬质泡沫塑料由聚醚和多元异氰酸酯加催化剂、发泡剂、稳定剂等原料按比例配制发泡而成。保温施工时，把原料组合成两组（A 组和 B 组，或称黑液、白液），A 组为聚醚和其他原料的混合液，B 组为异氰酸酯，将两种液体均匀混合在一起，即发泡生成硬质泡沫塑料。聚氨酯硬质泡沫塑料一般采用现场发泡，其施工方法有喷涂法和灌注法两种。喷涂法的施工工艺是先配置少量的 A 组、B 组混合液体进行试喷，观察喷涂的效果，控制发泡时间，发泡时间以喷涂在垂直面上不下滴为宜，从而得出正确的配方和发泡时间。掌握施工操作方法后，再将 A 组、B 组混合均匀的液体用喷枪喷涂到被保温物体的表面上。灌注法的施工工艺同样需要试灌，得出正确的配方、发泡时间和施工操作方法后，再将 A 组、B 组混合均匀的液体灌注到需要成型的空间或事先安置的模具内，经发泡膨胀充满整个空间。聚氨酯硬质泡沫塑料保温材料的吸水率极小，耐腐蚀、易成型、易与金属和非金属粘接，可喷涂也可灌注，施工工艺简单，操作方便，施工效率高，适用于热媒温度为 −100～120℃ 的保温工程中。其缺点是异氰酸酯及催化剂有毒，对上呼吸道、眼睛和皮肤有强烈的刺激作用。

7. 钉贴法保温

该方法是矩形风管常采用的一种保温方法，它用保温钉代替粘结剂将泡沫塑料保温板固定在风管表面上。保温钉形式较多，有铁质式、尼龙式，普通垫片式、自锁垫片式以及用镀锌薄板现场制作的保温钉等。施工时，先用粘结剂将保温钉粘贴在风管表面上，粘接的间距为：风管顶面每平方米不少于 8 个，底面每平方米不少 16 个，侧面每平方米不少于 10 个。

保温钉粘牢后，将保温材料放置在风管表面，用手或木方轻轻拍打保温板，保温钉便穿过保温板而露出，然后套上垫片，将外露部分扳倒（自锁垫片压紧即可），其结构如图 8-7 所示。为使保温板牢固地固定在风管上，外表面还应用镀锌铁皮或尼龙带包扎。这种方法的特点是操作简便，工效高，节省粘结剂。

8. 风管内保温

该方法是将保温材料置于风管的内表面，用粘结剂和保温钉将其固定，是粘贴法和钉贴法联合使用的一种保温方法，其结构如图 8-8 所示。风管内保温主要用于高层建筑因空间限制，不便安装消声器而又对噪声要求较高的舒适性空调系统作消声之用。但是保温材料置于风管的内表面，减少了风管有效的流通面积，增大了系统的阻力。

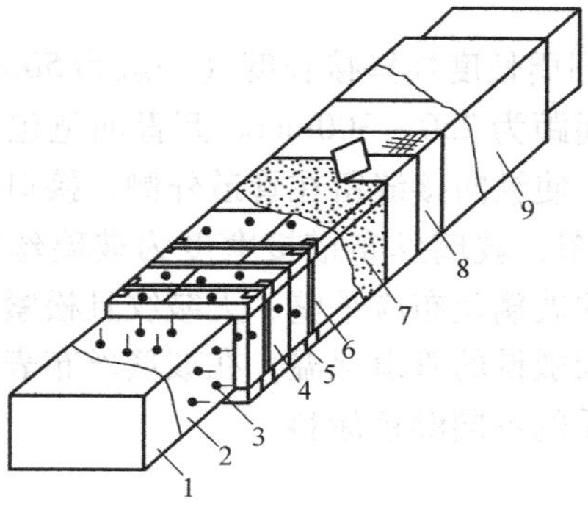

图 8-7　钉贴法保温示意图

1—风管　2—防锈层　3—保温钉　4—保温材板　5—垫片　6—包扎带　7—粘结剂　8—玻璃丝布　9—防腐层

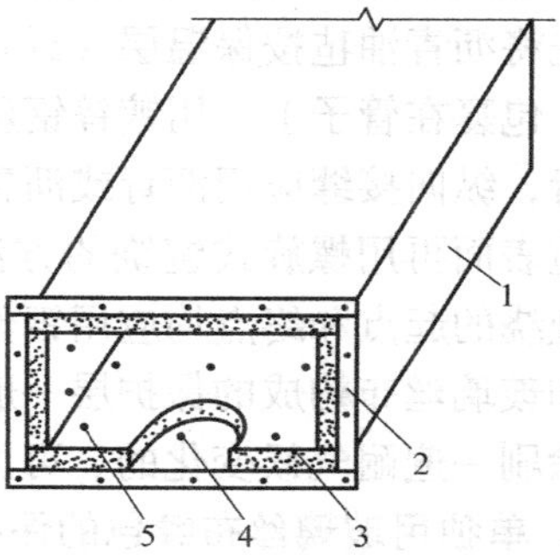

图 8-8　风管内保温示意图

1—风管　2—法兰　3—保温棉毡　4—保温钉　5—垫片

9. 浇灌法保温

该方法多用于不通行地沟内或无沟敷设的热力管道，分为有模浇灌和无模浇灌两种。浇灌用的绝热材料大多为泡沫混凝土。浇灌时多采用分层浇灌的方式，根据设计绝热层厚度分 2 ~ 3 次浇灌，浇灌前应在管子的防锈漆面上涂抹一层机油，以保证管子的伸缩自如。

10. 装配法保温

该方法中绝热结构的保护壳和绝热层均由生产厂家制成成品，在施工现场装配，这种方法为实现保温工艺的标准化和机械化提供了有利的条件。

8.2.3　防潮层施工

对保冷管道及室外保温管道露天敷设时，均需在保温结构中增设防潮层。常用的防潮层材料有两种，一种是以沥青为主的防潮材料，一种是以聚乙烯薄膜作为防潮材料。

以沥青为主的防潮材料的具体施工方法可分以下两种：

（1）石油沥青油毡防潮层施工方法　先在绝热层上涂沥青玛蹄脂，厚度为 3mm；再将石油沥青油毡贴在沥青玛蹄脂上，油毡搭接宽度为 50mm；然后用镀锌钢丝或铁箍捆扎油毡，每 300mm 捆扎一道，在油毡上涂厚度为 3mm 的沥青玛蹄脂，并将油毡封闭。

（2）沥青胶或防水冷胶料玻璃布防潮层及沥青玛蹄脂玻璃布防潮层施工方法　先在绝热层上涂抹沥青或防水冷胶料或沥青玛蹄脂，厚度均为 3mm，再将厚度为 0.1 ~ 0.2mm 的中碱粗格平纹玻璃布贴在沥青层上，其纵向、环向缝搭接不应小于50mm，搭接处必须粘贴密实，粘贴的方式可采用螺旋形缠绕或平铺。然后用镀锌铁丝捆扎玻璃布，每300mm捆扎1道。待干燥后，在玻璃布表面上再涂抹厚度为3mm的沥青胶或防水冷胶料，最后将玻璃布密封。

以聚乙烯薄膜作为防潮材料的方法较为简单，即直接将薄膜用粘结剂粘贴在保温层表面，这种方法施工方便。

8.2.4 保护层施工

无论是保温结构还是保冷结构，都应设置保护层。常用保护层有沥青油毡和玻璃丝布构成的保护层、单独用玻璃丝布缠包的保护层、石棉保护层、金属薄板保护层等，具体介绍如下：

1. 沥青油毡和玻璃丝布构成的保护层

先将沥青油毡按保温层（或加防潮层）外圆周长度加搭接长度（一般为50mm）裁剪成块状，包裹在管子上，用镀锌钢丝绑扎紧固，间距为250~300mm。沥青油毡包裹应自下而上进行，纵向接缝应用沥青或沥青玛蹄脂封口，使纵向接缝留在管道外侧，接口朝下。在沥青油毡表面再用螺旋式缠绕的方法缠绕玻璃丝布，玻璃丝布搭接宽度为玻璃丝布宽度的一半，缠绕的起点和终点均应用钢丝扎牢，缠绕的玻璃丝布应平整、无皱纹且松紧适当。沥青油毡和玻璃丝布构成的保护层一般用于室外露天敷设的管道保温，在玻璃丝布表面还应根据需要涂刷一遍耐气候变化的、可区别清管内介质的不同颜色涂料。

2. 单独用玻璃丝布缠包的保护层

在保温层或防潮层表面只用玻璃丝布缠绕作为保护层时，其施工方法同上，多用于室外不易受到碰撞的管道。当管道未做防潮层而又处于潮湿空气中时，为防止保温材料吸水受潮，可先在保温层上涂刷一遍沥青或沥青玛蹄脂，然后再缠绕玻璃丝布。

3. 石棉保护层

采用石棉石膏、石棉水泥、石棉灰水泥麻刀、白灰麻刀等材料做保护层时，均采用涂抹法施工。施工时先将选用的材料按一定比例用水调配成胶泥，将胶泥直接涂抹在保温层或防潮层上。涂抹一般分两次进行。第一次为粗抹，厚度为设计厚度的1/3左右，胶泥可干一些，待凝固干燥后，再进行第二次精抹，精抹的胶泥应稍稀一些，精抹必须保证设计厚度，并使表面光滑平整，不得有明显裂纹。精抹的涂抹厚度为：保温层（或防潮层）外径小于或等于500mm时为10mm，保温层（或防潮层）外径大于500mm时为15mm。石棉石膏、石棉水泥保护层一般用于室外及有防火要求的非矿纤材料保温的管道，为防止保护层在冷热应力影响下产生裂缝，可在精抹胶泥未干时，缠绕一层玻璃丝布，使其搭接宽度为10mm，待胶泥凝固干燥后即与玻璃丝布结为一体。

4. 金属薄板保护层

金属薄板保护层一般采用厚度为0.5~0.8mm的镀锌铁皮或黑铁皮制作，当用黑铁皮时应在内外刷两遍防锈漆。施工时先按管道保护层（或防潮层）外径加工成形，再套在管道保温层上，搭接宽度均保持30~40mm。为了顺利排除雨水，纵向接缝应朝向背视线一侧，接缝一般用自攻螺钉固定。先用手提式电钻钻孔，钻孔钻头直径为螺钉直径的0.8倍，螺钉间距为200mm左右。禁止用冲孔和其他方式钻孔。对有防潮层的保温管不能用自攻螺钉固定，而应采用镀锌铁皮卡具扎紧防护层接缝。金属薄板保护层工程造价高，主要适用于有防火、美观等特殊要求的管道。

8.2.5　保温施工的一般要求

保温施工的一般要求如下：

1）管道在绝热以前，必须除去管子表面上的脏物和铁锈，然后再刷两遍防锈漆。

2）绝热层的结构形式和使用材料应符合设计的要求，绝热层应粘贴紧密、表面平整、圆弧均匀、无环形断裂。保护层表面及膨胀缝的允许偏差和检查方法见表 8-4。其中绝热层厚度不得有负偏差，管道每 50m 抽查三处，小于 50m 时抽查不得少于三处，设备每 $50m^2$ 抽查三处。

表 8-4　保温工程质量要求

检查项目		允许误差	检查方法
表面平整度	涂抹层	≤10mm	用 2m 靠尺和楔形塞尺检查
	金属保护层	≤5mm	
	防潮层	≤10mm	
厚度 b/mm	预制块	≤ +5% b	用钢针刺入绝热层和用尺检查
	毡席材料	≤ +8% b	
	填充物	≤ +10%	
宽度	膨胀缝	≤5mm	用尺检查

3）管道、设备和容器的保温，应在水压试验合格后进行。如需先保温或预先做保温层，应将管道连接处和环形焊缝处留出，待水压试验合格后，再补做连接处的保温层。

4）做垂直管保温层时，为避免保温层因自重作用向下塌落，应每隔一定距离设置承重托环。层高小于或等于 5m，每层设 1 个，托环位于立管卡上部 200mm；层高大于 5m，每层应设不少于两个，其间距为 2 ~ 3m。承重托环采用 6mm 厚的钢板或扁钢制作，托环的宽度为绝热层的 1/2 ~ 2/3，可直接焊在管子上或采用带螺栓的夹环。如为硬质绝热材料，则应在托环下部与硬质材料之间垫上软质材料，如石棉绳等。

5）管道附件绝热。除寒冷地区的室外架空管道的法兰、阀门等附件应按设计要求保温外，一般法兰、阀门、伸缩器等不应保温，其两侧应留出螺栓长度加 25mm 的空隙，供装卸螺栓用。并在保温层端部抹成 60° ~ 70°的斜坡。

6）法兰、阀门如若绝热，可用棉毡、席做绝热材料。以棉毡、席包扎后，用镀锌钢丝捆扎，阀门的绝热结构外面也可用铁皮制作的金属绝热盒保护起来。

7）绝热管道的支架处应留膨胀伸缩缝，并用柔性材料（石棉绳或玻璃棉）填充。

8）用绝热瓦或绝热后呈硬质的材料进行热力管道绝热时，在直线管段上每隔 5mm 应留一条 5mm 左右的膨胀缝。在弯头处，管径小于或等于 300mm，留一条膨胀缝，设在弯的中部；管径大于 300mm，设两个膨胀缝，间隙均为 20 ~ 30mm，膨胀缝内用柔性材料填塞。立管上设有托环的管道，膨胀缝一般设在托环下部，如绝热层在支架处留有空隙，可不单独设置膨胀缝。

9）绝热的设备和容器。如用钩钉固定绝热层，其间距一般为 250mm，高度等于绝热层厚度。钩钉直径一般为 6 ~ 10mm。

第 9 章　制冷空调施工图识图

9.1　制冷空调施工图的基本知识

9.1.1　施工图制图标准

为了使制冷空调图样画法统一，图面简洁清晰，符合施工要求，有利于提高设计效率，保证图样质量。国家标准 GB/T 23681—2009《制冷系统和热泵　系统流程图和管路仪表图　绘图与符号》、GB 50001—2010《房屋建筑制图统一标准》、GB/T 50103—2010《总图制图标准》、GB/T 50104—2010《建筑制图标准》、GB/T 50105—2010《建筑结构制图标准》、GB/T 50106—2010《建筑给水排水制图标准》、GB/T 50114—2010《暖通空调制图标准》、CJJ/T 78—2010《供热工程制图标准》，本章节与这几个标准（统称为“标准”）中的有关内容关系比较密切，现分述如下。

1. 图纸幅面

“标准”规定，图纸幅面的规格为 A0、A1、A2、A3、A4 共五种，各号图纸的幅面及图框尺寸见表 9-1。

表 9-1　幅面及图框尺寸　　（单位：mm）

幅面代号	A0	A1	A2	A3	A4
$b \times l$	841×1189	594×841	420×594	297×420	210×297
c	10			5	
a	25				

图纸中应有标题栏、图框线、幅面线、装订边线和对中标志。横式使用的图纸，应按图 9-1、图 9-2 所示的形式进行布置；立式使用的图纸，应按图 9-3、图 9-4 所示的形式进行布置。

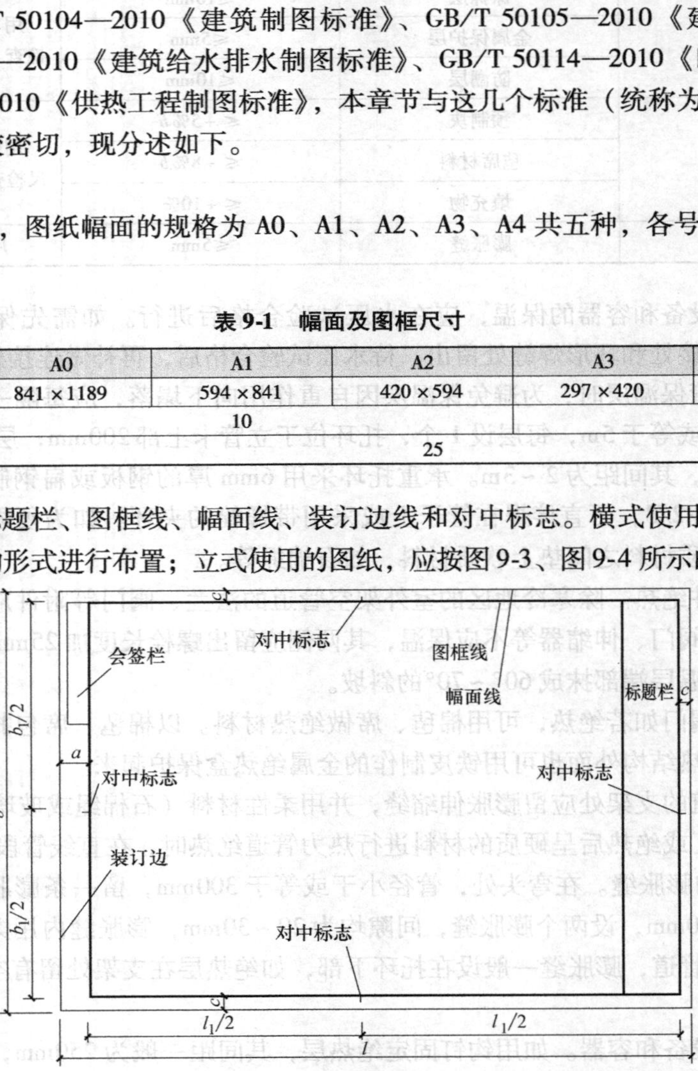

图 9-1　A0 ~ A3 横式幅面（一）

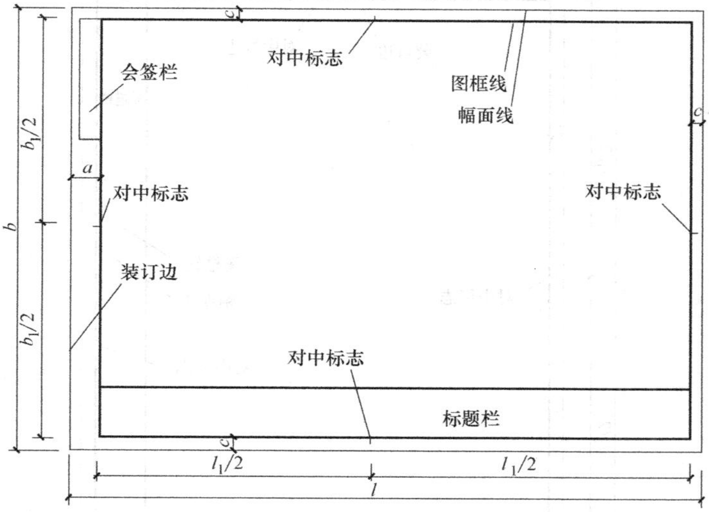

图 9-2　A0 ~ A3 横式幅面（二）

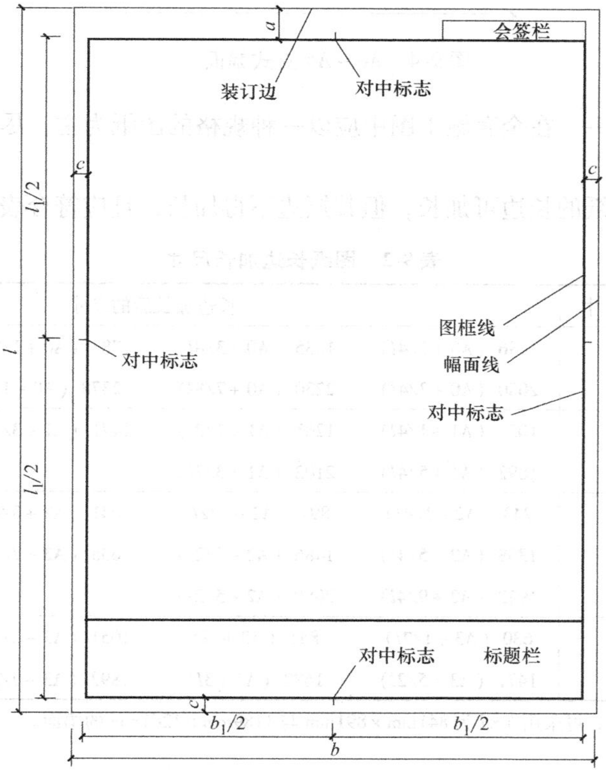

图 9-3　A0 ~ A4 立式幅面（一）

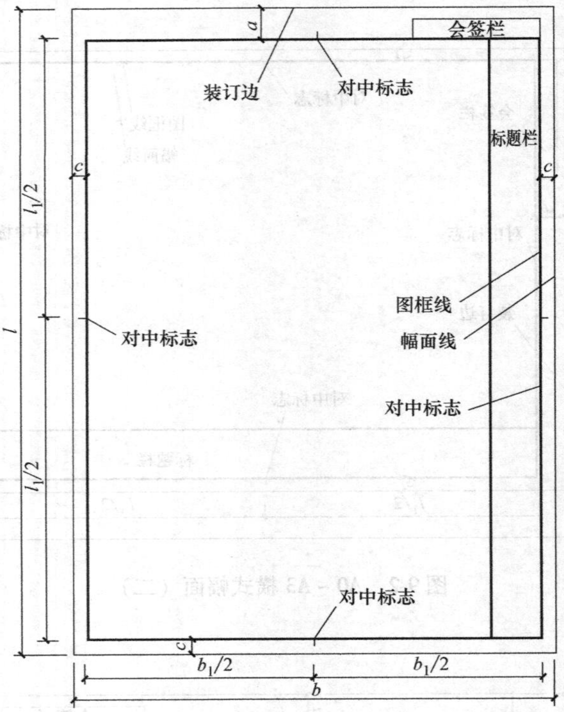

图 9-4　A0～A4 立式幅面（二）

为使图样整齐划一，在全套施工图中应以一种规格的图纸为主，尽量避免大小幅面掺杂使用。

特殊情况下，图纸的长边可加长，但其短边不得加长，且应符合表 9-2 的规定。

表 9-2　图纸长边加长尺寸　（单位：mm）

幅面代号	长边尺寸	长边加长后的尺寸			
A0	1189	1486（A0+1/4l）	1635（A0+3/8l）	1783（A0+1/2l）	1932（A0+5/8l）
		2080（A0+3/4l）	2230（A0+7/8l）	2378（A0+1l）	
A1	841	1051（A1+1/4l）	1261（A1+1/2l）	1471（A1+3/4l）	1682（A1+1l）
		1892（A1+5/4l）	2102（A1+3/2l）		
A2	594	743（A2+1/4l）	891（A2+1/2l）	1041（A2+3/4l）	1189（A2+1l）
		1338（A2+5/4l）	1486（A2+3/2l）	1635（A2+7/4l）	1783（A2+2l）
		1932（A2+9/4l）	2080（A2+5/2l）		
A3	420	630（A3+1/2l）	841（A3+1l）	1051（A3+3/2l）	1261（A3+2l）
		1471（A3+5/2l）	1682（A3+3l）	1892（A3+7/2l）	

注：有特殊需要的图纸，可采用 $b \times l$ 为 841mm×891mm 与 1189mm×1261mm 的幅面。

2. 标题栏

标题栏应按图 9-5 和图 9-6 所示，根据工程的需要选择确定其尺寸、格式及分区。

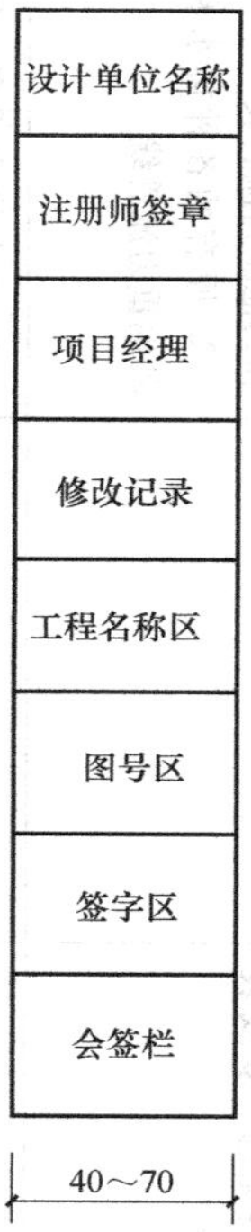

图9-5　标题栏（一）

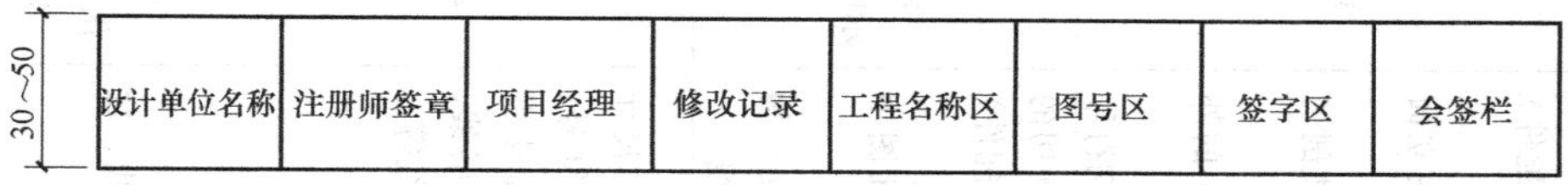

图9-6　标题栏（二）

3. 图线

图线的宽度，宜从1.4mm、1.0mm、0.7mm、0.5mm、0.35mm、0.25mm、0.18mm、0.13mm线宽系列中选取。图线宽度不应小于0.1mm。每个图样应根据复杂程度的比例大小，先确定基本线宽 *b*，再选用表9-3中适当的线宽组。

表9-3　线宽组　（单位：mm）

线宽比	线宽组			
b	1.4	1.0	0.7	0.5
0.7*b*	1.0	0.7	0.5	0.35
0.5*b*	0.7	0.5	0.35	0.25
0.25*b*	0.35	0.25	0.18	0.13

注：1. 需要缩微的图样，不宜采用0.18mm及更细的线宽。

2. 同一张图样内，各不同线宽中的细线，可统一采用较细的线宽组的细线。

对于常见的制冷空调施工图，不同专业对各种线条有不同的要求，见表9-4。

表 9-4　图面各种线条的规定

名称		线型	线宽	建筑	暖通空调	供热工程	给水排水
实线	粗	——	b	1. 平、剖面图中被剖切的主要建筑构造（包括构配件）的轮廓线 2. 建筑立面图或室内立面图的外轮廓线 3. 建筑构造详图中被剖切的主要部分的轮廓线 4. 建筑构配件详图中的外轮廓线 5. 平、立、剖面的剖切符号	单线表示的供水管线	1. 单线表示的管道 2. 设备平面图和剖面图中的设备轮廓线 3. 设备和零部件等的编号标志线 4. 剖切位置线	新设计的各种排水和其他重力流管线
	中粗	——	$0.7b$	1. 平、剖面图中被剖切的次要建筑构造（包括构配件）的轮廓线 2. 建筑平、立、剖面图中建筑构配件的轮廓线 3. 建筑构造详图及建筑构配件详图中的一般轮廓线	本专业设备轮廓、双线表示的管道轮廓	—	1. 新设计的各种给水和其他压力流管线 2. 原有的各种排水和其他重力流管线
	中	——	$0.5b$	小于 $0.7b$ 的图形线、尺寸线、尺寸界限、索引符号、标高符号、详图材料做法引出线、粉刷线、保温层线、地面、墙面的高差分界线等	1. 尺寸、标高、角度等标注线及引出线 2. 建筑物轮廓	1. 双线表示的管道 2. 设备及管道平面图和设备及管道剖面图中的设备轮廓线 3. 尺寸起止符	1. 给水排水设备、零（附）件的可见轮廓线（总图中新建的建筑物和构筑物的可见轮廓线） 2. 原有的各种给水和其他压力流管线
	细	——	$0.25b$	图例填充线、家具线、纹样线等	1. 建筑布置的家具、绿化等 2. 非本专业设备轮廓	1. 可见建筑物和构筑物的轮廓线 2. 尺寸线和尺寸界线 3. 材料剖面、设备及附件等的图形符号 4. 设备、零部件及管路附件等的编号标志引出线 5. 单线表示的管道横剖面 6. 管道平面图和剖面图中的设备及管路附件的轮廓线	1. 建筑的可见轮廓线 2. 总图中原有的建筑物和构筑物的可见轮廓线 3. 制图中的各种标注线

（续）

名称		线型	线宽	建筑	暖通空调	供热工程	给水排水
虚线	粗	- - - - - - - -	b	—	回水管线及单根表示的管道被遮挡的部分	1. 被遮挡的单线表示的管道 2. 设备平面图和剖面图中被遮挡设备的轮廓线	新设计的各种排水和其他重力线的不可见轮廓线
	中粗	- - - - - - - -	0.7b	1. 建筑构造详图及建筑构配件不可见的轮廓线 2. 平面图中的梁式起重机（吊车）轮廓线 3. 拟建、扩建建筑物轮廓线	本专业设备及双线表示的管道被遮挡的轮廓		新设计的各种给水和其他压力流管线及原有的各种排水和其他重力流管线的不可见轮廓线
	中	- - - - - - - -	0.5b	投影线、小于0.5b的不可见轮廓线	1. 地下管沟、改造前风管的轮廓线 2. 示意性连线	1. 被遮挡的双线表示的管道 2. 设备、管道平面图和剖面图中被遮挡设备的轮廓线 3. 拟建的设备和管道	1. 给水排水设备、零（附）件的不可见轮廓线 2. 总图中新建的建筑物和构筑物的不可见轮廓线 3. 原有的各种给水和其他压力流管线的不可见轮廓线
	细	- - - - - - - -	0.25b	图例填充线、家具线等	非本专业虚线表示的设备轮廓等	1. 被遮挡建筑物、构筑物的轮廓线 2. 拟建建筑物的轮廓线 3. 管道平面图和剖面图中被遮挡的设备及管路附件的轮廓线	1. 建筑的不可见轮廓线 2. 总图中原有的建筑物和构筑物的不可见轮廓线
单点画线	粗	—·—·—	b	起重机（吊车）轨道线	—	1. 建筑物的定位轴线 2. 设备中心线 3. 管沟或沟槽中心线 4. 双线表示的管道中心线 5. 管路附件或其他零部件的中心线或对称轴线	—
	细	—·—·—	0.25b	—	—	—	—

（续）

名称		线型	线宽	建筑	暖通空调	供热工程	给水排水
双点画线		—··—	0.25b	—	—	1. 假想轮廓线 2. 保温结构外轮廓线	—
单点长画线		—·—	0.25b	中心线、对称线、定位轴线	轴线、中心线	—	中心线、定位轴线
双点长画线		—··—	0.25b	—	假想或工艺设备轮廓线	—	—
折断线		—\/—	0.25b	部分省略表示时的断开界线	断开界线	1. 建筑物断开界线 2. 管道与建筑物、构筑物同时被剖切时的断开界线 3. 设备及其他部件断开界线	断开界线
波浪线	中	～～～	0.5b	—	单线表示的软管	—	—
	细	～～～	0.25b	部分省略表示时的断开界线，曲线形构间断开界限，构造层次的断开界限	断开界线	1. 双线表示的非圆断面管道自由断开界线 2. 设备及其他部件自由断开界线	1. 平面图中水面线 2. 局部构造层次范围线 3. 保温范围示意线

图纸的图框线和标题栏线，可采用表9-5的线宽。

表9-5　图框线和标题栏线的宽度　　（单位：mm）

幅面代号	图框线	标题栏外框线	标题栏分格线
A0、A1	*b*	0.5*b*	0.25*b*
A2、A3、A4	*b*	0.7*b*	0.35*b*

4. 比例

图样的比例，应为图形与实物相对应的线性尺寸之比。比例的符号为“:”，比例以阿拉伯数字表示。例如1m长的构件，在图纸上画成10mm长，即为原长的百分之一，我们称这种图样的比例是1∶100。也就是说图上的1mm相当于实际的100mm；而10mm就相当于实际的1000mm（即1m）。

比例应注写在图名的右侧，字的底线应取平；比例的字高宜比图名的字高小一号或二号，如图9-7所示。

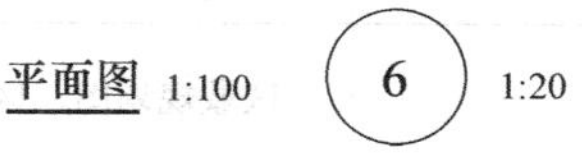

图9-7　比例的注写

一套施工图中，有的图样是说明建筑总体布置的；有的图样是说明一幢房屋的全貌的，有的则说明局部的构造和尺寸。因此，要根据各个图样的不同内容和不同要求选用适当的比例。“标准”中规定了各种图样的常用比例，现摘录见表9-6。一般情况下一个图样应选用一种比例。有时根据专业制图的需要，同一图样也可选用两种比例。

表9-6　制图常用比例

常用比例	1∶1、1∶2、1∶5、1∶10、1∶20、1∶30、1∶50、1∶100、1∶150、1∶200、1∶500、1∶1000、1∶2000
可用比例	1∶3、1∶4、1∶6、1∶15、1∶25、1∶40、1∶60、1∶80、1∶250、1∶300、1∶400、1∶600、1∶5000、1∶10000、1∶20000、1∶50000、1∶100000、1∶200000

制冷施工各相关专业制图选用的各种比例，应符合表9-7的规定。

表9-7　各相关专业制图常用比例

专业	图名	常用比例	备注
建筑	建筑物或构筑物的平面图、立面图、剖面图	1∶50，1∶100，1∶150，1∶200，1∶300	
	建筑物或构筑物的局部放大图	1∶10，1∶20，1∶25，1∶30，1∶50	
	配件及构造详图	1∶1，1∶2，1∶5，1∶10，1∶15，1∶20，1∶25，1∶30，1∶50	
暖通空调	剖视图	1∶50，1∶100（1∶150，1∶200）	括号内为可用比例
	局部放大图、管内断面图	1∶20，1∶50，1∶100（1∶25，1∶30，1∶150，1∶200）	括号内为可用比例
	索引图、详图	1∶1，1∶2，1∶5，1∶10，1∶20（1∶3，1∶4，1∶15）	括号内为可用比例

（续）

专业	图名		常用比例	备注
供热工程	锅炉房、热力站和中继泵站图		1 : 20，1 : 25，1 : 30，1 : 50，1 : 100，1 : 200	
	供热管网管线平面图、供热管网管道系统图	供热规划	1 : 5000，1 : 10000，1 : 20000	
		可行性研究	1 : 2000，1 : 5000	
		初步设计	1 : 1000，1 : 2000，1 : 5000	
		施工图	1 : 500，1 : 1000	
	管线纵断面图		铅垂方向 1 : 50，1 : 100 水平方向 1 : 500，1 : 1000	
	管线横剖面图		1 : 10，1 : 20，1 : 50，1 : 100	
	管线节点、检查室图		1 : 20，1 : 25，1 : 30，1 : 50	
	详图		1 : 1，1 : 2，1 : 5，1 : 10，1 : 20	
给水排水	区域规划图、区域位置图		1 : 50000，1 : 25000，1 : 10000，1 : 5000，1 : 2000	应与总图专业一致
	总平面图		1 : 1000，1 : 500，1 : 300	应与总图专业一致
	管道纵断面图		竖向 1 : 200，1 : 100，1 : 50 纵向 1 : 1000，1 : 500，1 : 300	
	水处理厂（站）平面图		1 : 500，1 : 200，1 : 100	
	水处理构筑物、设备间、卫生间、泵房平、剖面图		1 : 100，1 : 50，1 : 40，1 : 30	

5. 剖切符号

剖切符号包括剖视的剖切符号和断面的剖切符号两大类。

（1）剖视的剖切符号　剖视的剖切符号应由剖切位置线及剖视方向线组成，均应以粗实线绘制。剖视的剖切符号应符合下列规定：

1）剖切位置线的长度宜为 6 ~ 10mm；剖视方向线应垂直于剖切位置线，长度应短于剖切位置线，宜为 4 ~ 6mm（图 9-8），也可采用国际统一或常用的剖视方法，如图 9-9 所示。绘制时，剖视剖切符号不应与其他图线相接触。

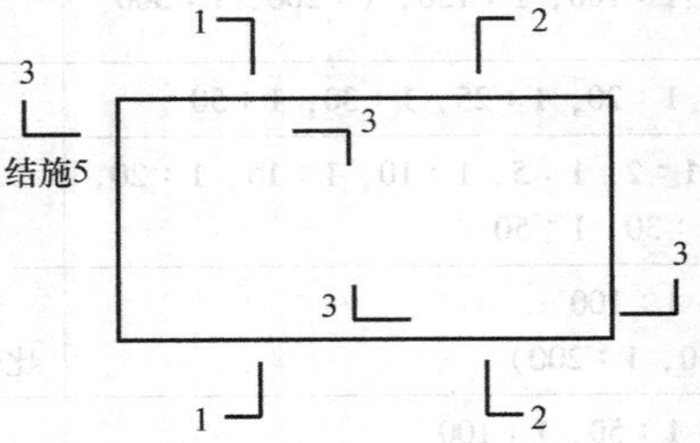

图 9-8　剖视的剖切符号（一）

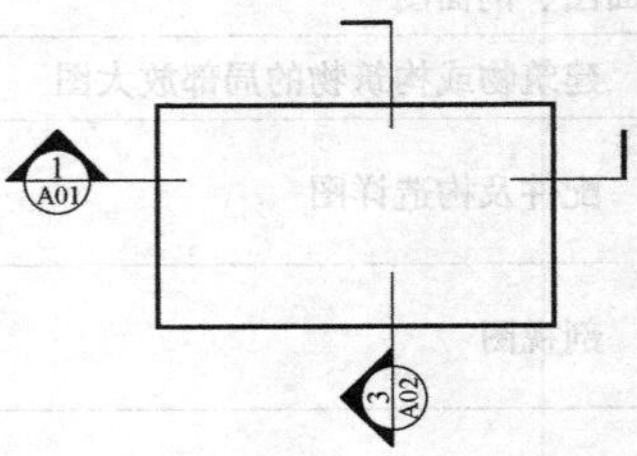

图 9-9　剖视的剖切符号（二）

2）剖视剖切符号的编号宜采用粗阿拉伯数字，按剖切顺序由左至右、由下向上连续编排，并应注写在剖视方向线的端部。

3）需要转折的剖切位置线，应在转角的外侧加注与该符号相同的编号。

4）建（构）筑物剖面图的剖切符号应注在 ±0.000 标高的平面图或首层平面图上。

5）局部剖面图（不含首层）的剖切符号应注在包含剖切部位的最下面一层的平面图上。

（2）断面的剖切符号　断面的剖切符号应符合下列规定：

1）断面的剖切符号应只用剖切位置线表示，并应以粗实线绘制，长度宜为 6 ~ 10mm。

2）断面剖切符号的编号宜采用阿拉伯数字，按顺序连续编排，并应注写在剖切位置线的一侧；编号所在的一侧应为该断面的剖视方向（图 9-10）。

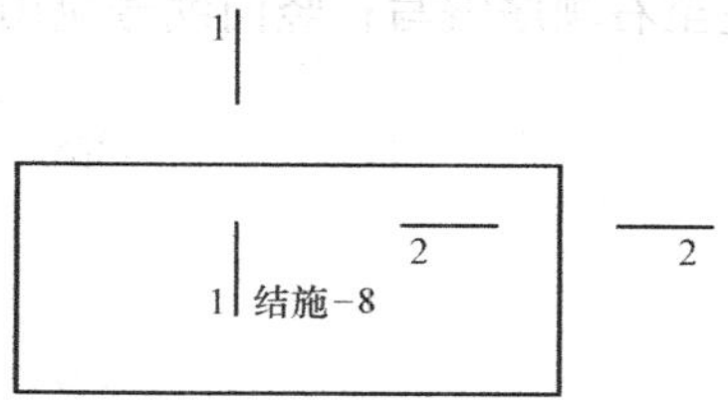

图 9-10　断面的剖切符号

6. 索引符号与详图符号

一套完整的施工图所包括的图很多，而放大的详图又往往不能与有关图样布置在一起，为了便于相互查找，“标准”规定了索引标志与详图标志，分别注明在放大引出部位和详图处。

（1）索引符号　索引符号的圆及直径均应以细实线绘制（图 9-11a），索引符号应按下列规定编写：

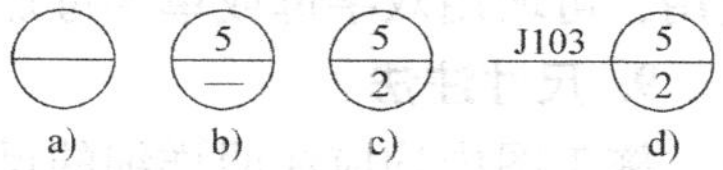

图 9-11　索引符号

1）索引出的详图，如与被索引的图样同在一张图纸内，应在索引符号的上半圆中用阿拉伯数字注明该详图的编号，并在半圆中间画一段水平细实线（图 9-11b）。

2）索引出的详图，如与被索引的图样不在同一张图纸内，应在索引符号的下半圆中用阿拉伯数字注明该详图所在图纸的图纸号（图 9-11c）。

3）索引出的详图，如采用标准图，应在索引符号水平直径的延长线上加注该标准图册的编号（图 9-11d）。

（2）详图符号　详图的位置和编号，应以详图符号表示，详图符号应以粗实线绘制，详图应按下列规定编号：

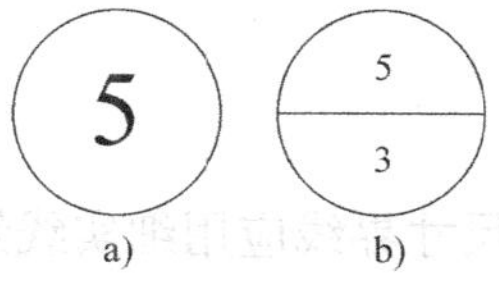

图 9-12　详图符号
a）与被索引图样同在一张图纸内
b）与被索引图样不在一张图纸内

1）详图与被索引的图样同在一张图纸内时，应在详图符号内用阿拉伯数字注明详图的编号（图 9-12a）。

2）详图与被索引的图样，如不在同一张图纸内，可用细实线在详图符号内画一水平直径。在上半圆中注明详图编号，在下半圆中注明被索引图样的图纸号（图 9-12b）。

7. 指北针

图 9-13　指北针

指北针的形状应符合图 9-13 所示的规定，其圆的直径宜为 24mm，用细实线绘制；指针尾部的宽度宜为 3mm，指针头部应注“北”或“N”字。需用较大直径绘制指北针时，指针尾部的宽度宜为直径的 1/8。

8. 定位轴线

定位轴线是用来确定房屋主要承重结构或构件的位置及其尺寸的。因此，在施工图中凡承重墙、柱、梁、屋架等主要承重的位置处均应画上定位轴线，并进行编号，作为设计与施工放线的依据。

定位轴线应用细单点长画线绘制。定位轴线的编号应标写在轴线端部的圆内，圆应用细实线绘制。定位轴线圆的圆心，应在定位轴线的延长线上或延长线的折线上。

平面图上定位轴线的编号，宜标注在图样的下方与左侧。横向编号应用阿拉伯数字，从左至右顺序编写；竖向编号应用大写拉丁字母，从下至上顺序编写，如图 9-14 所示。

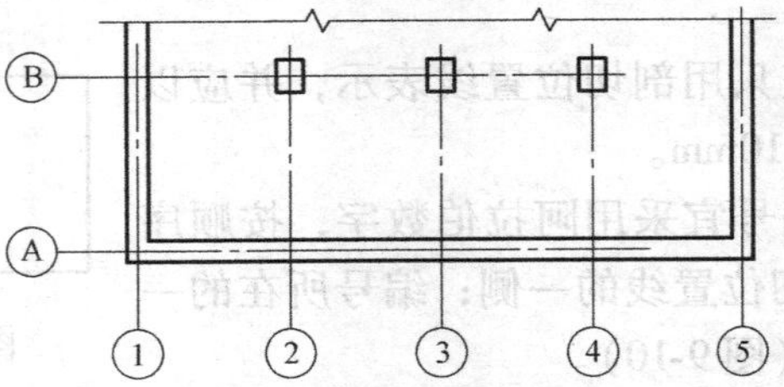

图 9-14　定位轴线编号顺序

拉丁字母作为轴线号时，应全部采用大写字母，不应用同一个字母的大小写来区分轴线号。拉丁字母中的 I、O、Z 不得用为轴线编号，以免与数字 1、0、2 混淆。如字母数量不够使用，可增用双字母或单字母加数字注脚。

9. 尺寸注法

施工图中均应注明详细的尺寸，尺寸注法由尺寸界线、尺寸线、尺寸起止符号和尺寸数字所组成（图 9-15）。根据“标准”规定，除标高及总平面图上的尺寸以 m 为单位外，其余一律以 mm 为单位，为了使图面清晰，尺寸数字后一般不必注写单位。

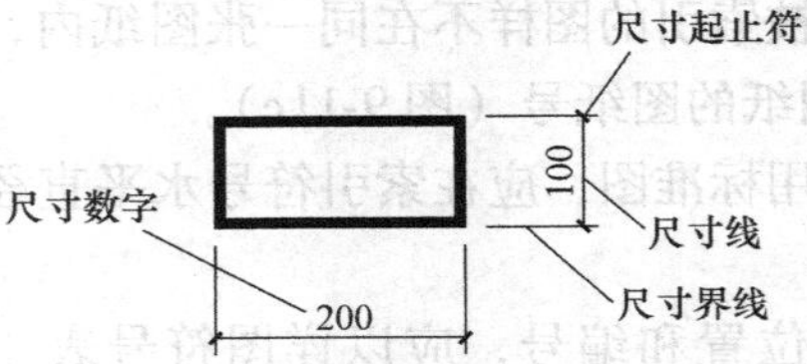

图 9-15　尺寸的组成

尺寸界线应用细实线绘制，一般应与被注长度垂直。尺寸线应用细实线绘制，应与被注长度平行。尺寸起止符号一般用中粗斜短线绘制，其倾斜方向应与尺寸界线成顺时针 45°角。尺寸数字一般应依据其方向注写在靠近尺寸线的上方中部。如没有足够的注写位置，最外边的尺寸数字可注写在尺寸界线的外侧，中间相邻的尺寸数字可上下错开注写，引出线端部用圆点表示标注尺寸的位置（图 9-16）。

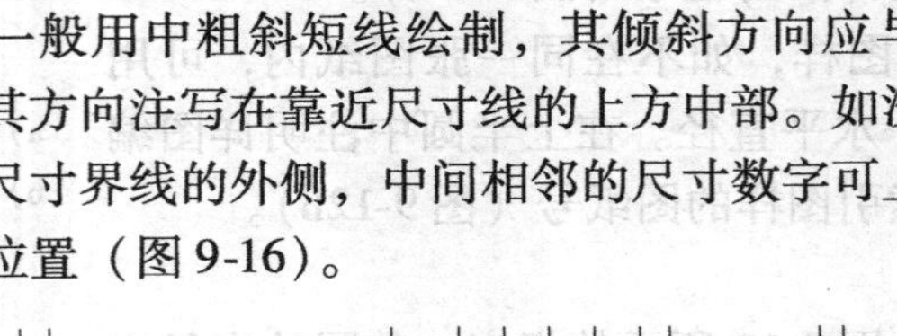

图 9-16　尺寸数字的注写位置

10. 标高

标高表示房屋、设备及管道各部分的高度。

（1）建筑标高　标高的表示方法用标高符号，标高数字应以 m 为单位，注写到小数点以后两三位。在总平面图中，可注写到小数点以后第二位。零点标高应注写成 ±0.000，正数标高不注“+”，负数标高应注“-”（图 9-17）。

图 9-17　标高的指向

当标准层较多时，可只标注与本层楼（地）板面的相对标高（图 9-18）。

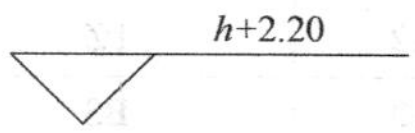

图 9-18　相对标高的画法

（2）管道标高　水、汽管道所注标高未予以说明时，应表示为管中心标高；若标注管外底或顶标高时，应在数字前加“底”或“顶”字样。矩形风管所注标高应表示管底标高，圆形风管所注标高应表示管中心标高；当不采用此方法标注时，应进行说明。

11. 管道标注

低压流体输送用焊接管道规格应标注公称尺寸或压力。公称尺寸的标记应由字母“DN”后跟一个数值组成；公称压力的代号应为“PN”。

输送流体用无缝钢管、螺旋缝或直缝焊接钢管、铜管、不锈钢管，当需要注明外径和壁厚时，应用“D（或 ϕ）外径×壁厚”表示。在不致引起误解时，也可采用公称尺寸表示。

塑料管外径应用“d_e”表示。

圆形风管的截面定型尺寸应以直径“ϕ”表示，单位应为 mm。

矩形风管（风道）的截面定型尺寸应以“$A \times B$”表示。A 应为该视图投影面的边长尺寸，B 应为另一边尺寸。A、B 单位均应为 mm。

管道坡度应采用单边箭头表示（图 9-19）。箭头应指向标高降低的方向，箭头直线部分宜比数字每端长出 1～2mm。

图 9-19　管道坡度

12. 图形符号及其代号

制冷空调施工图中涉及大量的图形符号和代号，这些符号和代号的含义在 GB/T 50114—2010《暖通空调制图标准》中有详细的说明。空调系统常用的图形符号及其代号见表 9-8～表 9-10。更详细的内容请查阅相关标准。

表 9-8　空调系统水、汽管道代号

序　号	代　号	管道名称	备　注
1	RG	采暖热水供水管	可附加 1、2、3 等表示一个 代号、不同参数的多种管道
2	RH	采暖热水回水管	可通过实线、虚线表示供、回关系省略字母 G、H
3	LG	空调冷水供水管	—
4	LH	空调冷水回水管	—
5	KRG	空调热水供水管	—
6	KKH	空调热水回水管	—

（续）

序　号	代　号	管道名称	备　注
7	LRG	空调冷、热水供水管	—
8	LRH	空调冷、热水回水管	—
9	LQG	冷却水供水管	—
10	LQH	冷却水回水管	—
11	n	空调冷凝水管	—
12	PZ	膨胀水管	—
13	BS	补水管	—
14	X	循环管	—
15	LM	冷媒管	—
16	YG	乙二醇供水管	—
17	YH	乙二醇回水管	—
18	BG	冰水供水管	—
19	BH	冰水回水管	—
20	ZG	过热蒸汽管	可附加 1、1、3 等表示一个 代号、不同参数的多种管道
21	ZB	饱和蒸汽管	
22	22	二次蒸汽管	
23	N	凝结水管	—
24	J	给水管	—
25	SR	软化水管	—
26	CY	除氧水管	—
27	GG	锅炉进水管	—
28	JY	加药管	—
29	YS	盐溶液管	—
30	XI	连续排污管	—
31	XD	定期排污管	—
32	XS	泄水管	—
33	YS	溢水（油）管	—
34	R1G	一次热水供水管	—
35	R1H	一次热水回水管	—
36	F	放空管	—
37	FAQ	安全阀放空管	—
38	01	柴油供油管	—
39	02	柴油回油管	—
40	021	重油供油管	—
41	OZ2	重油回油管	—
42	OP	排油管	—

表 9-9　空调系统风道代号

序　　号	代　　号	管 道 名 称	备　　注
1	SF	送风管	—
2	HF	回风管	一、二次回风可附加 1、2 区别
3	PF	排风管	—
4	XF	新风管	—
5	PY	消防排烟风管	—
6	ZY	加压送风管	—
7	PY	排风排烟兼用风管	—
8	XB	消防补风风管	—
9	S（B）	送风兼消防补风风管	—

表 9-10　暖通空调设备图例

序　　号	名　　称	图　　例	备　　注
1	散热器及手动放气阀	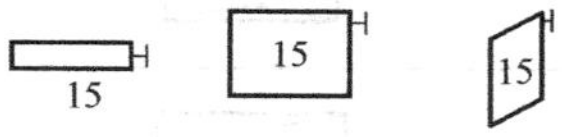	左为平面图画法，中为剖面图画法，右为系统图（*Y* 轴侧）画法
2	散热器及温控阀	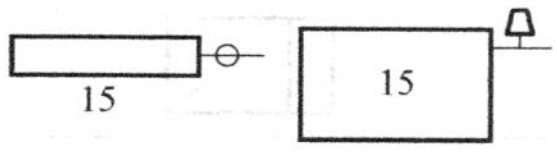	—
3	轴流风机	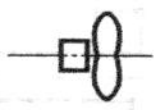	—
4	轴（混）流式管道风机	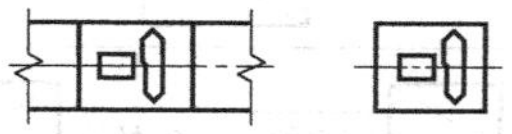	—
5	离心式管道风机	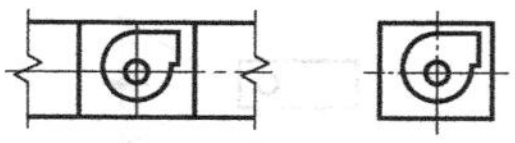	—
6	吊顶式排气扇	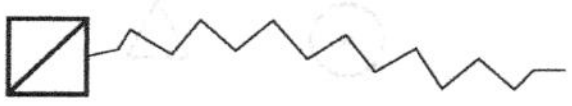	—
7	水泵	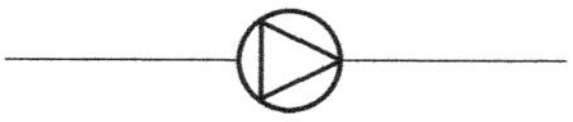	—
8	手摇泵	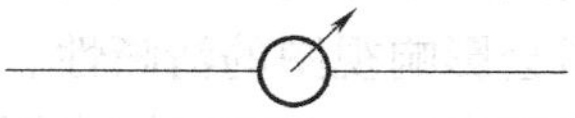	—
9	变风量末端	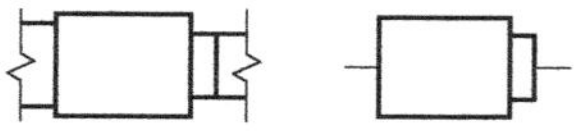	—

（续）

序　号	名　称	图　例	备　注
10	空调机组加热、冷却盘管		从左到右分别为加热、冷却及双功能盘管
11	空气过滤器	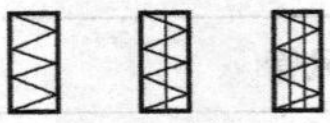	从左至右分别为粗效、中效及高效
12	挡水板		
13	加湿器	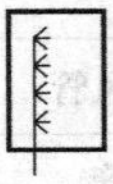	
14	电加热器	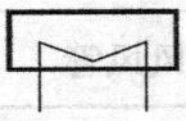	
15	板式换热器	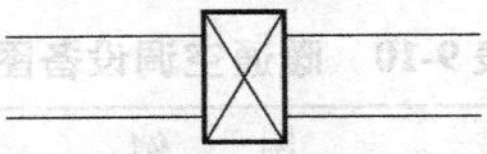	—
16	立式明装风机盘管		—
17	立式暗装风机盘管		—
18	卧式明装风机盘管	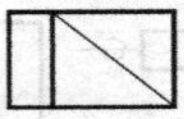	
19	卧式暗装风机盘管	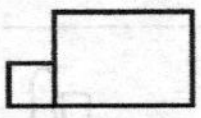	—
20	窗式空调器	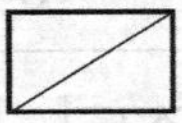	—
21	分体空调器	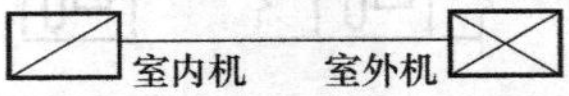	—
22	射流诱导风机	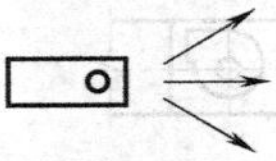	
23	减振器		左为平面图画法，右为剖面图画法

9.1.2　剖面图和剖视图

当用三视图来表达结构比较复杂的形体或制冷空调系统时，在图中可能会出现大量的虚线或大量线条重合的情况，这不但会影响视图的清晰性、不利于尺寸标注，而且给识图也带来了很大的难度。为此，在制冷空调安装工程施工图中用大量的剖面图和剖视图来表达设备和复杂系统的细部特征。

1. 剖面图

用假想的平面在适当的位置将物体剖开，然后把观测者与剖面之间的部分移开，再按投影的规律将物体的断面在投影面上进行投影，所得到的投影图就称为剖面图，如图9-20所示。剖面图多用于表达复杂形体的细部结构，在制冷空调安装工程施工图中经常出现在设备或部件的结构详图和安装详图中。

在绘制物体的剖面图时，需要在原图上用剖切符号标注出剖切面的位置。如图9-20所示，平面图中由两条短粗线、两个箭头和两个相同的数字“1”组成的符号即为剖切符号。两条短粗线用以表示物体被剖切的位置，其线条方向与剖切方向垂直；箭头所指方向为投影方向，即观测者观测的方向；数字表达了剖切面的名称，其编号一般采用阿拉伯数字（也可用罗马数字、大写汉语拼音字母或文字表示）按顺序由左至右、由下至上连续编排，如1—1剖面、*I*—*I*剖面、*A*—*A*剖面。

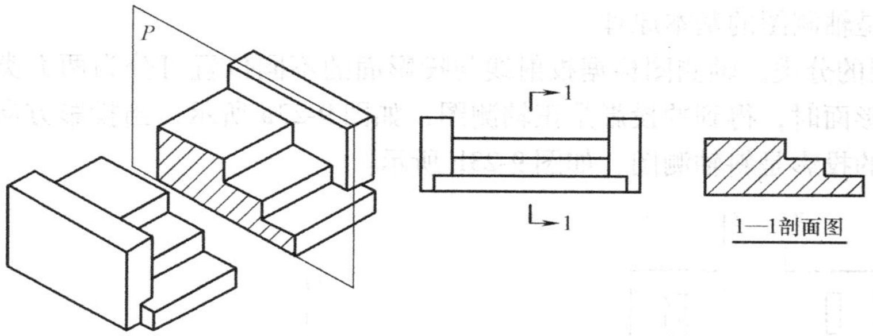

图9-20　剖面图

2. 剖视图

用假想的平行于投影面的平面，在适当的位置将物体或系统剖开，然后把观测者与剖面之间的部分移开，再按投影的规律将剩下的物体或系统在投影面上进行投影，所得到的投影图就称为剖视图。剖视图多用于表达复杂系统的细部结构，也可用于表达形体的细部结构，如图9-21所示。

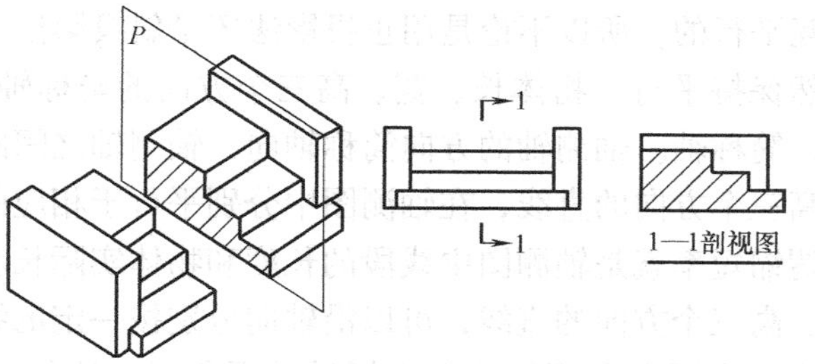

图9-21　剖视图

在绘制物体的剖视图时，也需在原图上标注出剖切面的位置，其表达方法与剖面图类似。在制冷空调安装工程中，剖视图主要用来反映空间中管道、配件以及设备之间的关系。通过使用剖视图，不但可以比较清晰地表达出各管道、设备之间的相对位置，而且还有利于尺寸的标注。在制冷空调施工工程中，剖面图和剖视图有时也被统称为剖面图。

9.1.3　轴测图

管道施工图中通常采用两种图样，一种是根据正投影原理绘制的平面图、立面图和剖面图等；另一种是根据轴测投影原理绘制的管线立体图，也称轴测图（俗称透视图）。

1. 轴测图的概念

1）轴测图的原理。管道轴测图具有能把平、立面图的图样反映在一个图面上的特点，那么它是根据什么原理画出来的呢？先看一个立方体的三视图。在图9-22中，每个视图只能分别反映立方体的1、2、3三个面中的一个面，这主要是把立方体放在三个互相垂直的投影面之间，用三组分别垂直于各投影面的平行投射线进行投影的缘故。在图9-23中，立方体1、2、3三个面能同时反映在一个图样中，这主要是因为轴测投影图是用两组平行的投射线将立方体连同三个坐标轴一起投在一个新的投影面上的缘故。所谓坐标轴是指在空间交于一点而又相互垂直的三条直线。利用这三条直线来确定物体在空间上下、左右、前后的位置和尺寸，这就是轴测图的基本原理。

2）轴测图的分类。轴测图根据投射线与投影面的不同位置可分为两大类：当投影方向垂直于轴测投影面时，得到的投影是正轴测图，如图9-23a所示；当投影方向倾斜于轴测投影面时，得到的投影是斜轴测图，如图9-23b所示。

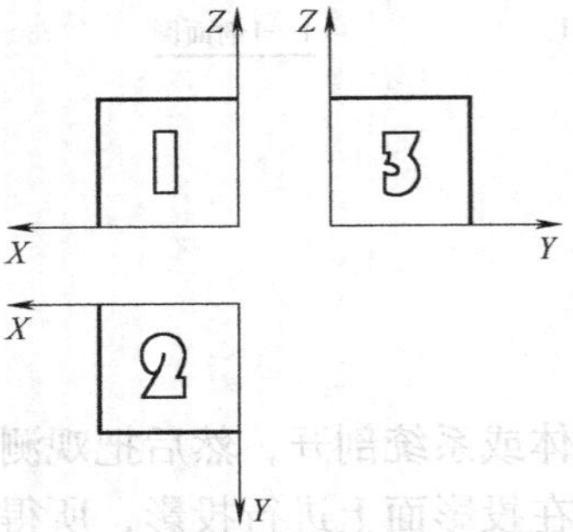

图9-22　立方体的三视图

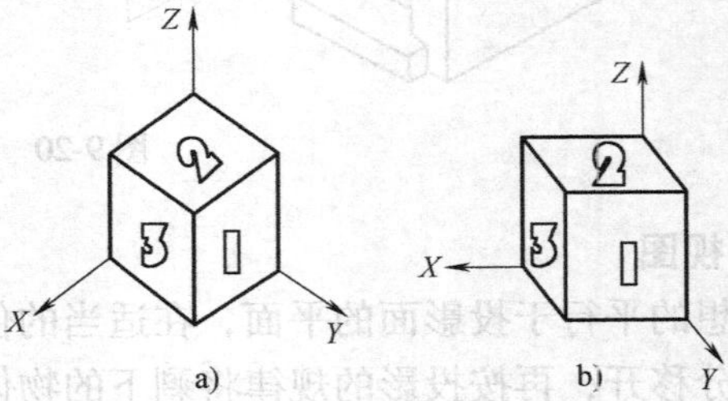

图9-23　立方体的轴测图

a）正轴测图　b）斜轴测图

因为投射线是相互平行的，所以不论是用正投影法还是斜投影法，物体表面上互相平行的直线在轴测图中仍然保持平行。物体长、宽、高三个方向的坐标轴 X，Y，Z 在轴测图中的投影，称为轴测轴，简称轴。轴测轴的方向简称轴向，轴测轴之间的夹角称为轴间角。物体上平行于长、宽、高三个方向的直线，在轴测图中分别平行于相应的轴测轴，而且还分别有一定的缩短率。所谓缩短率就是轴测图中线段的长度和物体实际长度之比。根据上述这些特性，物体的长、宽、高三个方向的直线，可以沿轴向分别按一定的缩短率来测量平行于相应坐标轴的线段的长度，也可以利用物体上坐标轴的平行线，比较方便地作出物体的轴测图。凡是与三个坐标轴都不平行的物体的直线段，在一般情况下不能直接作图和测量长度，它的轴测图可以用添加平行于坐标轴辅助线的方法，找出它与坐标轴的关系，然后再把需要连接的端点连成线段。

管道轴测图也是根据这些原理来画的，它的缩短率就是轴测图中的线段和管子实际长度之比。正轴测图和斜轴测图又分为好几种，制冷空调施工图中常用的有正等测图和斜等测图两种。

2. 正等测轴测图

当物体的三个坐标轴与轴测投影面的倾角均相同时，用正投影法在轴测投影面上投影所得的图形称为正等测轴测图。

正等测轴测图有以下特点：

1）三条轴之间的轴间角均为 120°，其中 *Z* 轴一般为垂直线，*X* 轴和 *Y* 轴与水平线成 30°的夹角，如图 9-24 所示。

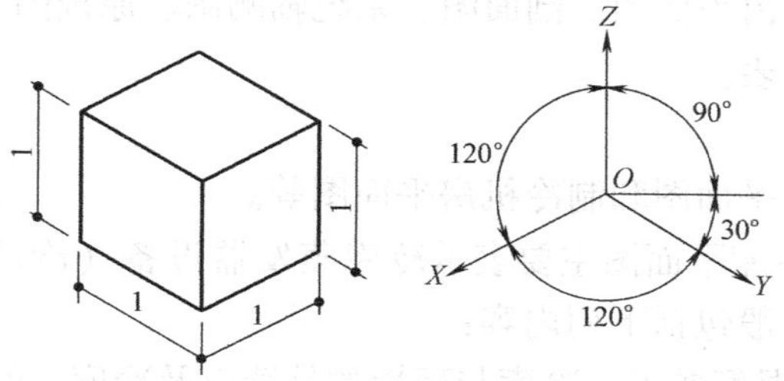

图 9-24　正等测轴测图的夹角

2）在各轴上轴向变形系数均为 0.82。但为了避免计算，在作图时通常将轴向变形系数放大到 1，即在各轴测轴上的物体的尺寸均为实际物体尺寸。

3. 斜二测轴测图

斜二测轴测图有如下特点：

1）*X* 轴为水平方向，*Z* 轴为垂直方向，*Y* 轴与水平方向成 45°或 135°的夹角，如图 9-25 所示。

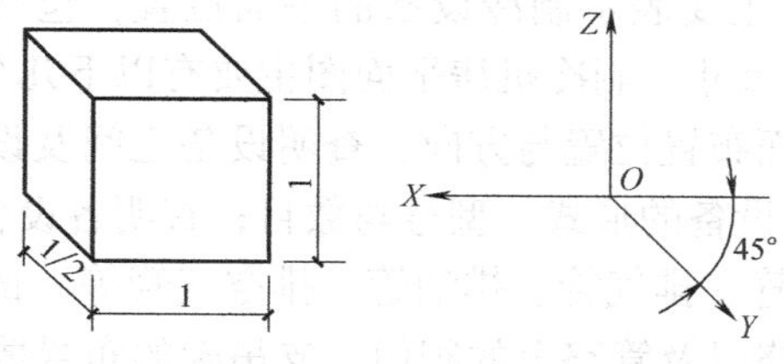

图 9-25　斜二测轴测图的夹角

2）在作图时，*X* 轴与 *Z* 轴的轴向变形系数取 1，即物体的实际尺寸。*Y* 轴的轴向变形系数为 0.5，即为物体实际尺寸的一半。

4. 管道系统的轴测图

在通风空调安装工程施工图中，轴测图通常用来形象地表达管道系统，包括冷冻水系统、冷却水系统和制冷剂系统等。

绘制管道系统的轴测图时应注意以下几点：

1）通常情况下用单线条来表达管道，有时在绘制风管轴测图时使用双线条表达管道。

2）当两条管线交叉时，将远离观测者的管线在交叉点处断开。

3）根据所选轴测图类型的不同，注意管线长度的缩放。例如使用斜二测轴测图时，*Y* 轴上的长度应减半。

4）管线上所有配件（如弯头、阀门等）也应绘制成轴测图的形状。

9.2 制冷系统施工图的识图

9.2.1 制冷系统施工图的构成

制冷工程施工图一般由平面图、剖面图、系统轴测图、原理图和详图组成。此外，还有设计说明、主要设备材料表。

1. 平面图

平面图包括各层冷库平面图和制冷机房平面图等。

(1) 冷库平面图　冷库平面图主要表示冷库蒸发器设备（冷风机或蒸发排管等）和制冷剂管道的平面布置。一般包括下列内容：

1) 各冷库、穿堂的温度要求，冷库与环境的外墙以及冷库之间的内墙结构。

2) 每一冷库都应注明冷却设备的吊点位置和定位尺寸。

3) 如冷却设备是冷却墙排管或顶排管，应注明排管的长度、根数和排布方法。

4) 如高温库采用风管送风冷却，应注明风道及风口尺寸（圆形管柱为管径、矩形管柱为宽×高）。

5) 注明冷库供液和回气管道的流动方向以及与机房气液分离器或低压循环桶等设备的连接。

6) 注明各设备、部件的名称、规格、型号等。

7) 注明弯头的曲率半径 R 值，以及注明通用图、标准图索引号等。

(2) 制冷机房平面图　主要表示制冷设备的平面位置，包括布置的方向、设备之间以及设备与建筑物之间的定位尺寸。制冷机房平面图主要有以下几个方面：

1) 注明各制冷设备平面布置位置与方向，查明设备之间及设备与建筑物之间的定位尺寸；结合设备表弄清楚制冷设备的形式、型号与数目；查明各设备接管的具体位置与方向。

2) 标注管道（如吸气管、排气管、排油管、排空气管等）的平面布置位置。

3) 注明管道材质、规格以及管路上的阀门、支吊架的布置情况。

2. 剖面图

(1) 冷库剖面图　一般包括以下内容：

1) 冷库与环境的外墙以及冷库之间的内墙的剖面结构。

2) 注明冷却设备的安装尺寸和安装高度。

3) 如冷却设备是冷却墙排管或顶排管，应注明排管的安装长度、安装高度、吊架位置等。

4) 如高温库采用风管送风冷却，应注明风道直径（或截面尺寸）、风管标高（圆管标注中心，矩形管标注管底边）。

(2) 冷冻机房剖面图　冷冻机房剖面图主要表示制冷设备和管道系统的立面布置。包括以下几个方面：

1) 注明设备的立面形状、高度、标高，接口标高、接口方向、设备之间的间距及设备与建筑之间的定位尺寸。

2) 注明管道的立面布置位置、管道和阀门的标高、坡度和坡向。

3）注明保温管的长度、保温的材料、保温层厚度及施工要求等。

3. 系统轴测图

制冷管道系统轴测图多用正等测轴测图，有的也用斜等测轴测图。它将整个管路走向和设备完整、系统地表示在一张系统轴测图上。主要内容包括：

1）系统的立体走向及各设备之间的管道管径、管道标高、坡度和坡向。

2）标注每个具体的制冷设备接管的位置、方向、数量、管径等。

3）标注管路上阀门的设置位置、阀门的规格型号、标高及进出方向等。

4）注明设备和管道上仪表的种类、型号、位置、安装高度与方向及设备的连接情况。

4. 原理图

制冷系统原理图主要反映制冷系统的工艺流程。主要表示制冷系统所采用的制冷设备的名称、型号规格及设备之间管道流向、管径、管道分支、转向、阀门设置等情况，注明仪表的安装位置、种类及编号等。

5. 详图

制冷系统施工图中的详图主要包括节点详图、管道支架图及与管道有关的非标准设备制作详图。

9.2.2　制冷系统施工图的特点

1. 制冷系统环路的密闭性

制冷系统是与大气隔绝的密闭式系统，其内部充满着制冷剂，系统压力有时比大气压力高，有时比大气压力低。为了保证制冷系统内部的严密性，防止制冷剂从系统内部泄露及防止空气渗入系统内，必须保证制冷系统环路的密闭性。而制冷系统附属的冷却水环路，则属于开式循环。

2. 制冷系统的多样性和复杂性

虽然制冷系统核心部件只有四大件，但为了保证系统的正常运行，其附属部件数量庞大。例如保证分油和回油的油分离器和集油器，保证空气分离的空气分离器，保证气液分离的气液分离器或低压循环桶，保证融霜回液的排液桶等。另外冷库可能有不同的温度要求，需要有两套以上的供冷系统，故制冷系统呈现多样性和复杂性的特点。在绘制制冷系统施工图时，除了按照土建的建筑图分别给出其冷库平面图、机房平面图，同时为了表达清楚，往往还要给出相应的制冷原理图、系统轴测图、剖面图、详图等，机房平面图往往辅助需要多个剖面图才能表达清楚。

9.2.3　制冷系统施工图的识图方法

1. 制冷系统原理图

制冷系统原理图主要反映制冷系统的工艺流程，是识读平、剖面图的依据，又是施工中检查核对管道是否正确及确定流向的标准。识读时要掌握的主要内容和注意事项如下：

1）查明制冷系统所采用的工质和制冷设备。通过系统原理图要弄清楚该系统是氨制冷系统还是氟利昂制冷系统。系统中的设备通常按设备图例画出，并注明设备名称，有的图上还需注出设备的型号或编号。系统原理图能反映出设备的数量和相互之间的关系。

为了能正确地识读系统原理图，必须弄清楚氨和氟利昂制冷系统的工作原理、各个设备的作用、设备接管情况及制冷系统的组成。识读时可按照制冷压缩机→冷凝器→节流阀→蒸发器顺序进行。

2）了解各设备之间管道流向、管径、管道分支、阀门设置等情况。一般管线都有代号或编号，识读时可按这些代号或编号弄清管线的含义。

3）了解仪表安装位置、种类和编号，以便安装时查阅。

2. 平面图

制冷管道平面图主要表示制冷设备、管道及阀门等的位置以及相互之间的关系，识读时要掌握的主要内容和注意事项如下：

（1）查明制冷设备的平面位置　包括布置的方向、设备之间以及设备与建筑物之间的定位尺寸。

1）通过设备了解制冷设备的形式、型号和数量，同时要弄清楚设备接口的具体位置和方向。

2）设备较多、图面又较复杂时，可以对照制冷系统原理图逐一识读，先主要设备，后辅助设备，从而弄清楚这些设备之间的关系。

3）压缩机在机房中可以横向布置或纵向布置，可以布置成一排或数排。

4）冷凝器一般设置在靠近油分离器和高压贮液器的地方。卧式冷凝器通常布置在机房内，并高于贮液器；立式冷凝器和蒸发式冷凝器则布置在机房室外，离机房门口较近的地方。高压贮液器一般布置在靠近冷凝的地方。

5）空气分离器和集油器通常设在机房内。为了节省占地面积，空气分离器可以用支架架空布置在墙上。集油器装设在各个放油设备附近。氨制冷系统的紧急泄氨器，为了便于应急启用一般布置在室外靠近门口的地方。

6）中间冷却器设置在接近低压级和高压级压缩机的地方。

（2）了解吸气管、排气管、供液管以及排油管路的平面布置情况。

1）查清管道上阀门、支架的分布以及管径和管材的选用。

2）机房内的管道布置采用架空敷设和地沟敷设两种，以架空敷设居多。

3）架空敷设管道敷设在机房上空的支架上，有的会对管道支架进行专门设计，如果图样没有表明，则应根据管道的敷设情况及管径大小来决定支架的用料和布置。

4）一般情况下吸气管和排气管都架设在同一支架或吊架上，吸气管应放在排气管的下面。数根平行管道之间应留有一定的距离，通常管道间净距应不小于200mm。为了有助于平面图的识读，在识读前要先看设计图例。

5）制冷管道图样中，通常将气体管道和液体管道用不同的图例表示。图面上的冷却水、盐水和排油管道也分别用点画线、双点画线及虚线等表示，以示区别。

3. 剖面图

剖面图是对平面图的必要说明和补充，它主要反映制冷设备和管道的立面布置。识读的主要内容和注意事项如下：

1）查明设备立面形状、设备之间的间距和标高以及设备接口方向。

2）查明管道立面布置情况，管道和阀门的标高。

3）与平面图对照弄清楚管道支架的形式和设备高度。

4）了解管道保温情况。

4. 系统轴测图

制冷系统轴测图一般把整个管路和设备画在2张图纸上面，使其能够完整地、系统地表达管道系统和设备的来龙去脉。识读时应掌握的主要内容和注意事项如下：

1）按制冷系统工艺流程识读系统图。弄清管路系统的立体走向，查明各设备之间管路的管径、标高、坡度和坡向。

2）弄清楚制冷设备各接管口的位置和方向。对于每一个具体设备要查明设备上的接管情况。

3）查明各管路上阀门设备情况，包括型号、标高、进出口方向等。

4）系统图上还应画有各设备上仪表设置情况，识读时要弄清楚各个设备上仪表的种类、型号、位置、安装高度、安装方向以及与设备的连接情况。

5）为了全面地看懂图样和理解设计意图，识读时应将平、剖面图与系统图对照起来看。当设备较多、管路系统复杂时，识读要细心和耐心，并按工艺流程一步一步地往下看，必要时还可以把吸气管、排气管、供液管、冷却水管、排油管、放气管和泄液管等分别用不同颜色的铅笔画上颜色，借以帮助识读。

5. 详图

制冷管道详图主要是节点详图和管道支架、与管道有关的非标准设备制作详图。识读详图时可以通过图样目录或平、剖面图上详图的编号去查找。管道节点详图多用双线图表示，识读时按双线图识读方法进行。

9.2.4　制冷系统识图举例

本节以一套实际冷库制冷施工图为例，说明其识图方法。为简述起见，只列出了制冷系统原理图，制冷机房平面、剖面图，冷库平面、剖面图，并且所有图样都略去了标题栏和图框。

1. 制冷系统原理图

整个制冷系统比较复杂，如图9-26（见书后插页）所示。识图时，可以先查看右下侧的设备明细表，从压缩机开始识读。其中标号1和2是两台压缩机，根据其型号和图中对应的接管，可知1对应的是单机双级压缩机，2对应的是单级压缩机。按照制冷剂的流向识读，两台压缩机的排气管道与并联的两台油分离器3连接，然后流向两台并联的蒸发式冷凝器4，再流向两台并联的高压贮液器5。注意高压贮液器上的接管阀门很多，需要仔细辨识，从左到右分别是：压力表、出液阀、放油阀、放空气阀、进液阀、安全阀和平衡阀。高压贮液器出来的高压蒸汽经过高压调节站25，分两路，一路直接连接到低压贮液器6，一路经过中间冷却器7，出冷却蛇管后也连接进入低压贮液器6。低压贮液器分离的氨液经过氨泵8加压，输送到供液调节站15，分5路分别送到冷风机10，结冻间内顶排管11，冷藏间内顶排管12、13、14。这五路回气则通过回气调节站16，集中回气到低压贮液器6，氨液被分离出后低压氨蒸汽返回压缩机1和2。注意供液调节站15和回气调节站16还有热氨融霜功能。当冷库内的冷风机或顶排管霜层过厚时，关闭供液调节站15和回气调节站16上的排阀门，打开下排阀门，从油分离器3出来的热氨经过回气调节站16，到达冷库内的冷风机或顶排管，使其表面霜层消融。热氨经过冷却变为氨液，经过供液调节站15，流到排液桶9，完成融霜过程。图中还有中间冷却器7、集油器17、空气分离器18等的接管比较复杂，在此不作赘述。

2. 制冷机房平面、剖面图

制冷机房平面、剖面图如图 9-27 和图 9-28 所示。先看制冷机房平面图，对照制冷系统原理图中的设备表编号可知：设计者为了管道施工方便，将中低压设备如低压贮液器 6、中间冷却器 7、排液桶 9、供液调节站 15、回气调节站 16 等布置在机房内，而大部分高压设备如油分离器 3、高压贮液器 5、高压调节站 25 等均布置在机房外。中间冷却器 7 靠近单机双级压缩机 1，低压贮液器 6 靠近供液调节站 15 和回气调节站 16，油分离器 3 靠近高压贮液器 5，均是为了连接管道的方便而设计的。

图 9-28 所示的制冷机房剖面图可以对照机房平面图来看，其主要是为了表示机房外面的油分离器 3、高压贮液器 5 和集油器 17 的管道连接情况，特别是高度方向上的布置。从图上可以看出，蒸发式冷凝器布置在冷库屋顶，以接受更好的通风，强化蒸发冷却效果。而高压贮液器 5 和蒸发式冷凝器 4（图中没有表示）所连接的安全管道则标高在 10m 以上，以免发生危险。

3. 冷库平面、剖面图

冷库平面、剖面图如图 9-29 和图 9-30 所示。先看冷库平面图，两间结冻间各布置两台冷风机，其定位尺寸在平面图上交代得很清楚。注意冷风机的接管，有冲霜供水、供液和回气三路管道，其中冲霜水管和供液回气管道是错开的。但供液和回气的管道重合在一起，是垂直布置的，需要在剖面图上才能看清楚。

图 9-30 所示的冷库剖面图可以对照冷库平面图来看。可以发现，冷风机下方还布置有顶排管，以补充换热面积的不足。冷风机下侧垫有 4cm 的木板防止振动。木板下方的槽钢可以焊接吊点，以固定顶排管的支架。

9.3 空调系统施工图的识图

9.3.1 空调系统分类

根据负担室内负荷所用的介质不同，空气调节系统可分为全空气系统、空气-水系统和全制冷剂系统三种类型。

（1）全空气系统　全空气系统是指空调房间的负荷全部由经过处理的空气来负担。其基本工作流程是：空气从房间通过回风管道送至空调机房，在空调机房内将空气处理至合适的温度和湿度，然后由送风管道通过风口送至各房间。全空气系统分为送风系统和回风系统两部分，主要由回风管道、空气处理设备、送风管道、风口及其他配、附件组成。

（2）空气-水系统　空气-水系统是指空调房间内的空调负荷由空气和水共同负担的空调系统，通常是指带有新风系统的水系统。其主要设备包括新风机组、送风管道、空调机组、冷冻水管、风机盘管、冷却水管、冷却塔和风机。

（3）全制冷剂系统　全制冷剂系统也称直接蒸发式空调系统，是指空调房间内的空调负荷全部由制冷剂负担的空调系统。室外机由压缩机、冷凝器及其他制冷附件组成。室内机则由直接蒸发式换热器和风机组成。室外机通过制冷剂管道与分布在各个房间内的室内机连接在一起。

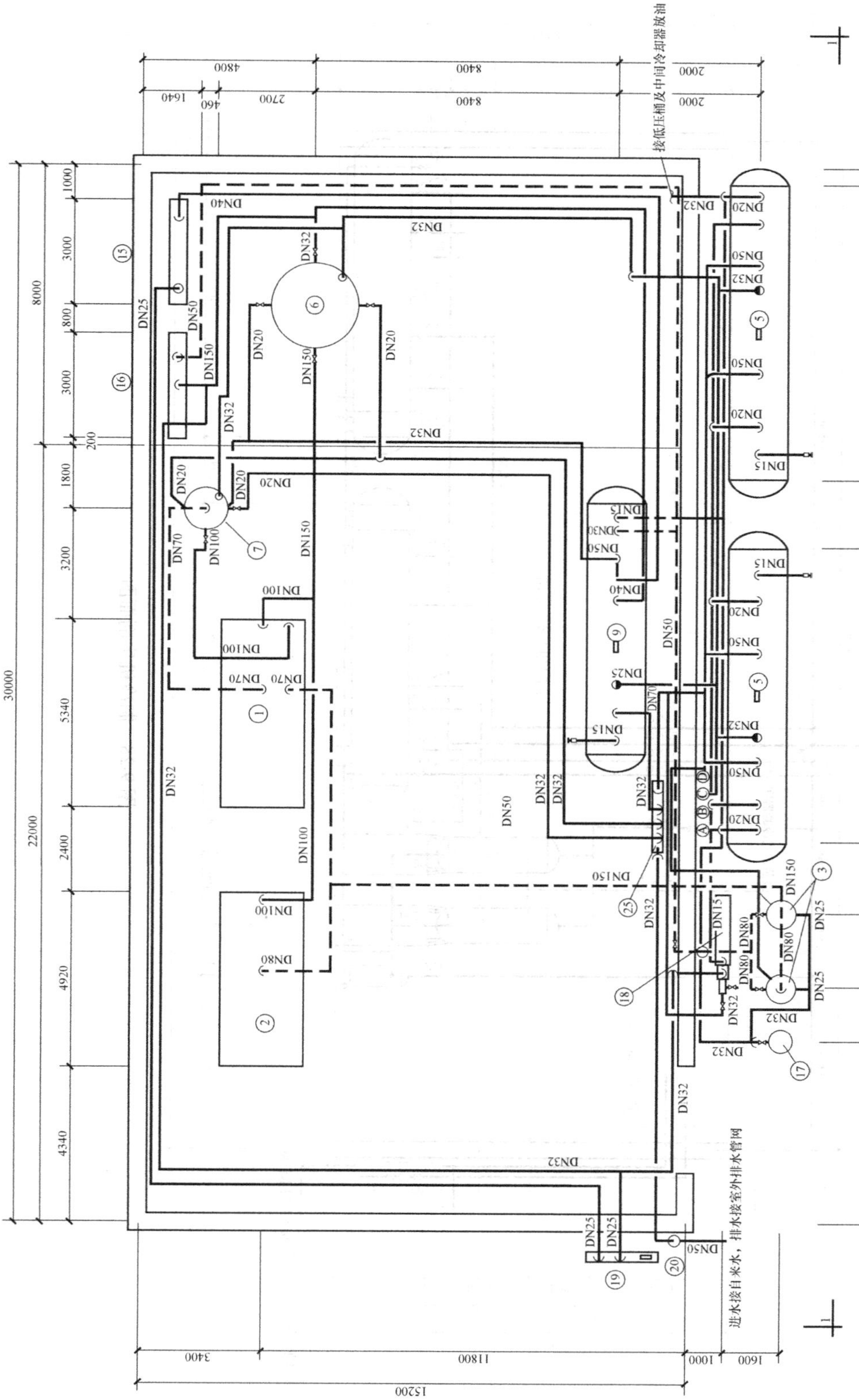

图 9-27　制冷机房平面图

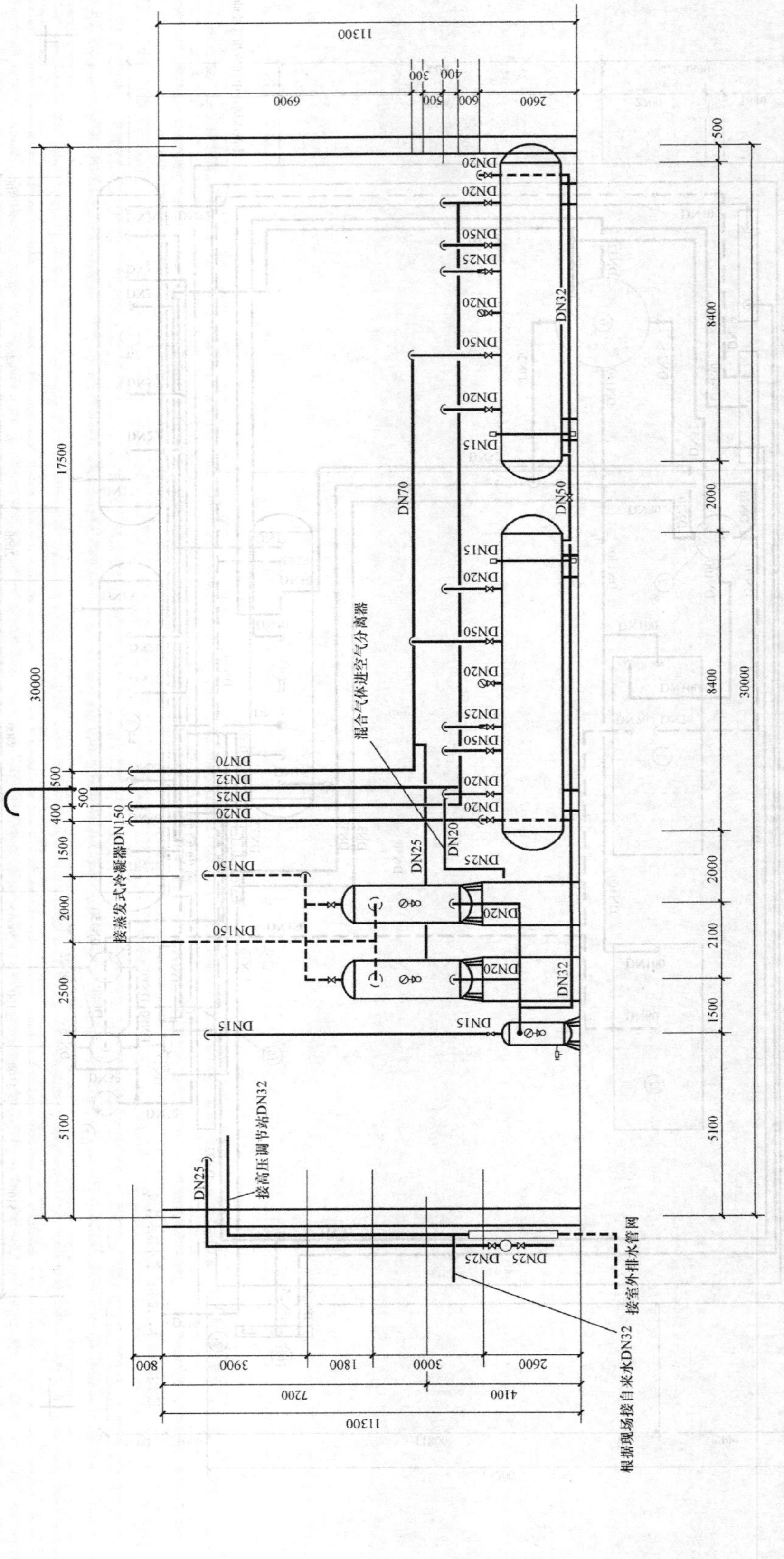

图 9-28 制冷机房剖面图

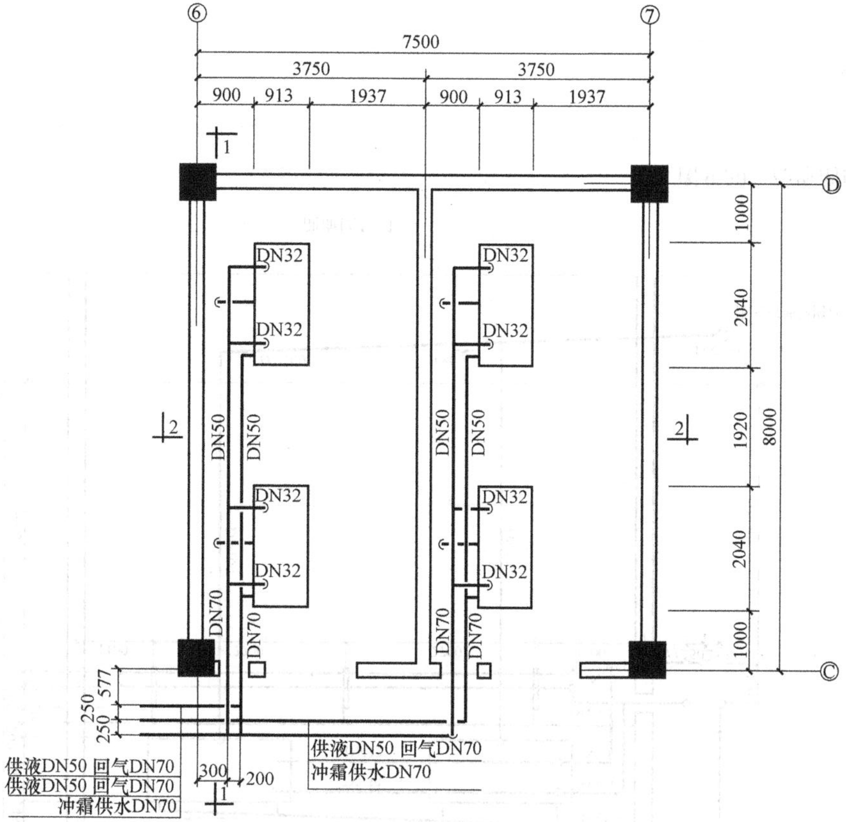

结冻间平面配管图

说明：
1.冲霜进水管在施工中要严格按照图纸注明坡度施工。
2.冲霜回水管穿入地坪时预留必须做好保温(材料采用聚氨酯现场发泡，厚度为80mm)。
3.结冻间二次木制顶棚采用40mm厚木板铺设，表面用熟桐油做防腐处理，龙骨施工方法及材料由建设单位与施工单位具体协商。
4.结冻间墙面必须用水泥或不锈钢板做表面保护层。
5.结冻间地面用厚度不小于3mm的钢板铺设。

图9-29　冷库平面图

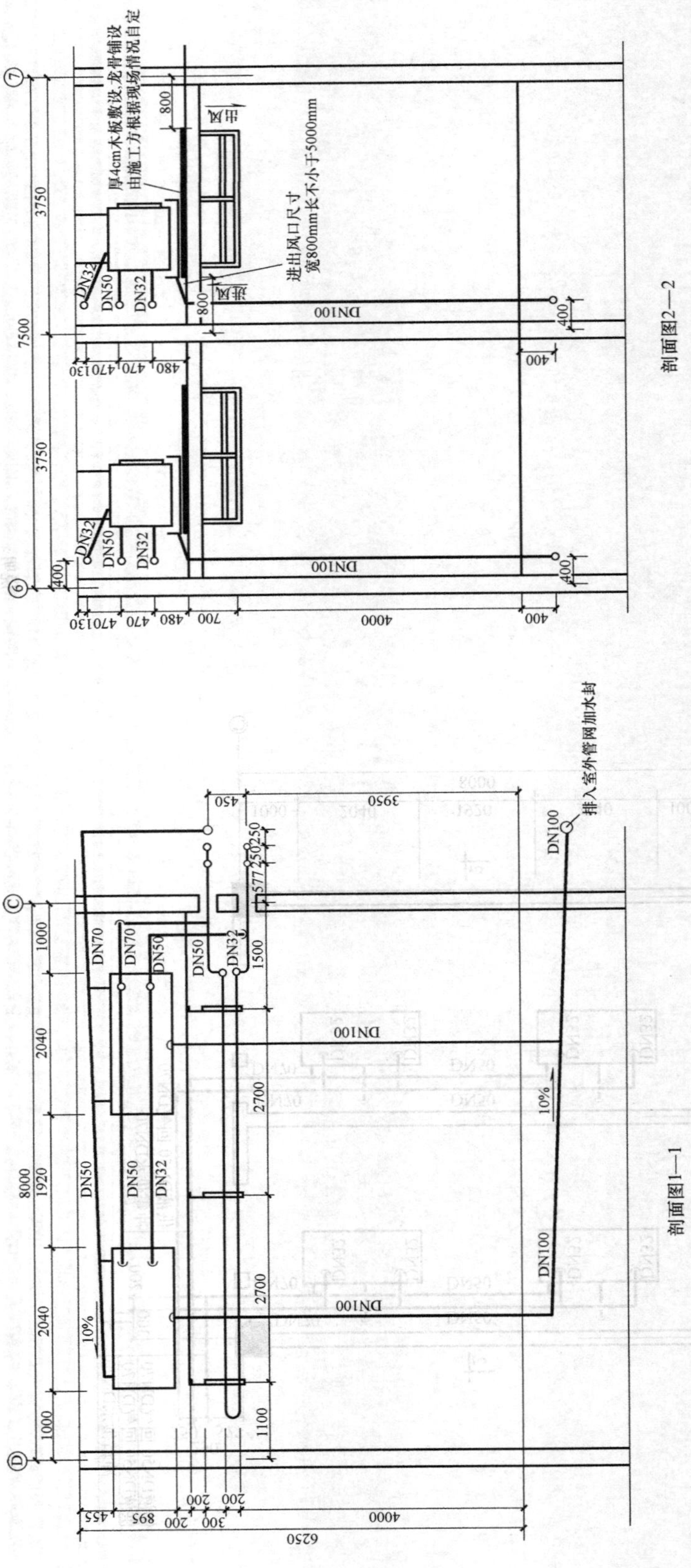
剖面图1—1
剖面图2—2
厚4cm木板敷设,龙骨铺设
由施工方根据现场情况自定
进出风口尺寸
宽800mm长不小于5000mm
排入室外管网加水封
出风
进风
DN100
DN70
DN50
DN32
10%

图 9-30 冷库剖面图

9.3.2　空调系统施工图的构成

空调系统施工图一般由两大部分组成：文字部分与图样部分。文字部分包括图纸目录、设计施工说明、设备及主要材料表。图样部分包括两大部分：基本图和详图。基本图包括水暖系统的平面图、剖面图、轴测图、原理图等。详图包括系统中某局部或部件的放大图、加工图、施工图等。如果详图中采用了标准图或其他工程图样，那么在图纸目录中必须附有说明。

1. 图纸目录

图纸目录和书籍的目录功能相似，是通风空调安装工程施工图样的总索引。其主要用途是方便使用者迅速地查找到自己所需的图样。在图纸目录中完整地列出了空调工程施工图所有设计图样的名称、图号和工程编号等，有时也包含图样的图幅和备注。图9-31给出了图纸目录的一个例子。

图纸目录

图　别	图　号	图 纸 名 称
空施1	8-1	图纸目录　图例
空施2	8-2	空调工程说明　主要设备表
空施3	8-3	地下室空调设备，管道平面布置图
空施4	8-4	一层空调设备平面布置图
空施5	8-5	一层空调水管平面布置图
空施6	8-6	二—六层空调设备平面布置图
空施7	8-7	二—六层空调水管平面布置图
空施8	8-8	空调水管系统图
本工程采用标准图		
91SB6		建筑设备施工安装图集＜华北＞
L94S101		给水排水设备安装图集＜建筑给水硬聚氯乙烯管道安装＞

图9-31　图纸目录

2. 设计和施工说明

设计和施工说明在整套通风空调安装工程施工图中起着重要的作用，用来向识图者说明系统的设计概况和施工要求，主要包括以下三部分内容。

1）设计说明。主要介绍通风空调系统的室内外设计气象参数、冷热源情况、空调冷热负荷、通风空调系统的划分与组成、通风空调系统的使用操作要点等内容。

2）施工说明。主要介绍设计中使用的材料和附件、系统工作压力和试压要求、管道与设备的施工要求、支吊架的制作和安装要求、涂料施工要求、调试方法与步骤以及施工规范等。

图 9-32 所示的空调工程说明包含了设计说明和施工说明两部分内容。

空调工程说明

一、工程概况：

1. 本建筑物为××公司1号楼　　，总层数为六层，建筑高度为19.20米，总建筑面积为　　平方米。
2. 本设计包括风机盘管空调系统及卫生间通风系统。

二、主要设计依据：

1. GB 50019—2003《采暖通风与空气调节设计规范》
2. GB 50016—2006《建筑设计防火规范》

三、设计说明：

1. 室外气象参数：

夏季：空调室外计算干球温度，$t_W=34.7℃$；计算相对湿度，$\phi=76\%$；平均风速，$v=2.7m/s$；大气压力 $p=102100Pa$

冬季：空调室外计算干球温度：$t_W=-11℃$，平均风速：$v=2.8m/s$，大气压力 $P=100100Pa$

2. 室内空调参数：

参数 房间名称	夏季	冬季	新风量
	温度/℃	温度/℃	m^2/(h·人)
卧室	27	20	20
活动室	27	20	20
餐厅	27	20	20

3. 冷热源：冷源为设于制冷机房内的制冷机，夏季向室内供7~12℃冷水，热源为锅炉由设于机房内的热交换器进行热交换，冬季向室内供60~50℃热水。
4. 空调系统型式：本设计空调型式为风机盘管+新风系统，新风机设于走廊、楼梯间吊顶内，空调房间气流组织形式为上侧送下顶回方式。
5. 风机盘管：本工程所有房间均设局部吊顶，所有盘管均采用卧式暗装风机盘管，安装于吊顶内部，风机盘管均配底进风回风箱，每台盘管均配带手动放气门。
6. 走廊内新风管道沿走廊梁底敷设，空调水管沿新风道底敷设，具体标高可根据现场实际情况作适当调整。风机盘管凝水管（$d_e=25mm$，塑料管）就近排入卫生间，厨房水池或地漏。

四、施工说明：

1. 风机盘管均为高静压型，安装吊杆不小于 $\phi8$ 圆钢，盘管进出风口均设软接头。风机盘管安装高度为楼板顶距板底120mm。
2. 送风道外均采用镀锌铁皮制作，管件制作按本图及《通用通风管　道配件图表》进行。壁厚如下：风道大边长小于200mm者为0.5mm，大于220mm小于500mm者为0.75mm，大于560mm者壁厚为1.0mm。风管采用法兰连接。
3. 冷冻水管管径大于DN100者采用无缝钢管，管径小于或等于DN100者采用焊接钢管，管径大于或等于DN32者焊接，小于DN32者螺纹接。冷凝水管采用PVC硬质塑料管。
4. 保温：新风管道采用35mm厚岩棉板，外包玻璃丝布保温，冷冻水供回水管道采用阿姆斯壮"福乐斯"保温管套保温，厚度及做法详见产品说明书，冷凝水管做防冷凝保温，材料同冷冻水管。
5. 管道支、吊、托架必需设置于保温层外部，支、吊、托架与管道之间垫以软木托。
6. 防腐：保温钢管除锈后刷樟丹两遍，再做保温，明装管道及明装支、吊、托架除锈后刷樟丹两遍，银粉漆两遍；暗装支、吊、托架除锈后刷樟丹两遍。
7. 风口：送风口均采用BFK2S双层百叶风口，回风口采用KFK可开式单层百叶风口，并配带过滤网。
8. 试压：管道安装完毕需进行水压试验，试验压力为0.8MPa，5min内不渗不漏为合格。
9. 管道冲洗：系统投入运行前要对系统进行反复冲洗，直至排出水中不带杂质且水色不浑浊为合格，在冲洗前应拆除过滤器，水流不经过空调设备。
10. 本施工图中所注尺寸除标高以米计外，余均以毫米计，室外地坪标高为-1.20m。
11. 其余未尽事宜按GB 50243—2002《通风与空调工程施工质量验收规范》以及国家及省其他有关规定执行。

图 9-32　空调工程说明图

3）图例符号说明。在通风空调安装工程施工图中为了识图方便，会用单独的图纸列出了施工图中所用到的图例符号。其中有些是国家标准中规定的图例符号，也有一些是制图人员自定的图例符号。当图例符号数量较少时，有时也归纳到设计与施工说明中或直接附在图样旁边，如图9-33所示。

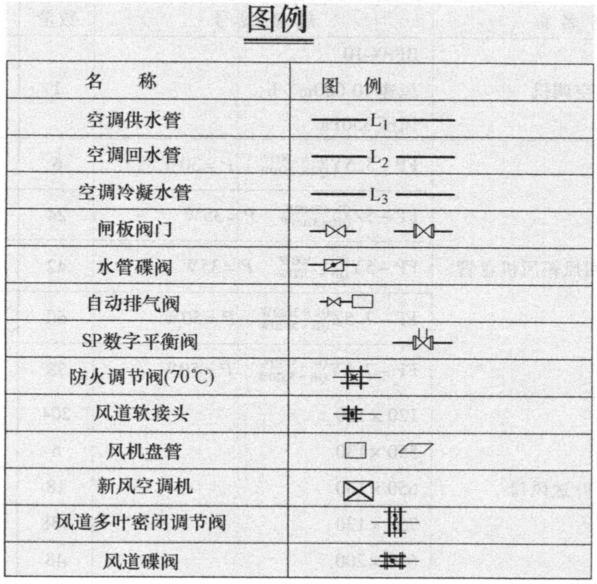

图9-33　图例符号

3. 设备、材料明细表

设备、材料明细表是指该项工程所需的各种设备和各类管道、管件、阀门及防腐、保温材料的名称、规格、型号、数量明细表，主要以文字说明形式表述，没有线条和图形，但它们是施工图样必不可少的组成部分，是对线条、图形的补充和说明，如图9-34所示。

4. 平面图

空调安装工程施工图中的平面图是用来描述空调系统的各种设备、风管、水管以及其他部件等在建筑物中的平面布置情况，主要包括空调系统平面图、空调制冷机房平面图等。

（1）空调系统平面图　空调系统平面图主要表明通风空调设备和系统风道的平面布置。一般包括下列内容：

1）以双线绘出的风道、异径管、弯头、检查口、测定孔、调节阀、防火阀、送排风口的位置。

2）空气处理设备（室）的轮廓尺寸、各种设备定位尺寸、设备基础的主要尺寸。

3）注明系统编号，注明送、回风口的空气流动方向。

4）注明风道及风口尺寸（圆形管柱为管径、矩形管柱为宽×高）。

5）注明各设备、部件的名称、规格、型号等。

6）注明弯头的曲率半径 R 值，且注明通用图、标准图索引号等。

7）对恒温恒湿的空调房间，应注明各房间的基准温度和精度要求。

（2）空调机房平面图　空调机房平面图一般包括以下内容：

1）注明按标准图或产品样本要求所采用的空调器组合段代号，左、右式，喷雾级别和排数，喷嘴孔径，加热器、表冷器的类别、型号、台数，并注出这些设备的定位尺寸。

2）以双线表明一二次回风管道、新风管及这些管道的定位尺寸。

主要设备表

序号	设备名称	规格型号	数量	单位	备注
1	新风空调机	BFPX-10 风速 10 000m³/h 风压 350Pa	1	台	
2	卧式暗装带回风箱风机盘管	$FP-3.5Y_{QR=2510W}^{QL=1900W}$ $P=30W$	6	台	冷热参数均为中速时的数值
		$FP-5Z_{QR=3700W}^{QL=2500W}$ $P=35W$	24	台	
		$FP-5Y_{QR=3700W}^{QL=2500W}$ $P=35W$	42	台	
		$FP-7.5Z_{QR=5620W}^{QL=3982W}$ $P=50W$	60	台	
		$FP-7.5Y_{QR=5620W}^{QL=3982W}$ $P=50W$	78	台	
3	双层百叶送风口	120×120	204	个	铝合金
		550×130	6	个	
		650×130	18	个	
		750×130	138	个	
		650×200	48	个	
4	单层百叶回风口（配过滤网）	550×200	6	个	铝合金
		650×200	66	个	
		750×200	138	个	
5	风道碟阀	120×120	156	个	
6	防火调节阀（70℃）	400×200	6	个	
		1000×500	1	个	
7	风道多叶密闭调节阀	1250×500	1	个	
8	防雨新风百叶窗	1250×500	1	个	
9	不锈钢软接头	DN20	420	个	
10	YS 型过滤器	DN20	210	个	

图 9-34 主要设备表

3）以单线表明给排水管道、冷热媒管道以及它们的定位尺寸。

4）注明消声设备、柔性短管的位置尺寸。

5）注明各部分管径、管长尺寸。

6）当采用中心型空调机组时，空调机房可以与冷冻机房合并绘出。

5. 系统图（轴测图）

系统图采用的坐标是三维的，其作用是从总体上表明空调系统在整体上连接的情况，包括管道的尺寸、空调末端设备（散流器、风机盘管等）型号、数量等。系统图主要表明连接于各设备之间的管道在空间的曲折、交叉、走向和尺寸，同时应注明各趟立管的标号。系统图可采用单线或双线进行绘制，虽然双线绘制的系统图更加直观，但难度较大，因此通常所见的系统图均为单线图。

6. 节点图

节点图表示某一部分管道的详细结构及尺寸，是平面图对其他施工图所不能反映清楚的某点图形的放大。节点用代号表示其所在部位。

7. 立面图和剖面图

空调安装工程施工图中的立面图主要用以说明管道的竖向布置情况。

空调安装工程施工图中的剖面图一般伴随着平面图一起出现，主要用来表达在平面图中无法表达清楚的内容，例如垂直管道的布置等。剖面图包括通风空调剖面图和通风空调机房剖面图。

8. 原理图

通风空调系统的原理图是用来描述通风空调系统工作原理的图样，主要包括系统的原理和流程、空调房间的设计参数、冷热源空气处理和输送方式、控制系统之间的相互关系、系统中的主要设备和仪表等内容。

9. 标准图

标准图是一种具有通用性质的图样，图中标有成组管道、设备或部件的具体图形和详细尺寸，一般不能作为单独施工的图样，只能作某些施工图的组成部分。

10. 详图

详图通常用来表达以上图样无法表达但应该表达清楚的内容。在通风空调系统施工图中，详图的数量较多，主要包括设备、管道的安装详图，设备、管道的加工详图，设备、部件的结构详图等。

9.3.3 空调系统施工图的特点

1. 空调系统环路的独立性

空调系统施工图包括许多环路，如风管环路（进风、排风、排烟、防烟）、水管环路（冷凝水、冷冻水、冷却水），这些环路在实际运行时都按照自己的特点流动，具有相应的独立性。

2. 空调系统的多样性和复杂性

由于空调系统安装的内容较多，如各种水管、各类风管、各种设备、各种阀门等，其施工图内容较为复杂。因此，一般在绘制空调通风系统施工图时，按照土建的建筑图要分别给出其通风平面图、空调平面图、机房平面图，同时为了表达清楚，往往还要给出相应的流程图、剖面图、详图等。

9.3.4 空调系统施工图的识图方法

1. 空调工程施工图识读的基本步骤

在一般情况下，根据空调安装工程施工图所包含的内容，可按以下步骤对空调安装工程施工图进行识读。

1）图纸目录。通过阅读图纸目录，了解整套空调安装工程施工图的基本概况，包括图纸张数、名称以及编号等。

2）设计和施工总说明。通过阅读施工总说明，全面了解空调系统的基本概况和施工要求。

3）图例符号说明。通过阅读图例符号说明，了解施工图中所用到的图例符号的含义。

4）系统原理图。通过阅读系统原理图，了解空调系统的工作原理和流程过程。

5）平面图。通过阅读通风空调平面图，详细了解空调系统中设备、管道、部件等的平面布置情况。

6）剖面图。空调安装工程剖面图应与平面图结合在一起识读。对于一些在平面图中无法了解到的内容，可以根据平面图上的剖切符号查找相应的剖面图进行阅读。

7）轴测图。通过阅读空调系统的轴测图可以直观立体地了解空调设备和管道的空间位置关系。

8）其他图样。在掌握以上内容后，可根据实际需要阅读其他相关图样（如设备及管道的加工安装详图、立管图等）。

2. 系统原理图

空调原理图的作用是表明整个系统的原理与流程。其主要内容包括空调房间的设计参数、冷（热）源、空气处理、输送方式、控制系统之间的相互关系以及设备、管道、仪表、部件等。

3. 风系统平面图的识读方法

风系统平面图的识读一般采用以下步骤，见表9-11。

表9-11　风系统平面图的识读步骤

识读顺序	识读部分	识读目的
1	标题栏或图名	了解图样名称、比例、设计人员等
2	通览全图	了解在此平面图中包含几个风系统，以便分别加以识读
3	相关建筑物平面图	了解图中与空调系统相关的建筑物的基本情况，包括建筑物各部位的划分情况以及各部位的名称和用途
4	风系统	1）按照空气的流动顺序进行识读 2）对于送风系统，从送风的起始点开始识读，了解沿途送风管道及其配附件的尺寸和布置情况、设备的型号和布置情况、送风口的尺寸和布置情况 3）对于回风或排风系统，从建筑物的排风口开始识读，了解沿途排风口的尺寸和布置情况、排风管道及其配、附件的尺寸和布置情况、设备的型号和布置情况 4）对于在一张平面图中存在多个通风系统的情况，应该识读完一个系统后再识读另一个系统，以免造成混淆，影响读图的速度和效果
5	剖切符号和剖面图	根据实际情况找出相应的剖面图，通过对剖面图的识读详细了解此部位的系统布置情况
6	尺寸标注	详细了解系统中各种设备、管道、附件的安装位置
7	施工说明	了解在通风空调系统施工时应该注意的事项
8	详图索引符号	在必要时，阅读图中的详图索引符号，找出相应的详图进行阅读
9	设备表	了解在图中的通风系统中包含的通风设备的名称、型号等详细情况

4. 水系统平面图的识读方法

水系统平面图的识读方法与风系统类似，见表9-12。

表 9-12　水系统平面图的识读步骤

识读顺序	识读部分	识读目的
1	标题栏和图名	了解图样名称、比例、设计人员等
2	全图	对整个图纸进行大致的阅读，重点了解在本平面图中包含有几个管道系统，以便分别加以识读
3	相关建筑物平面图	了解与系统相关的建筑物的基本情况，包括建筑物各部位的划分情况以及各部位的名称和用途
4	水系统	1）对于同一系统，应按供水管道、回水管道、凝结水管道的顺序进行识读 2）供水管道的识读通常是从图中供水的起始点开始按照介质的流向进行，需了解沿途水管及配附件的尺寸和布置情况、末端设备的型号或编号及其布置情况 3）回水和凝结水管道通常从末端设备开始，按介质流动的方向进行识读，了解沿途管道及其配附件的尺寸和布置情况 4）当一张平面图中存在多个水系统时，应该读完一个系统后再识读另一个系统，以免造成混淆
5	剖切符号和剖面图	在平面图中如标有剖切符号，可根据需要找出相应的剖面图进行识读，以了解此部位设备、管道及配附件的布置情况
6	尺寸标注	详细了解系统中各种设备、管道、附件的安装位置
7	施工说明	详细了解进行水系统施工时应该注意的事项
8	详图索引符号	在必要时，阅读图中的详图索引符号，找出相应的详图进行阅读
9	设备表	了解图中水系统中包含的设备、配附件的名称、型号、数量等详细情况

5. 风系统剖面图的识读方法

通风空调系统剖面图的识读应该结合平面图进行，其基本识读步骤如下表 9-13 所示。

表 9-13　风系统剖面图的识读步骤

识读顺序	识读部分	识读目的
1	图名	通过对应平面图中的剖切符号了解剖切位置以及剖视投影方向
2	风（水）系统	沿介质流动方向识读通风系统或水系统，重点了解设备的布置情况、管道的高度以及分布在管道上的配附件的类型和布置情况。当图线较为复杂时，如有相应的系统轴测图，也可结合起来一并阅读；当图中有多个系统时，应按顺序逐一识读，以免混淆
3	尺寸标注	识读所有管道、设备、配附件的尺寸标注和标高
4	详图索引符号	当剖面图上有详图索引符号时，可找出所对应的详图进行识读

6. 空调机房平面图的识读方法

空调机房平面图的识读，其基本识读步骤见表 9-14。

表 9-14　空调机房平面图的识读步骤

识读顺序	识读部分	识读目的
1	标题栏	了解图名、比例、设计人员等内容
2	相关图例	了解图中管道代号、符号和图例的含义
3	建筑物平面图	了解机房的建筑结构
4	设备材料明细表	了解机房内通风空调设备及其布置情况
5	管道系统	对一条管道的识读可以按介质流动方向进行。在识读时还应了解管道上仪表和配附件的布置情况
6	尺寸标注	了解设备和管道的定位情况

（续）

识读顺序	识读部分	识读目的
7	剖切符号和剖面图	可根据实际需要找出对应的剖面图进行识读
8	详图索引符号	当剖面图上有详图索引符号时，可找出所对应的详图进行识读
9	施工说明	了解机房施工的注意事项

7. 空调机房剖面图的识读方法

对空调机房剖面图的识读，一般可采取表9-15的步骤。

表9-15　空调机房剖面图的识读步骤

识读顺序	识读部分	识读目的
1	图名	查看相应的平面图，了解剖切位置和剖视投影方向
2	图例	了解图中管道代号和配附件名称
3	主要设备	结合尺寸标注了解设备的安装位置
4	尺寸标注和标高	以设备位置为顺序识读管道系统情况
5	详图索引符号	找出所对应的详图进行识读
6	施工说明	了解机房施工的注意事项

8. 空调系统轴测图的识读方法

空调系统轴测图的识读通常按表9-16的步骤进行。

表9-16　通风空调系统轴测图的识读步骤

识读顺序	识读部分	识读目的
1	标题栏和图名	了解图纸名称、比例、设计人员等
2	图例和文字说明	了解图中管道代号和配附件名称
3	主要设备和管道	找出系统中主要设备或介质流动的起始点。从起始点出发，了解沿途管道的空间走向，了解各配附件、仪表等的类型和数量。当系统图中有多条管道时，应逐一识读。在识读过程中应注意与平面图和剖面图结合起来，了解系统图中的管道代表的是平面图、剖面图中的哪一条管道
4	尺寸标注和标高和坡度	了解各管道尺寸、标高和坡度走向

9.3.5　空调系统施工图识图举例

本节以某四星级宾馆空调施工图为例，说明其识图方法。该宾馆为六层建筑，系统比较复杂。为简述起见，只列出了一层水管平面图，一层风管平面图，一层水管轴测图、机房平面图，并且所有图样都略去了标题栏和图框。

1. 水管平面图（图9-35）

1）通过对图样的大致浏览，可以看到在此平面图中仅包含一个水系统。

2）通过对平面图中建筑结构的识读，可知该宾馆底层为类似矩形结构，由隔墙分为多个功能区，分别为大堂、商务中心、会议室、办公区域和茶室等。

3）首先识读供水管道。根据图中下方的标示“消防控制中心”，可知此处为水系统的起始点，识读从此处开始。在起始端有三条管道，根据通风空调的线型规定和图中管道标示LDG可知，实线为此水系统的供水管道。从起始点出发的供水管自下而上在大堂前方分叉，右侧送往茶室，左侧是主要管道，顺时针绕行依次送往大堂、商务中心、办公区域和商业区域，最后到达会议室和茶室上方。

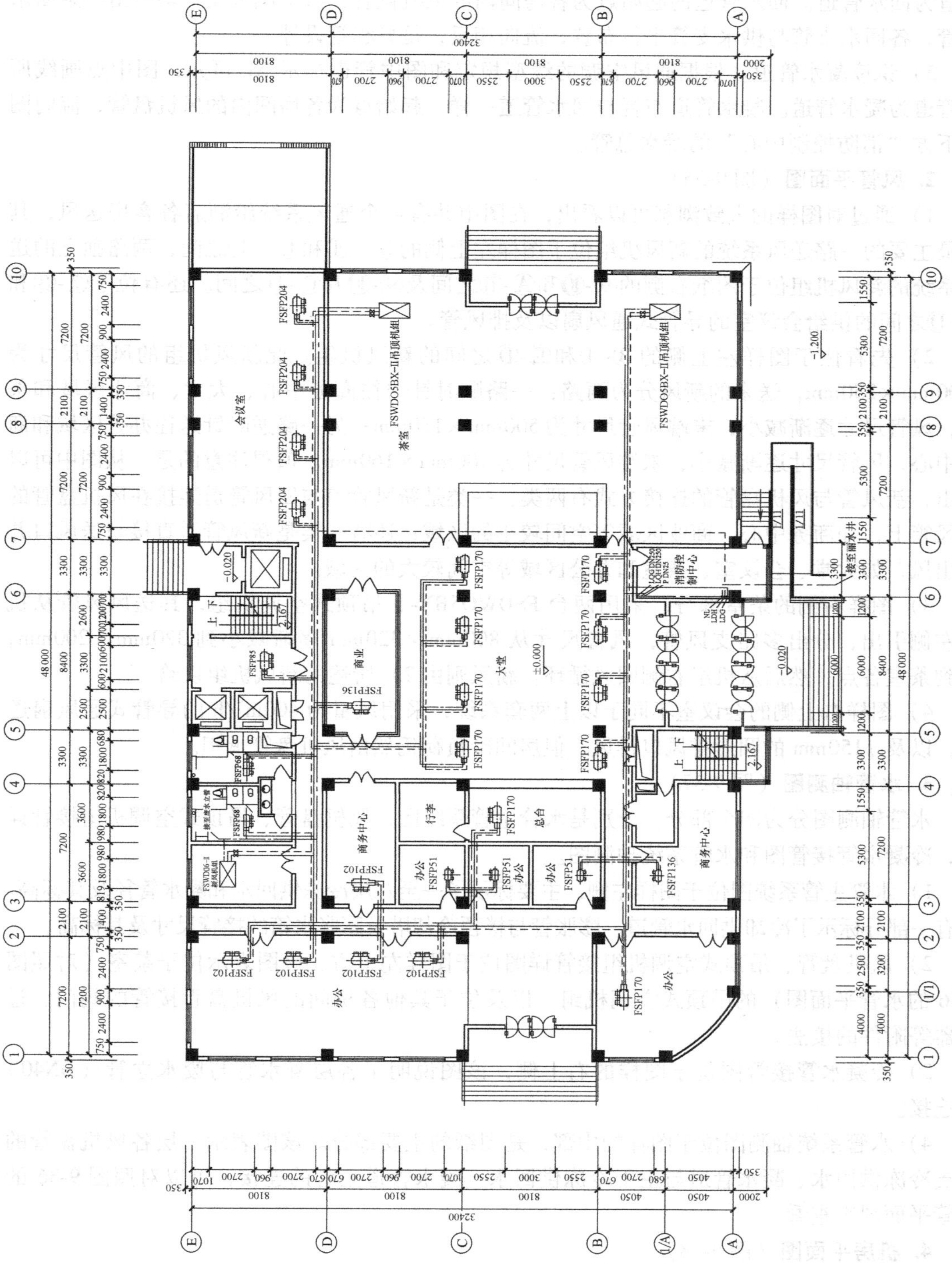

会议室
茶室
FSWD05BX-II吊顶机组
FSFP204
大堂
±0.000
商业
FSFP136
FSFP170
消防控制中心
商务中心
行李
总台
办公
FSFP102
FSFP51
FSFP68
FSFP85
FSWD06-I 新风机组
接至雨水井

图 9-35　水管平面图

4）识读回水管道。根据通风空调的线型规定和图中管道标示 LDH 可知，图中虚线所示管道为回水管道。回水管道的起始点为各房间内的风机盘管，每个风机盘管均引出一条回水支管，各回水支管与供水支管平行布置，流向相反，是异程管设计。

5）识读凝水管道。根据通风空调的线型规定和图中管道标示 NL 可知，图中点画线所示管道为凝水管道。凝水管道布置与回水管道一样，起始点为各房间内的风机盘管，流向图中下方“消防控制中心”的凝水总管。

2. 风管平面图（图 9-36）

1）通过对图样的大致浏览可以看出，在图中共有 4 个通风系统给酒店各客房送风，其中最主要的一路送风系统的新风机组位于图样左上侧的③、④和Ⓔ、Ⓓ之间，两路独立的送风系统的新风机组位于图纸右侧的⑨-⑩和Ⓐ-Ⓑ之间及⑨-⑩和Ⓒ-Ⓓ之间。还有位于⑦-⑧和Ⓒ-Ⓓ之间的供给会议室的导管式通风扇以及排风管。

2）先看位于图样左上侧的③-④和Ⓔ-Ⓓ之间的新风机组。此新风机组的风管尺寸为 1000mm×250mm，送来的新风分为两路：一路顺时针送往商务中心、大堂、商业区域和茶室，风管尺寸逐渐减小，末端风管尺寸为 500mm×150mm；另一路逆时针送往办公区域和商务中心，风管尺寸逐渐减小，末端风管尺寸为 500mm×160mm。值得注意的是，从图中可以看出，新风管与风机盘管的连接方式有两类：一类是新风管道与回风管道连接在风机盘管的回风箱上，如商务中心、商业区域等空间较小的区域；还有一类是新风管道直接与送风口并排出风，如大堂、会议室、茶室和办公区域等空间较大的区域。

3）图样右侧的茶室部分，采用两台 FSDWO5BX-Ⅱ 吊顶式空调机组，其送风风管从机组左侧引出，分出多路支风管，风管尺寸从 800mm×320mm 逐渐减小到 320mm×200mm，送到茶室各点，然后从机组右侧回风循环。新风则由 2）所述的新风机组供给。

4）图样右上侧的会议室不同于以上两套系统，采用风量为 $400m^3/h$ 的导管式通风扇送风，以及 $\phi 150mm$ 的圆形排风口排风，但房间冷负荷仍然由风机盘管承担。

3. 水管轴测图（图 9-37）

水管轴测图分为四个部分，分别是水管主管系统图，风机盘管、吊顶式空调机组接管详图，冷凝水管接管图和水管系统轴测图。

1）水管主管系统图位于图样左侧，主要标示了一至八层冷冻供回水和凝水管径及其标高。还有一部分标示了冷却供回水管道、膨胀管与楼顶冷却塔及膨胀水箱的接管尺寸及其标高。

2）风机盘管、吊顶式空调机组接管详图位于图样左上方，该图表示位于茶室（对照图 9-36 的水管平面图）的吊顶式空调机组，以及位于其他各房间的风机盘管接管的阀门、过滤器等附件的接法。

3）冷凝水管接管图位于图样的右上侧，该图说明了各层凝水管与废水立管（DN40）的连接。

4）水管系统轴测图位于图样的中部，是图纸的主要部分。该图表示一层各风机盘管的分支冷冻供回水、凝水管道与主干冷冻供回水、凝水管道立管的连接，可以对照图 9-36 的水管平面图来查看。

4. 机房平面图（图 9-38）

图 9-38 所示为位于地下的冷冻机房平面图和接管原理图。

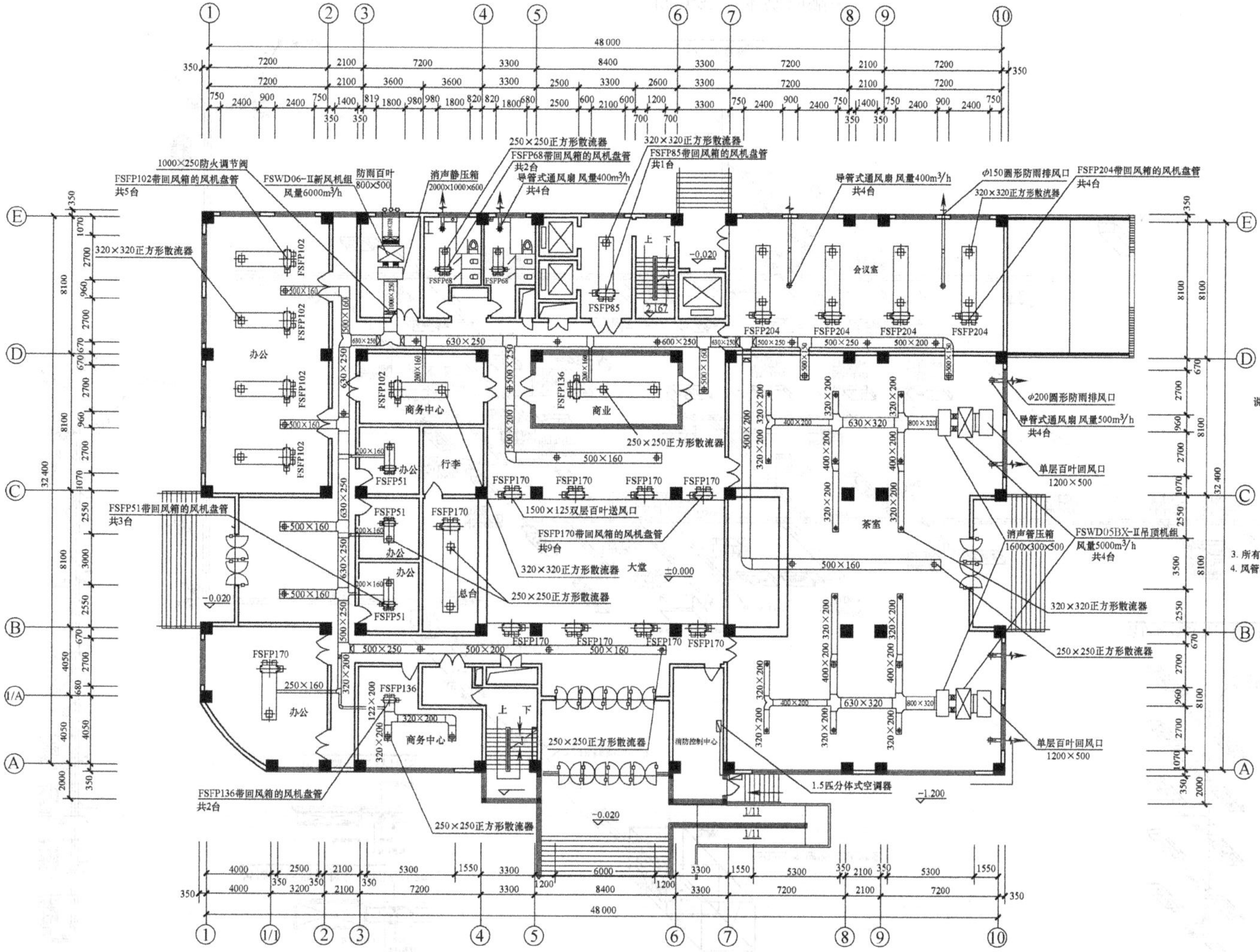

说明:

1. 本层所采用的风机盘管均带回风箱
2. 风机盘管接管尺寸和送风口:

风机盘管型号	管接管尺寸	送风口
FSFP51	620×200	250×250正方形散流器
FSFP68	820×200	250×250正方形散流器
FSFP85	940×200	250×250正方形散流器
FSFP102	1140×200	250×250正方形散流器
FSFP136	1320×200	250×250正方形散流器
FSFP170	1440×200	250×250正方形散流器
FSFP204	1570×200	320×320正方形散流器

3. 所有风管均为管顶平接,顶标高F+3.600
4. 风管在各房间入口处及风管干管分支处应安装防火调节阀

图 9-36 风管平面图

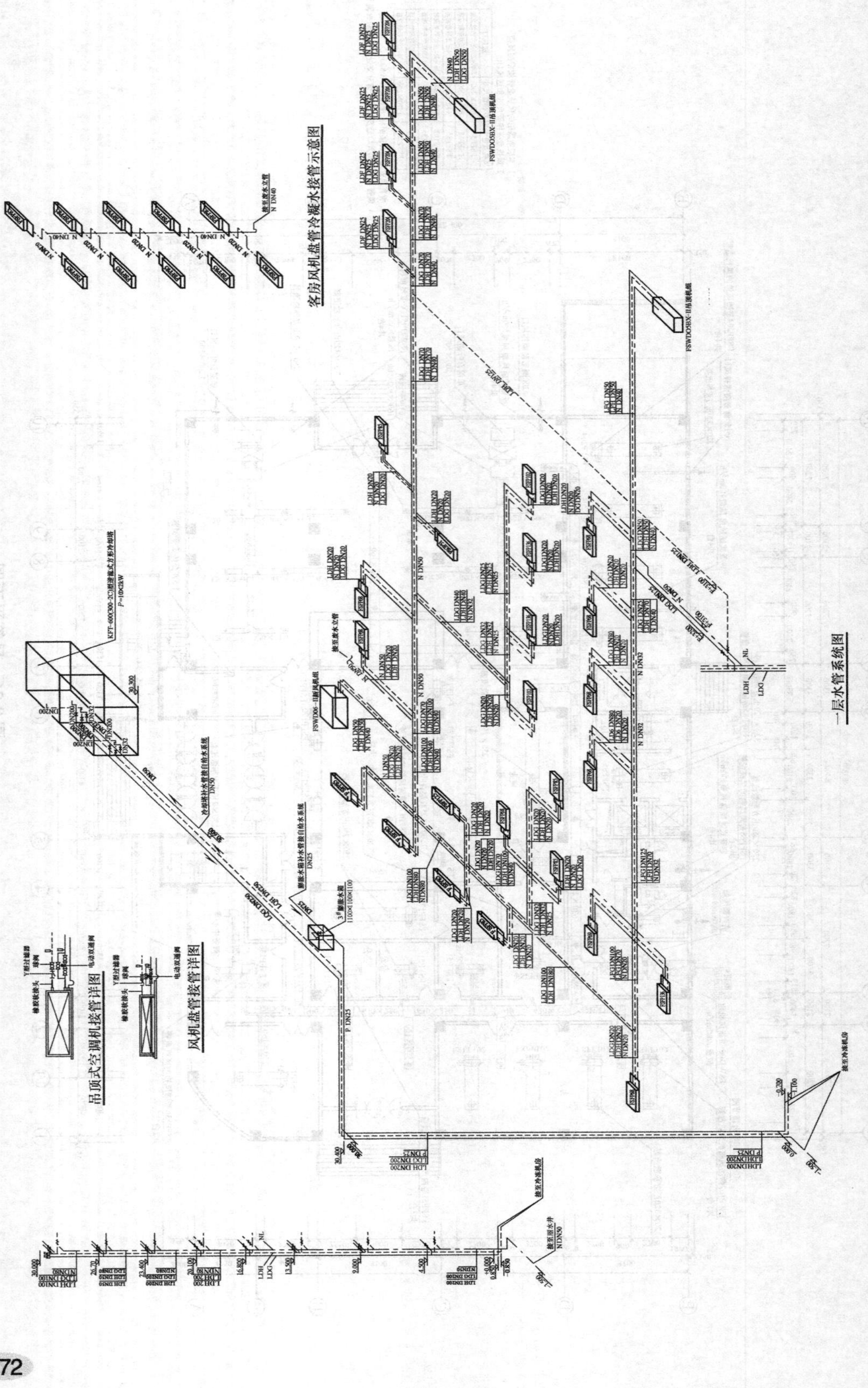

图 9-37 水管轴测图

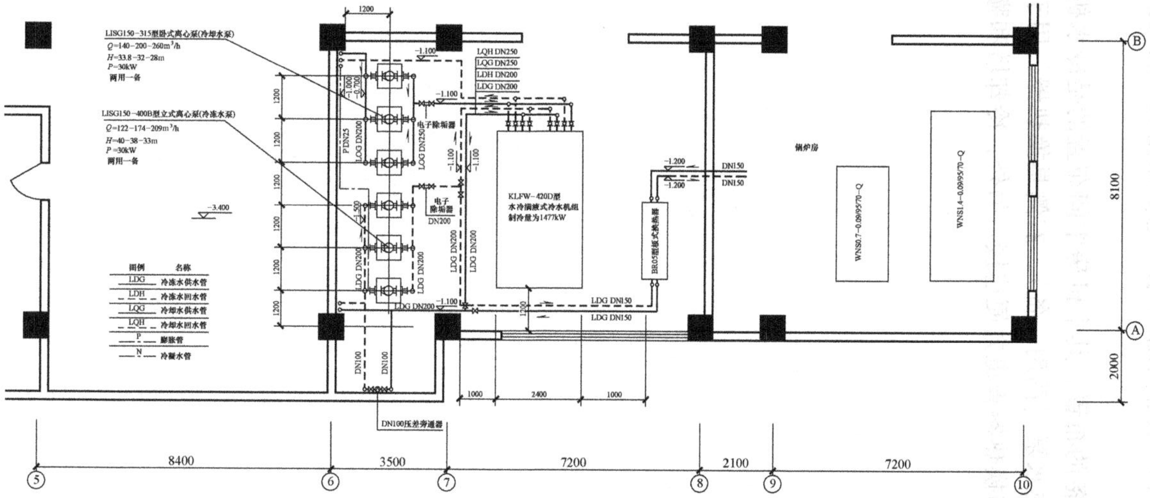

地下室冷冻机房布置图 1:50

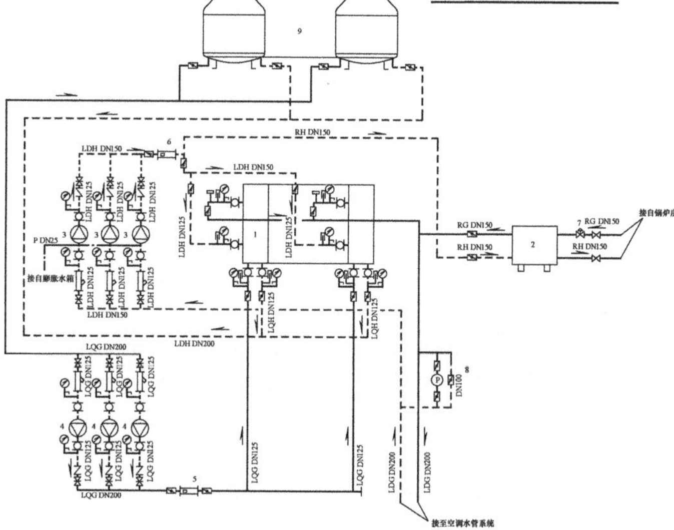

图例

图例	名称
LDG	冷冻水供水管
LDH	冷冻水回水管
LQG	冷却水供水管
LQH	冷却水回水管
P	膨胀管
N	蒸汽凝结水管
Z	蒸汽管
RG	空调热水供水管
RH	空调热水回水管

图例	名称
	水流开关
	蝶阀
	闸阀
	截止阀
	挠性橡胶软管
	压力表
	温度计
	Y型过滤器
	消声止回阀

序号	名称	型号	数量	电量	备注
9	圆形逆流冷却器	BLJ－100	1		
8	压差旁通器	P74IA/VB－7200－100	1		DN100
7	温控阀	DN150	1		
6	电子除垢仪	TL－8I	1	120W	DN150
5	电子除垢仪	TL－10I	1	210W	DN200
4	冷却水循环泵	LISG150－315型卧式离心泵	3	30kW	流量200m³/h,扬程32m,两用一备
3	空调冷热水循环泵	LISG150－400B型立式离心泵	3	30kW	流量174m³/h,扬程38m,两用一备
2	热交换器	BR05型卧式离心泵	1		
1	水冷满液式冷水机组	KLFW－420D型	2	285kW	

图 9-38 机房平面图

1）阅读图例，了解图中所有管道符号的含义以及仪表、配附件的名称，特别注意冷冻水管和冷却水管的不同。

2）阅读设备明细表，了解制冷机组、冷冻水泵、冷却水泵、换热器、冷却塔等设备的编号和型号。

3）阅读接管原理图，了解冷却水和冷热水循环的走向。对于冷却水系统，其循环是：冷水机组（冷凝器）→冷却塔→过滤器→冷却水循环泵→电子除垢仪→冷水机组（冷凝器）。对于冷冻水系统，其循环是：冷水机组（蒸发器）→空调水管系统→各客房风机盘管→过滤器→冷热水循环泵→电子除垢仪→冷水机组（蒸发器）。对于热水系统，其循环是：锅炉→热交换器→空调水管系统→各客房风机盘管→过滤器→冷热水循环泵→电子除垢仪→热交换器→锅炉。

4）阅读地下冷冻机房平面图，了解机房各设备的布置。其中机房中间布置的是冷水机组，左侧是三台冷却水泵（两用一备）和三台冷热水泵（两用一备），右侧是换热器，用于冬天的热水供应。注意机房右侧是锅炉房间，可与换热器管道方便连接。另外，冷却塔和膨胀水箱不在机房内，均布置在楼层顶部。

参考文献

[1] 刘耀华．施工技术及组织［M］．北京：中国建筑工业出版社，1988.
[2] 刘光军，等．建筑设备安装技术［M］．北京：煤炭工业出版社，2008.
[3] 曹兴，等．建筑设备施工安装技术［M］．北京：机械工业出版社，2005.
[4] 李联友．建筑设备施工与安装技术［M］．武汉：华中科技大学出版社，2009.
[5] 贾永康．供热通风与空调工程施工技术［M］．北京：机械工业出版社，2005.
[6] 王瑛．建筑设备施工技术［M］．北京：化学工业出版社，2009.
[7] 李士琦，等．管道工程施工技术与质量控制［M］．北京：机械工业出版社，2009.
[8] 常大年．管道安装施工技术［M］．北京：化学工业出版社，2007.
[9] 李金川．空调制冷安装调试手册［M］．北京：中国建筑工业出版社，2006.
[10] 董重成．建筑设备施工技术与组织［M］．哈尔滨：哈尔滨工业大学出版社，2006.
[11] 邵宗义，等．建筑设备施工安装技术［M］．北京：机械工业出版社，2005.
[12] 张祉祐，等．制冷设备的安装与管理［M］．北京：机械工业出版社，1997.
[13] 辛长平，等．溴化锂吸收式制冷机实用教程［M］．北京：电子工业出版社，2004.
[14] 谢仲华，等．溴化锂吸收式制冷机的原理与应用［M］．北京：水利电力出版社，1993.
[15] 郭风臻，等．冷藏库制冷设备安装与试运转［M］．2 版．北京：中国建筑工业出版社，1986.
[16] 张虎．制冷工安全技术［M］．北京：化学工业出版社，2005.
[17] 柳春成，等．螺杆式制冷压缩机的装配和调整方法［J］．家电检修技术，2008（4）：35-36.
[18] 高霞，等．建筑采暖通风空调施工图识读技法［M］．合肥：安徽科学技术出版社，2007.
[19] 李锐，等．通风空调安装工程识图与预算入门［M］．北京：人民邮电出版社，2006.
[20] 谈向东，等．冷库建筑［M］．北京：中国轻工业出版社，2010.